安全生产专业实务

煤矿安全技术

全国中级注册安全工程师职业资格考试用书编写组　编

编写组成员

主　编　张美香

主　审　程　磊　袁东升　勾攀峰　付宗伟

参　编　李整建　孙　博　王志冬　张　谦

　　　　薛大龙　黎　鹏　孟媛媛　左秋玲

　　　　贾小静　白新华　李惊宇　孙庆伟

U0391102

中国市场出版社
China Market Press

·北京·

图书在版编目(CIP)数据

安全生产专业实务. 煤矿安全技术／全国中级注册
安全工程师职业资格考试用书编写组编. — —北京：中国
市场出版社，2018.11
全国中级注册安全工程师职业资格考试精品教材
ISBN 978-7-5092-1696-5

Ⅰ. ①安… Ⅱ. ①全… Ⅲ. ①煤矿－安全生产－资格
考试－教材 Ⅳ. ①X93②TD7

中国版本图书馆 CIP 数据核字(2018)第 167926 号

安全生产专业实务——煤矿安全技术

ANQUAN SHENGCHAN ZHUANYE SHIWU——MEIKUANG ANQUAN JISHU

编　　　者：全国中级注册安全工程师职业资格考试用书编写组
责任编辑：杨天硕
出版发行：中国市场出版社
社　　　址：北京市西城区月坛北小街2号院3号楼(100837)
电　　　话：(010)68033539
经　　　销：新华书店
印　　　刷：河南黎阳印务有限公司
规　　　格：185 mm×260 mm　　　16 开本
印　　　张：18　　　字　　数：432 千字　　图　　数：78 幅
版　　　次：2018 年 11 月第 1 版　　　印　　次：2018 年 11 月第 1 次印刷
书　　　号：ISBN 978-7-5092-1696-5
定　　　价：70.00 元

前言

　　安全生产是与人民群众生命财产安全息息相关的大事,是经济社会协调健康发展的标志。为了贯彻落实习近平新时代中国特色社会主义思想,适应我国经济社会安全发展需要,提高安全生产专业技术人员素质,根据2017年11月国家安全生产监督管理总局(现已并入应急管理部)和人力资源社会保障部共同发布的《注册安全工程师分类管理办法》,注册安全工程师级别设置为高级、中级、初级(助理),并要求相关企业必须配备相应数量和级别的安全工程师。由此可知,注册安全工程师的地位已进一步得到提升,重视安全生产已成为政府和社会各领域的基本共识。

　　中级注册安全工程师职业资格考试是应相关政策要求,客观评价中级安全生产专业技术人员的知识水平和业务能力的考试。为满足广大考生应试复习的需要,帮助考生在最短的时间内科学、高效地掌握中级安全工程师考试的相关知识,全国中级注册安全工程师职业资格考试用书编写组的专家们认真研读最新考试要求,并结合现行法律法规及行业规范,倾力打造了本系列图书。

　　本系列图书包含的公共科目和专业实务科目如下:

　　一、公共科目

　　《安全生产管理》主要通过对安全生产管理基础理论和方法,辨识、评价和控制危险、有害因素,隐患排查治理,生产作业环境改善,安全制度和规程制定,从业人员作业行为规范,企业生产安全事故预测、预警和应急救援,生产安全事故调查、统计、分析等知识的讲解,使考生掌握安全生产管理的基本知识,提高考生的安全生产管理业务的实践能力。

　　《安全生产法律法规》主要通过对习近平新时代中国特色社会主义思想有关内容,安全生产法律体系,安全生产单行法律、相关法律、行政法规、部门规章及重要文件的讲解,使考生深刻领会安全生产法律、法规、规章和标准的有关规定和要求,提高分析、判断和解决安全生产实际问题的能力。部分新颁布和修订的法律法规文件将以增值形式实时提供给考生。

　　《安全生产技术基础》主要通过对机械、电气、特种设备、防火防爆、危险化学品、受限空间和信息等方面的安全生产技术知识的讲解,提高考生运用安全技术和标准,辨识、分析、评价作业场所和作业过程中存在的危险、有害因素,采取相应技术防范措施,消除、降低事故风险的能力。

二、专业实务科目

专业实务科目包括:《安全生产专业实务——煤矿安全技术》《安全生产专业实务——金属与非金属矿山安全技术》《安全生产专业实务——化工安全技术》《安全生产专业实务——金属冶炼安全技术》《安全生产专业实务——建筑施工安全技术》《安全生产专业实务——道路运输安全技术》《安全生产专业实务——其他安全(不包括消防安全)技术》。该系列科目旨在通过对相关安全生产专业实务知识的讲解,使考生掌握专业安全技术,提高其综合运用安全生产法律、法规、标准和政策,安全生产理论和方法,分析和解决安全生产实际问题的能力。

此外,我们特向购买本图书的考生提供三大特色服务,考生可通过学习本系列教材、观看名师视频、线上做题(考拉网校 APP、微信在线做题)、获取实时备考资讯等方式,实现线上、线下高效备考。

增值部分一:名师伴读讲堂。编写组邀请国家安全工程领域的资深专家和教授,根据全新考情录制专项视频,将陆续上传至考拉网,考生可通过考拉网校 APP、微信端或者考拉网网页端获取和观看视频。

您可以通过图书封面处二维码防伪标(刮开获得激活码),查询图书真伪,并获取视频增值,具体流程如下:扫描图书封面二维码防伪标→关注"天一乐考工程"公众号→点击菜单按钮→根据提示查询图书真伪,并获取视频。

增值部分二:考拉网校 APP 和微信在线做题。敬请扫描本系列图书封底或本页下方相应二维码,下载安装考拉网校 APP 并注册登录,或根据提示关注"天一乐考工程"公众号进入在线做题版块。

增值部分三:考拉网增值服务。涵盖最新备考资讯、法律法规条文总结等超值服务。敬请考生登录考拉网→资源下载→建筑工程→获取增值。

因图书出版具有特定的时效性,为最大限度保障考生利益,以及做好后续产品维护,编写组将持续关注新颁布或修订的考试大纲、相关法律法规、标准规范等,如有调整将实时更新相应电子版文件至"天一乐考工程"公众号及考拉网图书增值服务版块,请广大考生注意订阅。

本系列图书如有不足之处,恳请广大读者予以指正。

如有与本系列图书相关的问题或建议,欢迎您致电 4006597013 或者通过 QQ:1400594158 与我们联系,我们将以更加优质、便捷的方式为您提供全方面、多层次的服务。

全国中级注册安全工程师职业资格考试用书编写组

2018 年 11 月

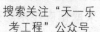

搜索关注"天一乐考工程"公众号

考拉网校APP

目 录

第一章　煤矿安全开采技术基础

第一节　煤矿安全开采的技术和方法

为了开采地下煤矿,需要从地面向地下开掘一系列巷道并通达煤层。巷道通达煤层以后,需要形成采煤工作面,才能对煤矿进行开采。需先将开采出的矿物运输至井底,再用提升设备将其由井底提升到地面。整个过程将涉及的矿井系统包括:开拓系统、采煤系统、运输提升系统和通风系统、供电系统、防排水系统等。

一、矿井开拓方式

(一)平硐开拓

平硐开拓是利用水平巷道穿过岩层到达煤层的一种开拓方式。该方式较适宜于丘陵地带或山岭地区的煤层开拓(如图 1-1 所示)。

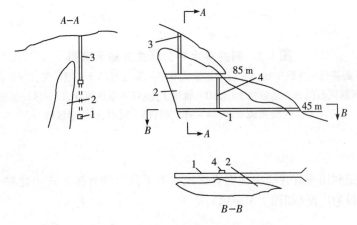

图 1-1　沿走向平硐开拓示意图

1 – 平硐;2 – 矿体;3 – 风井;4 – 溜井

(二)斜井开拓

斜井开拓是利用一定倾斜角度的巷道由地面深入地下的开拓方式。该方式较适宜于覆盖在煤层上部的冲积层不太厚的情况下选用(如图 1-2 所示)。

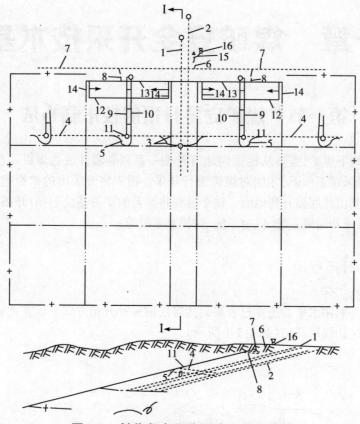

图1-2　斜井多水平分区式开拓示意图

1－主井；2－副井；3－井底车场；4－阶段运输大巷；5－采区石门；6－回风井；7－阶段回风大巷；

8－采区回风石门；9－运输机上山；10－轨道上山；11－采区煤仓；12－区段运输平巷；

13－区段回风平巷；14－开切眼；15－风硐；16－扇风机

（三）立井开拓

立井开拓是利用垂直井筒由地面直接进入地下的一种开拓方式。此种开拓方式目前在煤矿中应用最为广泛（如图1-3所示）。

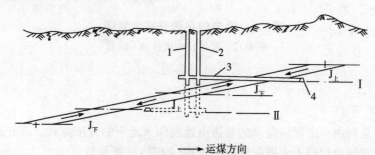

→ 运煤方向

图1-3　在一个开采水平开采上、下山两阶段

1－主井；2－副井；3－井底车场；4－阶段运输大巷；

$J_上$－上山阶段；$J_下$－下山阶段；Ⅰ，Ⅱ－第一、第二水平

（四）综合开拓

综合开拓是指根据立井开拓、斜井开拓和平硐开拓三种开拓方式的各自优点，从中选取两种或两种以上的方式来开拓一个矿井。按不同井硐的组合方式，综合开拓可分为斜井—立井、平硐—斜井和平硐—立井三种基本类型，按不同井硐担负主、副井的功能，进一步可划分为主斜井—副立井，主立井—副斜井，主斜井—副平硐等。也可有单、多水平，上山、上下山等布置。

二、矿井巷道

在煤矿地下开采中，为了提升、运输、通风、排水、动力供应等需要而开掘的井筒、巷道和硐室总称为矿井巷道，又可称为矿山井巷。

（一）矿井巷道断面的形状

井巷断面的形状取决于井巷用途、围岩性质、服务年限以及支护的方式等综合因素，主要有椭圆形断面、拱形断面、马蹄形断面、梯形断面和矩形断面等。

（二）矿井巷道支护材料

井巷的支护材料，主要根据井巷压力的大小以及断面的不同来决定，目的是使岩层处于稳定的状态。支护材料主要有木支架、金属支架（钢轨、U型钢以及矿用工字钢等）、料石或砖、钢筋混凝土支架、锚杆支护和喷浆支护等。

（三）矿井巷道支护技术的应用

一般将常见的支护形式分为锚喷支护、棚式支护、砌碹支护和联合支护。

锚杆支护在煤矿巷道工作中，属于最常用的支护方法，是在煤矿巷道支护发展中的主要技术。现阶段在煤矿巷道的施工过程中需要通过提高岩石的强度来解决在施工过程中出现的围岩张裂的问题，在开采的过程中一定要注重三高和一低，锚杆支护的高强度、高刚度、高的可靠性，支护密度，可以保证在挖掘的过程中提高挖掘的效率。锚喷支护属于性能最佳的支护形式。

棚式支护是我国各煤矿使用的最为频繁的支护方式，主要使用金属支架、木支架与钢筋混凝土支架等，以金属支架为主。棚式支架是一种被动支护，支架不能紧密地贴合巷道表面，控制围岩早期变形的能力差，如果遇到复杂困难的地质条件，难以保障支护效果。

在煤矿巷道的支护形式中，最早使用的是砌碹支护。其所用到的材料有现浇钢筋混凝土、现浇混凝土、料石等。由于砌碹支护较为复杂，施工技术较慢，且施工成本高，无法适应围岩大幅度的变形，一般仅用于硐室、大巷中。

除上述的对煤矿巷道单独支护的技术外，还可以对煤矿巷道进行联合支护，与单独支护相比，联合支护如果运用得当可以取得更好的效果。经常使用的联合技术是锚杆锚索的联合支护技术。

（四）矿井开采巷道依照用途的分类

1. 开拓巷道

(1) 主副井筒：主井用于运煤；副井用于运料、人员通行、通风供电及排水等。

(2) 井底车场：主要作用是充当井下巷道和井筒之间的总运转站。

(3) 主要石门及运输大巷：主要用于井下运输、通风供电和排水等。

(4) 回风井：用于矿井通风，特殊情况也可以作为安全出口。

（5）回风大巷：主要用于矿井回风和运料及人员通行等。

2. 准备巷道

（1）采区车场：主要用于采区的调车、运输以及进风。

（2）轨道上山：用于采区内运料以及人员通行等。

（3）输送机上山：用于采区煤的运输。

（4）采区煤仓：主要用于暂时存煤。

3. 回采巷道

（1）区段运输平巷：用于工作面煤的运输以及进风。

（2）区段回风平巷：运送设备和材料以及工作面回风。

（3）切眼：用于安装采煤机、输送机、支架（支柱）等设备，并布置采煤工作面。

三、矿井采煤方法

每种矿井采煤方法都包括采煤系统和采煤工艺两项主要内容。要正确理解"矿井采煤方法"的涵义，必须首先了解采场、采煤工作面、回采工作、采煤工艺、采煤系统、采煤方法等基本概念。

（一）采场

采场是指用来直接大量采取煤炭的场所。

（二）采煤工作面

采煤工作面（也称回采工作面）是指在采场内进行回采的煤壁。实际工作中，采煤工作面与采场是同义语。由于选用的采煤工艺和支护设备的不同，采煤工作面可以划分为炮采工作面、普采工作面、综采工作面、综采放顶煤采煤四种类型。

（三）回采工作

回采工作是指在采场内，为采取煤炭所进行的一系列工作。回采工作包括基本工序和辅助工序。其中采煤的基本工序包括破煤、装煤、运煤。除了基本工序，支柱和回柱放顶（为了使基本工序顺利进行，还必须进行工作面支护和采空区的顶板处理），移置、运输采煤设备等工序均属辅助工序。

（四）采煤工艺

采煤工艺是指在采煤工作面内按照一定顺序完成各项工序的方法及其配合。在一定时间内，按照一定的顺序完成回采工作各项工序的过程，称为采煤工艺过程。

1. 炮采工作面的采煤工艺

炮采工作面的工艺过程包括破煤、装煤、运煤、支护和回柱放顶。采用爆破落煤是炮采工艺的主要特点。

（1）落煤。用钻眼爆破法把煤从煤壁上崩落下来的过程，称之为爆破落煤，具体包括钻眼、装药、连线和爆破等一系列工序。

（2）装煤、运煤。装煤主要采用爆破抛掷装煤和人工装煤两种方式。运煤方式主要有自重运输和刮板输送机运输。刮板输送机可分为拆移式和可弯曲式。可弯曲式刮板输送机应采用液压千斤顶或其他类型的千斤顶移置。

（3）工作面支护。一般采用铰接顶梁支护和单体液压支柱，液压支柱在倾斜方向上应呈直线状排列，支护方式分为错梁直线柱和齐梁直线柱两种。

（4）采空区处理。采煤工作面控顶距以外的空间称为采空区。为了防止地表陷落，确保井内作业人员的安全,需及时对采空区进行处理。采空区的处理方法有全部垮落法、充填法、煤柱支撑法和缓慢下沉法等。爆破采煤工作面采空区处理一般选用全部垮落法。

2. 普采工作面的采煤工艺

使用采煤机进行破煤和装煤的工作面称为普采工作面。普采工艺的主要特点是用采煤机落煤。采煤机主要有刨煤机和滚筒采煤机两种类型。

(1)落煤、装煤。由采煤机完成落煤与装煤工作。

(2)运煤。运煤过程可以选用可弯曲刮板输送机。在推移输送机时,利用液压千斤顶按规定将输送机平、直的移到预定目的地。

(3)支护。选用单体液压支柱与铰接顶梁组成的悬臂支架支护顶板。

(4)采空区处理。与炮采工艺的采空区处理方式基本相同,一般采用全部垮落法。对于较为坚硬的顶板,可以通过深孔爆破法强制放顶以保证工作面的安全生产。

3. 综采工作面的采煤工艺

使用液压自移支架的工作面称为综采工作面。采煤工序为:割煤、降柱、移架、升柱、移溜,开采流程均为机械化作业;综采工作面消耗低、效率高,且较为安全。

综采工艺的主要特点是用采煤机落煤,用整体自移式液压支架支护顶板,落煤、装煤、运煤、支护全部工序均为机械化操作。

综采工作面的三大设备配套很关键,采煤机、刮板输送机和液压支架这三大设备均要符合设备强度、生产能力和空间尺寸等配套条件。

(1)割煤、运煤。主要采用双向割煤,往返一次进两刀,斜切式进刀;同时配套可弯曲刮板输送机进行运煤。

(2)支护。支护主要选用自移式液压支架,工作面两端一般采用端头支架支护,防止工作面支架歪斜。按支架与围岩的相互作用方式,支架可以分为掩护式、支撑式和支撑掩护式。

(3)刮板输送机和支架的移动。由于支架的形式不同,移动支架和移动刮板输送机的方式也不同。整体式支架在进行移架和推移刮板输送机过程中,共用一个液压千斤顶连接支架底座和刮板输送机槽,互为支点,进行推、拉刮板输送机和支架。迈步式自移支架的移动,则是依靠本身两框架互为支点,采用千斤顶推拉两框架的方式,分别前移,再用另一个千斤顶推移刮板输送机。

(4)采空区处理。综采工作面主要选用垮落法处理采空区。

4. 综采放顶煤采煤的采煤工艺

放顶煤采煤法是在开采厚煤层时,沿煤层的底板或煤层某一厚度范围内的底部布置一个采高为 2～3 m 的采煤工作面,用综合机械化方式进行回采,利用矿山压力的作用或辅以松动爆破等方法,使顶煤破碎成散体后,由支架后方或上方的"放煤窗口"放出,并由刮板运输机运出工作面。综采放顶煤采煤的主要特点是利用采煤机割煤和放顶煤。综采效率高、适应性强、投入产出效果较好。

放顶煤综采机械由采煤机、自移式液压支架及两台刮板输送机所组成。综采放顶煤与综采工艺基本相似,只是综采放顶煤适用于厚煤层开采,且多一道放煤工序。

(五)采煤系统

采煤系统是指回采巷道的掘进和回采工作之间在时间上的配合以及在空间上的相互位置关系。

（六）采煤方法

采煤方法就是采煤系统与采煤工艺的综合及其在时间和空间上的相互配合。根据不同的矿山地质及技术条件,可由不同的采煤系统与采煤工艺相配合,从而构成多种多样的采煤方法。其中,我国常用的集中采煤方法及特征如表1-1所示。

表1-1　我国常用的采煤方法及其特征

序号	采爆方法	体系	整层与分层	推进方法	采空区处理	采煤工艺	适应爆层基本条件
1	单一走向长壁采煤法	壁式	整层	走向	垮落	综、普、炮采	薄及中厚煤层为主
2	单一倾斜长壁采煤法	壁式	整层	倾斜	垮落	综、普、炮采	缓斜薄及中厚煤层
3	刀柱式采煤法	壁式	整层	走向或倾斜	刀柱	普、炮采	同上、顶板坚硬
4	大采高一次采全厚采煤法	壁式	整层	走向或倾斜	垮落	综采	缓斜厚煤层（<5 m）
5	放顶煤采煤法	壁式	整层	走向	垮落为主	综采	缓斜厚煤层（>5 m）
6	倾斜分层长壁采煤法	壁式	分层	走向为主	垮落	综、普、炮采	缓斜、倾斜厚及特厚煤层为主
7	水平分层、斜切分层下行垮落采煤法	壁式	分层	走向	垮落	炮采	急斜厚煤层
8	水平分段放顶煤采煤法	壁式	分段	走向	垮落	综采为主	急斜特厚煤层
9	掩护支架采煤法	壁式	整层	走向	垮落	炮采	急斜厚煤层为主
10	水力采煤法	柱式	整层	走向或倾斜	垮落	水采	不稳定煤层急斜煤层
11	柱式体系采煤法（传统的）	柱式	整层	—	垮落	炮采	非正规条件回收煤柱

四、矿井主要生产系统

（一）矿井通风系统

矿井通风系统是矿井通风方法、通风方式、通风网络与通风设施的总称。其中,通风方式具体可以分为对角式、中央式、分区式以及混合式四种形式。矿井通风方法是指主要通风机对矿井供风的工作方法,按主要通风机安装位置的不同,可以分为压入式、抽出式以及混合式 3 种。通风系统主要包括风机控制、一氧化碳传感器、交通状态检测、火灾报警控制以及管理等。

矿井通风的主要目的主要在于为井下提供足够的新鲜空气,降低井下有毒有害气体和粉尘,调节井下的工作环境,以保证安全生产。

(二)矿井提升运输系统

矿井提升系统主要由三个基本环节构成,即水平运输、采区运输,以及井筒提升。

1. 水平运输

在水平运输大巷,主要采用电机车运输和胶带输送机运输。目前采用电机车运输,部分大型矿井选用皮带运输机运输。

2. 采区运输

工作面运输主要采用刮板输送机运输。目前普采工作面和综采工作面运输巷主要采用橡胶带输送机运输;采区上、下山运输一般选用胶带输送机运输。

3. 井筒提升

井筒提升可分为立井提升和斜井提升两种。

(1)立井提升。立井提升主要采用绞车,提升容器主要有罐笼、箕斗、吊桶等。

(2)斜井提升。斜井提升装置大部分采用绞车,提升容器有串车提升和箕斗提升等。对于大型矿井斜井原煤的提升,可采用斜井带式输送机提升。

(三)矿井供电系统

矿井供电系统主要包括矿井的各级变电所和各电压等级的配电线路。矿井供电系统可以分为深井供电系统、浅井供电系统和平硐供电系统三种类型。

煤矿地面、井下各种电气设备和电力系统的设计、选型、安装、验收、运行、检修、试验等必须按规程执行。

矿井应当有两回路电源线路。任一回路发生故障停止供电时,另一回路应当担负矿井全部用电负荷。区域内不具备两回路供电条件的矿井采用单回路供电时,应当报安全生产许可证的发放部门审查。采用单回路供电时,必须有备用电源。

备用电源应当有专人负责管理和维护,每 10 天至少进行一次启动和运行试验,试验期间不得影响矿井通风等,试验记录要存档备查。

矿井电源线路上严禁装设负荷定量器等各种限电断电装置。矿井供电电能质量应当符合国家有关规定;电力电子设备或者变流设备的电磁兼容性应当符合国家标准、规范要求。电气设备不应超过额定值运行。

(四)防排水系统

在每年雨季到来前必须对防排水设施作全面检查,并制定的防排水措施。检修防排水设施、新建的重要防排水工程。对低于当地历史最高洪水位的设施,必须按规定采取修筑堤坝、沟渠,疏通水沟等防洪措施。

为了及时排出矿井内积水,必须在井底车场附近设置专门的主排水泵房和水仓,主排水泵房必须有工作、备用和检修的水泵,工作水泵的能力应能在 20 h 内排出矿井一天的积水。水仓必须有主仓和副仓,当一个水仓正在清理时,另一个水仓必须要满足正常使用。

矿井防排水系统的工作流程具体为:采煤工作面涌水→采煤工作面→运输平巷→采区集中上山→水平主要运输大巷→井底车场→主要水仓→主排水泵房→副井→地面。

第二节　煤矿开采中危险因素的分析与辨识

一、煤矿主要危险因素分析的方法与过程

(一)分析的方法

针对现场的具体状况及评价方法特点,采取现场观察、咨询交流、查阅资料等方式,并运用专家评议法以及安全检查表法,对危险、有害因素进行辨识和分析。

(二)分析的过程

通过收集到的各方面资料(如矿区的背景资料、工艺指标、生产所需材料、运行情况记录、矿井的事故记录等),对煤矿危险、有害因素辨识与危险性进行分析,分析过程可划分为:生产作业活动;辨识、评价危险、有害因素的危险性;确定重大危险、有害因素。

二、煤矿主要危险辨识及危险因素分析

依据煤矿煤层水文地质条件及开采条件。主要危险有害因素可以概括为:顶板事故、爆破伤害、瓦斯爆炸、煤尘爆炸、运输提升、矿井水灾、电气伤害、职业健康及其他危险、有害因素(粉尘、中毒窒息、有毒物质、噪声等)。

(一)开采系统危险性分析

(1)顶板管理方面的危险因素。主要有空顶时间长、面积大,扩大了无支护空间;掘进工作面木支护棚距大,支护强度不够;采掘工作面爆破后不及时进行临时支护和敲帮问顶;根据矿井开采煤层和巷道顶、底板条件的现场检查,结合安全技术管理和人员操作中可能出现的失误,排查开采系统存在冒顶、片帮的可能性。

(2)冒顶、片帮的危险因素。主要存在于:采煤工作面及前后端头和两顺侧 20 m 超前支护范围内;掘进工作面爆破后迎头无支护或迎头支护不稳固处;巷道支架维修作业地点;受采动压力破坏及特殊构造地点受损的巷道;巷道交叉点未采取特殊支护处理等地点。

(3)冲击地压的危险因素。冲击地压是指煤矿井巷或工作面周围煤(岩)体由于弹性变形能的瞬时释放而产生的突然、剧烈破坏的动力现象,常伴有煤(岩)体瞬间位移、抛出、巨响及气浪等。冲击地压有多种类型:巷道一帮或两帮冲击;煤炭或岩体抛出;底板冲击;弹射、巷帮位移等。其危害程度与发生类型、形式、强度有关。有的煤矿冲击地压事故可以被地震台检测到"震感"。

(二)爆破系统危险性分析

1. 爆破事故发生的主要原因

(1)爆破器材自身的原因:炸药、雷管、放炮器、放炮母线存在质量问题。

(2)打眼放炮操作的原因:炮眼内的钻屑未清理干净;引药制作不合格;装药不紧密或压实用力过大;未在放炮前后检查瓦斯;不洒水降尘;放炮撤人距离不符合规定;警戒不严;放炮后检查不细;漏残药、瞎炮等。

(3)爆破材料储存保管的原因:超量超期存放,炸药、雷管受潮变质;雷管不按规定导通检查等。

2.爆破作业过程中的主要危险

(1)早爆伤害:早爆往往在爆破各项准备工作尚未完成、人员没有撤到安全距离之前发生,会造成人员重大伤亡。

(2)飞石伤害:爆破时,人员还未进入避炮硐、拐弯巷道等安全地点,有发生飞石伤人的危险。

(3)迟爆伤害:爆破时人员已躲避至安全地点,但爆破后人员提前返回爆破工作面,察看爆破效果或因爆破器材质量不合格发生迟爆,会造成重大人员伤亡。

(4)炮烟中毒:炸药爆炸后会产生有毒有害气体,主要为一氧化碳、一氧化氮、二氧化氮、二氧化硫等有害气体;炸药爆炸后,作业人员若未按照规定作业,将会导致炮烟中毒。

(5)盲炮危害:爆破时因各种原因造成炸药包全部或部分没有起爆,而产生盲炮,如未能及时发现、处理,则极其危险。

(三)煤尘防治系统危险性分析

(1)可能造成煤尘爆炸的主要原因有:防尘设施不完善;未按照规程规定,在爆破前后进行喷雾洒水降尘;未贯彻执行粉尘浓度检查记录制度;未及时清理积尘、风速不合理;电缆破坏产生电弧;机械设备摩擦产生火花等。

(2)煤尘爆炸危险主要存在于采掘工作面,转载、装载及卸载点,巷道维修作业点,回风巷等。

(四)瓦斯防治系统危险性分析

(1)主要通风机风机运行性能不能满足矿井通风对风量和风压的要求,造成矿井供风量不足。局部通风机使用不当、风筒损坏漏风,导致掘进工作面风量不足或无风。主要通风机、局部通风机因设备故障、供电故障或人为操作等因素引起停电、停风,导致矿井或采、掘工作面风量不足或无风。由于矿井或作业地点风量不足或无风,造成瓦斯积聚超限,其浓度达到爆炸界限,遇到引爆火源即可引起瓦斯爆炸。由于缺氧或有毒、有害气体浓度超限,可能造成人员中毒或窒息死亡。矿井安全监控系统不完善,传感器设置不当或失效,矿井瓦斯检查制度不严,空班漏检,未能检测出瓦斯浓度超限情况,未及时采取应对措施,造成事故发生。

(2)可能发生瓦斯爆炸场所主要有:回风道和采掘工作面,特别是采煤面回风隅角、冒落区、盲巷、无通风系统及通风不良区域,当这些场所的风量不足或停风时,易发生瓦斯爆炸。

(五)防治水系统危险性分析

(1)煤矿对四邻矿井采掘工程及老窑、老空范围积水情况调查记录不详,风井井口标高与场地标高在同一水平,存在山水涌入井下的可能,对已采完的斜井封闭不严,成为季节性充水的良好通道。现开采煤层上部灰岩含水层富水性强,灰岩上部二叠系含水层出露地表,直接接受大气降水补给;已采完形成的老空区积水,对现开采煤层也会产生影响,如其在边界开拓开采时,一旦发生透水事故,就会造成重大损失和影响。

(2)煤矿透水危险、有害因素存在的主要场所有:邻近矿井采空区、采掘工作面、断层、老空、地面洪水、裂隙及雨季充水处、地面蓄水塘(塌陷区)、密闭采空区等。

(六)运输提升系统危险性分析

(1)运输提升系统主要危险、有害因素包括:主井声光信号使用不规范;主立井上部防过卷保护装置不能够正常使用;使用中的钢丝绳由于受淋水、腐蚀、疲劳的影响,使钢丝绳锈蚀、磨损、断丝超过规程规定;主立井提升钢丝绳与箕斗连接未按规程设置,可使钢丝绳连接部位强度受损;主提升钢丝绳、罐道绳未按规定检查,提升装置过卷、过速、松绳等保护装置缺少或失灵,造成断绳、跑车事故;钢丝绳未按规定进行涂油等。

(2)运输提升危险存在的主要场所有:主井绞车提升地点、运输斜巷、井下运输车辆拐弯点、采掘工作面和运输巷道等。

(七)矿井防火灭火系统危险性分析

(1)在长壁回采工作面回采过程中,会有部分碎煤及坑木留滞在采空区,若回采速度降低,增加了采空区遗煤的氧化时间,极易引发自燃。采空区回采率低,且存在漏风现象,煤柱尺寸小受到压力破坏产生裂隙,时间较长时可能引起煤炭氧化生热,导致煤炭自燃。矿井主要运输大巷、辅助轨道大巷、回风大巷、盘区巷道和回采工作面顺槽巷道等布置在容易自燃的煤层中,支护形式不妥造成煤炭氧化而自燃。井下使用非阻燃电缆,在其过负荷、短路或损坏时可能引起火灾。违章使用电(氧)焊或不按照操作规程进行作业、未采取安全措施,可能引起火灾事故。矿井地面建筑和井下巷道支护使用易燃材料,油脂的贮存、使用不当等,都是火灾隐患。

(2)易发生火灾的主要地点有:未充填实的旧巷道、旧采场,封闭不严而浮煤残留较多的采空区,矿井采掘工作面,回采工作面,烧焊区域,储煤厂,坑木场,配电点,炸药库房及地面生产场所、油脂库等。

(八)机械系统危险性分析

(1)机械伤害。机械伤害事故危险主要是由违章指挥、违章操作、疏忽大意造成的。在不安全的机械上停留、休息、违章操作,在刮板输送机刮板上行走,在斜井绞车运输过程中行走;机械设备转动部件安全防护罩缺乏或损坏、被拆除;在检修或正常工作时,设备突然被人意外启动,导致事故发生;人员素质和技能水平差,不懂机械原理和操作方法及注意事项;安全管理上存在不足等。这些都是井下机械设备伤人的主要隐患。

(2)发生机械伤害危险的地点有:井上、井下所有设置机电设备及其他设备危险存在的场所。

(九)职业健康方面危险性分析

(1)粉尘。产生煤尘和岩尘的主要场所在井下工人集中作业活动的地点,这是职工患职业病的主要来源。

(2)中毒。有毒物质主要集中在采掘工作面和回风流中。应加强注意一氧化碳、硫化氢、二氧化碳、氮氧化物等有毒物质的检测和控制。

第三节　煤矿开采安全技术措施

一、煤矿安全生产综述

煤矿生产实行安全生产许可证制度。未取得安全生产许可证的,不得从事煤矿生产活动。

从事煤矿生产与煤矿建设的企业(统称煤矿企业)必须遵守国家现行有关安全生产的法律、法规、规章、规程、标准和技术规范。煤矿企业必须加强安全生产管理工作,建立健全各级负责人、各部门、各岗位安全生产与职业病防治责任制度。煤矿企业必须建立健全安全生产与职业病危害防治目标管理、投入、奖惩、技术措施审批、培训、办公会议制度,安全检查制度,事故隐患排查、治理、报告制度,事故报告与责任追究制度等。煤矿企业必须建立各种设备、设施检查维修制度,定期进行检查维修,并做好记录。煤矿必须制定本单位的作业和操作规程。

煤矿企业必须设置专门机构负责煤矿安全生产与职业病危害防治管理工作,并配备满足工作需要的人员和装备。

煤矿建设项目的安全设施和职业病危害防护设施,必须与主体工程同时设计、同时施工、同时投入使用。

对作业场所和工作岗位存在的危险有害因素及防范措施、事故应急措施、职业病危害及其后果、职业病危害防护措施等,煤矿企业应当履行告知义务,从业人员有权了解并提出建议。

煤矿安全生产与职业病危害防治工作必须实行群众监督。煤矿企业必须支持群众组织的监督活动,充分发挥群众的监督作用。从业人员有权制止违章作业,拒绝违章指挥;当工作地点出现险情时,有权立即停止作业,撤离到安全地点;当险情没有得到处理,无法保障人身安全时,有权拒绝作业。从业人员必须遵守煤矿安全生产规章制度、作业规程和操作规程,严禁违章指挥、违章作业。

煤矿企业必须对从业人员进行安全教育和培训。培训不合格的人员,不得上岗作业。主要负责人和安全生产管理人员必须具备煤矿安全生产知识和管理能力,并经考核合格。特种作业人员必须按国家有关规定培训合格,取得资格证书后,方可上岗作业。矿长必须具备安全专业知识,具有组织、领导安全生产和处理煤矿事故的能力。

煤矿使用的纳入安全标志管理的产品,必须取得煤矿矿用产品安全标志。未取得煤矿矿用产品安全标志的,禁止使用。试验涉及安全生产的新技术、新工艺必须经过论证并制定安全措施;新设备、新材料必须经过安全性能检验,取得产品工业性试验安全标志。严禁使用国家明令禁止使用或淘汰的危及生产安全和可能产生职业病危害的技术、工艺、材料和设备。

煤矿企业在编制生产建设长远发展规划和年度生产建设计划时,必须编制安全技术与职业病危害防治发展规划和安全技术措施计划。安全技术措施与职业病危害防治所需费用、材料和设备等必须列入企业财务、供应计划。煤炭生产与煤矿建设的安全投入和职业病危害防治费用的提取、使用必须符合国家有关规定。

煤矿必须编制年度灾害预防和处理计划,并根据具体情况及时进行修改。灾害预防和处理计划由矿长负责组织实施。

入井(场)人员必须戴安全帽等个体防护用品,并穿带有反光标识的工作服。入井(场)前严禁饮酒。煤矿必须建立入井检身制度和出入井人员清点制度;必须掌握井下人员数量、位置等实时信息。入井人员必须随身携带自救器、标识卡和矿灯,严禁携带烟草和点火物品,严禁穿化纤衣服。

井工煤矿必须按规定填绘反映实际情况的下列图纸:矿井地质图和水文地质图;井上、井下对照图;巷道布置图;采掘工程平面图;井下运输系统图;通风系统图;安全监控布置图和断电控制图、人员位置监测系统图;排水、压风、防尘、防火注浆、抽采瓦斯等管路系统图;井下通信系统图;井上、下配电系统图和井下电气设备布置图;井下避灾路线图。

露天煤矿必须按规定填绘反映实际情况的下列图纸:综合水文地质图;地形地质图;工程地质平面图、断面图;供配电系统图;通信系统图;采剥、排土工程平面图和运输系统图;防排水系统图;边坡监测系统平面图;井工采空区与露天矿平面对照图。

井工煤矿必须制定停工停产期间的安全技术措施,保证矿井供电、通风、排水和安全监控系统正常运行,落实24 h值班制度。复工复产前必须进行全面安全检查。

煤矿企业必须建立应急救援组织,健全规章制度,编制应急救援预案,储备应急救援物资、装备并定期检查补充。煤矿必须建立矿井安全避险系统,对井下人员进行安全避险和应急救援培训,每年至少组织1次应急演练。

煤矿企业应当有创伤急救系统为其服务。创伤急救系统应当配备救护车辆、急救器材、急救装备和药品等。

当煤矿发生事故后,煤矿企业主要负责人和技术负责人必须立即采取措施组织抢救,由矿长负责抢救指挥,并按有关规定及时上报。

国家实行资质管理的,煤矿企业应当委托具有国家规定资质的机构为其提供鉴定、检测、检验等服务,鉴定、检测、检验机构对其作出的结果负责。

在煤矿闭坑前,煤矿企业必须编制闭坑报告,并报省级煤炭行业管理部门批准。矿井闭坑报告必须有完善的各种地质资料,在相应图件上标注采空区、煤柱、巷道、井筒、火区、地面沉陷区等,情况不清的应当予以说明。

二、煤矿地质保障

煤矿企业应当设立地质测量(简称地测)部门,配备所需的相关专业技术人员和仪器设备,及时编绘反映煤矿实际的地质资料和图件,建立健全煤矿地测工作规章制度。

当煤矿地质资料不能满足设计需要时,不得进行煤矿设计。矿井建设期间,因矿井地质、水文地质等条件与原地质资料出入较大时,应针对所存在的地质问题开展补充地质勘探工作。

当露天煤矿地质资料不能满足建设及生产需要时,必须针对所存在的地质问题开展补充地质勘探工作。

井筒设计前,必须按下列要求进行井筒检查孔的施工:

(1)立井井筒检查孔距井筒中心不得超过25 m,且不得布置在井筒范围内,孔深应当不小于井筒设计深度以下30 m。当地质条件复杂时,应当增加检查孔数量。

(2)斜井井筒检查孔距井筒纵向中心线不大于25 m,且不得布置在井筒范围内,孔深应当不小于该孔所处斜井底板以下30 m。检查孔的数量和布置应当满足设计和施工要求。

(3)井筒检查孔必须全孔取芯,全孔数字测井;必须分含水层(组)进行抽水试验,分煤层采测煤层瓦斯、煤层自燃、煤尘爆炸性煤样;采测钻孔水文地质及工程地质参数,查明地质构造和岩(土)层特征;详细编录钻孔完整地质剖面。

新建矿井开工前必须复查井筒检查孔资料;调查核实钻孔位置及封孔质量、采空区情况,调查邻近矿井生产情况和地质资料等,将相关资料标绘在采掘工程平面图上;编制主要井巷揭煤、过地质构造及含水层技术方案;编制主要井巷工程的预想地质图及其说明书。

井筒施工期间应当验证井筒检查孔取得的各种地质资料。当发现影响施工的异常地质因素时,应当采取探测和预防措施。

煤矿建设阶段和生产阶段,必须对揭露的煤层、褶皱、断层、岩浆岩体、陷落柱、含水岩层,矿井涌水量及主要出水点等进行观测及描述,综合分析,实施地质预测、预报。

井巷揭煤前,应当探明煤层厚度、地质构造、瓦斯地质、水文地质及顶底板等地质条件,编制揭煤地质说明书。

基建矿井、露天煤矿移交生产前,必须编制建井(矿)地质报告,并由煤矿企业技术负责人组织审定。

掘进和回采前,应当编制地质说明书,掌握地质构造、岩浆岩体、陷落柱、煤层及其顶底板岩性、煤(岩)与瓦斯(二氧化碳)突出(简称突出)危险区、受水威胁区、技术边界、采空区、地质钻孔等情况。

煤矿必须结合实际情况开展隐蔽致灾地质因素普查或探测工作,并提出报告,由矿总工程师组织审定。井工开采形成的老空区威胁露天煤矿安全时,煤矿应当制定相应安全措施。

生产矿井应当每5年修编矿井地质报告。地质条件变化影响地质类型划分时,应当在1年内重新进行地质类型划分。

三、矿井建设

(一)一般规定

煤矿建设单位和参与建设的勘察、设计、施工、监理等单位必须具有与工程项目规模相适应的能力。国家实行资质管理的,应具备相应的资质,不得超资质承揽项目。

有突出危险煤层的新建矿井必须先抽后建。矿井建设开工前,应当对首采区突出煤层进行地面钻井预抽瓦斯,且预抽率应当达到30%以上。

建设单位必须落实安全生产管理主体责任,履行安全生产与职业病危害防治管理职责。

煤矿建设单位和施工单位必须设置项目管理机构,配备满足工程需要的安全人员、技术人员和特种作业人员。

单项工程、单位工程开工前,必须编制施工组织设计和作业规程,并组织相关人员学习。

矿井建设期间必须按规定填绘反映实际情况的井巷工程进度交换图、井巷工程地质实测素描图及通风、供电、通信、运输、监测、管路等系统图。

矿井建设期间的安全出口应当符合下列要求:

(1)开凿或者延深立井时,井筒内必须设有在提升设备发生故障时专供人员出井的安全设施和出口;井筒到底后,应当先短路贯通,形成至少2个通达地面的安全出口。

(2)相邻的两条斜井或者平硐施工时,应当及时按设计要求贯通联络巷。

(二)井巷掘进与支护

开凿平硐、斜井和立井时,井口与坚硬岩层之间的井巷必须砌碹或者用混凝土砌(浇)筑,并向坚硬岩层内至少延深5 m。在山坡下开凿斜井和平硐时,井口顶、侧必须构筑挡墙和防洪水沟。

立井永久或者临时支护到井筒工作面的距离及防止片帮的措施必须根据岩性、水文地质条件和施工工艺在作业规程中明确。

立井井筒穿过冲积层、松软岩层或者煤层时,必须有专门措施。采用井圈或者其他临时支护时,临时支护必须安全可靠、紧靠工作面,并及时进行永久支护。建立永久支护前,每班应当派专人观测地面沉降和井帮变化情况;发现危险预兆时,必须立即停止作业,撤出人员,进行处理。

采用冻结法开凿立井井筒或者采用竖孔冻结法开凿斜井井筒时,均应当遵守相关规定。

冻结站必须采用不燃性材料建筑,并装设通风装置。定期测定站内空气中的氨气浓度,氨气浓度不得大于0.004%。站内严禁烟火,必须备有急救和消防器材。制冷剂容器需经过试验合格后,方可使用;制冷剂在运输、使用、充注、回收期间,应当有相应安全技术措施。

冬季或者用冻结法开凿井筒时,必须有防冻、清除冰凌的措施。

采用装配式金属模板砌筑内壁时,应当严格控制混凝土配合比和入模温度。混凝土配合比除满足强度、坍落度、初凝时间和终凝时间等设计要求外,还应当采取措施减少水化热。脱模时混凝土强度不小于0.7 MPa,且套壁施工速度每24 h不得超过12 m。

采用钻井法开凿立井井筒时,必须遵守相关规定。

立井井筒穿过预测涌水量大于10 m³/h的含水岩层或者破碎带时,应当采用地面或者工作面预注浆法进行堵水或者加固。注浆前,必须编制注浆工程设计和施工组织设计。

采用注浆法防治井壁漏水时,应当制定专项措施并遵守相关规定。

开凿或者延深立井、安装井筒装备的施工组织设计中,必须有天轮平台、翻矸平台、封口盘、保护盘、吊盘以及凿岩、抓岩、出矸等设备的设置、运行、维修的安全技术措施。

延深立井井筒时,必须用坚固的保险盘或者留保护岩柱与上部生产水平隔开。只有在井筒装备完毕、井筒与井底车场连接处的开凿和支护完成,制定安全措施后,才可以拆除保险盘或者掘凿保护岩柱。

向井下输送混凝土时,必须制定安全技术措施。混凝土强度等级大于C40或者输送深度大于400 m时,严禁采用溜灰管输送。

施工岩(煤)平巷(硐)时,应当遵守下列规定:

(1)掘进工作面严禁空顶作业。临时和永久支护距掘进工作面的距离,必须根据工程地质、水文地质条件和施工工艺在作业规程中明确,并制定防止冒顶、片帮的安全措施。

(2)距掘进工作面10 m内的架棚支护,在爆破前必须加固。对爆破崩倒、崩坏的支架必须先行修复,然后方可进入工作面作业。修复支架时必须先检查顶、帮,并由外向内逐架进行。

(3)在松软的煤(岩)层、流砂性地层或者破碎带中掘进巷道时,必须采取超前支护或者其他措施。

斜井(巷)施工时,应当遵守下列规定:

(1)明槽开挖必须制定防治水和边坡防护专项措施。

(2)由明槽进入暗硐或者由表土进入基岩采用钻爆法施工时,必须制定专项措施。

(3)施工15°以上斜井(巷)时,应当制定防止设备、管路、轨道等下滑的专项措施。

(4)由下向上施工25°以上的斜巷时,必须将溜矸(煤)道与人行道分开。人行道应当设扶手、梯子和信号装置。斜巷与上部巷道贯通时,必须有专项措施。

(三)井塔、井架及井筒装备

井塔施工时,井塔出入口必须搭设双层防护安全通道,非出入口和通道两侧必须密闭,并设置醒目的行走路线标识。采用冻结法施工的井筒,严禁在未完全融化的人工冻土地基中施工井塔桩基。

井架安装必须编制施工组织设计。遇恶劣气候时,不得进行吊装作业。采用扒杆起

立井架时,应当遵守下列规定:

(1)扒杆选型必须经过验算,其强度、稳定性、基础承载能力必须符合设计。

(2)铰链及预埋件必须按设计要求制作和安装,销轴使用前应当进行无损探伤检测。

(3)吊耳必须进行强度校核,且不得横向使用。

(4)扒杆起立时应当有缆风绳控制偏摆,并使缆风绳始终保持一定张力。

井塔施工与井筒装备安装平行作业时,应当遵守下列规定:

(1)在土建与安装平行作业时,必须编制专项措施,明确安全防护要求。

(2)利用永久井塔凿井时,在临时天轮平台布置前必须对井塔承重结构进行验算。

(3)临时天轮平台的上一层提升孔口和吊装孔口必须封闭牢固。

(4)塔式起重机和施工电梯的位置必须避开运行中的井筒装备、材料运输路线和人员行走通道。

安装井架或井架上的设备时必须盖严井口。装备井筒与安装井架及井架上的设备平行作业时,井口掩盖装置必须坚固可靠,能承受井架上坠落物的冲击。

井下安装应当遵守下列规定:

(1)作业现场必须有充足的照明。

(2)大型设备、构件下井前必须校验提升设备的能力,并制定专项措施。

(3)巷道内固定吊点必须符合吊装要求。吊装时应当有专人观察吊点附近顶板情况,严禁超载吊装。

(4)在倾斜井巷提升运输时不得进行安装作业。

(四)建井期间生产及辅助系统

建井期间应当尽早形成永久的供电、供排水、提升运输、通风等系统。未形成上述永久系统前,必须建设临时系统。矿井进入主要大巷施工前,必须安装安全监控、人员位置监测、通信联络系统。

建井期间应当形成两回路供电。当任一回路停止供电时,另一回路应当能担负矿井全部用电负荷。暂不能形成两回路供电的,必须有备用电源。备用电源的容量应当满足通风、排水和人员撤离的需要。高瓦斯、煤与瓦斯突出、水文地质类型复杂和极复杂的矿井进入巷道和硐室施工前,其他矿井进入采区巷道施工前,必须形成两回路供电。

电气设备保护:经由地面架空线路引入井下的供电电缆,必须在入井处装设防雷电装置;向井下供电的电源线路上不得装设自动重合闸装置;用于控制保护的断路器的断流容量,必须大于其保护范围内电网在最大运行方式下的三相金属性短路容量,并应校验短路器的分断能力和动、热稳定性。

悬挂吊盘、模板、抓岩机、管路、电缆和安全梯的凿井绞车,必须装设制动装置和防逆转装置,并设有电气闭锁。

立井凿井期间采用吊桶升降人员时,应当遵守下列规定:

(1)乘坐人员必须挂牢安全绳,严禁身体任何部位超出吊桶边缘。

(2)不得人、物混装。运送爆炸物品时应当执行相关规定。

(3)严禁用自动翻转式、底卸式吊桶升降人员。

(4)吊桶提升到地面时,人员必须从井口平台进出吊桶,并只准在吊桶停稳和井盖门关闭后进出吊桶。

(5)吊桶内人均有效面积不应小于 $0.2~m^2$,严禁超员。

立井凿井期间,掘进工作面与吊盘、吊盘与井口、吊盘与辅助盘、腰泵房与井口、翻矸平台与绞车房、井口与提升机房必须设置独立信号装置。井口信号装置必须与绞车的控制回路闭锁。吊盘与井口、腰泵房与井口、井口与提升机房,必须装设直通电话。建井期间罐笼与箕斗混合提升,提人时应当设置信号闭锁,当罐笼提人时箕斗不得运行。装备1套提升系统的井筒,必须有备用通信、信号装置。

立井凿井期间,提升钢丝绳与吊桶的连接,必须采用具有可靠保险和回转卸力装置的专用钩头。钩头主要受力部件每年应当进行1次无损探伤检测。

建井期间,井筒中悬挂模板、吊盘、抓岩机的钢丝绳,使用期限一般为1年;悬挂水管、输料管、风管、安全梯和电缆的钢丝绳,使用期限一般为2年。钢丝绳到期后经检测检验,不符合相关规定,可以继续使用。煤矿企业应当根据建井工期、在用钢丝绳的腐蚀程度等因素,确定是否需要储备经检验合格的提升钢丝绳。

斜巷采用多级提升或者上山掘进提升时,在绞车上山方向必须设置挡车栏。

在吊盘上或2 m以上高处作业时,工作人员必须佩带保险带。保险带必须拴在牢固的构件上,高挂低用。保险带应当定期按有关规定试验。每次使用前必须检查,发现损坏必须立即更换。

(五)井下照明

井下照明应包括井下固定照明及矿灯(头灯)照明。

下列地点必须安装固定式照明装置:机电设备硐室、调度室、机车库、爆炸物品库、井下修理间、瓦斯抽采泵站、信号站、候车室、保健室等;井底车场范围内的运输巷道、采区车场;有电机车或无轨胶轮车运行的主要运输巷道、有行人道的集中带式输送机巷道、有行人道的斜井、升降人员及物料的绞车道以及主要巷道交岔点等处;经常有人看管的机电设备处、移动变电站处;风门、安全出口等易发生危险的地点;主要进风巷的交岔点和采区车场;综合机械化采煤工作面。

井下固定照明灯具应选用矿用防爆型,光源宜选用高效节能型。井下固定照明的照度标准宜符合表1-2的规定。

表1-2　井下固定照明照度标准

序号	照明地点	照度值/lx
1	一般电气硐室和设备硐室	50
2	主变电所	75
3	主要排水泵房	75
4	信号站、调度室	75
5	换装硐室、修理间	75
6	机车库	30
7	翻车机硐室、自卸式矿车卸载站	30
8	爆炸物品库(发放室)	30
	爆炸物品库(存放室)	20

(续表)

序号	照明地点	照度值/lx
9	保健室	100
10	候车室、避难硐室、消防材料库	20
11	井底车场及其附近巷道	15
12	运输巷道	10
13	巷道交岔点	15
14	专用人行道	10

井下固定照明的最小均匀系数可按表1-3确定。

表1-3　井下照度最小均匀系数

序号	照明地点	工作平面位置	最小均匀系数
1	井下修配间	工作平面、装配地点水平面	0.34
2	井底车场、机电硐室	底板上1 m水平面	0.34
3	主要运输巷道	底板水平面	0.18
4	装载点	对无须摘挂钩的矿车,在底板上1 m水平面,对需要摘挂钩的矿车,在底板上0.3～0.4 m水平面	0.18
5	采掘工作面	工作面	0.10
6	井底车场绕道及装载巷道	—	0.10

注:照度最小均匀系数,即照度最低均匀度,也是最小照度与最大照度之比。

井下固定照明网络电压损失应符合下列规定:井底车场及硐室的照明,其电压损失不宜超过额定电压的2.5%;井下其他巷道及采掘工作面的照明,其电压损失不宜超过额定电压的5%。

井下照明变压器应设有漏电闭锁、短路、过负荷保护装置。井下主要机电硐室的拱及墙壁宜刷白。

四、煤矿开采

(一)一般规定

新建非突出大中型矿井开采深度(第一水平)不应超过1 000 m,改扩建大中型矿井开采深度不应超过1 200 m,新建、改建、扩建小型矿井开采深度不应超过600 m。矿井同时生产的水平不得超过2个。

每个生产矿井必须至少有2个能行人的通达地面的安全出口,各出口间距不得小于30 m。采用中央式通风的新建、改建、扩建矿井,设计中应当规定井田边界的安全出口。新建、扩建矿井的回风井严禁兼作提升和行人通道,紧急情况下可作为安全出口。

井下每一个水平到上一个水平和各个采(盘)区都必须至少有2个便于行人的安全出

口,并与通达地面的安全出口相连。未建成2个安全出口的水平或者采(盘)区严禁回采。井巷交岔点,必须设置路标,标明所在地点,指明通往安全出口的方向。通达地面的安全出口和2个水平之间的安全出口,倾角不大于45°时,必须设置人行道,并根据倾角大小和实际需要设置扶手、台阶或者梯道。倾角大于45°时,必须设置梯道间或者梯子间,斜井梯道间必须分段错开设置,每段斜长不得大于10 m;立井梯子间中的梯子角度不得大于80°,相邻2个平台的垂直距离不得大于8 m。安全出口应当经常清理、维护,并保持畅通。

主要绞车道不得兼作人行道,但提升量不大、保证行车时不行人的,不受此限。

采用无轨胶轮车运输的矿井人行道宽度不足1 m时,必须制定专项安全技术措施,严格执行"行人不行车,行车不行人"的规定。在人车停车地点的巷道上下人侧,从巷道道碴面起1.6 m的高度内,必须留有宽1 m以上的人行道,管道吊挂高度不得低于1.8 m。

掘进巷道在揭露老空区前,必须制定探查老空区的安全措施,包括接近老空区时必须预留的煤(岩)柱厚度和探明水、火、瓦斯等内容。必须根据探明的情况采取相应措施,进行处理。在揭露老空区时,必须将人员撤至安全地点。只有经过检查,证明老空区内的水、瓦斯和其他有害气体等无危险后,方可恢复工作。

采(盘)区结束后,回撤设备时,必须编制专门措施,加强通风、瓦斯、顶板、防火管理。

(二)回采和顶板控制

采(盘)区开采前必须按照生产布局和资源回收合理的要求编制采(盘)区设计,并严格按照采(盘)区设计组织施工,情况发生变化时及时修改设计。一个采(盘)区内同一煤层的一翼最多只能布置1个采煤工作面和2个煤(半煤岩)巷掘进工作面同时作业。一个采(盘)区内同一煤层双翼开采或者多煤层开采的,该采(盘)区最多只能布置2个采煤工作面和4个煤(半煤岩)巷掘进工作面同时作业。采掘过程中严禁任意缩小和扩大设计确定的煤柱。采空区内不得遗留未经设计确定的煤柱。严禁任意变更设计确定的工业场地、矿界、防水和井巷等的安全煤柱。严禁在高速铁路下开采安全煤柱。下山采区未形成完整的通风、排水等生产系统前,严禁掘进回采巷道。

采掘工作面回采前必须编制作业规程。情况发生变化时,必须及时修改作业规程或者补充安全措施。

采煤工作面必须保持至少2个畅通的安全出口,一个通到进风巷道,另一个通到回风巷道。采煤工作面所有安全出口与巷道连接处超前压力影响范围内必须加强支护,且加强支护的巷道长度不得小于20 m;综合机械化采煤工作面,此范围内的巷道高度不得低于1.8 m;其他采煤工作面,此范围内的巷道高度不得低于1.6 m。安全出口和与之相连接的巷道必须由专人负责维护,发生支架断梁折柱、巷道底鼓变形时,必须及时更换、清挖。高瓦斯、突出、有容易自燃或者自燃煤层的矿井,不得采用前进式采煤方法。

采煤工作面不得任意留顶煤和底煤,伞檐不得超过作业规程的规定。采煤工作面的浮煤应当清理干净。

采煤工作面必须及时支护,严禁空顶作业。所有支架必须架设牢固,并有防倒措施。严禁在浮煤或者浮矸上架设支架。

严格执行敲帮问顶及围岩观测制度。开工前,必须对工作面安全情况进行全面检查,确认无危险后,方准人员进入工作面。

采煤工作面用垮落法进行顶板管理时,必须及时放顶。顶板不垮落、悬顶距离超过作业规程规定的,必须停止采煤,采取人工强制放顶或者其他措施进行处理。放顶的方法和安全措施,放顶与爆破、机械落煤等工序平行作业的安全距离,放顶区内支架、支柱等的回收方法,必须在作业规程中明确规定。放顶人员必须站在支架完整,无崩绳、甩钩、崩柱、断绳抽人等危险的安全地点工作。回柱放顶前,必须对放顶的安全工作进行全面检查,清理好退路。回柱放顶时,必须指定有经验的人员观察顶板。采煤工作面初次放顶及收尾时,必须制定安全措施。

采煤工作面采用密集支柱切顶时,两段密集支柱之间必须留有宽0.5 m以上的出口,出口间的距离和新密集支柱超前的距离必须在作业规程中有明确规定。采煤工作面无密集支柱切顶时,必须有防止工作面冒顶和矸石窜入工作面的措施。

采用人工假顶分层垮落法开采的采煤工作面,人工假顶必须铺设完好并搭接严密。采用分层垮落法开采时,必须向采空区注浆或者注水。注浆或者注水的具体要求,应当在作业规程中有明确规定。

采煤工作面用充填法控制顶板时,必须及时充填。控顶距离超过作业规程规定时禁止采煤,严禁人员在充填区空顶作业;且应当根据地表保护级别,编制专项设计并制定安全技术措施。采用综合机械化充填采煤时,待充填区域的风速应当满足工作面最低风速要求;有人员进行充填作业时,严禁操作作业区域的液压支架。

用水砂充填法控制顶板时,采空区和三角点必须充填满。充填地点的下方,严禁人员通行或者停留。注砂井和充填地点之间,应当保持电话联络,联络中断时,必须立即停止注砂。清理因跑砂堵塞的倾斜井巷前,必须制定安全措施。

采用分层垮落法回采时,下一分层的采煤工作面必须在上一分层顶板垮落的稳定区域内进行回采。

（三）采掘机械

使用有链牵引采煤机时,在开机和改变牵引方向前,必须发出信号。只有在收到返向信号后,才能开机或者改变牵引方向,防止牵引链跳动或者断链伤人。必须经常检查牵引链及其两端的固定连接件,发现问题,及时处理。采煤机运行时,所有人员必须避开牵引链。

使用刨煤机采煤时,工作面倾角在12°以上时,配套的刮板输送机必须装设防滑和锚固装置。

使用连续采煤机、掘进机、掘锚一体机掘进作业时,应当使用内、外喷雾装置,内喷雾装置的工作压力不得小于2 MPa,外喷雾装置的工作压力不得小于4 MPa。

使用运煤车、铲车、梭车、锚杆钻车、履带式行走支架、给料破碎机、连续运输系统或者桥式转载机等掘进机后配套设备时,给料破碎机与输送机之间应当设联锁装置。给料破碎机行走时两侧严禁站人。

使用刮板输送机运输时,采煤工作面刮板输送机必须安设能发出停止、启动信号和通信的装置,发出信号点的间距不得超15 m。

（四）建(构)筑物下、水体下、铁路下及主要井巷煤柱开采

建(构)筑物下、水体下、铁路下及主要井巷煤柱开采,必须设立观测站,观测地表和岩层移动与变形,查明导水裂缝带和垮落带的高度,以及水文地质条件变化等情况。取得的实际资料作为本井田建(构)筑物下、水体下、铁路下的以及主要井巷煤柱开采的依据。

建(构)筑物下、水体下、铁路下,以及主要井巷煤柱开采,必须经过试采。试采前,必须按其重要程度以及可能受到的影响,采取相应技术措施并编制开采设计。

试采前,必须完成建(构)筑物、水体、铁路,主要井巷工程及其地质、水文地质调查,观

测点设置以及加固和保护等准备工作;试采时,必须及时观测,对受到开采影响的受护体,必须及时维修。试采结束后,必须由原试采方案设计单位提出试采总结报告。

(五)井巷维修和报废

矿井必须制定井巷维修制度,加强井巷维修,保证通风、运输畅通和行人安全。

井筒大修时必须编制施工组织设计。维修井巷支护时,必须有安全措施。严防顶板冒落伤人、堵人和支架歪倒。扩大和维修井巷时,必须有冒顶堵塞井巷时保证人员撤退的出口。在独头巷道维修支架时,必须保证通风安全并由外向内逐架进行,严禁人员进入维修地点以内。

撤掉支架前,应当先加固作业地点的支架。架设和拆除支架时,在当前这一支架未完工之前,不得中止作业。撤换支架的工作应当连续进行,不连续施工时,每次工作结束前,必须接顶封帮。

维修锚网井巷时,施工地点必须有临时支护和防止失修范围扩大的措施。

维修倾斜井巷时,应当停止行车;需要通车作业时,必须制定行车安全措施。严禁上段和下段同时作业。

更换巷道支护时,在拆除原有支护前,应当先加固邻近支护,拆除原有支护后,必须及时除掉顶帮活矸和架设永久支护,必要时还应当采取临时支护措施。在倾斜巷道中,必须有防止矸石、物料滚落和支架歪倒的安全措施。

从报废的井巷内回收支架和装备时,必须制定安全措施。

报废的巷道必须封闭。报废的暗井和倾斜巷道下口的密闭墙必须留泄水孔。

报废的井巷必须做好隐蔽工程记录,并在井上、井下对照图上标明,归档备查。

报废的立井应当填实,或者在井口浇注 1 个大于井筒断面的坚实的钢筋混凝土盖板,并设置栅栏和标志。

报废的斜井(平硐)应当填实,或者在井口以下斜长 20 m 处砌筑 1 座砖、石或者混凝土墙,再用泥土填至井口,并加砌封墙。报废井口的周围有地表水影响时,必须设置排水沟。

(六)防止坠落

立井井口必须用栅栏或者金属网围住,进出口设置栅栏门。井筒与各水平的连接处必须设栅栏。栅栏门只准在通过人员或者车辆时打开。立井井筒与各水平车场的连接处,必须设专用的人行道,严禁人员通过提升间。罐笼提升的立井井口和井底、井筒与各水平的连接处,必须设置阻车器。

倾角在 25°以上的小眼、煤仓、溜煤(矸)眼、人行道、上山和下山的上口,必须设防止人员、物料坠落的设施。

煤仓、溜煤(矸)眼必须有防止煤(矸)堵塞的设施。检查煤仓、溜煤(矸)眼和处理堵塞时,必须制定安全措施。处理堵塞时应当遵守相关规定,严禁人员从下方进入。严禁煤仓、溜煤(矸)眼兼做流水道。煤仓与溜煤(矸)眼内有淋水时,必须采取封堵疏干的措施;没有得到妥善处理不得使用。

五、煤矿采空区处理技术

狭义的煤矿采空区仅指地下煤炭资源开采空间。煤矿采空区也指因地下开采空间围岩失稳而产生位移、开裂、破碎垮落,直至上覆岩层整体下沉、弯曲所引起的地表变形和破坏的区域与范围。

采空区地基是指建(构)筑物基础附加应力影响范围内的岩土体和其下伏煤矿采空区共同构成的地质单元。

采空区地基处理是指为增强采空区工程建设场地的稳定性,提高采空区地基的承载力,消除或减缓采空区地表移动变形采取的技术措施。

采空区活化是指煤矿采空区场地地表移动变形达到稳定或基本稳定后,在地下水潜蚀、多煤层重复采动、震动荷载等外力因素的作用下,场地复活为非稳定场地,或使非稳定场地在上述外力因素的作用下不稳定性进一步加剧的现象。

采空区地面建(构)筑物地基处理设计应根据建(构)筑物规模、功能特征,采空区特征以及采空区地基可能造成建(构)筑物破坏或影响正常使用的程度分为甲级、乙级、丙级三个等级,设计时应根据表1-4情况确定。

表1-4　采空区地基处理设计等级

设计等级	建(构)筑物及煤矿采空区特征
甲级	现行国家标准《建筑地基基础设计规范》(GB 50007—2011)中规定的地基基础设计等级为甲级及《煤矿矿井建筑结构设计规范》(GB 50592—2010)中规定的结构安全等级为一级的建(构)筑物;位于急倾斜煤层采空区露头地段,非正规开采的小窑煤矿采空区、复采及多煤层开采采空区上的建(构)筑物;地表移动盆地外边缘区以及地表陷坑、塌陷、滑坡、崩塌、地裂缝等发育地段的建(构)筑物;采深采厚比<30且停采时间 $t<2.0\ H_d$ 或<1年的采空区建(构)筑物
乙级	除甲级、丙级以外的工业与民用建(构)筑物
丙级	荷载分布均匀的七层以下民用建筑及一般工业建(构)筑物,次要的轻型建(构)筑物; 水平(缓倾斜)采空区,采用正规开采方法开采单一煤层的一般拟建建(构)筑物; 地表移动盆地中间区以及地表陷坑、塌陷、滑坡、崩塌、地裂缝等不发育地段的一般拟建建(构)筑物; 采深采厚比≥60且停采时间 $t≥3.0\ H_d$ 且≥2年的一般拟建建(构)筑物

注: H_d 为采空区埋深(m), t 为停采时间(天);对30层以上和高度大于100 m超高层建筑以及高度超过100 m的构筑物的下伏采空区地基处理设计与施工应进行专门论证。

煤矿采空区新建、改建和扩建工程设计和施工前,必须进行煤矿采空区岩土工程勘察,判定工程建设场地的稳定性和适宜性。勘察及评价结论应作为煤矿采空区地基处理、建(构)筑物及地基基础设计的主要依据。

采空区场地稳定性及适宜性评价应符合现行国家标准《煤矿采空区岩土工程勘察规范》(GB 51044—2014)的有关规定。

煤矿采空区建(构)筑物地基处理宜在地表移动衰退期结束后进行。

采空区建(构)筑物地基处理主要对象,应包括拟建场地影响范围内煤矿采空空洞、采空区覆岩垮落、离层及对场地和地基稳定性有影响的巷道、废弃井筒、地表裂缝、塌陷坑等。

采空区建(构)筑物地基处理面积及处理深度,应依据建筑物特征、采空区特征、采空区地基处理设计等级及采空区地基处理方法等综合确定。

不同类型或不同变形区段的采空区,可根据采空区变形特征、稳定性现状、拟建建

(构)筑物重要性等级以及对不均匀沉降敏感程度等,采取不同的地基处理方法。

对评定为稳定及基本稳定的采空区场地,在确定采空区地基处理设计方案时,尚应分析下列可能引起采空区活化的不利因素:

(1)非充分采动的采空区及小窑采空区,地下水长期对煤(岩)柱、顶(底)板岩石的软化作用。

(2)充分采动采空区垮落、断裂带地下水长期对覆岩的潜蚀、软化作用。

(3)地表水经塌陷坑、采动裂缝等长期入渗对采空区的作用。

(4)多煤层重复采动及邻近矿区开采的作用。

(5)地质构造褶皱、断裂强烈发育的采空区,受邻近矿区采动、爆破振动、地震等作用。

(6)充水采空区,因相邻矿区开采的疏排水作用;未充水采空区,因外界因素积水的软化作用。

(7)垮落带、断裂带发育且密实程度差的浅层、中深层采空区场地上的附加荷载作用。

应根据采空区类型、建(构)筑物规模及其所处地表移动变形位置,同时结合上部结构、基础和地基的共同作用,选用地基处理与加强上部结构抗变形能力的综合措施。

对下列类型的采空区地基处理工程,应在有代表性的区段进行现场试验和试验性施工,并应校验设计参数和施工工艺:采空区地基处理设计等级为甲级和乙级的工程;无区域处理经验的工程;采用新材料或新处理工艺的工程。

采空区地基处理设计除应符合现行国家标准《建筑地基基础设计规范》(GB 50007—2011)的有关规定外,尚应符合下列规定:

(1)所有采空区建(构)筑物地基计算,应满足承载力计算的有关规定。

(2)采空区建(构)筑物地基变形验算,应分析评价采空区残余变形的影响。

(3)对位于斜坡上或边坡附近的采空区建(构)筑物以及受较大水平荷载作用的高层建筑、高耸结构,尚应进行地基稳定性验算。

采空区地基处理施工工艺、工序应根据采空区顶板垮落特征、充水状态、密实程度等综合确定,并应严格控制工序、质量,进行施工验证和工后检测与评价。

煤矿采空区建(构)筑物地基处理鼓励采用新技术、新材料和新工艺,合理利用矿渣、尾矿等废弃物,应遵守国家现行安全生产和环境保护等有关规定,并应符合耐久性使用要求。

煤矿采空区地基处理设计等级为甲级、乙级的建(构)筑物,地基处理设计、施工、质量检验和工后监测等均应符合动态设计、信息法施工的工程管理要求。地基处理设计等级为丙级的建(构)筑物,地基处理设计、施工宜采用动态工程管理方法。

六、煤矿职业病危害及防治

煤矿企业必须建立健全职业卫生档案,定期报告职业病危害因素。

煤矿企业应当开展职业病危害因素日常监测,配备监测人员和设备。

煤矿企业应当每年进行1次作业场所职业病危害因素检测,每3年进行1次职业病危害现状评价。检测、评价结果存入煤矿企业职业卫生档案,定期向从业人员公布。

煤矿企业应当为接触职业病危害因素的从业人员提供符合要求的个体防护用品,并指导和督促其正确使用。

作业人员必须正确使用防尘或者防毒等个体防护用品。

(一)粉尘危害及防治

矿井必须建立消防防尘供水系统,采煤工作面应当采取煤层注水防尘措施。

(二)热害及防治

热害是指矿井中对影响人体健康、降低劳动生产率和危及安全生产的热、湿作业环境。降温方式分为制冷降温和非制冷降温。当采掘工作面空气温度超过26℃、机电设备硐室超过30℃时,必须缩短超温地点工作人员的工作时间,并给予高温保健待遇。

当采掘工作面的空气温度超过30℃、机电设备硐室超过34℃时,必须停止作业。

新建、改扩建矿井设计时,必须进行矿井风温预测计算,超温地点必须有降温设施。

有热害的井工煤矿应当采取通风等非机械制冷降温措施。无法达到环境温度要求时,应当采用机械制冷降温措施。

1. 非制冷降温

非制冷降温方式包括:通风、机电设备选择与布置、井下热水治理、其他非制冷降温。

热害矿井应合理缩短进风线路的长度,并应采用分区式通风或对角式通风。初期采用中央并列式通风的,应布置一个生产采区。

井下设备选择时不宜采用超大能力的设备,井下大型机电设备冷却宜采用水冷方式。

有井下热水涌出时,主要进风巷布置应符合下列规定:宜避开井下热水涌出等局部高温区和含水层、透水性强的岩层及断层裂隙带;进风井巷布置在有井下热水涌出、渗出的地带或含水裂隙带时,应根据矿井的具体情况,分别采取封水、截水、导水、防水、隔热等治理措施。

热害矿井的主要水沟或排水管道宜布置在回风巷中,进风井巷的井下热水水沟或排水管道应采取隔热措施,热害严重的区域可设置独立通风的专用泄水巷。有井下热水涌出时,井底水仓和井底车场巷道间宜设隔热处理措施。

在高温区域短时间作业的人员,可采取冷却服等个体防护措施。采煤工作面综合防尘、防火灌浆、混凝土支护、煤壁注水等作业用水,宜采用天然冷水。矿井设计应减少采、掘工作面的数量。有条件的热害矿井宜采用充填法开采。热害矿井宜采用双巷或多巷布置方式。

2. 制冷降温

制冷降温方式包括:井下集中式降温、地面集中式降温、地面与井下联合制冷降温、井下移动式降温、载冷剂循环系统、冷却水循环系统、空气冷却处理。

制冷降温系统硐室应符合现行国家标准《煤矿井下车场及硐室设计规范》(GB 50416—2017)的有关规定。

制冷机组的制冷剂选择应符合防火、不爆炸、无毒、环保等要求。

溴化锂吸收式冷水机组严禁建设以煤为燃料的专用锅炉房。

采取制冷降温时,气象条件控制地点等效温度应符合下列规定:采煤工作面气象条件控制地点范围内等效温度不应超过28℃,且采煤工作面进风口处等效温度不应低于18℃;掘进工作面气象条件控制地点范围内等效温度不应超过28℃;机电设备硐室气象条件控制地点范围内等效温度不应超过30℃,且进风口处等效温度不应低于18℃。

采、掘工作面的冷负荷计算应根据围岩的散热、空气压缩或膨胀产生的热量、机电设备的散热、人体散热、氧化热以及井下热水的散热等与风流的热湿交换等因素确定,并应通过气象条件预测方法对空气冷却器处理前、后的井下作业环境控制地点的气象参数进行风流热力计算。

矿井制冷降温所需要的冷负荷应按下式计算:

$$Q = k \times \sum Q_c + \sum Q_j + \sum Q_d + \sum Q_{qt}$$

式中：Q——矿井制冷降温所需要的冷负荷(kW)；

k——采煤工作面最大冷负荷同时系数,宜按 0.85~1.0 选取；

Q_c——同时降温的各采煤工作面最大冷负荷(kW)；

Q_j——同时降温的各掘进工作面计算冷负荷(kW)；

Q_d——同时降温的各机电设备硐室计算冷负荷(kW)；

Q_{qt}——其他降温地点计算冷负荷(kW)。

(三)噪声危害及防治

作业人员每天连续接触噪声的时间达到或者超过 8 h 的,噪声声级限值为 85 dB(A)。每天接触噪声时间不足 8 h 的,可以根据实际接触噪声的时间,按照接触噪声时间减半、噪声声级限值增加 3 dB(A)的原则确定其声级限值。

每半年至少监测 1 次噪声。井工煤矿噪声监测点应当布置在主要通风机、空气压缩机、局部通风机、掘进机、采煤机、风动凿岩机、破碎机、主水泵等设备使用地点。

露天煤矿噪声监测点应当布置在钻机、挖掘机、破碎机等设备使用地点。

应当优先选用低噪声设备,采取隔声、消声、吸声、减振、减少接触时间等措施降低噪声危害。

(四)有害气体危害及防治

监测有害气体时应当选择有代表性的作业地点,其中包括空气中有害物质浓度最高、作业人员接触时间最长的地点。采样应当在正常生产状态下进行。

一氧化碳、氧化氮、氨、二氧化硫至少每 3 个月监测 1 次,硫化氢至少每月监测 1 次。

煤矿作业场所存在硫化氢、二氧化硫等有害气体时,应当加强通风降低有害气体的浓度。在采用通风措施无法达到作业环境标准时,应当采用集中抽取净化、化学吸收等措施降低硫化氢、二氧化硫等有害气体的浓度。

第二章 煤矿通风技术相关标准与安全技术要求

第一节 煤矿通风的基本知识与相关标准

一、矿井通风概述

矿井通风是指利用地面通风动力,将地面的新鲜空气由进风井送入井下,在井下经过各个用风地点后,再由出风井排到地面的整个过程。

矿井通风是煤矿生产的一个重要环节,与矿井安全密切相关。煤矿井下开采存在着瓦斯及其他有害气体、煤尘、煤炭自燃等严重威胁,搞好煤矿"一通三防"工作,是煤矿安全工作的重中之重,也是杜绝重大灾害事故、实现煤矿安全状况根本好转的关键。

专家解读 "一通三防"是指加强矿井通风,防治瓦斯、防治煤尘、防治火灾事故的发生。

(一)矿井通风的目的

矿井通风的目的有如下三个方面:

(1)向井下各工作场所连续不断地供给适宜的新鲜空气,满足人员对氧气的需要。

(2)把有毒有害气体和矿尘稀释到安全浓度以下,并排到矿井之外。

(3)提供适宜的气候条件,创造良好的生产环境,提高矿井的防灾抗灾能力,以保障职工的身体健康和生命安全,保证机械设备的正常运转。

(二)矿井空气

矿井空气是来自地面的新鲜空气、井下产生的有害气体和浮尘的混合体。矿井空气的来源是地面空气,地面空气进入井下后,空气的成分、温度、湿度和压力都发生了变化。这些变化主要表现在以下四方面:

(1)氧气浓度减少,二氧化碳浓度增加。

(2)混入了各种有害气体,主要是硫化氢、一氧化碳、二氧化硫、二氧化碳和沼气等有毒有害和爆炸性气体。

(3)混入了煤尘和岩尘。

(4)空气的温度、湿度和压力发生变化。在通常情况下,冬季温度升高,夏季降低;绝对湿度增大,相对湿度增高;在压入式通风矿井,压力变大;在抽出式通风矿井,压力变小。

煤矿作业人员在井下工作时,需要一个适宜的气候条件,包括适宜的温度、湿度、风速。因此,《煤矿安全规程》对此有明确的规定,井下空气成分必须符合下列要求:

(1)采掘工作面的进风流中,氧气浓度不低于20%,二氧化碳浓度不超过0.5%。

(2)矿井有害气体的最高允许浓度如表2-1所示。而甲烷、二氧化碳和氢气的允许浓度按《煤矿安全规程》的有关规定执行。

表 2-1　矿井有害气体最高允许浓度

名称	最高允许浓度/%
一氧化碳 CO	0.002 4
氧化氮(换算成 NO_2)	0.000 25
二氧化硫 SO_2	0.000 5
硫化氢 H_2S	0.000 66
氨气 NH_3	0.004

专家解读 常见有害气体对人体的影响及危害如下:

一氧化碳(CO)是一种有毒气体,对人体的危害极大。一氧化碳与人体血液中的红血球的结合能力比氧大 250~300 倍,不但阻止红血球吸氧,而且还能挤掉氧,造成人体细胞组织缺氧现象,引起中枢系统损坏。空气中一氧化碳浓度达到 0.016% 时,人会产生轻微头痛的症状;一氧化碳浓度达到 0.128% 时,人会产生肌肉酸痛、无力、呕吐、感觉迟钝的症状;一氧化碳浓度达到 0.5% 时,人会丧失知觉、痉挛、呼吸停顿,甚至死亡。

二氧化氮(NO_2)对人的眼、鼻、呼吸道及肺部具有强烈的腐蚀破坏作用,能引起肺水肿。当二氧化氮浓度达到 0.003 4% 时,人会产生呼吸困难的症状;当二氧化氮浓度达到 0.01% 时,人会产生恶心、呕吐、神经系统麻木的症状;当二氧化氮浓度达到 0.025% 时,人会在短时间内死亡。井下二氧化氮的主要来源是爆破作业,1 kg 硝铵炸药爆破后产生10 L二氧化氮。

二氧化硫(SO_2)有剧毒,强烈刺激人的眼睛,腐蚀呼吸器官,导致呼吸麻痹和支气管炎、肺水肿。当二氧化硫浓度达到 0.002% 时,人会产生流泪、咳嗽、头疼的症状;当二氧化硫浓度达到 0.05% 时,人会产生急性支气管炎、肺水肿的症状,甚至短时间死亡。二氧化硫的主要来源是含硫煤炭氧化自燃、含硫煤岩爆破和硫化矿物的氧化等。

硫化氢(H_2S)具有强烈毒性,刺激人的眼、鼻、咽喉和上呼吸道的黏膜,干扰中枢神经系统,引起急性中毒。当硫化氢浓度达到 0.000 1% 时,人能闻到气味;当硫化氢浓度达到 0.001% 时,人会轻度中毒,产生流鼻涕、头晕、呼吸困难的症状;当硫化氢浓度达到 0.05%~0.1% 时,人会严重中毒,产生痉挛、失去知觉,甚至死亡。

氨气(NH_3)是具有浓烈臭味的有毒气体,且有爆炸性(爆炸界限 16%~27%)。氨气对人的皮肤和呼吸器官有刺激作用,能引起咳嗽、流泪、头晕、声带水肿,重者会造成人的昏迷、痉挛、心力衰竭以至残废。氨气的主要是在炸药爆破、有机物氧化腐烂、用水熄灭燃烧的煤炭等条件下产生的。

(3)采掘工作面的空气温度不宜超过 26 ℃,机电硐室的空气温度不宜超过 30 ℃,否则应缩短超温地点工作人员的工作时间,并给予高温保健待遇。采掘工作面的空气温度超过 30 ℃、机电设备硐室的空气温度超过 34 ℃时,必须停止作业。

(4)井巷中的风流速度应当符合表 2-2 的要求。设有梯子间的井筒或者修理中的井筒,风速不得超过 8 m/s;梯子间四周经封闭后,井筒中的最高允许风速可以按下表规定执行。无瓦斯涌出的架线电机车巷道中的最低风速可低于下表的规定值,但不得低于0.5 m/s。综合机械化采煤工作面,在采取煤层注水和采煤机喷雾降尘等措施后,其最大风速可高于表 2-2 的规定值,但不得超过 5 m/s。

表 2-2　井巷中的允许风流速度

井巷名称	允许风速/(m·s⁻¹)	
	最低	最高
无提升设备的风井和风硐	—	15
专为升降物料的井筒	—	12
风桥	—	10
升降人员和物料的井筒	—	8
主要进、回风巷	—	8
架线电机车巷道	1.0	8
输送机巷,采区进、回风巷	0.25	6
采煤工作面、掘进中的煤巷和半煤岩巷	0.25	4
掘进中的岩巷	0.15	4
其他通风人行巷道	0.15	—

二、矿井通风系统

矿井通风系统是向矿井各作业地点供给新鲜空气、排出污浊空气的进、回风井的布置方式,主要通风机的工作方法,通风网路和风流控制设施的总称。

(一)矿井通风方法

矿井通风方法是指矿井主要通风机对井下供风的工作方法。《煤矿安全规程》规定,矿井必须采用机械通风。机械通风就是利用通风机产生的风压,对矿井和井巷进行通风的方法。

矿井主要通风机对井下供风的工作方式可分为抽出式(通过局扇将独头工作面的烟尘抽出,并将巷道作为其主要进风通道)、压入式(巷道回风、风筒回风)和抽压混合式三种。

矿井必须安装 2 套同等能力的主要通风机装置,其中 1 套作备用,备用通风机必须能在 10 min 内开动。

生产矿井主要通风机必须装有反风设施,并能在 10 min 内改变巷道中的风流方向;当风流方向改变后,主要通风机的供给风量不应小于正常供风量的 40%。

(二)矿井通风方式

根据进风井与回风井之间的相互位置关系的不同,矿井通风方式可分为中央式、对角式、混合式和区域式。

1. 中央式通风

中央式通风是指进风井与回风井大致位于井田走向的中央。按进、回风井在井田倾斜方向位置的不同,中央式通风又分为中央并列式和中央边界式(又称中央分列式)两种(如图 2-1 所示)。

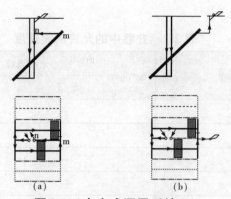

图 2-1　中央式通风系统

（a）中央并列式通风系统；（b）中央分列式通风系统

2. 对角式通风

对角式通风是指进风井大致位于井田中央，回风井位于井田浅部走向上方的通风系统。根据回风井在走向位置的不同，对角式通风又可分为两翼对角式、分区对角式两种（如图 2-2 所示）。

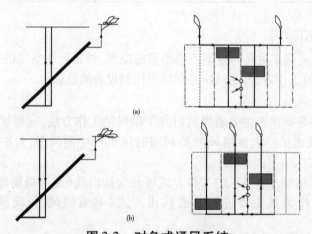

图 2-2　对角式通风系统

（a）两翼对角式通风系统；（b）分区对角式通风系统

3. 混合式通风

混合式通风即中央式与对角式的混合布置（如图 2-3 所示）。常见的混合式有中央并列与双翼对角混合、中央边界与双翼对角混合及中央并列与中央边界混合等。

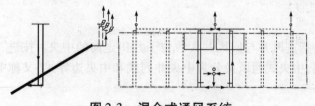

图 2-3　混合式通风系统

4.区域式通风

在井田的每一个生产区域开凿进、回风井,分别构成独立的通风系统(如图 2-4 所示)。各区域进风系统之间的联络巷是角联风路,应保证其有足够强度的风流通过,防止出现微风和无风的现象。各区域必须实现独立回风,合理划分各自担负的生产区域,隔断各区域回风联系,尽量避免一个采(盘)区或条带工作面由两个区域主扇共同担负通风。

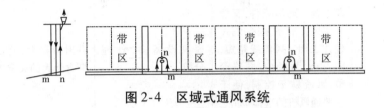

图 2-4　区域式通风系统

各类型矿井通风系统的优缺点及适用条件如表 2-3 所示。

表 2-3　各类型矿井通风系统的优缺点及适用条件

通风方式		优点	缺点	适用条件
中央式	中央并列式	进、回风井均布置在中央工业广场内,地面建筑和供电集中,建井期限较短,便于贯通;初期投资少,出煤快,护井煤柱较小。矿井反风容易,便于管理	风流在井下的流动路线为折返式,风流线路长,阻力大,井底车场附近漏风大。工业广场受主要通风机噪声的影响和回风风流的污染	适用于煤层倾角大、埋藏深、井田走向长度小于 4 km,瓦斯与自然发火都不严重的矿井。冶金矿山当矿脉走向不太长,或受地形地质条件限制,在两翼不宜开掘风井时使用
	中央边界式	通风阻力较小,内部漏风较小。工业广场不受主要通风机噪声的影响及回风风流的污染	风流在井下的流动线路为折返式,风流线路长,阻力较大	适用于煤层倾角较小、埋藏较浅,井田走向长度不大,瓦斯与自然发火比较严重的矿井
对角式	两翼对角式	风流在井下的流动线路是直向式,风流线路短,阻力小,内部漏风少,安全出口多,抗灾能力强,便于风量调节,矿井风压比较稳定。工业广场不受回风污染和通风机噪声的危害	井筒安全煤柱压煤较多,初期投资大,投产较晚	煤层走向大于 4 km,井型较大,瓦斯与自然发火严重的矿井;或低瓦斯矿井,煤层走向较长,产量较大的矿井
	分区对角式	每个采区有独立通风路线,互不影响,便于风量调节,安全出口多,抗灾能力强,建井工期短,初期投资少,出煤快	占用设备多,管理分散,矿井反风困难	煤层埋藏浅,或因地表高低起伏较大,无法开掘总回风巷

（续表）

通风方式	优点	缺点	适用条件
混合式	回风井数量较多,通风能力大,布置较灵活,适应性强	通风设备较多	井田范围大,地质和地面地形复杂;或产量大,瓦斯涌出量大的矿井
区域式	既可改善通风条件,又能利用风井准备采区,缩短建井工期。风流线路短,阻力小,漏风少,网路简单,风流易于控制,便于主要通风机的选择	通风设备多,管理分散	井田面积大、储量丰富或瓦斯含量大的大型矿井

（三）矿井通风网络

矿井通风网络是指风流流经井巷的分布形式。

1. 串联网络

串联网络是指多条风路依次连接起来的网络。井下 2 条或 2 条以上的通风井巷首尾相连,前一井巷的出风端是下一井巷的进风端。其特点是:串联的通风井巷越多,风阻越大;若进风侧发生灾害,势必影响到回风侧;各段巷道中的风量不能随意改变。

2. 并联网络

并联网络是指 2 条或 2 条以上的风路从某一点分开到达另一点汇合,中间设有分岔的网络。其特点是:并联的通风井巷越多,各井巷分得的风量越少,风阻也越小,并且各井巷互不干扰,安全性好。

3. 角联网络

角联网络是指有 1 条或多条风路把 2 条并联风路连通的网络。并联网络中的 2 条井巷之间,被 1 条或多条井巷横跨接通,横跨于并联网络中的井巷称为对角巷或对角风路。对角风路中的风流方向不稳定,在矿井设计中应尽量避免出现角联网络。

（四）矿井通风设施

为了保证风流沿需要的路线流动,就必须在某些巷道中设置相应的通风设施(又称通风构筑物),如风门、风桥、风墙、风窗等,以便对风流进行控制。

1. 风门

在井下平时行人、行车的巷道内设置的能够隔断风流和对风量进行调节的通风构筑物称为风门。

2. 风桥

在进、回风巷道的交叉点,为避免风流短路而建造的通风构筑物称为风桥。根据风桥的使用年限,可分为永久性风桥和临时性风桥。永久性风桥有绕道式风桥和混凝土(或砖石)风桥;临时性风桥一般用木板或铁风筒构成(如图 2-5 所示)。

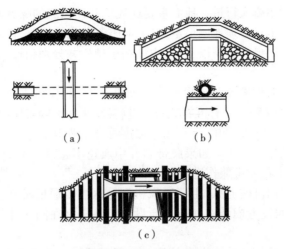

图 2-5 风桥示意图

(a)绕道式;(b)混凝土式;(c)铁筒工

3.风墙

风墙又称"密闭",是为截断风流而在巷道中设置的隔墙。凡是不运输、不行人,又需遮断风流的井巷都应设有风墙,可用它来封闭采空区、火区和废弃的旧巷等。

4.风窗

风窗又称"调节风门",是安装在风门或其他通风设施上可调节风量的窗口。在并联网络中,若一个风路中风量需要增加,则可在另一风路中安设风窗,使并联风网中的风量按需供应,达到风量调节的目的。

《煤矿安全规程》中规定,控制风流的风门、风桥、风墙、风窗等设施必须可靠。同时对矿井通风设施设置位置有明确的规定,进、回风井之间和主要进、回风巷之间的每个联络巷中应建立永久性挡风墙。需要使用的联络巷,应设置2道联锁的正向和2道反向风门,防止行人或反风时风流短路。与采空区连通的所用巷道(包括风眼、溜煤眼),必须建筑永久性挡风墙。行人、行车巷道,采区之间的联络巷,采区人、回风巷联络道,应根据通风设施服务时间及作用,建立永久性或临时性挡风墙及永久性或临时性风门(包括风量调节门)。为避免串联通风,水平交叉的人、回风巷应设风桥,将入风流与回风流隔开。主要运输巷道中应设立永久性自动风门,经常行人风门应自动闭锁或由专人看管。斜巷不应设立风门。超过6 m的盲巷及废弃巷道均应设立永久性或临时性挡风墙。开采突出煤层时,工作面回风侧不应设置风窗。

(五)矿井通风系统设计的基本要求

每个矿井特别是地震区、多雷区的矿井,至少要有两个通到地面的安全出口,各个出口之间的距离不得小于30 m,新建和改建的矿井,当采用中央并列式通风时,还要在井田边界附近设置安全出口。井下每一个水平到上一水平和每个采区至少都有两个出口,并与通到地面的安全出口相连通,通到地面的安全出口和两个水平之间的出口都必须有便于人行的设施(台阶和梯子间等)。

进风井口要避免污风、炼焦气体、尘土、矸石燃烧气体等的侵入。进风井口距离产生烟尘、有害气体的地点不得小于500 m;为防止进风井筒冬季结冰,需装设暖风设备。矿井的总回风道不得作为主要人行道。地面主要通风机和回风流的噪音都不得造成公害。进风井与出风井的设置地点必须地层稳定，施工地质条件比较简单，占地少，压煤少，而且要在当地历年来洪水位的最高标高以上（大中型和小型矿井分别超过当地百年和 50 年内最高水位）。

箕斗井一般不应兼作进风井或出风井。如果井上、下装卸装置和井塔有完善的封闭措施，其漏风率不超过 15%，并有可靠的降尘设施，箕斗井可以兼作出风井；若井筒中风速不超过 6 m/s，有可靠的降尘措施，保证粉尘浓度符合工业卫生标准，箕斗井可以兼作进风井。胶带斜井不得兼作出风井。如果胶带斜井中风速不超过 4 m/s，有可靠的降尘措施，粉尘浓度符合卫生标准，才可兼作进风井。

所有矿井都要采用机械通风，主要通风机和分区主要通风机必须安装在地面。但有战备的特殊要求时，可以考虑装在井下。新设计矿井不宜在同一井口选用几台主要通风机联合运转。

两个可以独立通风的矿井不宜合并为一个通风系统。若有几个出风井，则自采区流到各个出风井的风流需保持独立；各工作面的回风在进入采区回风道之前、各采区的回风在进入回风水平之前都不能任意贯通，下水平的回风流和上水平的进风流必须严格隔开。在条件允许时，要尽量使总进风早分开，总回风晚汇合。

采用多台分区主要通风机通风时，为了保持联合运转的稳定性，总进风道的断面不宜过小，尽可能减少公共风路的风阻。各分区主要通风机的回风流、中央主要通风机和每一翼主要通风机的回风流都必须严格隔开。

为尽可能降低通风费用，主要风道的断面不宜过小，并做到壁面光滑，以降低摩擦阻力。主要风道的拐弯要缓慢，断面的变化要均匀，以降低局部阻力；要尽可能使每个采区的产量均衡，阻力接近，使自然分配的风量基本上和按需要分配的风量一致；尽可能少用通风构筑物，同时也要重视降低基建费用。为此，要充分利用一切可用的直通地面的旧井巷，或利用上水平可用的旧巷道帮助下水平回风。

采区通风和掘进通风要符合要求，满足防治瓦斯、火、水、尘和高温对矿井通风系统的要求，还要有利于深水平或后期通风系统的发展变化。

（六）矿井通风系统技术管理的基本要求

新安装的主要通风机投入使用前，必须进行性能测定和试运转工作，以后每 5 年至少进行 1 次性能测定。

矿井投产前应进行 1 次矿井通风阻力测定，以后每 3 年至少进行 1 次矿井通风阻力测定。在矿井转入新水平生产或改变一翼通风系统后，必须重新进行矿井通风阻力测定。

矿井主要通风机的外部漏风每季度至少测定 1 次，并做好记录。回风井口通往风硐的漏风通道要封闭严密。无提升设备的井筒，外部漏风率不得超过 5%；有提升设备的井筒，外部漏风率不得超过 15%。矿井有效风量率不得低于 85%。

矿井必须有足够数量的通风安全检测仪表，并定期校验这些仪表。

矿井主要通风机改变运行参数前，必须编制安全技术措施。

矿井通风负压要符合行业标准《煤矿井工开采通用技术条件》（AQ 1028）的要求，否则必须采取降阻措施。

矿井每年安排采掘活动时，必须核定矿井生产和通风能力，必须按实际供风量核定矿井产量，严禁超通风能力生产。

矿井必须根据实际情况计算工作面需要风量。工作面实际供风量必须大于计算所需风量,工作面不得超通风能力生产。备用工作面的风量不得低于正常回采工作面风量的50%。

主要用风地点(采掘工作面、机电硐室、爆炸材料库等)实测风量必须大于计划风量。采煤工作面实测风量不得大于计划风量的10%。

矿井各井筒、巷道、工作面风速必须符合《煤矿安全规程》的规定。风速超限、瓦斯超限,要立即进行处理,不合理串联、局部通风机循环风等同超通风能力生产。

深度不超过6 m、入口宽度不小于1.5 m且无瓦斯涌出的硐室,可采用扩散通风。

长度超过6 m的盲巷要采取通风措施,否则必须予以封闭。对于长度虽不超过6 m,但有可能积聚瓦斯的地点,也必须进行通风或予以封闭。封闭剩余的尾巷,要在巷道口设置栅栏、警标,禁止人员进入。瓦斯检查员每班至少检查1次密闭附近的瓦斯。

盲巷管理要实行登记制度,登记表格的内容包括:封闭时间、长度、巷道支护形式、断面、封闭前瓦斯涌出量等有关内容。

装有主要通风机的回风井口必须安装防爆门。防爆门必须有足够的强度,并有防腐和防抛出的设施。防爆门应严密不漏风,当采用液体进行密封时,在冬季应选用不燃的防冻液。

矿井主要进回风大巷、采掘工作面进回风巷道的有效断面不得低于设计断面的2/3。

反风设施检查必须由矿机电、通风分管领导主持,通风、机电、安监、救护部门参加,并有记录可查。

矿井开拓新水平和准备新采区的回风,必须引入总回风巷或主要回风巷中。在无瓦斯喷出或无煤(岩)瓦斯(二氧化碳)突出危险的矿井开拓新水平时,在该水平未构成通风系统前,经企业技术负责人批准,可以将此种回风引入生产水平的进风中,但此种回风中的瓦斯和二氧化碳浓度都不得超过0.5%,其他有毒有害气体浓度不超过规定。但煤与瓦斯突出矿井开拓新水平和准备新采区时,必须先在无煤与瓦斯突出危险的煤(岩)层中掘进巷道并构成通风系统。为构成通风系统的掘进巷道的回风,可以引入生产水平的进风中,同时必须编制安全技术措施报企业技术负责人审批。

当开拓、掘进工作面无计划停电、停风,现场瓦斯检查员或班组长要立即分别向通风调度和矿调度室汇报,并撤出所有人员,切断巷道内一切非本质安全型电源,生产单位在巷道口设置栅栏或派专人警戒,禁止一切人员进入。有关人员必须及时查明停风原因。恢复通风的工作必须按防止瓦斯积聚和排放瓦斯的有关规定执行。

临时停工的地点不得停风。因停电等原因临时停风时,必须立即撤出人员,切断电源,并设置栅栏、揭示警标或派专人看守,禁止人员进入,并报告调度室。停工区内瓦斯或二氧化碳浓度达到3%或其他有害气体超过《煤矿安全规程》的规定,不能立即处理时,必须在24 h内封闭完毕。

由于临时停电造成的临时停风(小于24 h)的地点恢复通风时,必须检查瓦斯。当瓦斯浓度超过《煤矿安全规程》的有关规定时,按有关规定组织排放瓦斯。恢复已封闭的停工区,必须提前制定排放瓦斯的安全技术措施。

(七)矿井通风安全质量标准要求

1.矿井通风

矿井必须有完整而独立通风系统,2个及以上独立生产的矿井不允许共用主通风机、进回风井和通风巷道。改变全矿井通风系统时(包括一翼或一个水平、一个采区)必须编制通风设计及安全措施,由企业技术负责人审批;掘进巷道贯通时,必须按《煤矿安全规程》规定制定安全措施。

实行分区通风,通风系统中没有不符合《煤矿安全规程》规定的串联通风、扩散通风、采空区通风(排瓦斯巷道不在此限)和采煤工作面利用局部通风机通风。

矿井、采区通风能力满足生产需求。采掘工作面和硐室的供风量要符合《煤矿安全规程》的规定。

矿井必须建立测风制度,每10天进行1次全面测风。矿井内各地点风速应符合《煤矿安全规程》的规定。

矿井延伸新水平或采区贯通时必须进行矿井通风网络解算;矿井进行通风改(扩)建设计或改变通风系统时必须进行通风网络解算。

矿井通风巷失修率不应高于7%,严重失修率不应高于3%;主要进回风巷道实际断面不能小于设计断面的2/3。

矿井主要通风机的反风设施按《煤矿安全规程》规定定期检查,每年进行1次反风演习。反风效果应符合《煤矿安全规程》的要求。

矿井主要通风机装置外部漏风每季度至少要测定1次,外部漏风率在无提升设备时不得超过5%,有提升设备时不得超过15%。

2. 通风设施

永久设施(包括风门、密闭、风窗)的安全质量标准要求如下:

(1)墙体用不燃性材料建筑,厚度不小于0.5 m,严密不漏风(手触无感觉、耳听无声音)。

(2)墙体平整(1 m内凸凹不大于10 mm,料石勾缝除外),无裂缝(雷管脚线不能插入)、重缝和空缝。

(3)墙体周边掏槽(岩巷、锚喷、砌碹巷道除外),要见硬底、硬帮,要与煤岩接实,四周要有不少于0.1 m的裙边。

(4)设施周围5 m内巷道支护良好,无杂物、淤泥、积水。

(5)密闭内有水的设反水池或反水管;自然发火煤层的采空区密闭要设观测孔、措施孔,孔口封堵严密。密闭前无瓦斯积聚,要设栅栏、警标、说明牌板和检查箱(进、排风之间的挡风墙除外),风门一组至少两道,能自动关闭,要装有闭锁装置。门框要包边沿口,有垫衬,四周接触严密,门扇平整不漏风,调节风窗的调节位置设在门墙上方,并能调节。

临时设施(包括临时风门、临时密闭)的安全质量标准要求如下:

(1)临时设施设在顶、帮良好处,见硬底、硬帮,与煤岩接实。

(2)设施周围5 m内支护良好,无片帮、冒顶,无杂物、淤泥、积水。

(3)设施四周接触严密。木板设施要鱼鳞搭接,表面要用灰、泥满抹或勾缝。

(4)临时密闭不漏风,密闭前要设栅栏、警标、检查牌。

(5)临时风门能自动关闭,通车风门及斜巷运输的风门有报警信号,并装有闭锁装置。门框包边沿口,有垫衬,四周接触严密,门扇平整不漏风,与门框接触严密。

永久风桥的安全质量标准要求如下:

(1)用不燃性材料建筑。

(2)桥面平整不漏风(以手触感觉不到漏风为准)。

(3)风桥前后各5 m范围内巷道支护良好,无杂物、积水、淤泥。

(4)风桥通风断面不小于原巷道断面的4/5,成流线型,坡度小于30°。

(5)风桥两端接口严密,四周见硬帮、硬底,要填实、接实。

（6）风桥上下不准设风门。

（八）矿井通风系统存在的隐患分析与排查

矿井通风系统担负着向井下输送足量新鲜空气，创造井下良好作业环境的重要任务。通风系统容易形成下列安全隐患：

（1）通风系统复杂。通风网络复杂、构筑物多；通风系统不完善，风流短路，多次串联，存在循环风、无风、微风区。

（2）通风方式不合理。主要是正负压混合通风，没有备用主要通风机或者2台主要通风机的能力不匹配。

（3）局部通风机安装位置不正确，风筒脱落、受损导致巷道风量不足，造成瓦斯积聚，引发瓦斯爆炸事故。

（4）生产布局不合理，造成通风能力不足。

（5）矿井通风阻力过大，造成主要通风机在高负压区运转。

（6）采区进（回）风巷未贯穿整个采区，或者虽贯穿整个采区但一段进风、一段回风。

矿井通风系统实施隐患排查的重点：

（1）通风系统的完善性。矿井必须采用机械通风，有完备的进回风系统。

（2）通风系统的可靠性。矿井必须供给井下足量新鲜空气，保证井下风流连续、稳定、可靠。

（3）矿井通风管理的有效性。矿井通风管理应满足矿井安全生产的要求。

三、矿井漏风

（一）基本情况

1. 矿井漏风的含义

矿井漏风是指在通风系统中风流沿某些细小通道与回风巷道或地面发生渗透的现象。发生在整个矿井的漏风叫矿井漏风，发生在采区范围内的漏风叫采区漏风。矿井漏风主要是由下列两个条件造成的：有漏风通道；在漏风通道两端存在风压差。

2. 矿井漏风的不利影响

矿井漏风的不利影响如下：

（1）大量漏风会造成动力的额外消耗；增大主要通风机设备的负担，如果短路漏风严重时，会引起主扇风机工作风量剧增，当使用离心式风机通风时，会使电机产生过负荷现象。

（2）使矿井、采区和工作面的有效风量（送达用风地点的风量）减少，造成瓦斯积聚、作业环境恶化、气温升高等，影响生产和工人身体健康。

（3）大量的漏风会使通风系统稳定性降低，易引发风流紊乱，增大了调风的困难，发生瓦斯事故。

（4）使采空区、被压碎的煤柱和封闭区内的煤炭及可燃物发生氧化自燃，易发生火灾。

（5）地表塌陷区的漏风，会将采空区的有毒、有害气体带入井下，威胁安全生产。

（二）矿井漏风的分类

矿井漏风的分类按其发生地点可分为：矿井外部漏风（或井口漏风）和矿井内部漏风。矿井外部漏风泛指地表附近如箕斗井井口，地面主要通风机附近的井口、防爆盖、反风门、调节闸门等处的漏风。

由于外部漏风使得有效风量减少，井下风量不足；同时，也使得主要通风机无效功率增加，造成了大量浪费。矿井内部漏风（或井下漏风），主要是指矿井井下采空区、碎裂的煤柱以及各类通风构筑物的漏风。

1. 井下采空区漏风

井下采空区漏风形成的原因主要是由于进风巷、回风巷之间存在压差。从工作面向采空区的方向，根据漏风速度的不同，依次将漏风轮廓分成窒息带、自燃带和散热带。这种漏风方式为采空区自燃埋下了隐患，特别对于易自燃煤层威胁很大。

2. 井下巷道、煤柱裂隙漏风

采空区中的浮煤由于漏风的存在易产生自燃。同样，一些巷道，尤其是综放巷道，在沿煤层底板掘进过程中，通常顶部留有几米厚的煤层，在掘进动压及相邻采面回采动压的影响下，顶煤受压而破碎、离层，区段煤柱也被压酥。在掘进过程中还经常出现顶煤冒落，支护后，在棚网上堆积了一定量的松散浮煤，这样就为自燃的发生埋下了隐患。

3. 井下通风构筑物的漏风

井下通风构筑物分为两大类：

（1）有风流通过的通风构筑物，如风桥、调节风窗、导风板、反风装置以及主要通风机风硐。

（2）隔断风流的通风构筑物，如井口密闭、挡风墙、风帘和风门等。而通常所指的构筑物的漏风是指一些密闭、风帘等的漏风。

（三）矿井漏风的预防措施

漏风风量与漏风通道两端的压差成正比和漏风风阻的大小成反比。对地面主扇附近的巷道风硐、反风道及附近风门，其压差较大，应特别注意气密性，以减少漏风。矿井漏风的预防措施如下：

（1）矿井主要进回风井间压差很大，在布置上要尽可能拉开距离，采用对角式或中央并列式通风系统；在采用中央并列式通风系统时，要将进回风井筒的可用可不用的联络巷全部用风墙隔断，必需行人行车的联络巷及井底车场，则需保持足够长度，安设两道以上的高质量的风门和两道反向风门，防止在反风时短路。

（2）矿井或一翼的进回风平巷间的岩柱或煤柱应保持足够的尺寸，不致被压裂而漏风。进回风平巷间必须保留的少量联络巷道中，必须设置两道以上高质量风门及两道反向风门。采区的进回风平巷的布置也应遵循上述原则和要求。

（3）服务年限长的重要进回巷道应布置在岩石中，并在采动影响范围之外。如布置在煤层中受采动影响，煤柱易产生裂隙而漏风。

（4）要正确选用通风构筑物的安设位置。

（5）采空区注浆、洒浆、洒水等，可靠提高其压实程度，减少漏风。

（6）尽可能地降低主要风路的阻力，可降低与之并联的漏风通道两端压差，从而降低漏风量。

（7）在利用箕斗井回风时，箕斗井底煤仓必须保留足够的煤量，防止漏风。井塔及井上下的装卸处均必须有完好的密封措施，使其漏风率不超过15%。

（8）采空区必须及时封闭，不用的风眼必须随着采掘工作面的推进及时封闭。各种风门、风窗、风桥和密闭门必须规范化、系统化，保证构筑物质量。地面的裂隙也必须及时堵填，严防漏风而引起的重大事故。

（四）提高有效风量的方法

合理拟定通风系统，拟定时，应注意进、回风巷道的距离不宜过小，尽量采用漏风量小的通风系统。合理布置巷道，力求简单，尽量减少通风构筑物。正确选择通风构筑物的设置位置以及对采空区及时进行风压调节。降低漏风通道两端的风压差。加强检查和通风管理,发现通风构筑物不符合标准时及时进行维修或更换。

四、矿井风量调节

矿井需要的风量应当按下列要求分别计算,并选取其中的最大值:

(1)按井下同时工作的最多人数计算,每人每分钟的供给风量不得少于 4 m^3。

(2)按采掘工作面、硐室及其他地点实际需要风量的总和进行计算。各地点的实际需要风量,必须使该地点的风流中的甲烷、二氧化碳和其他有害气体的浓度、风速、温度及每人供风量符合《煤矿安全规程》的有关规定。

使用煤矿用防爆型柴油动力装置机车运输的矿井,行驶车辆巷道的供风量还应当按同时运行的最多车辆数增加巷道配风量,配风量不小于 4 $m^3/(min \cdot kW)$。

按实际需要计算风量时,应当避免备用风量过小或过大。煤矿企业应当根据具体条件制定风量计算方法,至少 5 年修订 1 次。

在生产矿井中,用风地点及其风量是经常随着采掘工作面的搬迁和瓦斯涌出量的变化而变化的,井巷的风阻也经常随着工作面的推进、巷道变形而变化。为了始终保证按需分风,必须不断地进行风量调节。风量调节是通风管理工程中经常性工作,它直接关系到煤矿的安全生产和经济效益。风量调节的目的是使各用风地点的风量实现按需分配。风量调节按其范围可分为局部风量调节和矿井总风量调节。

(一)局部风量调节

局部风量调节是指在采区内部各工作面之间,采区之间或生产水平之间的风量调节。调节方法有降阻法、增阻法及辅助通风机调节法。

1.降阻调节法

在需要增加风量的风路中采取扩大巷道断面、改变支护形式、清除堆积物等措施,降低该风路的风阻,可增大风量。

2.增阻调节法

增阻调节法是通过在巷道中安设调节风窗等设施,增大巷道的局部阻力,从而降低与该巷道处于同一通路中的风量,或增大与其关联的通路上的风量。这是目前使用最普遍的局部调节风量的方法。

3.增压调节法

在风阻大、风量不足的风路上安设辅助通风机,克服该巷道的部分阻力,以提高其风量的方法,称为增压调节法。

(二)矿井(或一翼)总风量的调节

当矿井或一翼总风量不足或过剩时,需要调节总风量,即调整主要通风机的工况点。采取的措施主要是改变主要通风机的工作特性或改变矿井通风网络总风阻。

1.改变主要通风机工作特性

通常采用改变主要通风机转速或改变主要通风机叶片安装角的办法;对于有前导器的通风机,可以改变前导器叶片角度的方法,必要时可换用性能更合适的主要通风机。

2.改变矿井总风阻值

矿井投产初期,所需风量较少。对于离心式通风机,可用风硐中的闸门增加风阻以降低风量,减少电耗。但相比之下,用降低风机转数的办法减少风量,更有利于节省电能。

对于轴流式通风机,在正常工作段,通常随着风阻增加,风量减少,其轴功率增大。因而采用减小叶片安装角度或降低风机转数的办法减少风量,而不采取增加风阻的办法。

当需要增大风量时,如果能使矿井总风阻降低,主要通风机工况点右移,就可增加风量。降低某些风速较高的巷道的风阻,对于降低全矿井总风阻、提高矿井总风量、降低能耗有重要作用。

第二节 煤矿生产中的通风要求与相关安全技术措施

一、矿井施工的通风要求
(一)立井施工的通风要求
立井凿井期间的局部通风应当遵守下列规定:

(1)局部通风机的安装位置距井口不得小于 20 m,且位于井口主导风向上风侧。

(2)局部通风机的安装和使用必须满足相关要求。

(3)立井施工应当在井口预留专用回风口,以确保风流畅通,回风口的大小及安全防护措施应当在作业规程中明确。

(二)巷道及硐室施工的通风要求
巷道及硐室施工期间的通风应当遵守下列规定:

(1)主井、副井和风井布置在同一个工业广场内,主井或副井与风井贯通后,应当先安装主要通风机,实现全风压通风。不具备安装主要通风机条件的,必须安装临时通风机,但不得采用局部通风机或者局部通风机群代替临时通风机。主井、副井和风井布置在不同的工业广场内,主井或者副井短期内不能与风井贯通的,主井与副井贯通后必须安装临时通风机实现全风压通风。

(2)矿井临时通风机应当安装在地面。低瓦斯矿井临时通风机确需安装在井下时,必须制定专项措施。

(3)矿井采用临时通风机通风时,必须设置备用通风机,备用通风机必须能在 10 min 内启动。

(4)矿井的通风防尘。矿井内进行通风防尘主要是为了能对煤尘的浓度进行一定的稀释,部分煤尘能够在风源的作用下排出,从而达到安全操作的相关标准。

二、矿井建设的通风要求
(一)采区通风
采区通风系统是矿井通风系统的基本组成部分,是指矿井风流从主要进风巷进入采区,流经有关巷道,清洗采掘工作面、硐室和其他用风巷道后,排到矿井主要回风巷的整个风流路线。矿井采取通风的要求如下:

(1)每一个生产水平和采区,必须布置单独的回风巷,实行分区通风。采区进、回风巷必须贯穿整个采区的长度或高度。严禁一段为进风巷,另一段为回风巷。采掘工作面、硐室都要采用独立通风。采用串联通风时,必须符合《煤矿安全规程》的要求。

(2)井下各地点按《煤矿安全规程》对风流中的瓦斯、二氧化碳、氢气和其他有害气体的浓度,风速以及温度,每人供风量的规定合理配风。

(3)有煤(岩)与瓦斯(二氧化碳)突出危险的采煤工作面不得采用下行通风。

(4)凡长度超过 6 m 而又不通风或通风不良的独头巷道,按盲巷管理。

(二)采煤工作面通风

采煤工作面通风主要采取全风压通风方式,即利用矿井主要通风机产生的风压和通风设施向工作面供风的通风方法。采煤工作面常用的通风方式主要有 U 形、W 形、Y 形、Z形等。图 2-6 为长壁采煤工作面进、回风巷布置形式。

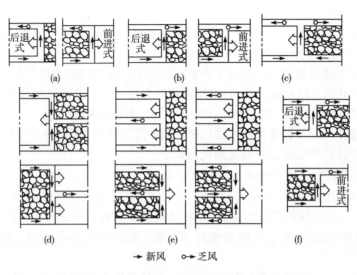

→ 新风　o→ 乏风

图 2-6　长壁采煤工作面进、回风巷布置形式
(a)U 形;(b)Z 形;(c)H 形;(d)双 Z 形;(e)W 形;(f)Y 形

(三)掘进通风

掘进通风又称局部通风。其方法主要有全风压通风和局部通风机通风。其中,局部通风机通风是目前广泛采用的一种掘进通风方法,它有压入式、抽出式和混合式 3 种。各种通风方式的优缺点比较如表 2-4 所示。瓦斯喷出区域和煤(岩)与瓦斯突出煤层的掘进通风方式采用压入式。

表 2-4　局部通风方式的优缺点比较

通风方式	优点	缺点	适用条件
压入式通风	污风不通过局部通风机,安全性好;有效射程远,工作面通风效果好;正压通风,可使用柔性风筒	污风经巷道排出,作业环境不良;巷道长时,污风排出巷道时间长,需风量大	有瓦斯涌出的巷道;距离不长的岩巷;在瓦斯喷出或突出区域的巷道
抽出式通风	污风经风筒排出,作业环境好;当风筒吸入口距工作面小于有效吸程时,通风效果好,需风量少	有效吸程短,风筒吸入口距工作面过远时,通风效果差;污风通过局部通风机,有瓦斯爆炸危险;负压通风,不能使用柔性风筒	用于无瓦斯巷道;确保风机防爆性能时可用于瓦斯巷道
混合式通风	具有压入式、抽出式的优点,通风效果最佳	通风设备多、管理较复杂	通常用于大断面、长距离巷道、综掘巷道

掘进通风的安全技术要求如下：

（1）压入式局部通风机和启动装置，必须安装在进风巷道中，距掘进巷道回风口不得小于 10 m；全风压供给该处的风量必须大于局部通风机的吸入风量。

（2）高瓦斯矿井、煤（岩）与瓦斯突出矿井、瓦斯矿井中高瓦斯区的煤巷、半煤岩巷和有瓦斯涌出的岩巷掘进工作面正常工作的局部通风机必须配备安装同等能力的备用局部通风机，并能自动切换。

（3）严禁使用3台以上（含3台）的局部通风机同时向1个掘进工作面供风。1台局部通风机不得同时向2个作业的掘进工作面供风。

（4）使用局部通风机通风的掘进工作面，不得停风；因检修、停电等原因停风时，必须撤出人员，切断电源。恢复通风前，必须检查瓦斯含量。在局部通风机及其开关附近 10 m 以内风流中的瓦斯浓度均不超过 0.5% 时，方可人工开启局部通风机。

（5）掘进工作面的局部通风要实现"三专两闭锁"。"三专"即专用变压器、专用开关、专用电缆，"两闭锁"即风电闭锁和瓦斯电闭锁。

（四）分区通风与独立通风的相关要求及注意事项

生产水平和采（盘）区必须实行分区通风。准备采区，必须在采区构成通风系统后，方可开掘其他巷道；采用倾斜长壁布置的，大巷必须至少超前2个区段，并构成通风系统后，方可开掘其他巷道。采煤工作面必须在采（盘）区构成完整的通风、排水系统后，方可回采。

高瓦斯、突出矿井的每个采（盘）区和开采容易自燃煤层的采（盘）区，必须设置至少1条专用回风巷；低瓦斯矿井开采煤层群和分层开采采用联合布置的采（盘）区，必须设置1条专用回风巷。

采区进、回风巷必须贯穿整个采区，严禁一段为进风巷，一段为回风巷。

采、掘工作面应当实行独立通风，严禁2个采煤工作面之间串联通风。同一采区内1个采煤工作面与其相连接的1个掘进工作面、相邻的2个掘进工作面，布置独立通风有困难时，在制定措施后，可采用串联通风，但串联通风的次数不得超过1次。开采有瓦斯喷出、有突出危险的煤层或者在距离突出煤层垂距小于 10 m 的区域掘进施工时，严禁任何2个工作面之间串联通风。

采煤工作面必须采用矿井全风压通风，禁止采用局部通风机稀释瓦斯。采掘工作面的进风和回风不得经过采空区或者冒顶区。无煤柱开采沿空送巷和沿空留巷时，应当采取防止从巷道的两帮和顶部向采空区漏风的措施。矿井在同一煤层、同翼、同一采区相邻正在开采的采煤工作面沿空送巷时，采掘工作面严禁同时作业。水采和连续采煤机开采的采煤工作面由采空区回风时，工作面必须有足够的新鲜风流，工作面及其回风巷的风流中的甲烷和二氧化碳浓度必须符合相关规定。

采空区必须及时封闭。通至采空区的连通巷道必须随采煤工作面的推进逐个封闭。采区开采结束后45天内，必须在所有与已采区相连通的巷道中设置密闭墙，全部封闭采区。

三、建井期间通风系统要求

建井期间，必须安装使用机械通风设备；至少应安装1台主要通风机和2台配套的电动机装置，其中1台电动机作备用。

建井期间的局部通风应根据现场实际，合理选择压入式、抽出式或混合式通风。

在井筒掘进通风时，布置在地面的通风机距离井口不得小于 15 m，风机应避开永久通风机房及风道的位置，不影响施工期间的运输与提升；井下排出的污风要避开当地常年主要风向，以免造成井口空气污染。

竖井掘进过程中风筒要悬吊平直，固定牢靠，井筒内吊挂的风筒接头应连接牢固。

主、副井贯通后，应尽快改装通风设备，安装地面主要通风机或临时主要通风机。高瓦斯或瓦斯突出矿井的临时主要通风机不能设在井下。

主、副井掘至井底车场水平时，应尽快在其间掘一条联络风巷，以便尽早构成通风系统。主井与副井贯通后，直至主、副井与风井贯通前，应利用贯通后的双巷及时构成通风系统。每完成一次贯通，应及时调整通风系统，局部通风机及时移动至合理位置。

四、矿井通风机的相关要求

(一)主要通风机

主要通风机的安装和使用应当符合下列要求：

(1)主要通风机必须安装在地面；装有通风机的井口必须封闭严密，其外部漏风率在无提升设备时不得超过 5%，有提升设备时不得超过 15%。

(2)必须保证主要通风机连续运转。

(3)必须安装 2 套同等能力的主要通风机装置，其中 1 套作备用，备用通风机必须能在 10 min 内开动。

(4)局部通风机或者风机群严禁作为主要通风机使用。

(5)装有主要通风机的出风井口应当安装防爆门，防爆门每 6 个月检查维修 1 次。

(6)至少每月检查 1 次主要通风机。改变主要通风机转数、叶片角度或者对旋式主要通风机运转级数时，必须经矿总工程师批准。

(7)新安装的主要通风机投入使用前，必须进行试运转和通风机性能测定，以后每 5 年至少进行 1 次性能测定。

(8)主要通风机技术改造及更换叶片后必须进行性能测试。

(9)井下严禁安装辅助通风机。

生产矿井主要通风机必须装有反风设施，并能在 10 min 内改变巷道中的风流方向；当风流方向改变后，主要通风机的供给风量不应小于正常供风量的 40%。每季度应当至少检查 1 次反风设施，每年应当进行 1 次反风演习；矿井通风系统有较大变化时，应当进行 1 次反风演习。

严禁主要通风机房兼作他用。主要通风机房内必须安装水柱计(压力表)、电流表、电压表、轴承温度计等仪表，还必须有直通矿调度室的电话，并有反风操作系统图、司机岗位责任制和操作规程。主要通风机的运转应当由专职司机负责，司机应当每小时将通风机运转情况记入运转记录簿内；发现异常，立即报告。实现主要通风机集中监控、图像监视的主要通风机房可不设专职司机，但必须实行巡检制度。

矿井必须制定主要通风机停止运转的应急预案。因停电、检修或者其他原因停止主要通风机运转时，必须制定停风措施。变电所或者电厂在停电前，必须将预计停电时间通知矿调度室。主要通风机停止运转时，必须立即停止工作、切断电源，工作人员先撤到进风巷道中，由值班矿领导组织全矿井工作人员全部撤出。主要通风机停止运转期间，必须打开井口防爆门和有关风门，利用自然风压通风；对由多台主要通风机联合通风的矿井，必须正确控制风流,防止风流紊乱。

矿井开拓或者准备采区时,在设计中必须根据该处全风压供风量和瓦斯涌出量编制通风设计。掘进巷道的通风方式、局部通风机和风筒的安装和使用等应当在作业规程中明确规定。

掘进巷道必须采用矿井全风压通风或者局部通风机通风。煤巷、半煤岩巷和有瓦斯涌出的岩巷掘进采用局部通风机通风时,应当采用压入式,不得采用抽出式(压气、水力引射器不受此限);如果采用混合式,必须制定安全措施。瓦斯喷出区域和突出煤层采用局部通风机通风时,必须采用压入式。

(二)局部通风机

安装和使用局部通风机和风筒时,必须遵守下列规定:

(1)局部通风机由指定人员负责管理。

(2)压入式局部通风机和启动装置安装在进风巷道中,距掘进巷道回风口不得小于10 m;全风压供给该处的风量必须大于局部通风机的吸入风量,局部通风机安装地点到回风口间的巷道中的最低风速必须符合相关要求。

(3)高瓦斯、突出矿井的煤巷、半煤岩巷和有瓦斯涌出的岩巷掘进工作面正常工作的局部通风机必须配备安装同等能力的备用局部通风机,并能自动切换。正常工作的局部通风机必须采用三专(专用开关、专用变压器、专用电缆)供电,专用变压器最多可向4个不同掘进工作面的局部通风机供电;备用局部通风机电源必须取自同时带电的另一电源,当正常工作的局部通风机故障时,备用局部通风机能自动启动,保持掘进工作面正常通风。

(4)其他掘进工作面和通风地点正常工作的局部通风机可不配备备用局部通风机,但正常工作的局部通风机必须采用三专供电;或者正常工作的局部通风机配备安装一台同等能力的备用局部通风机,并能自动切换。正常工作的局部通风机和备用局部通风机的电源必须取自同时带电的不同母线段的相互独立的电源,保证正常工作的局部通风机故障时,备用局部通风机能投入正常工作。

(5)采用抗静电、阻燃风筒。风筒口到掘进工作面的距离、正常工作的局部通风机和备用局部通风机自动切换的交叉风筒接头的规格和安设标准,应当在作业规程中明确规定。

(6)正常工作和备用局部通风机均失电停止运转后,当电源恢复时,正常工作的局部通风机和备用局部通风机均不得自行启动,必须人工开启局部通风机。

(7)使用局部通风机供风的地点必须实行风电闭锁和甲烷电闭锁,目的是保证当正常工作的局部通风机停止运转或者停风后能切断停风区内全部非本质安全型电气设备的电源。正常工作的局部通风机故障,切换到备用局部通风机工作时,该局部通风机通风范围内应当停止工作,排除故障;待故障被排除,恢复到正常工作的局部通风后方可恢复工作。使用2台局部通风机同时供风的,2台局部通风机都必须同时实现风电闭锁和甲烷电闭锁。

(8)每15天至少进行一次风电闭锁和甲烷电闭锁试验,每天应当进行一次正常工作的局部通风机与备用局部通风机自动切换试验,试验期间不得影响局部通风,试验记录要存档备查。

(9)严禁使用3台及以上局部通风机同时向1个掘进工作面供风。不得使用1台局部通风机同时向2个及以上作业的掘进工作面供风。

使用局部通风机通风的掘进工作面,不得停风;因停电、检修、故障等原因停风时,必须将人员全部撤至全风压进风流处,切断电源,设置栅栏、警示标志,禁止人员入内。

五、贯通巷道必须遵守的规定

巷道贯通前应当制定贯通专项措施。综合机械化掘进巷道在相距 50 m 前、其他巷道在相距 20 m 前,必须停止一个工作面作业,做好调整通风系统的准备工作。停掘的工作面必须保持正常通风,设置栅栏及警标,每班必须检查风筒的完好状况和工作面及其回风流中的瓦斯浓度,瓦斯浓度超限时,必须立即处理。掘进的工作面每次爆破前,必须派专人和瓦斯检查工共同到停掘的工作面检查工作面及其回风流中的瓦斯浓度,瓦斯浓度超限时,必须先停止在掘工作面的工作,然后处理瓦斯,只有在 2 个工作面及其回风流中的甲烷浓度都小于 1.0% 时,掘进的工作面方可爆破。每次爆破前,2 个工作面入口必须有专人警戒。

贯通时,必须由专人在现场统一指挥。贯通后,必须停止采区内的一切工作,立即调整通风系统,风流稳定后,方可恢复工作。间距小于 20 m 的平行巷道的联络巷贯通,必须遵守以上规定。

六、其他相关规定

井下爆炸物品库必须有独立的通风系统,回风风流必须直接引入矿井的总回风巷或者主要回风巷中。新建矿井采用对角式通风系统时,投产初期可利用采区岩石上山或者用不燃性材料支护和不燃性背板背严的煤层上山作爆炸物品库的回风巷。必须保证爆炸物品库每小时能有其总容积 4 倍的风量。

井下充电室必须有独立的通风系统,回风风流应当引入回风巷。井下充电室,在同一时间内,5 t 及以下的电机车充电电池的数量不超过 3 组,5 t 以上的电机车充电电池的数量不超过 1 组时,可不采用独立通风,但必须在新鲜风流中。井下充电室风流中以及局部积聚处的氢气浓度,不得超过 0.5%。

井下机电设备室必须设在进风风流中采用扩散通风的硐室,其深度不得超过 6 m、入口宽度不得小于 1.5 m,并且无瓦斯涌出。井下个别机电设备设在回风流中的,必须安装甲烷传感器并实现甲烷电闭锁。采区变电所及实现采区变电所功能的中央变电所应有独立的通风系统。

第三节 煤矿生产中通风系统优化

一、矿井通风系统优化改造的必要性和改造的原则

矿井通风系统优化改造的必要性准则如下:

(1)矿井通风方法的变化,第一水平为压入式通风,开采延深至下水平改为抽出式。

(2)矿井生产能力增加,通风系统不能与之相适应。

(3)由于矿井的扩区、延深引起通风系统的变化。

(4)由于瓦斯、地温出现异常变化,超出原设计值,使得原有通风系统无法满足要求。

(5)由于各种原因造成矿井主要通风机能力与矿井通风阻力不相匹配等。

(6)矿井通风阻力严重超标,阻力分布不合理。

矿井通风系统优化改造的原则:

(1)通风方式合理。各种通风系统完善,通风网络结构简单;采用分区独立通风,尽量不用串联通风,抗灾能力强。

（2）通风网络风量分配与调节合理，风流稳定，无风流不稳定角联风路。有效风量率高，漏风小。

（3）通风阻力分布合理，阻力小。

（4）通风设施布置合理，数量少。

（5）矿井主要通风机运行安全、可靠、高效、经济。

（6）单台主要通风机风压特性与通风网络风阻特性相匹配。

（7）多风井风机联合运转稳定，相互干扰小。

二、通风系统优化改造的目标和策略

（一）总目标

在通风系统服务年限内，在保证矿井生产能力所需的风量要求下，使主通风机与通风网络始终保持合理匹配的状况，实现矿井通风系统安全、可靠、高效、经济的运行。

（二）总策略

矿井通风系统改造应立足现状，着眼长远，统筹兼顾，因地制宜，以降低矿井通风阻力，增加风量，提高主要通风机效率，减少漏风为主进行综合治理，达到增风、节能、安全生产的目的。

（三）改造措施

通风系统优化改造可采取的改造措施如下：

（1）简化通风系统。封闭报废巷道，拆除不合理且多余的通风设施。

（2）降低关键风路上的摩擦阻力。调整改善进风与回风系统，减少风流不合理折返，缩短进、回风路线的长度。

（3）增加并联巷道。修复失修的巷道，利用井下的原有巷道，或新开巷道。

（4）降低关键风路上的局部阻力。减小总进、回风巷道转弯处、风井与风硐连接处、扩散塔转角处的风流损失。

（5）报废淘汰陈旧的主通风机，更换新型高效风机。

（6）新开凿进风井、回风井，大幅度缩短通风流程。

（7）修复失修的巷道，扩大巷道通风断面。

（8）对主通风机工况优化。

（9）加强对通风网络的优化。

三、采区通风方式优化

采区通风方式优化的原则是系统完善简单、风流稳定性好、防灾抗灾能力强。采区通风方式如图 2-7 所示。

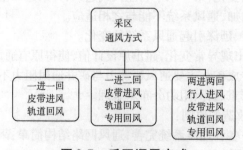

图 2-7　采区通风方式

四、采煤工作面通风方式的优化

(一)优化的原则

采煤工作面通风方式优化的原则是排瓦斯能力大,瓦斯积聚、煤自燃危险性小,有利于瓦斯抽放,有利于抑制采空区煤的自燃,有利于降温、降阻。采煤工作面通风方式如图2-8所示。

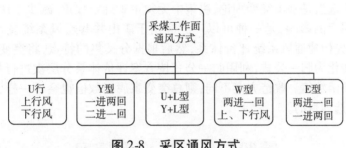

图 2-8　采区通风方式

(二)采煤工作面通风方式的优缺点及适用条件

1. U 型通风

U 型通风具有采空区漏风小的优点,但在工作面上隅角附近易于积存瓦斯,影响工作面的安全生产。在瓦斯涌出量不大时,可采用导风设施(导风板、风帘等)控制上隅角瓦斯。当瓦斯涌出量大时,应考虑采空区瓦斯抽放。

2. U + L 型通风

U + L 型通风是在 U 型通风方式的基础上,增开了一条专用排瓦斯尾巷(回风),并与回风巷之间需增开较多的联络巷,以便对采空区瓦斯进行抽排放。尾巷瓦斯浓度按不超过2.5%管理。这种方法提高了对采空区瓦斯的排放强度,减少了上隅角瓦斯积聚的危险性,但通风管理较复杂,需根据瓦斯涌出的构成比例,确定主(辅)回风量比。U + L 型通风适用于采空区瓦斯涌出量较大(主要来源于邻近煤层),而工作面煤壁瓦斯涌出量不太大的条件。

3. Y + L 型通风

Y + L 型通风是当沿空留巷技术和经济不合理时采用。其特点是取消了采区边界上山和沿空留巷,使用留煤柱的区段巷道布置,但需增开联络巷和一条瓦斯尾巷。

4. W 型通风

W 型通风是指采煤工作面,有三条平巷,即上、下平巷进风或回风,中间平巷回风或进风的布置形式。W 型通风的优点如下:

(1)相邻的两个工作面共用一条进风或回风巷道,从而减少了巷道的开掘和维护费用。

(2)通风网路属并联结构,因而风阻小,风量大,漏风量小,利于防火。

(3)改善了工作面内的瓦斯浓度分布,降低通风压差和工作面风速,从而减少了采空区的漏风。

由于工作面其中有一半为下行通风,受其影响 W 型通风在煤与瓦斯突出的煤层中不能使用,而在高瓦斯、易自燃的近水平煤层的综采工作面中得到应用。

5.E 型通风

E 型通风是指具有三条通风巷道,其上平巷为回风巷,而下平巷及中间平巷为进风巷的通风方式。E 型通风方式的特点是下平巷和下部工作面回风速度降低,故可抑制煤尘的产生。与 U 型通风方式相比,可使上部工作面气温降低。但采空区的空气流动相应发生了变化,迫使采空区的瓦斯较集中地从上部回采工作面的上隅角涌出,故仅适用于低瓦斯矿井。

五、应用突变理论优选矿井通风系统改造方案(突变理论优选法)

突变理论优选法是基于突变理论,决策中无须主观确定权重,减少了决策过程中的主观因素和人为因素的影响,是一种可以广泛应用于矿山井巷通风系统设计的科学方法。其具体原理是:先构建通风系统评价体系,然后根据分叉集的特点,将突变势函数和初始模糊隶属函数转化为归一公式,利用归一公式按方案评价体系分层次进行量化递归计算,得到总突变隶属函数值。改造方案不同,则总突变隶属函数值也会不一样,数值越大越优先,达到方案优选的目的。

第四节　煤矿灾变通风

一、矿井灾变通风的目的和灾变特征

矿井灾变通风的目的是在矿井发生重大灾害事故时期,尽可能在一定范围内控制风流,减少灾害对矿井正常通风系统的破坏程度,减少高温、有毒、有害气体的影响,保障人员撤退和救灾人员的安全,及时救灾,减少事故损失。

矿井灾变时期,产生的高温、高压气流必然对矿井正常的通风系统造成不同程度的破坏。瓦斯爆炸和突出产生的高压冲击波将破坏通风设施,并在一定范围内造成风流方向的瞬时逆转,导致有毒有害气体扩散和通风系统被破坏。瓦斯爆炸产生的高温、高压冲击波在破坏通风系统的同时,还可能引发火灾、冒顶等二次灾害,增加灾害的损失和救灾的难度。矿井火灾产生的高温有毒有害气体,不仅流向下风侧,而且在火风压的作用下,可能导致一定区域的风流发生逆转,而流向进风侧,从而扩大了受灾区域,造成更大的事故损失并增加人员撤退和救灾工作的困难。因此,矿井灾变通风的关键就是根据撤人救灾的要求,有目的控制风流。

二、矿井各类灾变对矿井通风系统影响的差异性

由于各类灾变特性不同,对通风系统的影响也不同。纯瓦斯爆炸(不诱发火灾)的高温、高压和突出灾害的高压冲击波作用是瞬时且又非常复杂的,对通风设施和通风系统的破坏及其影响是稳定的,即不随时间而变化。其复杂性和瞬时性决定了不可能在灾变发生的极短时间内作出控风决策并付诸实施。对于这类灾变事故,必须做好预案,预先分析不同程度的灾害对通风设施和通风系统可能造成的影响。在灾变发生后,根据通风系统的破坏情况,由救护队恢复灾区通风。

然而,矿井煤层自燃火灾持续时间长,对矿井通风系统的影响时间较长。由于火源燃烧范围的变化,高温烟流与巷壁热交换强度的变化,风流紊乱现象发生的区域和烟流蔓延的变化,致使与风流状态相关的参数(风压、风量、风阻、有害气体组分和浓度等)不断变化。而矿井火灾时期延续的长期性和动态特征造成灾变通风具有独有的特性。其长期

性,可能给风流控制救灾决策和实施提供了较多的时间,但这时间非常有限。如果没有能应付各类事故的周密灾害预防处理计划和措施的预实施,仅靠发生灾变时,仓促决策和处理事故,往往不能成功救灾;其长期性和动态变化特性的结合,还对人员撤退和救灾工作连续造成威胁,增加了救灾决策和现场抢险的难度和危险。现场救灾实践证实,矿井火灾救灾是当前技术条件下各灾种救灾中难度最大,最危险,技术性要求最高的工作。矿井火灾防治在坚持"预防为主"方针的同时,还应加强在矿井火灾扑救的过程中对有效救灾及控风技术的应用。

三、矿井突变通风技术

矿井发生火灾、爆炸事故时,为了保证人员撤离及救灾的安全,常常需要调控风流方向,避免灾变生成的有毒有害气体入侵人员撤退和救灾的线路,减小灾害影响范围,并降低损失。

风流流向的调控一般是使某些巷道风流反向,需根据灾变发生的位置和矿井系统的结构,选择局部反风或全矿反风的方式,并保证通风措施的顺利实施。近年来,控风技术有下列改进,目的是提高安全性和可靠性。

(1)控风方案的优化。应用矿井风流稳态和非稳态模拟技术,分析灾变时期风流流动状态的时空变化,并根据人员撤离及救灾的需要,应用经验和定性分析方法,先确定几种控风方案,再应用风流状态模拟技术,分析这几种控风方案的实施效果,选择可靠性强、控风措施简便且便于实施的方案。这就是定性分析和定量分析相结合的综合控风方法。这种方法既可以用于实时救灾决策,也可以预先进行,以制定行之有效的灾变预防及处理计划。

(2)提高控风措施实施的可靠性。研制出分别由地面监控系统、井下遥控系统控制的自动风门,安装在无人工作区域或烟流威胁区域的主要控风点。

(3)尽可能减少因反风造成的负面影响。灾变时期需使风流反向,在保证井下大部分人员安全撤退及救灾的同时,风流反向可能对原位于进风区的少数作业人员造成威胁。因此,正确的控风方案是既保证灾害发生时现场人员的安全撤退及救灾,又尽可能保证因风流反向将受到烟流威胁的区域的人员安全撤退,其中包括安全技术教育,控风设施的维护,规定正确的反风程序及各区域人员撤退程序,保障信息、信号系统畅通等措施的制定和实施。

四、矿井发生火灾时的风流控制

(一)火灾发生时风流控制的基本要求和原则

火灾发生时风流控制的基本要求是:保护矿井受灾区域内人员的安全撤离;防止火灾的扩大,尽可能限制烟流在通风网络中的蔓延范围;避免火灾气体或瓦斯达到爆炸危险的浓度;有利于灭火和减少灾害损失。

火灾发生时风流控制的一般原则:

(1)在火情不明或一时难于确定较好风流控制措施时,应首先维持矿井的正常通风,稳定风流方向,不能随意调控风流。

(2)发生火灾的分支,在确有把握保证可燃气体、瓦斯和煤尘不发生爆炸的前提下,应尽可能减少供风,以减弱火势和有利于灭火和封闭火区。

（3）处于火源下风侧，并连接着工作地点或进风系统的角联分支，应保证其风向与烟流流向相反，以防烟流蔓延范围扩大。

（4）处于烟流路线上，直接与总回风相连的风量调节分支，应打开其调节风门直接将烟流导入总回风中。

（5）在矿井主进风系统中发生火灾时，应进行全矿性反风。这时通风网络中的调节设施应根据反风后的实际系统状况而定。

（6）在高瓦斯矿井和具有煤尘爆炸危险性的矿井，应保证烟流流经的路线上具有足够的风量，避免形成爆炸条件。

（7）在选择风流控制措施时，主要应考虑打开和设置风门、风窗和密闭墙等，并且一般不宜设在高温烟流流经的井巷内，必要时也可以停开或调节矿井主通风机，但必须十分慎重。

（8）对采取各种风流控制措施后可能出现的各种后果要全面考虑，如果可能，应对各种措施的实施效果事先用计算机进行数值模拟。

（二）火灾发生时常用的控风措施

矿井火灾发生时必须根据火灾发生的地点、性质、火风压的大小、瓦斯情况、井下遇险人员的分布等情况，采取正确的风流控制方法，避免事故的进一步扩大。常用的控风措施及适宜情形：

1. 保持正常通风

火灾发生下列情形之一时，可仍保持正常通风：

（1）火源位于矿井用风段及回风段，火势发展较大，烟雾弥漫范围较大，不能肯定采取其他控风措施有效时。

（2）对通风系统复杂的矿井，当采用全矿性反风后，有造成风流紊乱、增加人员撤退的困难或瓦斯爆炸危险时。

（3）在没有完全了解清楚矿井火灾的具体位置、范围、火势、受威胁地区等情况时。

（4）当减少火区供风量有可能造成火灾从富氧燃烧向富燃料燃烧转化时。

（5）掘进工作面发生火灾，并且实施直接灭火时。

2. 增风或减风

火灾发生下列情形之一时，可采取增风或减风的控风措施：

（1）当采用正常通风会使火灾（火势）扩大，不利于灭火，而隔断风流又会使火区瓦斯浓度上升，有爆炸的危险性，可采取减风的措施。

（2）在处理火灾过程中，如火区内及回风侧瓦斯浓度升高，应采取增风方法，使瓦斯降至1%以下。

（3）若火区出现火风压，风流可能发生逆转时，应增加火区风量和主要通风机作用在该支路上的机械风压，避免风流逆转。

（4）在处理火灾过程中，发生瓦斯爆炸后，灾区内遇险人员末撤离时，也应增加灾区风量，及时吹散爆炸产物、火灾气体及烟雾，以利人员撤退。

3. 风流短路法

在进风流中发生火灾时，火源之后原进风流与回风流之间如有能使风流短路的分支风路时，可利用这一支路，直接将火烟排至总回风道，但必须将受影响区域内的人员全部撤出。

4.反风法

反风分为全矿性反风和局部反风。一般而言,矿井进风井口、井筒、井底车场及其内的硐室、中央石门发生火灾时,一定要采取全矿性反风措施,以免全矿直接受到烟侵而造成重大恶性事故。采区内部发生火灾,若有条件利用风门的启闭实现局部反风,则应进行局部反风,应先撤人后反风。

5.隔断风流法

在直接灭火无效时,对火区进行封闭的方法。封闭时要视火区内瓦斯和氧气浓度采取相应安全措施,如增加风量冲淡瓦斯或充入惰气降低氧含量。采用隔断风流法时,要研究制定安全的封闭程序,防止在封闭过程中发生爆炸。

五、直接灭火时救护人员的控风保障

(一)区域控风保护救灾人员的安全

矿井发生火灾时,要正确控制风流,在保证人员安全撤出,防止瓦斯爆炸,阻止火灾和烟气蔓延扩大的同时,保护救护人员救灾的安全,具体要求如下:

(1)火灾发生在井口房、进风井筒、井底车场或总进风道时,若自然风压和扇风机风压风流方向一致,应进行全矿性反风,若自然风压和扇风机风压风流方向相反,可停止风机运转,利用反向的自然风压,阻止烟气进入采掘工作面。中央并列式通风的矿井,有条件时可使进、回风井风流短路将烟气直接排出。

(2)火灾发生在总回风道、回风井底、回风井内或井口时,应维持原风流方向,将烟气排出。若自然风压与扇风机风流方向一致,且瓦斯涌出量不大,减风不会导致危险的瓦斯浓度时,为了减弱火势,有时也可以采取减风措施。

(3)火灾发生在采区内时,一般不宜轻易采用减风或停风措施。

(二)救护人员局部控风的自我安全保障

矿井发生火灾时,救护人员为保障自我安全,采取局部控风的要求如下:

(1)直接灭火时,若作业地点的风速较低,救护人员应注意采取措施提高作业地点的风速,避免出现浓烟逆流。

(2)直接灭火时,救护人员应注意观察或监测火区进回风风量、风向、有害气体浓度等参数的变化,及时用风幛和通风设施进行控风或撤退。

(3)直接灭火时,救护人员应注意观察作业地点附近的通风设施受高温烟流影响可能出现的破坏,并分析对救灾安全的影响,以便及时采取应对措施。

(4)火灾发生在机电硐室时,可关闭防火门或修筑临时密闭来隔断风流。

(5)保证正常风流,以便火烟和水蒸气能顺利地排到回风流中去。

(6)灭火人员应站在进风侧,不应站在回风侧,防止高温烟流伤入或中毒。

(三)救护人员撤退路线的控风保障

救护人员撤退路线的控风的保障基本措施与直接灭火控风的保障措施有相似之处。需特别注意,煤矿井下发生火灾时,由于火灾灾变状态的动态变化特征,保证救护人员安全的风流方向可能逆转。因此,救护人员进入灾区,需注意分析是否存在救灾地点和撤退路线被高温烟流侵入的危险,并在整个救灾过程中,注意这种危险出现的可能,以便做好准备及时采取应对措施或及时撤退。

第三章 煤矿防灭火技术相关标准与安全技术要求

第一节 矿井火灾简介

一、矿井火灾概述

矿井火灾是指发生在矿井地面或井下,威胁到井下安全生产,造成损失的一切非控制性燃烧。凡是发生在巷道、工作面、采空区等井下地点的火灾,以及发生在井口附近、瓦斯泵站等地面部位且所产生的火焰或气体能够进入井下威胁矿井安全生产和井下人员安全的地面火灾,均属于矿井火灾。

矿井火灾发生的三要素:

(1)存在热源。要具备一定温度和足够热量的热源才能引起火灾。

(2)存在可燃物。可燃物的存在是火灾发生的基础,无可燃物不能产生燃烧,更不能出现火灾。

(3)具有持续供给的足量的助燃气体。最常见的助燃气体为氧气,通常情况下,空气中的氧气能够持续助燃。

火灾发生的三要素必须同时存在,互相结合,缺一不可。火灾发生的三要素指明了预防火灾和扑灭火灾的途径和方法。

二、矿井火灾的分类及其特点

矿井火灾分类的目的是正确分析矿井火灾发生的原因、规律,为针对性火灾隐患排查提供依据。

(一)根据矿井火灾发生的热源的不同分类

1. 外因火灾

外因火灾:由明火、爆破、电流短路、摩擦等外部火源引起的火灾。

外因火灾大多容易发生在井底车场、机电硐室、运输及回采巷道等机械、电气设备比较集中,而且风流比较畅通的地点。

一般地说,在电气化程度较低的中、小型煤矿,大多数外因火灾是由于使用明火或违章爆破等引起的。在机械化、电气化程度较高的矿井,则大多火灾是由于机电设备管理维护不善,操作使用不当,设备运转故障等原因所引起的。随着矿井电气化程度的不断提高,机电设备引起的外因火灾的比重也有增长的趋势。在井下吸烟、取暖、违章爆破、电焊及其他原因,引起的外因火灾也时有发生。

2. 内因火灾

内因火灾:由煤炭或其他易燃物质自身氧化蓄热发生燃烧而引起的火灾,又称自燃火灾。据统计,自燃火灾发生的次数占矿井火灾次数的90%以上。

(1)煤矿自燃的原因:煤在常温下吸收了空气中的氧气,产生低温氧化,释放微量的热量和初级氧化产物;由于散热不良,热量聚积温度上升,更加促进了低温氧化作用的进程,最终导致自燃的发生。

(2)煤矿自燃的条件:①煤炭具有自燃的倾向性,并呈破碎状态堆积存在。②连续的通风供氧维持煤的氧化过程不断地发展。③煤氧化生成的热量能大量蓄积,难以及时散失。

(3)煤矿自燃火灾的特点:①常发生在开采容易自燃与自燃煤层的矿井中。②发生之前有预兆(根据预兆能够早期予以发现),发生地点隐蔽(如采空区内、煤柱内等),不易发现。③难以扑灭,且火灾持续时间长。

(二)根据矿井火灾发生井上下地点的不同分类

1. 地面火灾

地面火灾是指发生在井田地表内的厂房、仓库、储煤场、矸石场、木场、主要通风机房、瓦斯泵站、充填站、灌浆站、植被、村舍、表层煤层等处的威胁井下人员生命与财产安全的火灾。地面火灾具有征兆明显、易于发现、空气供给充分、燃烧完全、有毒气体产生量较少、空间宽阔、烟雾易于扩散、灭火工作回旋余地大、易于扑灭等特点。

地面火灾威胁井下人员生命与财产安全的途径:进风井口附近的地面火灾,其烟雾和有害气体随井口进风流进入井下,对井下人员生命与财产安全构成威胁;主要通风机房与瓦斯泵站的地面火灾,直接影响矿井生产秩序,其烟雾和有害气体通过瓦斯抽采管道、同风井筒(多台主要通风机联合通风时)进入井下,对井下人员生命与财产安全构成威胁;井田植被、表层煤层的火灾,其烟雾和有害气体通过回采塌陷带、断层等进入井下,对井下人员生命与财产安全构成威胁。

2. 井下火灾

发生在井口以下井巷、工作面、采空区等地点的火灾称井下火灾(发生在井口附近但危害到井下安全的火灾也属于井下火灾),又称矿内火灾。井下火灾一般是在空气极其有限的情况下发生的,特别是采空区火灾和煤柱内火灾更是如此,即使发生在风流畅通的地点,其空间和供氧条件也有限,因此,井下火灾发展过程比较缓慢。另外,井下人员视野受到限制,且大多数火火发生在隐蔽的地方,一般情况下井下火灾是不易发现的。初级阶段,其发火特征不明显,只能通过空气成分的微小变化、矿内空气温度、湿度的逐渐增加来判断,只有燃烧过程发展到明火阶段,产生大量热、烟气和气味时,才能被人们觉察到。火灾发展产生大量热、烟气和气味时,可能引起通风系统紊乱、瓦斯与煤尘爆炸等后果,给灭火救灾工作带来预计不到的困难。

三、矿井火灾对煤矿生产的危害

(一)产生大量的有毒有害气体

矿井火灾发生后,不同的可燃物会产生不同的气体,这些气体大都是有害的,有些气体毒性较大,这是矿井火灾造成人员伤亡的主要原因。

煤炭燃烧会产生二氧化碳、一氧化碳、二氧化硫等。坑木、橡胶、聚氯乙烯等燃烧会产生一氧化碳、醇类、醛类以及其他复杂的有机化合物。

这些有毒有害气体中,一氧化碳对矿工的危害最为严重。其主要原因是一氧化碳同人体中血红素的亲合力比氧同人体中血红素的亲合力高 250~300 倍,因此,当空气中有一氧化碳时,人在呼吸这样的空气后,极有可能因吸收不了氧气而出现伤亡。当空气中一氧化碳按体积百分比计算,浓度达 0.4% 时,人体呼吸这样的空气后,就会造成死亡。

根据国内外的统计资料表明,在矿井火灾中的遇难者有 80%~90% 都是死于以一氧化碳为主的烟雾中毒。同样,煤矿发生瓦斯、煤尘爆炸后,造成人员大量伤亡的主要原因也是以一氧化碳为首的有毒有害气体中毒。

《煤矿安全规程》规定,入井人员必须随身携带自救器,其主要目的是一旦出现矿井火灾、爆炸等事故后,能利用自救器保护自己,降低有毒有害气体对自己的伤害程度。

(二)引发瓦斯、煤尘爆炸

矿井火灾不但为瓦斯、煤尘爆炸提供了热源,而且火的干馏作用可使煤炭、坑木等放出氢气、沼气和其他多种碳氢化合物等爆炸性气体,从而增加了瓦斯、煤尘爆炸的可能性。同时火灾还可使沉降的煤尘重新悬浮,增加了煤尘爆炸的概率。根据国内资料统计,新中国成立后的所有煤尘爆炸事故,因矿井火灾引起的占 6%。因此,矿井火灾的危害并不仅仅是燃烧放热。

(三)毁坏设备设施

一旦出现矿井火灾,现场的各种仪器、仪表、设备将会遭到严重破坏。摧毁巷道,破坏支护,有些暂时没被烧毁的设备和器材,由于火区长时间封闭,都可能因长期腐蚀全部或部分报废。

(四)影响开采接续

矿井火灾发生后,特别是大范围的矿井火灾发生后,直接灭火无效,必须对火区进行封闭,而被封闭的火区必须待里边的火完全熄灭后才能打开密闭,重新开采,有些火区因裂隙较多或密闭不严,火区内的火很长时间不能熄火,长达数月,严重影响生产,影响煤层开采的连续性。不但如此,被封闭的火区永远是煤矿井下的一种安全隐患。

(五)烧毁大量的煤炭

矿井火灾会使煤的发热量大大减少,甚至完全被烧毁,致使资源浪费。

(六)严重污染环境

有些煤田的露天煤由于火源面积较大、内因火较深、火区温度较高,同时煤的燃烧所放出的各种有毒有害气体,严重破坏了周围的环境,甚至形成大范围的酸雨和温室效应,使绿洲变为荒漠,此外,火区燃烧生成的酸碱化合物对火区附近的地表水和浅层地下水也会造成严重污染。

第二节　矿井火灾早期预报与监测

一、矿井火灾早期预报概述

煤矿建立现代环境监测系统进行火灾早期预报,是改变煤矿安全面貌,防止重大火灾事故的根本出路,为改变煤矿的安全状况起到了一定作用。

矿井火灾的发生发展是有一个过程的,根据火灾发生发展时期产生的各种迹象,比如:气味、烟雾、明火等,可以早期发现,并及时扑救。

矿井火灾早期识别的目的:尽可能早的发现火灾并及时控制火势,将火灾危害和造成的损失减少到最低程度。

严格地讲,各种煤炭均有自燃倾向性,只是外在条件还没有达到,不能使其发展成灾而已。因此,在任何矿井的采煤地点都有可能发生煤炭自燃,这与管理水平有密切联系。

经常发生煤炭自燃的地点有:

(1)采空区,特别是遗留大量煤炭未及时封闭或封闭不严的采空区。

(2)巷道两侧受地压破坏的煤柱。

(3)巷道堆积的浮煤或冒顶、垮帮处。

二、煤炭自燃的早期识别和预报方法

(一)人体感官早期发现煤炭自燃

1.视觉

人体视觉发现可燃物起火时产生的烟雾,煤在氧化过程中产生的水蒸气,及其在附近煤岩体表面凝结成水珠(俗称为"挂汗"),进行报警。如浅部开采时,冬季在地面钻孔口或塌陷区,有时发现冒出水蒸气或冰雪融化现象。井下两股温度不同的风流交汇处,过饱和的水蒸气凝聚也会出现雾气。因此,在发现这种现象时,应结合具体条件分析。

2.嗅觉

可燃物受高温或火源作用,会分解生成一些正常时大气中所没有的、异常气味的火灾气体。煤从自热到自燃过程中,氧化产物中有各种碳氧化合物,所以,在井下可以闻到煤油、汽油或松节油味。例如,煤炭自热到一定温度后出现煤油味、汽油味和轻微芳香气味;橡胶、塑料制品在加热到一定温度后,会产生烧焦味。人们利用嗅觉嗅到这些火灾气味,则可以分析判断出附近的煤炭和胶塑制品在燃烧。

3.感(触)觉

煤炭自燃或自热、可燃物燃烧会使环境温度升高,并可能使附近空气中的氧浓度降低,二氧化碳等有害气体增加,所以当人们接近火源时,会有头痛、闷热、精神疲乏等不适之感。由于人的感觉总带有相当大的主观性和弱敏感性,人的直接感觉不能作为识别早期煤炭自热过程的可靠方法。

(二)测定矿内空气成分的变化

根据应用原理不同,预测的方法可分为气体分析法和煤炭氧化速度测定法,这是及时发现和预报煤炭自燃的主要手段。

如一氧化碳(CO)气体成分分析方法是预报煤炭自燃火灾较灵敏的指标之一。在正常时若大气中含有CO,则采用CO作为指标气体时,要确定预报的最低值。

确定最低值时一般要考虑的因素:

(1)确定各采样工作地点在正常时风流中CO的最低浓度。

(2)最低值时所对应的煤温适当,即留有充分的时间寻找和处理自然发热源。

气体分析法中常用指标气体要求:

(1)煤样中CO、C_2H_4、C_3H_6临界温度值。煤在低温氧化过程中CO生成量与煤温之间的关系十分密切。由于CO的发生温度比较低,温度范围宽,绝对发生量大只要井下巷道中检测出CO气体且持续存在,其浓度不断稳定增加,就可判断此测点风流的上风侧产生高温点或自燃火源(如表 3-1 所示)。

表 3-1　各煤种代表性煤样 CO 的临界温度值

煤种	褐煤	长焰煤	气煤	肥煤	焦煤	瘦煤	贫煤	无烟煤
CO 临界温度/℃	41	66	59	66	81	94	130	83

C_2H_4、C_2H_6 的生成量也与煤温变化有着密切的关系,在达到温度界限后,各指标气体也就会被依次检测出来(如表 3-2 所示)。

表 3-2　各煤种代表性煤样 C_2H_4、C_2H_6 的临界温度值

煤种	褐煤	长焰煤	气煤	肥煤	焦煤	瘦煤	贫煤	无烟煤
C_2H_4 临界温度/℃ [0.1 ml/(g·min)]	109	119	124	127	148	150	150	148
C_3H_6 临界温度/℃ [0.15 ml/(g·min)]	124~134	121~132	121~142	136~147	156~160	151~157	150~168	150~162

(2)Graham 系数 I_{co}。J. J Graham 提出了用流经火源或自热源风流中的 CO 浓度增加量与氧浓度减少量之比作为自然发火的早期预报指标。其计算式如下:

$$I_{co} = 100 \, C_{co}/\triangle C_{o_2}$$

式中:C_{co},$\triangle C_{o_2}$——分别为回风侧采样点气样中的一氧化碳、氧气浓度减少量。

根据 Graham 系数 I_{co} 预报矿井火灾时,不同的矿井有不同的临界指标。根据实验数据,从 7 万多个气样中筛选出 431 个有发火隐患的气样,得出煤在自燃的发生、发展过程中不同阶段的 Graham 指数为:预警值 $I_{co}=0~0.45$;临界值 $I_{co}=0.46~4$;报警值 $I_{co}=4.1~9$(注:此数据仅供参考)。

(三)测定空气和围岩的温度

测温法有时可以作为一种补充手段。空气温度用普通温度计或电阻温度计测定。围岩温度要在一定深度的钻孔中测定。为掌握采空区和密闭区内自燃发展情况,可以用远距离电阻温度计测定其温度变化。

测温法预报煤自然发火的方法可分为两类:

(1)直接用检测到的温度值进行预报或报警。

(2)通过监测点温度的变化特性(升温速率等)进行预报。其中,采用测点温度值进行预测预报时,当测点温度达到或超过某一特定值时,即发出火灾预报或警报。这种方法既直接,又比较直观,但难以测到自然发火达到这一特定温度之前的变化特性和之后的变化趋势,更难以判断火灾所处的进程和态势。采用测点温度变化进行预测预报时,不但可以直观地得到测点的温度,而且能根据之前温度变化的特性,预测预报之后的变化趋势。

三、外因火灾的预报与监测

建立煤自然发火预测方法以后,仍难以有效地防止煤矿火灾的发生,还应具有矿井火灾监测系统等硬件支持。矿井火灾监测分为外因火灾监测和内因火灾监测。

矿井外因火灾预测的任务是通过井巷中的可燃物和潜在火源分析调查,确定可能产生外因火灾的空间位置,及其危险性等级。准确的监测预报,可以使外因火灾的预防更具有针对性,灭火准备更充分。

(一)外因火灾预测遵循的程序

外因火灾预测可遵循如下程序:

(1)调查井下可能出现火源(包括潜在火源)的类型及其分布。

(2)调查井下可燃物的类型及其分布。

(3)划分发火危险区(井下可燃物和火源同时存在的地区视为危险区)。

(二)外因火灾预测的方法

井下作业人员在危险区内作业时应特别注意通过人体生理感觉或所戴的仪器及时发现外因火灾,其主要方法有:

1. 人体生理感觉

通过视力感觉、气味感觉、温度感觉、疲劳感觉发现外因火灾。

2. 仪器测试

(1)利用指标气体预报。利用燃烧的气体产物——一氧化碳与二氧化碳,作为指标气体预报发火。

(2)利用红外线测温预报。燃烧发热,产生火焰、红外光,利用红外线测量温度以预报。

(3)利用温升材料预报。温升变色材料是早期发现发热的指示剂,其特性是:当涂料覆盖物温度升高超出额定值时出现变色,当温度下降到正常值时恢复原色。将指示剂涂敷在电机或机械设备的外壳上和容易发热的部位,根据颜色的变化可以及时发现外因火灾初期的现象。

(4)利用火灾检测器预报。利用火灾初期时产生温升、烟尘、气体等特性,设置相应的感温、感烟等火情探测器进行报警。

四、内因火灾的预报与监测

内因火灾的发生,往往伴有一个蕴藏的过程,根据预兆能够早期予以发现。但火源隐蔽,经常发生在人们难以进入的采空区或煤柱内,要想准确地找到火源确非易事。因此,难以扑灭,以致火灾可以持续数月、数年之久。有的燃烧范围逐渐蔓延扩大,烧毁大量煤炭,冻结大量资源。

煤炭发生自燃后,其空气成份的变化首先是氧含量的减少,二氧化碳量的增加,其次才是一氧化碳量的增多。一氧化碳出现的时间最晚有时在发生自燃火灾前数日才出现。另外,煤炭自燃的初期阶段一氧化碳生成量较少,运用一般的实验手段难以检出。

矿井实际工作经验告诉我们,为确切地监测火情,须对进、回风流的空气成分做系统的检测,以掌握下列四种气体的变化情况:

（1）氧气含量的减少量。

（2）二氧化碳含量的增加量。

（3）一氧化碳含量的增加量。

（4）氮的变化量。

波兰学者提出以空气中的氧浓度减值（$-\nabla O_2$）作为预报指标,其计算方法为:

$$H = C \times Q/100$$

式中:H——自然发火预报指标(m^3/min)。

       C——工作面回风观测站检测气样中的一氧化碳浓度(%)。

       Q——观测站的风量(m^3/min)。

确定了预报自燃火灾发生的经验临界值:

$H < 0.004\ 9\ m^3/min$ 无自燃现象。

$H > 0.005\ 9\ m^3/min$ 预报自然发火。

五、井下火灾监测及监控

(一)测点设置及仪器配备

发火观测点设置应符合下列规定:开采容易自燃及自燃煤层的矿井,在回采工作面进、回风巷、采区回风巷等地点,应设置发火观测点;开采容易自燃煤层的矿井还应在煤层掘进工作面、采区回风巷等地点设置发火观测点。发火观测点应选择在围岩及风流稳定、前后 5 m 范围内断面无变化、支护完好的巷道内。

发火观测点观测内容可包括一氧化碳、二氧化碳、甲烷、氧等气体成分和气温、水温等。

矿井应配备一氧化碳、温度、煤自燃性测定仪等仪器仪表,其种类和数量应符合现行国家标准《矿井通风安全装备标准》(GB/T 50518—2010)的有关规定。

(二)监测监控

开采容易自燃、自燃煤层时,采煤工作面回风巷必须设置一氧化碳传感器。

开采容易自燃、自燃煤层的采区回风巷、一翼回风巷、总回风巷,应设置一氧化碳传感器,并宜配备温度传感器。

自然发火观测点、封闭火区防火墙栅栏外,宜设置一氧化碳传感器、温度传感器和声光报警器。

带式输送机滚筒下风侧 10~15 m 处应设置烟雾传感器和声光报警器,并宜配备一氧化碳传感器。发生火灾时,应能实现报警、急停、自动喷水。

开采容易自燃、自燃煤层及地温高的矿井采煤工作面应设置温度传感器。

抽放容易自燃和自燃煤层的采空区瓦斯时,在工作面回风巷宜设置一氧化碳传感器和温度传感器。

电缆密集场所和主要带式输送机,宜设置具有实时温度监测功能的线型光纤感温火灾探测系统。

(三)束管监测系统

开采容易自燃及自燃煤层的矿井,应设置自然发火束管监测系统。

束管监测系统的监测点应设置在采煤工作面上隅角、回风侧采空区内部、密闭区,以及其他可能自然发火的巷道中。

束管监测系统应主要检测甲烷、一氧化碳、二氧化碳、氧气、乙烯,以及其他煤层自然发火标志气体。

束管管路敷设应符合下列规定:束管应用吊钩悬挂,并应与动力、通信、信号等电缆分挂在巷道两侧;管路系统应采取防砸坏、防漏气、防积水、防堵塞等措施,地面管路还应采取防冻措施。

第三节　火区管理和灭火救灾

一、井下火区管理

井下火灾无法直接扑灭而予以封闭的区域,称为火区。

煤矿必须绘制火区位置关系图,注明所有火区和曾经发火的地点。每一处火区都要按形成的先后顺序进行编号,并建立火区管理卡片。火区位置关系图和火区管理卡片必须永久保存。火区管理卡片应包括:①火区基本情况登记。②防火墙及其观测记录。③灌浆、注砂记录。④火区位置示意图。火区位置关系图以通风系统图为基础绘制,即在通风系统图上标明所有火区的边界、防火墙位置、火源点位置、漏风路线及灌浆系统布置。图上注明火区编号、名称、发火时间。图中还应标明历次发火点的位置和发火时间。

井下火区必须采用永久防火墙封闭。所有永久防火墙都必须统一编号,永久性密闭墙的管理应当遵守下列规定:

(1)每个密闭墙附近必须设置栅栏、警标,禁止人员入内,并悬挂说明牌。

(2)定期测定和分析密闭墙内的气体成分和空气温度。

(3)定期检查密闭墙外的空气温度、瓦斯浓度,密闭墙内外空气压差以及密闭墙墙体。发现封闭不严、有其他缺陷或者火区有异常变化时,必须采取措施及时处理。

(4)所有测定和检查结果,必须记入防火记录簿。

(5)矿井做大幅度风量调整时,应当测定密闭墙内的气体成分和空气温度。

(6)井下所有永久性密闭墙都应当编号,并在火区位置关系图中注明。密闭墙的质量标准由煤矿企业统一制定。

火区封闭后应积极采取措施加速火区熄灭进程。通风部门负责编制火区灭火方案,经矿长、总工程师批准后执行。灭火方案应包括以下内容:①火区基本情况及现状分析。②火区周围的地质情况和开采情况。③灭火方法、灭火工程、劳动组织及安全措施。④灭火方案图。

火区火势稳定后可采取缩封措施来解决部分冻结煤量和封闭物质,提高灭火效果。缩封火区必须遵循以下规定:①必须编制缩封计划,报总工程师批准。②缩封工作必须由矿山救护队进行。③必须采用锁风方法缩封。锁风时先在防火墙外砌筑一道带小门的锁风墙,它与防火墙之间的距离应保证能贮放砌筑一道缩封防火墙的材料和工具,且不小于5~6 m。锁风墙筑好后方可打开原防火墙,救护队员进入火区砌筑新的缩封墙时,必须保持锁风墙与原防火墙中至少有一道风门关闭。缩封墙砌好要进行质量检查,合格后才许拆除锁风墙和原防火墙。

火区经连续取样分析符合《煤矿安全规程》规定的火区熄灭条件,由矿长或矿总工程师组织有关部门鉴定确认火区已经熄灭,提出火区注销报告,报总工程师批准。火区注销报告应包括以下内容:①火区基本情况。②灭火总结(包括灭火过程、灭火费用和灭火效果等)。③火区注销依据与鉴定结果。④附图。

封闭的火区,只有经取样化验证实火已熄灭后,方可启封或者注销。火区同时具备下列条件时,方可认为火已熄灭:

(1)火区内的空气温度下降到 30 ℃ 以下,或者与火灾发生前该区的日常空气温度相同。

(2)火区内空气中的氧气浓度降到 5.0% 以下。

(3)火区内空气中不含有乙烯、乙炔,一氧化碳浓度在封闭期间内逐渐下降,并稳定在 0.001% 以下。

(4)火区的出水温度低于 25 ℃,或者与火灾发生前该区的日常出水温度相同。

(5)上述 4 项指标持续稳定 1 个月以上。

专家解读 乙烯和乙炔的消失,标志着火区内煤炭及其周围介质的温度下降,积蓄的热量已经不能维持其燃烧而逐渐熄灭。

启封已注销的火区必须编制启封计划和安全措施,报总工程师批准。启封计划笔安全措施应包括以下内容:①火区基本情况与灭火、注销情况。②火区侦察顺序与防火墙启封顺序。③启封时防止人员中毒、防止火区复燃和防止爆炸的通风安全措施。④附图。

启封已熄灭的火区前,必须制定安全措施。启封火区时,应当逐段恢复通风,同时测定回风流中一氧化碳、甲烷浓度和风流温度。发现复燃征兆时,必须立即停止向火区送风,并重新封闭火区。启封火区和恢复火区初期通风等工作,必须由矿山救护队负责进行,火区回风风流所经过巷道中的人员必须全部撤出。在启封火区工作完毕后的 3 天内,每班必须由矿山救护队检查通风工作,并测定水温、空气温度和空气成分。只有在确认火区完全熄灭、通风等情况良好后,方可进行生产工作。

不得在火区的同一煤层的周围进行采掘工作。在同一煤层同一水平的火区两侧、煤层倾角小于 35° 的火区下部区段、火区下方邻近煤层进行采掘时,必须编制设计,并遵守下列规定:

(1)必须留有足够宽(厚)度的隔离火区煤(岩)柱,回采时及回采后能有效隔离火区,不影响火区的灭火工作。

(2)掘进巷道时,必须有防止误冒、误透火区的安全措施。煤层倾角在 35° 及以上的火区下部区段严禁进行采掘工作。

二、灭火救灾

(1)任何人发现井下自燃火灾或自燃预兆均应立即向矿调度室报告。调度室应立即通知通风部门和救护队迅速可明火情,同时向值班领导和矿长、总工程师汇报。通风区应根据火灾情况迅速采取控制火势的紧急措施,并报请矿长、总工程师同意。

(2)任何人发现矿井火灾应首先采取一切可能的措施直接灭火。现场区、队、班组长应按照矿井灾害预防与处理计划的规定将所有受害地区和可能受害地区(由于火风压造成风流逆转和可能发生地区等)的人员撤离危险区,并组织人员利用现场一切工具和灭火器材直接灭火。

矿调度室接到火警报告后应立即按矿井灾害预防与处理计划的规定通知有关人员。值班领导人在矿长和矿总工程师沿未到达之前,应立即组织矿山救护队、通风部门和机电部门抢救灾区人员和进行灭火工作。在抢救人员和进行灭火时,必须指定专人检查和监视火灾气体及风流变化,并采取防止人员中毒和防止爆炸的措施。

(3)一旦发生矿井火灾事故,必须立即成立救灾指挥部。矿长和总工程师必须立即直到现场组织救灾工作,矿长任总指挥。迅速建立井下救灾基地,由总指挥选派基地指挥。事故矿井的救护队长为总指挥部成员,具体负责指挥救护队行动。上级派赴救灾现场的领导和代表以及其他人员只能起参谋作用,不能直接指挥和干预决策命令。

总指挥的主要职责是:①迅速组织基可能受灾害波及区域内的人员和抢救遇险人员。②组织侦察火情,正确、果断地制定灭火方案。③制定防止灾情扩大、防止瓦斯爆炸和保证救灾人员安全的技术组织措施。④决策灭火救灾的通风制度。

基地指挥的主要职责是:①根据总指挥的指示和命令指挥井下的灭火救灾工作。②及时向指挥部汇报灭火救灾现场情况,并提出建议。③根据火情发展变化独立采取应急措施,并报告总指挥。

救护队根据总指挥的命令,按照矿山救护战斗条例的规定,具体参加侦察灭火和救灾工作。

非矿山救护队员只能在一氧化碳不超过0.002 4%,沼气不超过2%;气温低于35 ℃,且无爆炸危险的地点,经总指挥批准,在救护队的监护下才能参加井下灭火救灾工作。

(4)扑灭电气火灾必须首先切断电源,电源切断前禁止用水灭火。用水灭火时应先灭外围后灭火源。水量不足时禁止向高温火源直接用水灭火。用水灭火时应注意防止发生水煤气爆炸。

(5)直接灭火时应采取保证井下风流方向的稳定性措施,稳定风流的措施常用的有:

①在火源的排风侧设水幕(特别是倾斜巷道内必须设水幕),以降低火烟温度和避免形成火风压;水幕区长度一般不小于10 m。②在低沼气矿井中,在火源进风侧张挂风幛、建筑稳流防火墙、关闭防火门,以减少火灾烟气发生量。③保证主扇工况的稳定。④火源如在角联巷道中,应设法改变其邻近巷道的网路结构,使火灾巷道变为并联巷道。⑤保证火源回风流通畅。

(6)采用直接挖除火源方法灭火,必须符合以下条件:①火源范围小且能直接到达。②可燃物温度已降至70 ℃以下,且无复燃或引燃其他物质的危险。③无沼气或火灾气体爆炸危险。④风流稳定,无一氧化碳等中毒危险。⑤需要放炮时,炮孔内温度不超过40 ℃。⑥挖出的炽热物有条件的混以惰性物质,保证运输过程无复燃危险。

(7)当井下火灾无法直接灭火或直接灭火无效时,必须采取封闭措施灭火。

在确保安全的前提下,封闭范围应尽量缩小。封闭时应采取在火源的"进、回侧同时封闭"。不具备同时封闭条件时,可以采用"先封闭进风侧后封火源回风侧"的封闭顺序,一般不得采用"先回后进"的封闭顺序。

封闭有火灾气体和沼气爆炸危险的火区必须采用防爆墙。在封闭过程中,必须至少每隔10 min检查一次进、回风流中的沼气、一氧化碳、二氧化碳和含氧量,判别其爆炸危险性,根据具体情况采取风量调节和充注惰气的措施,使火灾气体不具有爆炸性。无有效防爆措施时必须将全部人员撤至安全地带。

第四节 矿井火灾预防相关技术标准与措施

一、外因火灾的预防技术标准与措施

外因火灾发生突然、发展速度快,发生前没有预兆,发生地点广泛,常出乎人的预料,发现或扑灭不及时,将造成大量人员伤亡和重大经济损失。

预防外因火灾应从杜绝明火与电火花着手,其主要措施有:

(1)井下禁止吸烟和使用明火。

(2)瓦斯矿井要使用安全炸药,放炮要遵守安全规程。

(3)正确选择、安装和维护电气设备,保证线路完好,防止短路、过负荷产生火花。

(4)井下严禁使用灯泡(取暖大灯泡)、电炉等电器。

井下和井口房内不得进行电焊、气焊和喷灯焊接等作业。如果必须在井下主要硐室、主要进风井巷和井口房内进行电焊、气焊和喷灯焊接等工作,每次必须制定安全措施,由矿长批准并遵守下列规定:

(1)指定专人在场检查和监督。

(2)电焊、气焊和喷灯焊接等工作地点的前后两端各 10 m 的井巷范围内,应当是不燃性材料支护,并有供水管路,有专人负责喷水,焊接前应当清理或者隔离焊碴飞溅区域内的可燃物。上述工作地点应当至少备有 2 个灭火器。

(3)在井口房、井筒和倾斜巷道内进行电焊、气焊和喷灯焊接等工作时,必须在工作地点的下方用不燃性材料设施接受火星。

(4)电焊、气焊和喷灯焊接等工作地点的风流中,甲烷浓度不得超过 0.5%,只有在检查证明作业地点附近 20 m 范围内巷道顶部和支护背板后无瓦斯积存时,方可进行作业。

(5)电焊、气焊和喷灯焊接等作业完毕后,作业地点应当再次用水喷洒,并有专人在作业地点检查 1 h,发现异常,立即处理。

(6)突出矿井井下进行电焊、气焊和喷灯焊接时,必须停止突出煤层的掘进、回采、钻孔、支护以及其他所有扰动突出煤层的作业。

煤层中未采用砌碹或者喷浆封闭的主要硐室和主要进风大巷中,不得进行电焊、气焊和喷灯焊接等工作。

木料场、矸石山等堆放场距离进风井口不得小于 80 m。木料场距离矸石山不得小于 50 m。不得将矸石山设在进风井的主导风向上风侧、表土层 10 m 以浅有煤层的地面上和漏风采空区上方的塌陷范围内。

煤矿必须建立井下消防洒水系统,并应装设反风设施。矿井必须设地面消防水池和井下消防管路系统。井下消防管路系统应当敷设到采掘工作面,每隔 100 m 设置支管和阀门,但在带式输送机巷道中应当每隔 50 m 设置支管和阀门。地面的消防水池必须经常保持不少于 200 m³ 的水量。消防用水同生产、生活用水共用同一水池时,应当有确保消防用水的措施。开采下部水平的矿井,除地面消防水池外,可以利用上部水平或者生产水平的水仓作为消防水池。

防火门设置应符合下列规定：

（1）进风井口应装设防火铁门，防火铁门应严密并易于关闭，打开时不得妨碍提升、运输和人员通行；不设防火铁门时，应采取防止烟火进入矿井的安全措施。

（2）暖风道和压入式通风的风硐应至少装设 2 道防火门。

（3）井下机电设备硐室应设置向外开启的防火铁门。

（4）井下主排水泵房与主变电所硐室之间应设置防火栅栏铁门。

新建矿井的永久井架和井口房、以井口为中心的联合建筑，必须采用不燃性材料建筑。对现有生产矿井用可燃性材料建筑的井架和井口房，必须制定防火措施。

井巷支护材料选择应符合下列规定：

（1）进风井筒、回风井筒、主要生产水平的井底车场、井下主要硐室和采区变电所、井筒与各水平的连接处、主要绞车道与主要运输巷及回风巷的连接处，以及主要巷道内带式输送机机头前后两端各 20 m 范围内，必须采用不燃性材料支护。

（2）暖风道和压入式通风的风硐必须采用不燃性材料砌筑。

（3）井下机电设备硐室出口防火铁门外 5 m 内的巷道，应砌碹或采用其他不燃性材料支护。

配电变压器低压侧严禁采用中性点直接接地系统，地面中性点直接接地的变压器或发电机严禁直接向井下供电。在有瓦斯抽采管路的巷道内，电缆与瓦斯抽采管路必须分挂在巷道两侧。井下瓦斯抽采泵站硐室必须独立通风。

井口房和通风机房附近 20 m 内，不得有烟火或者用火炉取暖。通风机房位于工业广场以外时，除开采有瓦斯喷出的矿井和突出矿井外，可用隔焰式火炉或者防爆式电热器取暖。暖风道和压入式通风的风硐必须用不燃性材料砌筑，并至少装设 2 道防火门。

井筒与各水平的连接处及井底车场，主要绞车道与主要运输巷、回风巷的连接处，井下机电设备硐室，主要巷道内带式输送机机头前后两端各 20 m 范围内，都必须用不燃性材料支护。在井下和井口房，严禁采用可燃性材料搭设临时操作间、休息间。

井下使用的汽油、煤油必须装入盖严的铁桶内，由专人押运送至使用地点，剩余的汽油、煤油必须运回地面，严禁在井下存放。井下使用的润滑油、棉纱、布头和纸等，必须存放在盖严的铁桶内。用过的棉纱、布头和纸，也必须放在盖严的铁桶内，并由专人定期送到地面处理，不得乱放乱扔。严禁将剩油、废油泼洒在井巷或者硐室内。井下清洗风动工具时，必须在专用硐室进行，并必须使用不燃性和无毒性洗涤剂。

井上、下必须设置消防材料库，并符合下列要求：

（1）井上消防材料库应当设在井口附近，但不得设在井口房内。

（2）井下消防材料库应当设在每一个生产水平的井底车场或者主要运输大巷中，并装备消防车辆。

（3）消防材料库储存的消防材料和工具的品种和数量应当符合有关要求，并定期检查和更换；消防材料和工具不得挪作他用。

井下爆炸物品库、机电设备硐室、检修硐室、材料库、井底车场、使用带式输送机或者液力耦合器的巷道以及采掘工作面附近的巷道中，必须备有灭火器材，其数量、规格和存放地点，应当在灾害预防和处理计划中确定。井下工作人员必须熟悉灭火器材的使用方法，并熟悉本职工作区域内灭火器材的存放地点。井下爆炸物品库、机电设备硐室、检修硐室、材料库的支护和风门、风窗必须采用不燃性材料。

每季度应当对井上、下消防管路系统、防火门、消防材料库和消防器材的设置情况进行1次检查,发现问题,及时解决。

矿井防灭火使用的凝胶、阻化剂及进行充填、堵漏、加固用的高分子材料,应当对其安全性和环保性进行评估,并制定安全监测制度和防范措施。使用时,井巷空气成分必须符合相关要求。

二、内因火灾的预防技术标准与措施

矿井的内因火灾主要是氧化过程自身加速发展的结果。矿井内因火灾的预防思路:一是杜绝可燃物,二是阻止可燃物聚热环境的形成。

(一)正确选择开拓、开采方法

防止自燃火灾对于开拓、开采的要求是:最小的煤层暴露面、最大的采煤量、最快的回采速度和采区容易隔绝。

(1)采用集中岩巷或减少采区的切割量。要采用石门、岩石大巷或集中平巷(上山、下山),采区内尽量少开辅助性巷道,尽可能增加巷道间距,把主要巷道布置在较硬的岩石中,必须在煤层中开凿主要巷道时,要选择不自燃或自燃危险性较小的煤层,采区内煤巷间的相对位置应避免支承压力的影响,煤柱的尺寸和巷道支护要合理等。

(2)选择合理的采煤方法。高落式、房柱式等老的采煤方法回采率很低,采空区遗留大量而又集中的碎煤,掘进巷道多,漏风大,难以隔绝。开采易于自燃的煤层,选用这种方法是十分危险的。

壁式采煤法回采率高,巷道布置比较简单,便于使用机械化装备,从而加快回采速度、此方法有较好的防火安全性。经验证明,薄煤层采用这种采煤方法,很少自燃发火。

回采厚煤层和中厚煤层采用倾斜分层和水平分层人工架顶采煤法,辅以预防性灌浆,只要保证灌浆质量,能够做到既安全可靠又经济合理地开采厚煤层和中厚煤层。

顶板管理方法能影响煤炭回收率、煤柱的完整性和漏风量的大小。开采有自燃危险的煤层选择顶板管理方法要慎重,全部陷落法管理顶板,一般易于发生采空区的自燃,用惰性材料及时而致密地充填全部采空区,可以大大减少自燃火灾的发生。

(3)提高回采率,加快回采速度。采用先进的劳动组织,尽可能使用高效率的采煤设备和综合机械化设备,以加快回采速度。此外,必须根据煤层的自燃倾向和采矿、地质因素确定自燃发火期,结合回采速度合理地划分采区面积,在自燃发火以前就将一个采区采完封闭。

(4)加强矿井防火设计。开采容易自燃煤层的矿井或采用放顶煤开采自燃煤层的矿井,必须建立以灌浆为主的两种及以上综合防灭火系统,并必须建立火灾监测系统。开采容易自燃和自燃煤层的矿井应设置自然发火观测站或观测点。

(二)预防煤炭自燃的通风措施

(1)正确选择通风系统。要根据地质条件和开拓系统、采煤方法,合理选用矿井通风系统。矿井走向长度大于4 km时,应采用对角式通风或分区式通风,若采用中央式通风,会造成通风阻力大,采空区漏风多;距地表较近、倾斜长度长的缓倾斜煤层开采,应采用中央边界式通风。

(2)实行并联通风,避免串联通风。并联通风的通风阻力小,采空区漏风少,并有利于调节和控制风量。发生爆炸或火灾事故时,便于控制风流和隔绝灾区,事故伤亡人员少。开采容易自燃和自燃煤层的矿井宜降低通风阻力,矿井通风负压不宜超过2 940 Pa。

(3)正确选择建筑通风构筑物的数量及其位置。井下为控制或引导风流按生产需要流动,常需建造风门、风桥、风墙、风窗等通风构筑物。这些构筑物多了,会增加风流的不稳定性,不利于采空区及封闭火区的防灭火,所以要正确选用其数量并保证其建筑质量。它们不能安设在裂隙多的破碎煤岩体中,也不能设在沿空留(送)巷的巷道中,否则会造成大量漏风,不利于防止煤炭自燃。

(4)加强通风管理,及时维修巷道。通风巷道的断面越小,通风阻力越大,漏风越多。所以,要保证足够的通风巷道断面,对冒顶、底臌等失修巷道,要及时修复;巷道中不能杂乱堆放材料和设备;对已不用的风门、风窗的墙垛要及时拆除等。

(5)正确选用采煤工作面通风系统。开采自然发火期短的煤层,采面不宜采用Z型及Y型通风系统,而U型和W型系统有利于防止自燃。采面采完后要及时封闭。

(6)及时采用注浆、注氮、喷施阻化剂、灌注三相泡沫等防灭火措施防火。

三、井下火灾防治技术标准与措施

煤的自燃倾向性分为容易自燃、自燃和不易自燃3类。新设计矿井应当将所有煤层的自燃倾向性鉴定结果报省级煤炭行业管理部门及省级煤矿安全监察机构。生产矿井延深新水平时,必须对所有煤层的自燃倾向性进行鉴定。开采容易自燃和自燃煤层的矿井,必须编制矿井防灭火专项设计,采取综合预防煤层自然发火的措施。

开采容易自燃和自燃煤层时,必须开展自然发火监测工作,建立自然发火监测系统,确定煤层自然发火标志气体及临界值,健全自然发火预测预报及管理制度。

对开采容易自燃和自燃的单一厚煤层或者煤层群的矿井,集中运输大巷和总回风巷应当布置在岩层内或者不易自燃的煤层内;布置在容易自燃和自燃的煤层内时,必须锚喷或者砌碹,碹后的空隙和冒落处必须用不燃性材料充填密实,或者用无腐蚀性、无毒性的材料进行处理。

专家解读 集中运输大巷和总回风巷是矿井的主要巷道,服务时间较长;通过的风压较高、风量较大,且因采掘工作面的风量调节而经常变化;运输大巷内还设有运输皮带和机电设备等,这些都是发火隐患。因此,这些主要巷道应布置在岩层内或不易自燃的煤层内;如布置在容易自燃的煤层内,必须砌碹或锚喷,并对空隙和冒顶采取防漏风措施。

开采容易自燃和自燃煤层时,采煤工作面必须采用后退式开采,并根据采取防火措施后的煤层自然发火期确定采(盘)区开采期限。在地质构造复杂、断层带、残留煤柱等区域开采时,应当根据矿井地质和开采技术条件,在作业规程中另行确定采(盘)区开采方式和开采期限。回采过程中不得任意留设计外煤柱和顶煤。采煤工作面采到终采线时,必须采取措施使顶板冒落严实。

开采容易自燃和自燃的急倾斜煤层用垮落法管理顶板时,在主石门和采区运输石门上方,必须留有煤柱。禁止采掘留在主石门上方的煤柱。留在采区运输石门上方的煤柱,在采区结束后可以回收,但必须采取防止自然发火措施。

开采容易自燃和自燃煤层时,必须制定防治采空区(特别是工作面始采线、终采线、上下煤柱线和三角点)、巷道高冒区、煤柱破坏区自然发火的技术措施。当井下发现自然发火征兆时,必须停止作业,立即采取有效措施处理。在发火征兆不能得到有效控制时,必须撤出人员,封闭危险区域。进行封闭施工作业时,其他区域所有人员必须全部撤出。

采用灌浆防灭火时,应当遵守下列规定:

(1)采(盘)区设计应当明确规定巷道布置方式、隔离煤柱尺寸、灌浆系统、疏水系统、预筑防火墙的位置以及采掘顺序。

(2)安排生产计划时,应当同时安排防火灌浆计划,落实灌浆地点、时间、进度、灌浆浓度和灌浆量。

(3)对采(盘)区始采线、终采线、上下煤柱线内的采空区,应当加强防火灌浆。

(4)应当有灌浆前疏水和灌浆后防止溃浆、透水的措施。黄泥灌浆后的脱水与排水十分重要,如果泥浆不能及时脱水,或是大量的水泥被堵截在采空区,将是非常危险的,在掘进和回采下分层时,很易发生溃浆事故。一般情况下灌浆后泥浆都能脱水,一部分水经由裂隙渗出。另一部分由巷道内的钻孔泄出,一般情况下灌浆水不必处理,停灌后 10 天左右即可渗透干净,但个别地方仍出现局部积水。因此,在煤层内掘进分层巷道时,对有可能积水地区仍应采取边掘边探的方法,及时放出积水。

在灌浆区下部进行采掘前,必须查明灌浆区内的浆水积存情况。发现积存浆水,必须在采掘之前放出;在未放出前,严禁在灌浆区下部进行采掘作业。

采用阻化剂防灭火时,应当遵守下列规定:

(1)选用的阻化剂材料不得污染井下空气和危害人体健康。

(2)必须在设计中对阻化剂的种类和数量、阻化效果等主要参数作出明确规定。

(3)应当采取防止阻化剂腐蚀机械设备、支架等金属构件的措施。

采用凝胶防灭火时,编制的设计中应当明确规定凝胶的配方、促凝时间和压注量等参数。压注的凝胶必须充填满全部空间,其外表面应当喷浆封闭,并定期观测,发现老化、干裂时重新压注。

采用均压技术防灭火时,应当遵守下列规定:

(1)有完整的区域风压和风阻资料以及完善的检测手段。

(2)有专人定期观测与分析采空区和火区的漏风量、漏风方向、空气温度、防火墙内外空气压差等状况,并记录在专用的防火记录簿内。

(3)改变矿井通风方式、主要通风机工况以及井下通风系统时,对均压地点的均压状况必须及时进行调整,保证均压状态的稳定。

(4)经常检查均压区域内的巷道中风流流动状态,并有防止瓦斯积聚的安全措施。

采用氮气防灭火时,应当遵守下列规定:

(1)氮气源稳定可靠。

(2)注入的氮气浓度不小于97%。

(3)至少有 1 套专用的氮气输送管路系统及其附属安全设施。

(4)有能连续监测采空区气体成分变化的监测系统。

(5)有固定或者移动的温度观测站(点)和监测手段。

(6)有专人定期进行检测、分析和整理有关记录、发现问题及时报告处理等规章制度。

专家解读 无论在防火还是在灭火方面,氮气较之与灌浆、阻化剂、均压等防灭火措施具有更多的优点,可以起到其他措施不可替代的作用。但在应用时必须严格遵守该条的相关规定,不然,可能由于注氮量过小、浓度过低等原因而达不到预期效果,输氮管路或采空区泄漏氮气而造成人员伤害等。注氮过程中,工作场所的氧气浓度不得低于18.5%,否则应立即停止作业撤除人员,同时降低注氮流量或停止注氮。根据矿井具体条件,可采用埋管注氮、拖管注氮、钻孔注氮、插管注氮和密闭注氮等工艺。氮气源设备选择:可选用地面固定式深冷空分制氮设备;地面固定式或井上、井下移动式变压吸附制氮装置;井上、井下固定式或移动式膜分离制氮装置。

采用全部充填采煤法时,严禁采用可燃物作充填材料。

开采容易自燃和自燃煤层时,在采(盘)区开采设计中,必须预先选定构筑防火门的位置。当采煤工作面通风系统形成后,必须按设计构筑防火门墙,并储备足够数量的封闭防火门的材料。

矿井必须制定防止采空区自然发火的封闭及管理专项措施。采煤工作面回采结束后,必须在45天内进行永久性封闭,每周1次抽取封闭采空区气样进行分析,并建立台账。开采自燃和容易自燃煤层,应当及时构筑各类密闭并保证质量。与封闭采空区连通的各类废弃钻孔必须永久封闭。

任何人发现井下火灾时,应当视火灾性质、灾区通风和瓦斯情况,立即采取一切可能的方法直接灭火,控制火势,并迅速报告矿调度室。矿调度室在接到井下火灾报告后,应当立即按灾害预防和处理计划通知有关人员组织抢救灾区人员和实施灭火工作。

矿值班调度和在现场的区、队、班组长应当依照灾害预防和处理计划的规定,将所有可能受火灾威胁区域中的人员撤离,并组织人员灭火。电气设备着火时,应当首先切断其电源;在切断电源前,必须使用不导电的灭火器材进行灭火。

抢救人员和灭火过程中,必须指定专人检查甲烷、一氧化碳、煤尘、其他有害气体浓度和风向、风量的变化,并采取防止瓦斯、煤尘爆炸和人员中毒的安全措施。

封闭火区时,应当合理确定封闭范围,必须指定专人检查甲烷、氧气、一氧化碳、煤尘以及其他有害气体浓度和风向、风量的变化,并采取防止瓦斯、煤尘爆炸和人员中毒的安全措施。

四、加强火灾制度建设和人员培训

(一)建立健全矿井防灭火管理制度和矿井防灭火责任制

矿井防灭火管理制度是国家关于煤矿防灭火的各项法规、法令在具体矿井中的具体体现,是矿井防灭火工作的具体依据和标准。生产和在建矿井都要有健全、完善的矿井防灭火管理制度,并要随着矿井地质变化、生产技术的发展及防灭火技术的更新而适时修订、补充。

矿井防灭火责任制是对各级领导、各职能部门、有关职工在矿井防灭火工作中应负的责任作出的明确规定。矿井防灭火责任制包括矿井防灭火安全责任制、业务保安责任制和岗位防灭火责任制。矿井防灭火责任制要覆盖与矿井防灭火工作相关的各级领导、各个职能部门、有关职工,责任主体要全面,主体的责任要明确。

(二)健全矿井防灭火工作机构

矿井防灭火工作需要设置专门管理机构与专门工种及人员。专门管理机构与专门工种及人员的欠缺是矿井防灭火工作的第一隐患。

(三)保障矿井防灭火工作所需的资金

矿井防灭火工作专项资金是矿井防灭火工作的保障。缺少矿井防灭火工作专项资金,矿井防灭火工作就无法开展与运行。

(四)强化矿井火情应急处理

出现火情时能够及时扑灭或控制,是杜绝矿井火灾的最佳时机。因此,必须强化矿井火情应急处理,配备消防器材与应急处理所需的材料及设备,制定切实可行的应急处理预案并认真贯彻。

(五)增强矿井防灭火人员的安全意识与操作技能

矿井火灾防治要以技术手段为核心,管理、技术、装备、培训多管齐下,努力提高矿井防灭火人员的安全意识和操作技能,做到早发现、早治理,运用所掌握的技能将火灾消灭在发生的初期。

第五节 井下灭火方法与器材

一、灭火方法

随着科学技术的发展,扑灭井下火灾的方法也越来越多,但归纳起来可以分为三类,一是直接灭火法,二是隔绝灭火法,三是综合灭火法。现在采用最多的是综合灭火法。

(一)直接灭火法

直接灭火就是用水、沙子、岩粉或化学方法在火源附近直接扑灭火灾或挖除火源。

1.用水灭火

用水灭火,简单易行,经济有效。用水灭火的注意事项:

(1)供水量要充足。

(2)确保正常通风,能够使火烟和水蒸气顺利地从回风巷排出。

(3)当火势旺时,应先将水流射向火源外围。

(4)灭火时应由火源边缘逐渐向中心喷射,防止产生大量的水蒸气而发生爆炸。

(5)一般不准人员在回风侧。为防止火灾向回风侧蔓延,在回风侧应当设水幕或者将可燃支架拆除一段。

(6)水能导电。

(7)水比油重,因此,水不能扑灭油类火灾。

用水灭火的缺点是:水流经高温火区时,产生大量的水蒸气,蒸气能分解成氧气和氢气,氢气能自燃,氧气能助燃,混合气体能爆炸。这对灭火是十分有害的。另外,水不能直接扑灭电气火灾。井下发生火灾时,岩石结构被高温破坏,被水冷却后容易垮落,发生冒顶。

用水灭火的使用条件:火源明确,能够接近火源;火势不大,范围较小,对其他区域无影响(特别是对初始火灾更为有效);有充足的水源和灭火器材;火源地点瓦斯含量低于2%;通风系统畅通无阻;灭火地点顶板坚固,有支架掩护;有充足的人力,可以连续作战。

2.用砂子(或岩粉)灭火

把砂子(或岩粉)直接撒在燃烧物体上能隔绝空气,将火扑灭。

3.用干粉灭火

干粉灭火剂是一种固态物质,用它制造的灭火工具具有易于携带、操作简单、能迅速进行灭火等优点,用来扑灭矿井初期的明火、中小型火灾和煤、木材、油类、电气设备等火灾,均有良好效果。尤其在无水或缺水的矿井中用干粉灭火,具有特殊的意义。

4.用高倍数空气机械泡沫灭火

高倍数空气机械泡沫是用高倍数泡沫剂和压力水混合,在强力气流的推动下形成的。

(二)隔绝灭火法

隔绝灭火法是在直接灭火法无效时采用的灭火方法。隔绝灭火法就是在通往火区的所有巷道内砌筑防火密闭墙(简称密闭),将火区封闭起来,待火区氧气几乎消耗完了,二氧化碳大量增加时,燃烧即自行熄灭。该法适用于井下火灾不能用直接灭火法扑灭时,在处理大面积火灾时效果也较好。该法单独使用,灭火时间较长,故封闭火区范围应尽可能小些。

1.封闭火区的原则

封闭火区的原则是:密、小、少、快。

2.封闭火区的方法

(1)锁风封闭火区。从火区进回风侧同时构筑防火墙封闭火区,封闭火区时不通风。这样方法适用于火区气体贫氧、氧浓度低于瓦斯失爆和失燃界限。

(2)通风封闭火区。在保持火区通风的条件下,同时构筑进、回风两侧的防火墙以封闭火区。适用于火区空气的氧浓度高于失爆界限。

(3)注惰封闭火区。在封闭火区的同时注入大量的惰性气体,使火区中的氧浓度达到失爆界限所经过的时间小于爆炸气体积聚到爆炸下限所经过的时间。

3.防火墙的类型

根据防火墙所起的作用不同,可分为临时防火墙、永久防火墙及耐爆防火墙等。

(1)临时防火墙。临时防火墙的作用是暂时阻断风流,防止火势发展,以便采取其他灭火措施。气囊快速临时防火墙,又称充气密闭。石膏防爆防火墙,是以石膏为基料,另加些助凝剂,在喷射机内搅拌喷灌成型的一种防火墙。

(2)永久防火墙。永久防火墙的作用在于长期严密地隔绝火区、阻止空气进入。因此要求坚固、密实。

(3)耐爆防火墙。在瓦斯较大的地区封闭火区时,防止火区内部发生瓦斯爆炸伤人而构筑的防火墙。

(三)综合灭火法

使用隔绝法灭火时,灭火所需的时间很长。如果密闭墙质量不好,漏风较大,火便很难熄灭。因此,在火区封闭以后,还要采取一些积极措施,如向火区灌注泥浆、惰性气体或者调节火区两侧的风压,使火熄灭,该方法称为综合灭火法。综合灭火法就是先用防火墙将火区封闭,然后再采取其他灭火手段,如灌浆、调节风压和充入惰性气体等加速火的熄灭。

1.灌浆灭火

灌浆灭火的工艺过程和预防性灌浆基本相同,一般从井下巷道或地面向已封闭的火区打钻灌浆。灭火效果主要取决于火源位置的确定和钻孔布置。所以当火区范围很大,不易找到火源时,常采用向火区内逐渐移设防火墙的办法,以缩小火区范围,准确地向火源灌浆,以提高灌浆灭火的效果。

2. 均压灭火

均压灭火的基本原理就是采用风压调节技术使火区或有自燃危险的区域(或采空区)的进、回风侧压差尽量减小，并使之少漏风或不漏风，以消除供氧条件，达到使火区熄灭的目的。

3. 惰气灭火

惰气灭火就是将不参与燃烧反应的单一或混合的窒息性气体，利用一定的动力压入火区，使火区的氧含量降到抑燃值以下，从而抑制可燃物质(包括可燃气体)的燃烧和爆炸。

二、灭火器材

室灭火器选择应符合下列规定：可能发生固体物质火灾的硐室，应选择水型灭火器、磷酸铵盐干粉灭火器或泡沫灭火器；可能发生液体火灾或可熔化固体物质火灾的硐室，应选择泡沫灭火器、碳酸氢钠干粉灭火器、磷酸铵盐干粉灭火器或二氧化碳灭火器；可能发生气体火灾的硐室，应选择磷酸铵盐干粉灭火器、碳酸氢钠干粉灭火器或二氧化碳灭火器；可能发生物体带电燃烧的硐室，应选择磷酸铵盐干粉灭火器、碳酸氢钠干粉灭火器或二氧化碳灭火器，不得选用装有金属喇叭喷筒的二氧化碳灭火器。

硐室灭火器规格应符合表 3-3 的规定。

表 3-3　灭火器规格

灭火器类型		水型		干粉型		泡沫型		二氧化碳	
		手提式	推车式	手提式	推车式	手提式	推车式	手提式	推车式
灭火剂充装量	容量/L	6,9	45,60	—	—	6,9	45,60	—	—
	重量/kg	—	—	6,8,10	50,100	—	—	5,7	20,30

硐室内灭火器配备应符合下列规定：每个硐室应配备 2 ~ 6 具灭火器，可能发生液体火灾的硐室应设置砂箱，其体积不小于 0.5 m³；设置液压装置、贮存油类的硐室和爆破材料库，应设置不少于 1 具推车式灭火器；同一硐室选用两种及以上类型灭火器时，应选用灭火剂相容的灭火器；硐室内灭火器应设置在明显和便于取用的地点，且不得影响安全疏散。

第四章 煤矿粉尘治理相关标准与安全技术要求

第一节 煤矿粉尘基本知识

一、粉尘的产生

粉尘是煤生产过程中所产生的微细颗粒,也叫作煤尘。悬浮于空气中的粉尘称为浮尘,已沉落的粉尘称为积尘,煤井防尘的主要对象是浮尘。

煤尘主要产生在采掘工作面、转载点及失修巷道等地点;粉尘主要产生在巷道开拓及掘进中,其中,打眼、爆破是产生粉尘的主要工序。

产生粉尘量的大小与自然因素和生产技术因素均有关系,当开采煤层节理发育或采掘工作面进入断层和褶皱发育的地带时,其产尘量一般较大。在生产工艺相近的条件下,急倾斜比缓倾斜煤层、厚煤层比薄煤层产尘量大。就生产技术而言,采煤机械化程度越高产尘量越大,全部陷落采煤法比充填采煤法产尘量大。

二、粉尘的危害

煤矿粉尘的危害是多方面的。其中危害最大也最常见的为尘肺病和粉尘爆炸。

(一)尘肺病

矿井粉尘是造成矿工职业病的有害物质,对长期从事采掘工作和粉尘作业的职工,能引起尘肺病,尘肺病是矿工的主要职业病,发病率高,对身体影响大,难以根治,严重危害矿工身体健康,使矿工丧失劳动能力。目前,最为严重的尘肺病是硅肺病(硅沉着病),硅肺病是吸入游离二氧化硅的矿尘引起的一种职业病。

粉尘的粒度、分散度、浓度及游离二氧化硅含量等的不同,对人体的危害程度也不同,游离二氧化硅的含量越高、粉尘浓度越高、分散度越大及接触时间越长,对人体的危害程度越大;相反,游离二氧化硅的含量越低、粉尘浓度越低,分散度越小及接触时间越短,对人体的危害程度越小。

(二)粉尘爆炸

空气中浮游煤尘达到一定浓度,遇到火源时会发生爆炸,产生强大的破坏力,造成人员伤亡及设备损坏。

三、综合防尘措施

我国总结出包括技术措施与组织措施的综合防尘措施,基本内容是:通风除尘;湿式作业;密闭尘源与净化;个体防护;改革工艺与设备以减少产尘量;科学管理、建立规章制度,加强宣传教育;定期进行测尘和健康检查。经验证明,因地制宜,持续地采取综合防尘措施,可取得良好的防尘效果。

采煤工作面应采取粉尘综合治理措施,落煤时产尘点下风侧 10 ~ 15 m 处总粉尘降尘效率应不小于 85%;支护时产尘点下风侧 10 ~ 15 m 处总粉尘降尘效率应不小于 75%;放顶煤时产尘点下风侧 10 ~ 15 m 处总粉尘降尘效率应不小于 75%;回风巷距工作面 10 ~ 15 m 处的总粉尘降尘效率应不小于 75%。

掘进工作面应采取粉尘综合治理措施,高瓦斯、突出矿井的掘进机司机工作地点和机组后回风侧总粉尘降尘效率应不小于 85%,呼吸性粉尘降尘效率应不小于 70%;其他矿井的掘进机司机工作地点和机组后回风侧总粉尘降尘效率应不小于 90%,呼吸性粉尘降尘效率应不小于 75%;钻眼工作地点的总粉尘降尘效率应不小于 85%,呼吸性粉尘降尘效率应不小于 80%;放炮 15 min 后工作地点的总粉尘降尘效率应不小于 95%,呼吸性粉尘降尘效率应不小于 80%。

锚喷作业应采取粉尘综合治理措施,作业人员工作地点总粉尘降尘效率应不小于 85%。井下煤仓放煤门、溜煤眼放煤门、转载及运输环节应采取粉尘综合治理措施,总粉尘降尘效率应不小于 85%。

第二节　煤矿粉尘浓度监测及控制

一、粉尘浓度概述

粉尘浓度是指单位体积空气中所含粉尘的质量或颗粒数。粉尘浓度有两种,即质量浓度和数量浓度。质量浓度单位为 mg/m^3,数量浓度单位为粒/m^3。

粉尘粒度大小不同,能够进入人体呼吸道的部位也不同,对人体的危害也不同,所以又将粉尘浓度分成两种,即总粉尘浓度与呼吸性粉尘浓度。

(一)总粉尘浓度

总粉尘浓度是指以总粉尘浓度采样头采集到的粉尘的全部质量或数量计算出来的浓度值,对采样粉尘粒径没有分级的要求,但一般采样的粒径小于 30 μm,其代表意义即指全部悬浮于空气中可进入人体的粉尘的总的质量或数量。

(二)呼吸性粉尘浓度

呼吸性粉尘浓度是指单位体积空气中含有呼吸性粉尘的质量或颗粒数。呼吸性粉尘浓度由呼吸性粉尘采样器采集到的粉尘质量或数量计算出的浓度值。呼吸性粉尘采样器必须具备分级与筛选粉尘的能力,现在的呼吸性粉尘采样器筛选尘粒的方式有 3 种,即水平淘析式、惯性冲击式和旋风式。

《煤矿安全规程》规定,煤矿必须对生产性粉尘进行监测,并遵守下列规定:

(1)总粉尘浓度,井工煤矿每月测定 2 次;露天煤矿每月测定 1 次。粉尘分散度每 6 个月测定 1 次。

(2)呼吸性粉尘浓度每月测定 1 次。

(3)粉尘中游离二氧化硅含量每 6 个月测定 1 次,在变更工作面时也必须测定 1 次。

(4)开采深度大于 200 m 的露天煤矿,在气压较低的季节应当适当增加测定次数。

二、粉尘浓度要求

作业场所空气中粉尘(总粉尘、呼吸性粉尘)浓度应当符合表 4-1 的要求。不符合要求的,应当采取有效措施。

表 4-1 作业场所空气中粉尘浓度要求

粉尘种类	游离二氧化硅含量/%	时间加权平均容许浓度/(mg·m⁻³)	
		总粉尘	呼吸性粉尘
煤尘	<10	4	2.5
矽尘	10~50	1	0.7
	50~80	0.7	0.3
	≥80	0.5	0.2
水泥尘	<10	4	1.5

注:时间加权平均容许浓度是以时间加权数规定的 8 h 工作日、40 h 工作周的平均容许接触浓度。

专家解读 作业场所生产性粉尘是指在生产过程中,产生的一切能长期悬浮于空间的微小固体颗粒。化学因素的职业接触限值可分为时间加权平均容许浓度、最高容许浓度和短时间接触容许浓度 3 种。

三、粉尘浓度测定的原理与计算

(一)总粉尘浓度测定与计算

工作场所空气中总粉尘浓度测定的原理是空气中的总粉尘用已知质量的滤膜采集,由滤膜的增量和采气量,计算出空气中总粉尘的浓度。

按下列公式计算空气中总粉尘的浓度:

$$C = \frac{m_2 - m_1}{V \cdot t} \times 1\,000$$

式中:C——空气中总粉尘的浓度(mg/m³)。
  m_2——采样后的滤膜质量(mg)。
  m_1——采样前的滤膜质量(mg)。
  V——采样流量(L/min)。
  t——采样时间(min)。

(二)呼吸性粉尘浓度测定与计算

工作场所空气中呼吸性粉尘浓度测定的原理是空气中粉尘通过采样器上的预分离器,分离出的呼吸性粉尘颗粒采集在已知质量的滤膜上,由采样后的滤膜增量和采气量,计算出空气中呼吸性粉尘的浓度。

按下计算空气中呼吸性粉尘的浓度:

$$C = \frac{m_2 - m_1}{Q \times t} \times 1\,000$$

式中:C——空气中呼吸性粉尘的浓度(mg/m³)。
  m_2——采样后的滤膜质量(mg)。
  m_1——采样前的滤膜质量(mg)。

Q——采样流量(L/min)。

t——采样时间(min)。

(三)石棉纤维计数浓度测定与计算

用滤膜采集空气中的石棉纤维粉尘,滤膜经透明固定后,在相差显微镜下计数石棉纤维数,计算单位体积空气中石棉纤维根数。

石棉纤维计数浓度按下式进行计算:

$$c = \frac{A \times N}{a \times n \times F \times t \times 1\,000}$$

式中:c——空气中石棉纤维的数量浓度数值(f/cm^3)。

A——滤膜的采尘面积数值(mm^2)。

N——计数测定的纤维总根数(f)。

a——目镜测微尺的计数视野面积数值(mm^2)。

n——计数测定的视野总数。

F——采样流量数值(L/min)。

t——采样时间数值(min)。

空气中石棉纤维的 8 h 时间加权平均计数浓度按《工作场所空气中有害物质监测的采样规范》(GBZ 159)计算。

四、粉尘监测采样点的布置要求

粉尘监测应当采用定点监测、个体监测方法。粉尘监测采样点布置应当符合表 4-2 的要求。

表 4-2 粉尘监测采样点布置

类别	生产工艺	测尘点布置
采煤工作面	司机操作采煤机、打眼、人工落煤及攉煤	工人作业地点
	多工序同时作业	回风巷距工作面 10 ~ 15 m 处
掘进工作面	司机操作掘进机、打眼、装岩(煤)、锚喷支护	工人作业地点
	多工序同时作业(爆破作业除外)	距掘进头 10 ~ 15 m 回风侧
其他场所	翻罐笼作业、巷道维修、转载点	工人作业地点
露天煤矿	穿孔机作业、挖掘机作业	下风侧 3 ~ 5 m 处
	司机操作穿孔机、司机操作挖掘机、汽车运输	操作室内
地面作业场所	地面煤仓、储煤场、输送机运输等处进行生产作业	作业人员活动范围内

五、粉尘检测技术

日常的粉尘检测项目主要是粉尘浓度、粉尘中游离二氧化硅含量和粉尘分散度(也称为粒度分布)的检测。

(一)粉尘浓度测定

矿的粉尘浓度测定主要有滤膜测尘法和快速直读测尘仪测定法。

（1）滤膜测尘法。测尘原理是用粉尘采样器（或呼吸性粉尘采样器）抽取采集一定体积的含尘空气,含尘空气通过滤膜时,粉尘被捕集在滤膜上,根据滤膜的增重计算出粉尘浓度。

（2）快速直读测尘仪测尘法。用滤膜采样器测尘是一种间接测量粉尘浓度的方法,由于准备工作、粉尘采样和样品处理时间比较长,不能立即得到结果,在卫生监督和评价防尘措施效果时显得不方便。为了满足这方面工作特点的需要,各国研制开发了可以立即获得粉尘浓度的快速测定仪。

（二）粉尘游离二氧化硅的测定

国家标准中规定的测定方法是焦磷酸质量法,也有用红外分光光度计测定法进行测定。

（1）焦磷酸质量法。在245 ℃～250 ℃的温度下,焦磷酸能溶解硅酸盐及金属氧化物,对游离二氧化硅几乎不溶。因此,用焦磷酸处理粉尘试样后,所得残渣的质量即为游离二氧化硅的量,以百分比表示。为了求得更精确的结果,可将残渣再用氢氟酸处理,经过这一过程所减轻的质量则为游离二氧化硅的含量。

（2）红外分光分析法。当红外光与物质相互作用时,其能量与物质分子的振动或转动能级相当时会发生能级的跃迁,即分子电低能级过渡到高能级。其结果是某些波长的红外光被物质分子吸收产生红外吸收光谱。游离二氧化硅的吸收光谱的波长为 $12.5\ \mu m$、$12.8\ \mu m$、$14.4\ \mu m$。

（三）粉尘分散度的测定

粉尘分散度分为数量分散度和质量分散度。前者是针对具有代表性的一定数量的样品逐个测定其粒径的方法。其测定方法主要有显微镜法、光散射法等。测得的是各级粒子的颗粒百分数。后者是以某种手段把粉尘按一定粒径范围分级,然后称取各部分的质量,求其粒径分布,常采用离心、沉降或冲击原理将粉尘按粒径分级,测出的是各级粒子的质量百分数。

六、粉尘传感器与测量仪

煤矿用粉尘浓度传感器主要依据《煤矿用粉尘浓度传感器》（MT/T 1102）相关规定。

粉尘仪是用于测量悬浮在空气中颗粒物质量浓度的仪器,并能显示浓度值或输出浓度信号。粉尘仪的原理主要是用光散射法、β射线法及光透法等将粉尘浓度信号转换成电信号,再通过二次仪表显示。粉尘仪一般由粉尘浓度转换组件、采样头（含切割器或分离器）、抽气泵、电源、电路等部分组成。某些粉尘仪还具有流量计、采样时间显示或设定、采样体积显示或设定、信号输出等结构或功能。粉尘仪按测量范围分为高浓度粉尘仪（测量范围一般为 $10\sim1\,000$ mg/m³）和低浓度粉尘仪（测量范围一般为 $0.1\sim10$ mg/m³）。粉尘仪的检定周期一般不超过1年,当粉尘仪修理或更换了主要部件后,应及时送检。

第三节　煤矿粉尘的防治措施

一、粉尘防治的基本规定

矿井必须建立完善的符合以下要求的防尘供水系统。永久性防尘水池容量不应小于200 m³,且储水量不应小于井下连续2 h的用水量,并设有备用水池,其容量不应小于永久性防尘水池容量的一半。防尘用水管路应铺设到所有能产生粉尘和沉积粉尘的地点,并且在需要用水冲洗和喷雾的巷道内,每隔100 m或50 m安设一个三通及阀门。防尘用水系统中,必须安装水质过滤装置,保证水的清洁,水中悬浮物的含量不得超过 150 mg/L,粒径不大于 0.3 mm,水的 pH 值应在 6~9.5 范围内。

井下所有煤仓和溜煤眼都应保持一定的存煤,不得放空;有涌水的煤仓和溜煤眼可以放空,但放空后放煤口闸板必须关闭,并设置引水管。

采煤工作面应有由国家认定的机构提供的煤层可注性鉴定报告,并应对可注水煤层采取注水防尘措施。井工煤矿采煤工作面应当采取煤层注水防尘措施,有下列情况之一的除外:

(1)围岩有严重吸水膨胀性质,注水后易造成顶板垮塌或者底板变形;地质情况复杂、顶板破坏严重,注水后影响采煤安全的煤层。

(2)注水后会影响采煤安全或者造成劳动条件恶化的薄煤层。

(3)原有自然水分或者防灭火灌浆后水分大于 4% 的煤层。

(4)孔隙率小于 4% 的煤层。

(5)煤层松软、破碎,打钻孔时易塌孔、难成孔的煤层。

(6)采用下行垮落法开采近距离煤层群或者分层开采厚煤层,上层或者上分层的采空区采取灌水防尘措施时的下一层或者下一分层。

炮采工作面应采取湿式钻眼法,使用水炮泥;爆破前、后应冲洗煤壁,爆破时应喷雾降尘,出煤时洒水。采煤工作面回风巷应安设至少两通风流净化水幕,并宜采用自动控制风流净化水幕。

在煤、岩层中钻孔,应采取湿式钻孔。煤(岩)与瓦斯突出煤层或软煤层中瓦斯抽放钻孔难以采取湿式钻孔时,可采取干式钻孔,但必须采取捕尘、降尘措施,必要时必须采用除尘器除尘。

液压支架和放顶煤采煤工作面的放煤口,必须安装喷雾装置,降柱、移架或放煤时同步喷雾。破碎机必须安装防尘罩和喷雾装置或除尘器。

采煤机必须安装内、外喷雾装置。无水或喷雾装置损坏时必须停机。掘进机作业时,应使用内、外喷雾装置和除尘器构成综合防尘系统。

井下煤仓放煤口、溜煤眼放煤口、输送机转载点和卸载点,部必须安设喷雾装置或除尘器,作业时进行喷雾降尘或用除尘器除尘。

为提高防尘效果,可在水中添加降尘剂。降尘剂必须保证无毒、不腐蚀、不污染环境,并且不影响煤质。

二、粉尘防治的具体措施

(一)预先湿润煤体

首先向煤层注水,注水过程中应进行流量及压力的计量。单孔注水总量应使该钻孔预湿煤体的平均水分含量增量不小于 1.5%。封孔深度应保证注水过程中煤壁及钻孔不渗水、漏水或跑水。

(二)采煤防尘

1. 综采工作面防尘

采煤机割煤必须进行喷雾,并应满足以下要求:

(1)喷雾压力不应小于 2.0 MPa,外喷雾压力不应小于 4.0 MPa。如果内喷雾装置不能正常喷雾,外喷雾压力不应小于 8.0 MPa。喷雾系统应与采煤机联动,工作面的高压胶管应有安全防护措施。高压胶管的耐压强度应大于喷雾泵站额定压力的 1.5 倍。

(2)泵站应设置两台喷雾泵,一台使用,一台备用。

液压支架应有自动喷雾降尘系统,并应满足以下要求:

(1)喷雾系统各部件的设置应有可靠的防止砸坏的措施,并便于从工作面一侧进行安装和维护。

(2)液压支架的喷雾系统,应安设向相邻支架之间进行喷雾的喷嘴;采用放顶煤工艺时应安设向落煤窗口方向喷雾的喷嘴;喷雾压力均不应小于 1.5 MPa。

(3)在静压供水的水压达不到喷雾要求时,必须设置喷雾泵站,其供水压力及流量必须与液压支架喷雾参数相匹配。泵端应设置两台喷雾泵,一台使用,一台备用。

2. 炮采防尘

钻眼应采取湿式作业,供水压力为 0.2~1 MPa,耗水量为 5~6 L/min,使排出的煤粉呈糊状;炮眼内应填塞白封式水炮泥,水炮泥的充水容量应为 200~250 mL;放炮时应采用高压喷雾等高效降尘措施,采用高压喷雾降尘措施时,喷雾压力不得小于 8.0 MPa;在放炮前后宜冲洗煤壁、顶板并浇湿底板和落煤,在出煤过程中,宜边出煤边洒水。

3. 采区巷道防尘

工作面运输巷的转载点、溜煤眼上口及破碎机处必须安装喷雾装置或除尘器,并指定专人负责管理。

(三)掘进防尘

1. 机掘作业的防尘

掘进机内喷雾装置的使用水压不应小于 3.0 MPa,外喷雾装置的使用水压不得小于 1.5 MPa。掘进机上喷雾系统的降尘效果达不到标准要求时,应采用除尘器抽尘净化等高效防尘措施。采用除尘器抽尘净化措施时,应对含尘气流进行有效控制,以阻止截割粉尘向外扩散。

2. 炮掘作业防尘

钻眼应采取湿式作业,供水压力以 0.3 MPa 左右为宜,但应低于风压 0.1~0.2 MPa,耗水量以 2~3 L/min 为宜,以钻孔流出的污水呈乳状岩浆为准。炮眼内应填塞自封式水炮泥,水炮泥的装填量应在 1 节级以上。

放炮前应对工作面 30 m 范围内的巷道周边进行冲洗。放炮时必须在距离工作面 10~15 m 地点安装压气喷雾器或高压喷雾降尘系统实行放炮喷雾。雾幕应覆盖全断面并在放炮后连续喷雾 5 min 以上。当采用高压喷雾降尘时,喷雾压力不应小于 8.0 MPa。

放炮后,装煤(矸)前必须对距离工作面 30 m 范围内的巷道周边和装煤(矸)堆洒水。在装煤(矸)过程中,边装边洒水,采用铲斗装煤(矸)机时,装岩机应安装自动或人工控制水阀的喷雾系统,实行装煤(矸)喷雾。

3. 其他防尘措施

距离工作面 50 m 内应设置一道自动控制风流净化水幕。距离工作面 20 m 范围内的巷道,每班至少冲洗一次,20 m 以外的巷道每旬至少应冲洗一次,并清除堆积浮煤。

4. 锚喷支护作业的防尘

沙石混合料颗粒粒径不应超过 15 mm,且应在下井前洒水预湿。喷射机上料口及排气口应配备捕尘除尘装置。距锚喷作业地点下风流方向 100 m 内应设置两道以上风流净化水幕,且喷射混凝土时工作地点应采用除尘器抽尘净化。

5. 转载及运输防尘

转载点防尘中,转载点落差宜不大于 0.5 m,若超过 0.5 m,则必须安装溜槽或导向板。各转载点应实施喷雾降尘,或采用除尘器除尘。在装煤点下风侧 20 m 内,必须设置一道风流净化水幕。

在运输防尘中,运输巷内应设置自动控制风流净化水幕。

第四节 煤矿粉尘爆炸及其预防

一、煤尘爆炸的原因及条件

(一)煤尘爆炸的原因

煤是可燃物质,煤被粉碎成细小颗粒后,增大了表面积,它悬浮在井下巷道的空气中,扩大了与氧的接触面积,加快了氧化作用,同时,也增加了受热面积,加速了热化过程,依次极快地进行,氧化反应越来越快,温升越来越高,范围越来越大,导致气体运动,并在火焰前形成冲击波,在冲击波达到一定强度时,即转为爆炸。

(二)煤尘爆炸的条件

煤尘爆炸必须同时具备以下 4 个条件:

(1)煤尘本身具有爆炸性。

(2)煤尘必须浮游于空气中,并达到一定的浓度。

(3)有能引起爆炸的高温热源存在。

(4)氧浓度不低于 18%。

煤尘可以分为有爆炸性煤尘和无爆炸性煤尘。煤尘有无爆炸性,要经过煤尘爆炸性鉴定后才能确定。煤尘具有爆炸性是煤尘爆炸的必要条件。煤尘爆炸的危险性必须经过试验确定。

井下空气中只有浮游的煤尘达到一定浓度时,才可能引起爆炸,单位体积中能够发生煤尘爆炸的最低或最高煤尘量称为下限和上限浓度。低于下限浓度或高于上限浓度的煤尘都不会发生爆炸。煤尘爆炸的浓度范围与煤的成分、粒度、引火源的种类和试验条件等有关。一般说来,煤尘爆炸的下限浓度为 30 ~ 50 g/m^3,上限浓度为 1 000 ~ 2 000 g/m^3。其中爆炸力最强的浓度范围为 300 ~ 500 g/m^3。

一般情况下,浮游煤尘达到爆炸下限浓度的情况是不常有的,但是爆破、爆炸和其他震动冲击都能使大量落尘飞扬,在短时间内使浮尘量增加,达到爆炸浓度。因此,确定煤尘爆炸浓度时,必须考虑落尘这一因素。

煤尘的引燃温度变化范围较大,它随着煤尘性质、浓度及试验条件的不同而变化。煤尘爆炸的引燃温度在 610 ℃ ~ 1 050 ℃ 之间,一般为 700 ℃ ~ 800 ℃。煤尘爆炸的最小点火能为 4.5 ~ 40 mJ。这样的温度在井下各种作业地点是容易达到的,温度越高,越容易引起爆炸。

井下能引燃煤尘的高温热源有:放炮产生的火焰、电气设备产生的电火花、架线电机车及电缆破坏时产生的电弧、各种机械强烈摩擦产生的火花、瓦斯燃烧或爆炸产生的高温、井下火灾或明火、矿灯故障产生的火花等。

二、煤尘爆炸的机理及特征

(一)煤尘爆炸的机理

煤尘爆炸是在高温或一定点火能的热源作用下,空气中氧气与煤尘急剧氧化的反应过程,是一种非常复杂的链式反应,一般认为其爆炸机理及过程有以下 3 步:

第一步:悬浮的煤尘在热源作用下迅速地被干馏或汽化而放出可燃气体。即煤本身是可燃物质,当它以粉末状态存在时,总表面积显著增加,吸氧和被氧化的能力大大增加,一旦遇见火源,氧化过程迅速展开。当温度达到 300 ℃ ~ 400 ℃ 时,煤的干馏现象急剧增强,放出大量的可燃性气体,主要成分为甲烷、乙烷、丙烷、丁烷、氢和1%左右的其他碳氢化合物。

第二步:可燃气体与空气混合而燃烧。即第一步形成的可燃气体与空气混合的高温作用下吸收能量,在尘粒周围形成气体外壳,即活化中心,当活化中心的能量达到一定程度后,链反应过程开始,游离基迅速增加,发生了尘粒的闪燃。

第三步:煤尘燃烧或闪燃放出热量,这种热量以分子传导和火焰辐射的方式传给附近悬浮的或被吹扬起来的落地煤尘,这些煤尘受热后被汽化,使燃烧循环地继续下去。随着每个循环的逐个进行,引起火焰传播自动加速。在火焰传播速度达到每秒数百米以后,煤尘的燃烧便在一定的临界条件下跳跃式地转变为爆炸。

(二)煤尘爆炸的危害特征

(1)产生高温和高压。煤尘爆炸火焰温度为1 600 ℃~1 900 ℃,爆炸源的温度达到2 000 ℃以上,这是煤尘爆炸得以自动传播的条件之一。在矿井条件下煤尘爆炸的平均理论压力为750 kPa,但爆炸压力随着离开爆炸源距离的延长而跳跃式增大。爆炸过程中如遇障碍物,压力将进一步增加,尤其是连续爆炸时,第二次爆炸的理论压力将是第一次的5~7倍。

(2)生成有害气体。煤尘爆炸后产生大量的一氧化碳,在灾区气体中浓度可达2%~4%,甚至高达到8%左右,爆炸事故中受害者的大多数是由于一氧化碳中毒造成的。

(3)火焰和冲击波传播速度快。煤尘爆炸产生的火焰速度可达1 120 m/s,冲击波速度为2 340 m/s。由于煤尘爆炸具有很高的冲击波速,则煤尘爆炸具有连续性,能将巷道中落尘扬起,甚至使煤体破碎形成新的煤尘,导致新的爆炸,有时可如此反复多次,形成连续爆炸,这是煤尘爆炸的重要特征。

(4)煤尘爆炸的感应期。煤尘爆炸也有一个感应期,即煤尘受热分解产生足够数量的可燃气体形成爆炸所需的时间。根据试验,煤尘爆炸的感应期主要决定于煤的挥发分含量,挥发分越高,感应期越短。

(5)挥发分减少或形成"粘焦"。煤尘爆炸时,参与反应的挥发分约占煤尘挥发分含量的40%~70%,致使煤尘挥发分减少,根据这一特征,可以判断煤尘是否参与了井下的爆炸。对于气煤、肥煤、焦煤等粘结性煤的煤尘,一旦发生爆炸,一部分煤尘会被焦化,粘结在一起,沉积于支架的巷道壁上,形成煤尘爆炸所特有的产物——焦炭皮渣或粘块,统称"粘焦","粘焦"也是判断井下发生爆炸事故时是否有煤尘参与的重要标志。

三、影响煤尘爆炸的因素

煤尘爆炸受很多因素影响,如煤尘的粒度、化学组成及外界条件等,有些提高其爆炸危险性,有些抑制和减弱其爆炸危险性,煤尘爆炸的影响因素具体介绍如下。

(一)煤的挥发分

煤尘爆炸主要是在尘粒分解的可燃气体(挥发分)中进行的,因此煤的挥发分数量和质量是影响煤尘爆炸的最重要因素。一般说来,煤尘的可燃挥发分含量越高,爆炸性越强,即煤化作用程度低的煤,其煤尘爆炸性强,随煤化作用程度的增高而爆炸性减弱。

(二)煤的灰分和水分

煤的灰分是不燃性物质,能吸收能量,阻挡热辐射,破坏链反应,降低煤尘的爆炸性。另外,灰分增加了煤尘的密度,有助于加速沉降。试验表明,当灰分在20%以下时,对煤尘爆炸性影响较小,只有超过30%或40%时,才会显著减弱煤尘爆炸性。煤的灰分对爆炸性的影响还与挥发分含量的多少有关,挥发分小于15%的煤尘,灰分的影响比较显著,大于

15%时,灰分对煤尘的爆炸几乎没有影响。

水分能降低煤尘的爆炸性,因为水的吸热能力大,能促使细微尘粒聚结为较大的颗粒,减少尘粒的总表面积,同时还能降低落尘的飞扬能力。煤的天然灰分和水分都很低,降低煤尘爆炸性的作用不显著,只有人为地掺入灰分(撒岩粉)或水分(洒水)才能防止煤尘的爆炸。

(三)煤尘粒度

粒度对爆炸性的影响极大。粒径 1 mm 以下的煤尘粒子都可能参与爆炸,爆炸的主体煤尘是 75 μm 以下的煤尘,特别是 30 ~ 75 μm 的煤尘爆炸性最强,因为单位质量煤尘的粒度越小,总表面积及表面能越大。总的趋势是粒度越小爆炸性越强,但煤尘粒度小于 0.01 mm 后,爆炸性反而因粒度减小而变弱,这是由于过细的尘粒在空气中很快氧化成为灰烬所致。

(四)空气中的瓦斯浓度

当空气中存在瓦斯时,煤尘爆炸下限浓度就要降低,瓦斯含量越高,煤尘爆炸下限浓度越低。因此,有瓦斯煤尘爆炸危险的矿井应高度重视瓦斯含量。一方面,煤尘爆炸往往是由瓦斯爆炸引起的;另一方面,有煤尘参与时,小规模的瓦斯爆炸可能演变为大规模的煤尘瓦斯爆炸事故,造成严重的后果。

(五)空气中氧的含量

空气中氧的含量增加时,点燃煤尘的温度下降;氧的含量降低时,点燃煤尘的温度升高。当氧含量低于 17% 时,煤尘就不再爆炸。煤尘的爆炸压力也随空气中含氧量的多少而不同。含氧量高,爆炸压力高;含氧量低,爆炸压力低。

(六)引爆热源

点燃煤尘造成煤尘爆炸,就必须有一个达到或超过最低点燃温度和能量的引爆热源。引爆热源的温度越高,能量越大,越容易点燃煤尘,而且煤尘初爆的强度也越大;反之温度越低,能量越小,越难以点燃煤尘,即使引起爆炸,初始爆炸的强度也越小。

四、预防煤尘爆炸的措施

(一)防尘措施

防尘措施的作用是减少井下煤尘的产生和飞扬。因此,在以下工作中应采取防尘措施。

1. 打钻时的防尘

(1)湿式凿岩。湿式凿岩的实质,是随着凿岩过程的进行,连续地将水送至钻眼底部,以冲洗岩屑和湿润岩粉,达到减少尘埃的产生和飞扬的目的。

(2)水电钻打眼。水电钻主要用在回采和煤巷掘进工作面,亦可以用于软岩和半煤岩掘进工作面。

(3)干式捕尘。干式捕尘主要用于缺水、高寒地区和某些特殊条件下的岩石巷道掘进工作面。

2. 放炮时的防尘

(1)水袋填塞炮眼。俗称"水炮泥",其实质是将装满水的塑料袋装填在炮眼内,爆破时水袋被爆碎,并将水压入煤的裂隙和雾化,以达到防尘的目的。

(2)水封爆破。水封爆破是将炸药装炮眼内后,孔口密封好,然后向炮眼内注水,再进行爆破。该爆破法可用于煤巷掘进,也可用于回采。水封爆破不仅能降低煤尘的产生量,而且还能减少瓦斯涌出,增加爆破的安全性和提高爆破效果。

(3)喷雾。喷雾是爆破时一种简单易行的降尘措施。喷雾器多为风水联合作用,以压风为主要动力,将低于风压98~196 kPa的水喷射出去,使之雾化。它的射程大、雾粒细、喷射面宽、降尘效果好。

(4)水幕。掘进工作面放炮时,水幕也是一种降尘与消烟的有效措施。同时,水幕也设在采煤工作面的回风巷或尘源丰富的巷道中,用以降尘和净化风流。

3. 装岩(煤)时的防尘

掘进或采煤工作面爆破之后,一般是先用水冲洗煤帮、岩帮,以清除沉积粉尘,然后对煤堆或岩堆进行洒水,最后再装运。洒水一般分为人工洒水和喷雾器洒水。

4. 运输时的防尘

在运输中主要采取喷雾洒水的方式进行除尘。

5. 采掘机械割煤时的防尘

喷雾洒水是采掘机械切割煤体时普遍应用的一种降尘措施。有外喷雾洒水和内喷雾洒水,也可同时并用。除尘措施主要包括除尘器除尘、炮沫除尘和通风除尘。

泡沫除尘是利用表面活性发泡剂与水混合,通过发泡装置和导管喷射至采掘机械割煤区,以捕捉煤尘。由于生成的泡沫体积很大,罩住了尘源,达到防止粉尘飞扬的目的。

合理的通风措施能够有效地排除粉尘,它是机械化工作面的防尘手段之一。掘进通风的排尘效果与通风方式密切相关。压入式通风能够较快地清洗工作面空间,但含尘空气要经过整个巷道。抽出式通风,只有当风筒入风口距工作面不超过2 m时,排尘效果才显著。所以说,混合式通风除尘效果最好。

6. 预先湿润煤体防尘

预先湿润煤体是在煤体尚未开采之前用水加以湿润,增加煤体水分,以减少开采时的煤尘产生量。其方法有煤层注水和采空区灌水等。

7. 个体防护措施

由于煤矿中的吸呼性粉尘对矿工的身体危害很大。因此,个体防护应当引起高度重视。常用的个体防护器具有:

(1)自吸式防尘口罩。自吸式防尘口罩是靠人体肺部吸气使含尘空气通过口罩的滤料而净化的。它分无换气阀和有换气阀两种。

(2)送风式防尘口罩。送风式防尘口罩是用微型通风机将含尘空气送至滤料净化,净化后的空气再通过蛇形管送至口罩内供呼吸之用。

(3)压气呼吸器。压气呼吸器为一种隔绝式个体防护用具。它是井下压风管道中的压缩空气经过过滤、消毒和减压后,再经过导管进入口罩内供呼吸用的。其优点是免除了粉尘的危害,而且呼吸舒畅。缺点是工作地点需有压风管道,并且每人拖着一根长管子,行动不便。

(二)防爆措施

防止煤尘生成和防止煤尘引燃的措施称为防爆措施。其主要内容如下。

1. 清扫沉积煤尘

积聚在巷道周边、支架及设备上的沉积煤尘要定期清扫。我国煤矿多为人工清扫,洒水后清扫,以防煤尘飞扬,清扫的煤尘要运走。

2. 冲洗沉积煤尘

定期用水冲洗巷道顶、帮和支架上的沉积煤尘,冲洗下来的煤尘要清理运出。

3. 刷浆

对主要巷道和硐室要进行刷浆。刷浆材料采用生石灰和水,其体积比为1:1.4,用人工或机械喷洒在巷道帮、顶上。其作用是易观察巷道中煤尘沉积情况,同时,还可覆盖和固结已沉积的煤尘,使之不再飞扬。

4. 撒布岩粉

在巷道周边撒布岩粉(惰性粉尘),能增加沉积煤尘中的不燃物质,可以防止和控制煤尘爆炸。由于岩粉的防爆作用只有在煤尘中达到一定比例时,才能有效地发挥,随着煤尘产生量和煤尘沉积强度在不断增大,岩粉需频繁重复撒布。

5. 黏结沉积煤尘

黏结沉积煤尘就是向巷道周边喷洒黏结液。黏结液主要由湿润剂和吸入盐类组成,它能把已沉积的和陆续沉积的煤尘黏结起来,使其丧失飞扬能力,防止其参与爆炸。

(三)隔爆措施

隔爆措施主要是限制煤尘爆炸事故的波及范围,不使其扩大蔓延。隔爆措施有以下两种:

1. 岩粉棚

将岩粉装在岩粉棚上,设置于巷道之中。煤尘爆炸时,冲击波吹翻岩粉棚,造成岩粉飞扬,形成一段浓厚的岩粉云,截住爆炸火焰,以达防止爆炸蔓延扩大的目的。在矿井的两翼,相邻采区和相邻的煤层都必须用岩粉棚隔开。岩粉受潮不易飞扬时需更换,落入的煤尘要经常检查和清除。

2. 水棚

水棚是由水槽组成,与岩粉棚相似,爆炸冲击波使水棚翻转或破碎,将水瞬间洒布在巷道空间,形成一段水雾,阻止爆炸火焰的传播。目前常利用水棚代替岩粉棚来隔绝煤尘爆炸。

五、防止煤尘爆炸传播技术

防止煤尘爆炸传播技术也称为隔绝煤尘爆炸传播技术(以下简称隔爆技术),是指把已经发生的爆炸控制在一定范围内并扑灭,防止爆炸向外传播的技术措施。该技术不仅适于对煤尘爆炸的控制,也适用于对瓦斯爆炸、瓦斯煤尘爆炸的控制。

(一)隔爆棚

主要采用被动式隔爆水棚(或岩粉棚),也可采用自动隔爆装置隔绝煤尘爆炸的传播。隔爆棚分为主要隔爆棚和辅助隔爆棚。

主要隔爆棚应在下列巷道设置:矿井两翼与井筒相连通的主要大巷;相邻采区之间的集中运输巷和回风巷;相邻煤层之间的运输石门和回风石门。

辅助隔爆棚应在下列巷道设置:采煤工作面进风、回风巷道;采区内的煤和半煤巷掘进巷道;采用独立通风并有煤尘爆炸危险的其他巷道。

(二)水棚

水棚分为主要隔爆棚和辅助隔爆棚,按布置方式又分为集中式和分散式,分散式水棚只能作为辅助水棚。

水棚用水量。集中式水棚的用水量按巷道断面积计算:主要水棚不应小于 400 L/m^2,辅助水棚不应小于 200 L/m^2;分散式水棚的水量按棚区所占巷道的空间体积计算,不应小于 1.2 L/m^3。

水棚在巷道的设置位置应符合下列要求:水棚应设置在直线巷道内;水棚与巷道交叉口、转弯处的距离须保持 $50 \sim 75 \text{ m}$,与风门的距离应大于 25 m;第一排集中水棚与工作面的距离必须保持 60～200 m,第一排分散式水棚与工作面的距离必须保持 30～60 m;在应设辅助隔爆棚的巷道应设多组水棚,每组距离不大于 200 m。

水棚排间距离与水棚的棚间长度:集中式水棚排间距离为 1.2～3 m,分散式水棚沿巷道分散布置,两个槽(袋)组的间距为 10～30 m;集中式主要水棚的棚间长度不应小于 30 m,集中式辅助棚的棚区长度不应小于 20 m,分散式水棚的棚区长度不应小于 200 m。

水槽棚的安装方式,既可采用吊挂式或上托式,也可采用混合式。水袋棚安装方式的原则是当受爆炸冲击力时,水袋中的水容易泼出。水槽(袋)的布置必须符合以下规定:

(1)断面 $S < 10$ m^2 时,$nB/L \times 100 \geqslant 35\%$。

(2)断面 10 $m^2 < S < 12$ m^2 时,$nB/L \times 100 \geqslant 60\%$。

(3)断面 $S > 12$ m^2 时,$nB/L \times 100 \geqslant 65\%$。

式中:n——水棚上的水槽(袋)个数。

B——水棚迎风断面宽度。

L——水棚所在水平巷道宽度。

水槽(袋)之间的间隙与水槽(袋)同支架或巷道壁之间的间隙之和不应大于 1.5 m,特殊情况下不应超过 1.8 m,两个水槽(袋)之间的间隙不应大于 1.2 m;水槽(袋)边与巷道、支架、顶板、构物架之间的距离不应小于 0.1 m,水槽(袋)底部到顶梁(顶板)的距离不应大于 1.6 m,如顶梁大于 1.6 m,则必须在该水槽(袋)上方增设一个水槽(袋);水棚距离轨道面的高度不应小于 1.8 m,水棚应保持同一高度,需要挑顶时,水棚区内的巷道断面应与其前后各 20 m 长的巷道断面一致;当水袋采用易脱钩的布置方式时,挂钩位置要对正,每对挂钩的方向要相向布置(钩尖与钩尖相对),挂钩为直径 4～8 mm 的圆钢,挂钩角度为 60°±5°,弯钩长度为 25 mm。

水棚要经常保持水槽和水袋的完好和规定的水量,且每半个月检查一次。

(三)岩粉栅

岩粉栅分为重型岩粉棚和轻型岩粉棚,重型岩粉栅作为主要岩粉棚,轻型岩粉棚作为辅助岩粉棚。岩粉棚的岩粉用量按巷道断面积计算,主要岩粉棚为 400 kg/m^2,辅助岩粉棚为 200 kg/m^2。

岩粉棚及岩粉棚架的结构及其参数应符合下列要求:岩粉栅的宽度为 100～150 mm;重型棚长度为 300～500 mm,轻型棚长度不大于 350 mm;堆积岩粉的板与两侧支柱(或两帮)之间的间隙不应小于 50 mm;岩粉栅不得用铁钉或铁丝固定;岩粉栅上的岩粉,每月至少进行一次检查,如果岩粉受到潮湿、变硬则应立即更换,如果岩粉量减少,则应立即补充,如果在岩粉表面沉积有煤尘则应加以清除。

在煤及半煤岩掘进巷道中,可采用自动隔爆装置,根据选用的自动隔爆装置性能进行布置与安装。自动隔爆装置必须符合《煤矿用自动隔爆装置通用技术条件》(MT/T 694)的规定。

第五章 煤矿瓦斯防治相关标准与安全技术要求

第一节 煤矿瓦斯基本知识

一、基本定义

矿井瓦斯:在矿井中,从煤和围岩中逸出的以甲烷为主的混合气体,其主要成分是以甲烷(CH_4)为主的烃类气体。矿井瓦斯是伴随着煤的生成而生成的。

矿井瓦斯等级:根据矿井的瓦斯涌出量和涌出形式所划分的矿井等级。

瓦斯(二氧化碳)浓度:瓦斯(二氧化碳)在空气中按体积计算占有的比率,以%表示。

瓦斯涌出:由受采动影响的煤层、岩层,以及由采落的煤、矸石向井下空间均匀地放出瓦斯的现象。

瓦斯喷出:从煤体或岩体裂隙、孔洞、钻孔或炮眼中大量涌出瓦斯(二氧化碳)的异常现象。在 20 m 巷道范围内,涌出瓦斯(二氧化碳)量不小于 $1.0\ m^3/min$ 且持续 8 h 以上的区域定为瓦斯(二氧化碳)喷出危险区域。

煤(岩)与瓦斯突出:在地应力和瓦斯的共同作用下,破碎的煤、岩和瓦斯由煤体或岩体内突然向采掘空间抛出的异常的动力现象。

二、瓦斯等级划分

一个矿井中只要有一个煤(岩)层发现瓦斯,该矿井即为瓦斯矿井。瓦斯矿井必须依照矿井瓦斯等级进行管理。根据矿井相对瓦斯涌出量、矿井绝对瓦斯涌出量、工作面绝对瓦斯涌出量和瓦斯涌出形式,矿井瓦斯等级划分为:

(一)低瓦斯矿井

低瓦斯矿井需同时满足下列条件的:矿井相对瓦斯涌出量不大于 $10\ m^3/t$;矿井绝对瓦斯涌出量不大于 $40\ m^3/min$;矿井任一掘进工作面绝对瓦斯涌出量不大于 $3\ m^3/min$;矿井任一采煤工作面绝对瓦斯涌出量不大于 $5\ m^3/min$。

(二)高瓦斯矿井

高瓦斯矿井需具备下列条件之一:矿井相对瓦斯涌出量大于 $10\ m^3/t$;矿井绝对瓦斯涌出量大于 $40\ m^3/min$;矿井任一掘进工作面绝对瓦斯涌出量大于 $3\ m^3/min$;矿井任一采煤工作面绝对瓦斯涌出量大于 $5\ m^3/min$。

(三)煤(岩)与瓦斯(二氧化碳)突出矿井

煤(岩)与瓦斯(二氧化碳)突出矿井是指矿井发生过煤(岩)与瓦斯(二氧化碳)突出现象。

三、瓦斯的危害

(一)造成瓦斯危害的原因

在矿井生产环境中,大部分采掘工作面、作业地点的巷道空间中的氧气浓度满足瓦斯爆炸条件,所以造成瓦斯隐患的原因有主观原因和客观原因两种。主观原因就是瓦斯积聚和引爆火源的存在;客观原因包括自然条件、安全技术手段、安全装备水平、安全意识和管理水平等,发生瓦斯事故往往就是以上原因相互作用所导致的。

(二)瓦斯危害类型

瓦斯几乎不溶于水,很难凝固液化。在温度不高、压力不大的情况下,瓦斯在化学上的惰性极大,它只能与卤元素相化合。

在煤矿生产过程中,瓦斯危害常见以下四类。

1. 高浓度瓦斯引起的窒息死亡

瓦斯本身无毒,但不能供人呼吸,空气中瓦斯浓度增加会相对降低空气中氧的含量。当瓦斯浓度达到40%时,因氧气缺乏会使人窒息死亡。

2. 瓦斯燃烧

井下作业地点环境中瓦斯浓度不在爆炸界限内,但在外因火源(如摩擦、撞击火花,电火花,爆破火花等)的作用下,积聚的瓦斯发生燃烧,可造成外因火灾事故或发生次生瓦斯爆炸。

3. 瓦斯爆炸

当井下作业地点环境中瓦斯浓度达到爆炸界限、氧气浓度符合爆炸浓度,同时在有一定温度的引燃火源的条件下,可发生瓦斯爆炸事故。

井下一旦发生瓦斯爆炸,产生高温、高压和大量有害气体,形成破坏力很强的冲击波,不但伤害职工生命,而且会严重地摧毁矿井巷道和井下设备,有时还可能因此引起煤尘爆炸和井下火灾,从而扩大灾害的危险程度。

瓦斯爆炸就是一定浓度的瓦斯和空气中的氧气在引火源的作用下产生剧烈的氧化反应的过程,这个过程的最终的化学反应式为:

$$CH_4 + 2O_2 \Longrightarrow CO_2 + 2H_2O$$

如果煤矿井下氧气不足,则反应的最终式为:

$$CH_4 + O_2 \Longrightarrow CO + H_2 + H_2O$$

一般认为 CH_4 碳氢化合物的氧化、燃烧和爆炸都是链反应过程。瓦斯在热能的引发下,分解为 CH_3 和 H 两个活化中心,它们与氧气反应生成新的活化中心,使链反应继续发展。当反应生成的热量大于散发的热量时,反应物的温度上升,反应速度进一步加快,最后形成爆炸。

4. 瓦斯异常涌出、煤与瓦斯突出

煤与瓦斯突出是指破碎的煤、岩和瓦斯在地应力和瓦斯压力的共同作用下,由煤体或岩体内突然向采掘空间抛出的动力现象。其破坏性主要表现为突出形成的冲击波破坏采掘空间内的设施;抛出的煤、岩伤害或掩埋现场工作人员;瞬间涌入采掘空间的大量瓦斯使井下风流中瓦斯的浓度迅速增高,造成人员窒息死亡,遇到火源时甚至引起瓦斯爆炸事故。煤与瓦斯突出事故不但造成经济的重大损失,而且可能造成人员伤亡。

第二节　煤矿瓦斯防治技术标准

一、瓦斯鉴定工作安排

每两年必须对低瓦斯矿井进行瓦斯等级和二氧化碳涌出量的鉴定工作,鉴定结果报省级煤炭行业管理部门和省级煤矿安全监察机构。上报时应当包括开采煤层最短发火期和自燃倾向性、煤尘爆炸性的鉴定结果。高瓦斯、突出矿井不再进行周期性瓦斯等级鉴定工作,但应当每年测定和计算矿井、采区、工作面瓦斯和二氧化碳涌出量,并报省级煤炭行业管理部门和煤矿安全监察机构。

新建矿井设计文件中,应当有各煤层的瓦斯含量资料。

正在建设的矿井每年也应进行矿井瓦斯等级的鉴定工作,在没有采区投产的情况下,当单条掘进巷道的绝对瓦斯涌出量大于 $3\ m^3/min$ 时,矿井应定为高瓦斯矿井;在有采区投产的情况下,当采区相对瓦斯涌出量大于 $10\ m^3/t$ 时,矿井也应定为高瓦斯矿井;在采掘中发生过煤(岩)与瓦斯(二氧化碳)突出的矿井应定为煤(岩)与瓦斯(二氧化碳)突出矿井。如果鉴定结果与矿井设计不符时,应提出修改矿井瓦斯等级的专门报告,报原设计单位同意。

高瓦斯矿井应当测定可采煤层的瓦斯含量、瓦斯压力和抽采半径等参数。

鉴定矿井瓦斯等级的指标为矿井相对瓦斯涌出量、矿井绝对瓦斯涌出量和瓦斯涌出形式。

二、瓦斯等级的鉴定方法

(一)鉴定时间和基本条件

矿井瓦斯等级的鉴定工作应在正常生产条件下进行。应根据当地气候条件,选择矿井绝对瓦斯涌出量最大的月份进行鉴定。在鉴定月的上、中、下旬中各取一天(间隔10天),每天分三个(或四个班)进行测定工作。

测定前必须编制矿井瓦斯等级鉴定计划,做好组织分工、进行人员培训。对采用的所有仪器、仪表进行检查,确保仪器仪表在其计量检定证的有效期内使用。

(二)测定内容、测点选择和要求

主要测定风量、风流中瓦斯和二氧化碳浓度,同时应测定和统计瓦斯抽放量和月产煤量。如果进风流中含有瓦斯或二氧化碳时,还应在进风流中测风量、瓦斯(或二氧化碳)浓度。进、回风流的瓦斯(或二氧化碳)涌出量之差,就是鉴定地区的风排瓦斯(或二氧化碳)量。抽放瓦斯的矿井,测定风排瓦斯量的同时,在相应的地区还要测定瓦斯排放量。瓦斯涌出量应包括抽出的瓦斯量和风排瓦斯量。

确定矿井瓦斯等级时,按每一自然矿井、煤层、翼、水平和各采区分别计算瓦斯涌出的相对量和绝对量。所以测点应布置在每一通风系统的主要通风机的风硐、各水平、各煤层和各采区的进、回风道测风站内。如无测风站,可选取断面规整并无杂物堆积的一段平直巷道做测点。

每一测定班的测定时间应选择在生产正常时刻,并尽可能在同一时刻进行测定工作。

（三）测定数据的整理和记录

1. 测定基础数据的整理和记录

每一测点的测定的瓦斯和二氧化碳的基础数据,可参照相关格式填写,采用四班制的矿井应按四班制绘制,进风流有瓦斯时应增加进风巷的测点数据。绝对瓦斯涌出总量按下式计算。

$$q_{绝} = q_{排} + q_{抽}$$

式中:$q_{绝}$——绝对瓦斯(或二氧化碳)涌出总量(m^3/min)。

$q_{抽}$——抽放瓦斯(或二氧化碳)纯量(m^3/min)。

$q_{排}$——三班(或四班)平均风排瓦斯(或二氧化碳)量(m^3/min)。按下式计算。

$$q_{排} = \frac{1}{n}\sum_{i=1}^{n} q_{排i} = \frac{1}{100 \times n}\sum_{i=1}^{n}(Q_{回i} \cdot C_{回i} - 5_{进i} \cdot C_{进i})$$

式中:n——班制,矿井采用三班制时 $n=3$,矿井采用四班制时 $n=4$。

i——测定班序号,采用三班制的矿井 $i=1,2,3$;采用四班制的矿井 $i=1,2,3,4$。

$q_{排i}$——第 i 班的风排瓦斯(或二氧化碳)量(m^3/min)。

$Q_{回i}$——第 i 班回风巷风流中的风量(m^3/min)。

$C_{回i}$——第 i 班回风巷风流中的瓦斯(或二氧化碳)浓度(%)。

$Q_{进i}$——第 i 班进风巷风流中的风量(m^3/min)。

$C_{进i}$——第 i 班进风巷风流中的瓦斯(或二氧化碳)浓度(%)。

2. 测定结果汇总与记录

整理完测定基础数据后,应汇总、整理出矿井测定结果报告表,并参照相关格式填写,按矿井、翼、水平、煤层和采区分行填写。

矿井绝对瓦斯涌出量应包括各通风系统风排瓦斯量和各抽放系统的瓦斯抽放量,绝对瓦斯涌出量取鉴定月的上、中、下三旬进行测定的三天中最大一天的绝对瓦斯涌出量。

在鉴定月的上、中、下三旬进行测定的三天中,以最大一天的绝对瓦斯涌出量来计算平均每首产煤 1 t 的瓦斯涌出量(相对瓦斯涌出量)。相对瓦斯涌出量($q_{相}$)按下式计算:

$$q_{相} = 1\,440 \times q_{max}/D$$

式中:$q_{排}$——相对瓦斯(或二氧化碳)涌出量(m^3/t)。

q_{max}——最大一天的绝对瓦斯涌出量(m^3/min)。

D——月平均日产煤量(t/d)。

三、煤矿生产中不同地点瓦斯浓度监测规定

矿井总回风巷或者一翼回风巷中甲烷或者二氧化碳浓度超过 0.75% 时,必须立即查明原因,进行处理。采区回风巷、采掘工作面回风巷风流中甲烷浓度超过 1.0% 或者二氧化碳浓度超过 1.5% 时,必须停止工作,撤出人员,采取措施,进行处理。

采掘工作面及其他作业地点风流中甲烷浓度达到1.0%时，必须停止用电钻打眼；爆破地点附近20 m以内风流中甲烷浓度达到1.0%时，严禁爆破。采掘工作面及其他作业地点风流中、电动机或者其开关安设地点附近20 m以内风流中的甲烷浓度达到1.5%时，必须停止工作，切断电源，撤出人员，进行处理。

采掘工作面及其他巷道内，当体积大于0.5 m³的空间内积聚的甲烷浓度达到2.0%时，附近20 m内必须停止工作，撤出人员，切断电源，然后进行处理。对因甲烷浓度超过规定被切断电源的电气设备，必须在甲烷浓度降到1.0%以下时，方可通电开动。

采掘工作面风流中二氧化碳浓度达到1.5%时，必须停止工作，撤出人员，查明原因，制定措施，进行处理。

矿井必须在设计和采掘生产管理时防止瓦斯积聚；当发生瓦斯积聚时，必须及时处理。当瓦斯超限达到断电浓度时，班组长、瓦斯检查工、矿调度员有权责令现场作业人员停止作业，停电撤人。矿井必须有因停电和检修主要通风机停止运转或者通风系统遭到破坏以后恢复通风、排除瓦斯和送电的安全措施。恢复正常通风后，所有受到停风影响的地点，都必须经过通风、瓦斯检查人员检查，无危险后，方可恢复工作。所有安装电动机及其开关的地点附近20 m的巷道内，都必须检查瓦斯，只有甲烷浓度符合本规程规定时，方可开启。停工区内甲烷或者二氧化碳浓度达到3.0%或者其他有害气体浓度超过规定不能立即处理时，必须在24 h内封闭完毕。恢复已封闭的停工区或者采掘工作接近这些地点时，必须事先排除其中积聚的瓦斯。排除瓦斯工作必须制定安全技术措施。严禁在停风或者瓦斯超限的区域内作业。

局部通风机因故停止运转，在恢复通风前，必须首先检查瓦斯，只有停风区中最高甲烷浓度不超过1.0%和最高二氧化碳浓度不超过1.5%，且局部通风机及其开关附近10 m以内风流中的甲烷浓度都不超过0.5%时，方可人工开启局部通风机，恢复正常通风。停风区中甲烷浓度超过1.0%或者二氧化碳浓度超过1.5%，最高甲烷浓度和二氧化碳浓度不超过3.0%时，必须采取安全措施，控制风流排放瓦斯。停风区中甲烷浓度或者二氧化碳浓度超过3.0%时，必须制定安全排放瓦斯措施，报矿总工程师批准。在排放瓦斯过程中，排出的瓦斯与全风压风流混合处的甲烷和二氧化碳浓度均不得超过1.5%，且混合风流经过的所有巷道内必须停电撤人，其他地点的停电撤人范围应当在措施中明确规定。只有恢复通风的巷道风流中甲烷浓度不超过1.0%和二氧化碳浓度不超过1.5%时，方可人工恢复局部通风机供风巷道内电气设备的供电和采区回风系统内的供电。

四、煤矿生产中瓦斯检查要求

井筒施工以及开拓新水平的井巷第一次接近各开采煤层时，必须按掘进工作面距煤层的准确位置，在距煤层垂距10 m以外开始打探煤钻孔，钻孔超前工作面的距离不应小于5 m，并有专职瓦斯检查工经常检查瓦斯。岩巷掘进遇到煤线或者接近地质破坏带时，必须有专职瓦斯检查工经常检查瓦斯，发现瓦斯大量增加或者其他异常时，必须停止掘进，撤出人员，进行处理。

有瓦斯或者二氧化碳喷出的煤（岩）层，必须采取下列措施后方可开采：

（1）打前探钻孔或者抽排钻孔。

（2）加大喷出危险区域的风量。

（3）将喷出的瓦斯或者二氧化碳直接引入回风巷或者抽采瓦斯管路。

在有油气爆炸危险的矿井中,应当使用能检测油气成分的仪器检查各个地点的油气浓度,并定期采样化验油气成分和浓度。对油气浓度的规定可按有关瓦斯的各项规定执行。

专家解读 检查油气浓度和瓦斯一样,使用便携式光学甲烷检测仪,对零方法、读数方法与检查瓦斯相同。

矿井必须建立甲烷、二氧化碳和其他有害气体检查制度,并遵守下列规定:

(1)矿长、矿总工程师、爆破工、采掘区队长、通风区队长、工程技术人员、班长、流动电钳工等下井时,必须携带便携式甲烷检测报警仪。瓦斯检查工必须携带便携式光学甲烷检测仪和便携式甲烷检测报警仪。安全监测工必须携带便携式甲烷检测报警仪。

(2)所有采掘工作面、硐室、使用中的机电设备的设置地点、有人员作业的地点都应当纳入检查范围。

(3)采掘工作面的甲烷浓度检查次数应符合以下几点要求:低瓦斯矿井,每班至少2次;高瓦斯矿井,每班至少3次;突出煤层、有瓦斯喷出危险或者瓦斯涌出较大、变化异常的采掘工作面,必须有专人经常检查。

(4)采掘工作面二氧化碳浓度应当每班至少检查2次;有煤(岩)与二氧化碳突出危险或者二氧化碳涌出量较大、变化异常的采掘工作面,必须有专人经常检查二氧化碳浓度。对于未进行作业的采掘工作面,可能涌出或者积聚甲烷、二氧化碳的硐室和巷道,应当每班至少检查1次甲烷、二氧化碳浓度。

(5)瓦斯检查工必须执行瓦斯巡回检查制度和请示报告制度,并认真填写瓦斯检查班报。每次检查结果必须记入瓦斯检查班报手册和检查地点的记录牌上,并通知现场工作人员。甲烷浓度超过本规程规定时,瓦斯检查工有权责令现场人员停止工作,并撤到安全地点。

(6)在有自然发火危险的矿井,必须定期检查一氧化碳浓度、气体温度等变化情况。

(7)井下停风地点栅栏外风流中的甲烷浓度每天至少检查1次,密闭外的甲烷浓度每周至少检查1次。

(8)通风值班人员必须审阅瓦斯班报,掌握瓦斯变化情况,发现问题,及时处理,并向矿调度室汇报。通风瓦斯日报必须送矿长、矿总工程师审阅,一矿多井的矿必须同时送井长、井技术负责人审阅。对重大的通风、瓦斯问题,应当制定措施,进行处理。

第三节　矿井瓦斯涌出量的计算及预测

一、矿井瓦斯涌出

矿井瓦斯从煤或岩层中涌出的形式有两种:

(1)均匀涌出(即普通涌出),煤层揭露后,首先是游离瓦斯出,从煤层或岩层表面非常细微的裂缝和孔隙中缓慢、均匀而持久地涌出,而后是吸附瓦斯解吸为游离瓦斯而涌出。这种涌出形式范围广、时间长。

(2)特殊涌出,瓦斯特殊涌出包括瓦斯喷出与突出,即在较高压力状态下,很短时间内自采掘工作面的局部地区突然涌出大量的瓦斯,伴随瓦斯突然涌出,有大量的煤和岩石被抛出。瓦斯的这种涌出是瓦斯矿井一种特殊的瓦斯放散形式。由于它的出现具有突然性,一次涌出的瓦斯量大而集中,且伴随有一定的机械破坏力,因此对安全生产威胁很大。

二、矿井瓦斯涌出量计算

矿井瓦斯涌出量是指矿井生产过程中，单位时间内从煤层本身以及围岩和邻近层涌出的各种瓦斯量的总和。瓦斯涌出量分为绝对瓦斯涌出量和相对瓦斯涌出量两种。

(一)绝对瓦斯涌出量

绝对涌出量是指单位时间内从煤层和岩层以及采落的煤（岩）体所涌出的瓦斯量，用 Q_{CH_4} 表示，单位为 m^3/s 或 m^3/min，m^3/d，绝对涌出量可用下式计算。

$$Q_{CH_4} = Q \times C \times 60 \times 24$$

式中：Q_{CH_4}——矿井瓦斯绝对涌出量（m^3/d）。

Q——矿并总回风巷风量（m^3/min）。

C——回风流中的平均瓦斯含量（%）。

绝对瓦斯涌出量是进行瓦斯管理时风量计算的一个重要依据。但是，它仅能表明矿井涌出瓦斯的多少，很难判断矿井瓦斯涌出的严重程度，如两个绝对瓦斯涌出量相等的矿井，表面看来瓦斯涌出情况似乎一样，实际其中开采规模小的矿井瓦斯涌出情况必然更为严重。

(二)相对涌出量

相对涌出量是指矿井在正常条件下月平均产煤 1 t 的瓦斯涌出量，用 q_{CH_4} 表示，单位为 m^3/t，它能够判断出矿井瓦斯涌出的严重程度。相对瓦斯涌出量用下式计算。

$$q_{CH_4} = Q_{CH_4} \times \frac{T}{n}$$

式中：q_{CH_4}——矿井相对瓦斯涌出量（m^3/t）。

Q_{CH_4}——矿井绝对瓦斯涌出量（m^3/d）。

T——矿井瓦斯鉴定月的产量（t）。

n——矿井瓦斯鉴定月的工作日数。

三、矿井瓦斯涌出量的影响因素

矿井瓦斯涌出量的大小，受自然因素和开采技术因素的综合影响。

(一)自然因素

煤层和邻近层的瓦斯含量是瓦斯涌出量大小的决定因素。开采煤层的瓦斯含量高，瓦斯的涌出量就大。当开采煤层的上部或下部都有瓦斯含量大的煤层或岩层时，由于未受采动影响，这些邻近层内的瓦斯也要涌入开采层，从而增大了矿井瓦斯涌出量。同时，地面大气压的变化与瓦斯涌出量的大小也有密切关系。地面大气压力升高时，矿井瓦斯涌出量减少。地面大气压力下降，瓦斯涌出量增大。气温的影响体现在其变化导致大气压的变化，进而影响瓦斯涌出量的大小。

(二)开采技术因素

开采规模是就开采深度，开拓、开采范围及矿井的产量而言。开采深度越深，随着瓦斯含量的增加，瓦斯涌出量就越大。在瓦斯赋存条件相同时，一般是开拓、开采范围越大，则瓦斯绝对涌出量越大,而瓦斯相对涌出量差异不大;产量增减,往往瓦斯绝对涌出量有明显的增减,而相对涌出量的变化不很明显。当矿井的开采深度与规模一定时,若矿井涌出的瓦斯主要来源于采落的煤,产量变化时,对绝对涌出量的影响比较明显,对相对涌出量的影响不大;若瓦斯主要来源于采空区,产量变化时,绝对瓦斯涌出量变化较小,相对瓦斯涌出量则有明显变化。

后退式开采程序比前进式开采程序瓦斯涌出量要少,属于回采率低的采煤方法,采区瓦斯涌出量大。陷落法管理顶板比充填法瓦斯涌出量大。瓦斯涌出量一般随开采过程的进行而随时间的延续迅速下降。

抽出式通风的矿井,瓦斯涌出量随矿井通风压力(负压)的提高而增加。压入式通风矿井,瓦斯涌出量随矿井通风压力(正压)的提高而减少。采空区的密闭质量影响瓦斯涌出量。抽出式通风的矿井,瓦斯涌出量随密闭质量的提高而减少;压入式通风矿井则正好相反。

四、矿井瓦斯涌出量的预测方法

矿井瓦斯涌出量预测是指计算出矿井在一定生产时期、生产方式和配产条件下的瓦斯涌出量,并绘制反映瓦斯涌出量等值线图。一般新建矿井或生产矿井新水平,都必须进行瓦斯涌出量预测,以确定新矿井、新水平、新采区投产后瓦斯涌出量大小,作为矿井和采区通风设计、瓦斯抽放及瓦斯管理的依据。矿井瓦斯涌出量预测采用分源预测法或矿山统计法。

(一)分源预测法

1. 矿井瓦斯涌出构成关系

矿井瓦斯涌出构成关系如图 5-1 所示。

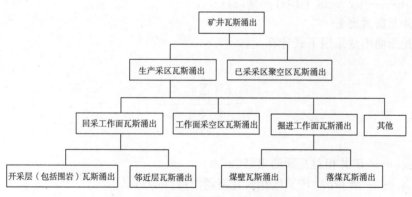

图 5-1　矿井瓦斯涌出构成关系图

2. 回采工作面瓦斯涌出量

回采工作面瓦斯涌出量预测用相对瓦斯涌出量表达,以 24 h 为一个预测圆班,采用下式计算。

$$q_采 = q_1 + q_2$$

式中:$q_采$——回采工作面相对瓦斯涌出量(m^3/t)。

q_1——开采层相对瓦斯涌出量(m^3/t)

q_2——邻近层相对瓦斯涌出量(m^3/t)。

3. 掘进工作面瓦斯涌出量

掘进工作面瓦斯涌出量预测用绝对瓦斯涌出量表达,采用下式计算。

$$q_掘 = q_3 + q_4$$

式中:$q_掘$——掘进工作面绝对瓦斯涌出量(m^3/min)。

q_3——掘进工作面巷道煤壁绝对瓦斯涌出量(m^3/min)。

q_4——掘进工作面落煤绝对瓦斯涌出量(m^3/min)。

4. 生产采区瓦斯涌出量

生产采区瓦斯涌出量采用下式计算。

$$q_区 = \frac{K'(\sum_{i=1}^{n} q_{采i} A_i + 1\ 440 \sum_{i=1}^{n} q_{掘i})}{A_0}$$

式中:$q_区$——生产采区相对瓦斯涌出量(m^3/t)

K'——生产采区内采空区瓦斯涌出系数。

$q_{采i}$——第 i 个回采工作面相对瓦斯涌出量(m^3/t)。

A_i——第 i 个回采工作面的日产量(t)。

$q_{掘i}$——第 i 个掘进工作面绝对瓦斯涌出量(m^3/min)。

A_0——生产采区平均日产量(t)。

5. 矿井瓦斯涌出量

矿井瓦斯涌出量采用下式计算。

$$q_井 = \frac{K'(\sum_{i=1}^{n} q_{区i} A_{0i})}{\sum_{i=1}^{n} A_{0i}}$$

式中:$q_井$——矿井相对瓦斯涌出量(m^3/t)。

$q_{区i}$——第 i 个生产采区相对瓦斯涌出量(m^3/t)。

A_{0i}——第 i 个生产采区平均日产量(t)。

K'——已采采空区瓦斯涌出系数。

(二)矿山统计法

采用矿山统计法必须具备所要预测的矿井或采区煤层开采顺序、采煤方法、顶板管理、地质构造、煤层赋存、煤质等与生产矿井或生产区域相同或类似的条件。矿山统计法预测瓦斯涌出量外推范围沿垂深不超过 200 m,沿煤层倾斜方向不超过 600 m。

矿井相对瓦斯涌出量与开采深度的关系由下式表示。

$$q = \frac{H - H_0}{a} + 2$$

式中:q——矿井相对瓦斯涌出量(m^3/t)。

　　　H——开采深度(m)。

　　　H_0——瓦斯风化带深度(m)。

　　　a——相对瓦斯涌出量随开采深度的变化梯度$[m/(m^3 \cdot t^{-1})]$。

第四节　瓦斯爆炸及其预防措施

一、瓦斯爆炸的条件

瓦斯爆炸必须同时满足的条件:瓦斯浓度在爆炸范围内,一般为5%～16%;热源高于最低点燃能量,存在的时间大于瓦斯的引火感应期;在瓦斯-空气混合气体中的氧气浓度大于12%。

二、瓦斯爆炸原因分析

(一)通风不良

煤矿井下的任何地点都有瓦斯爆炸的可能性,但大部分瓦斯爆炸发生在瓦斯煤层的采掘工作面,其中又以挑进工作面为最多,约占70%左右。这主要是由于掘进工作面局部通风机管理制度不严,安装局部通风机位置不当或局部通风机供风不足,巷道贯通掘进放炮时,没有排净贯通的工作面瓦斯所致。

(二)引火源分析

产生火源的因素主要是违章操作产生引爆火源。在引爆火源中出现最多的是放炮火源,其次是电气火花、摩擦火花和电焊火花;还有煤炭自燃产生的火花,特别是机电设备失爆是人们不可忽视的引爆根源。

(三)思想麻痹

安全管理制度不够完善,思想上的麻痹,导致管理上的松懈,进而引发违章作业和违章指挥。安全投入少,导致安全隐患增加,矿井抗灾能力减弱。统计表明,瓦斯涌出量小的矿井,瓦斯爆炸事故却多于瓦斯涌出量大的矿井。

三、瓦斯爆炸的危害

瓦斯爆炸的主要危害表现在以下几个方面:

(1)瓦斯爆炸产生的爆炸温度可达1 850 ℃～2 650 ℃。这样的高温,不仅会烧毁设备、烧伤人员,还能点燃木材、支架和煤尘,引起火灾和煤尘爆炸事故,扩大灾情。

(2)瓦斯爆炸后的气体压力是爆炸前气体压力的7～10倍,气体压力的骤然增大,将形成强大的冲击波,会以极高的速度向外冲击,从而推倒支架、损坏设备,使工作面顶板冒落及造成现场的人员伤亡,使矿井遭到严重破坏。

(3)瓦斯爆炸产生大量有害气体,瓦斯爆炸后的气体成分为氧气6%～10%,氮气82%～88%,二氧化碳4%～8%,一氧化碳2%～4%,如果有煤尘参与爆炸,一氧化碳的生成量更大。所以,发生瓦斯爆炸后,不仅氧气浓度会大大降低,而且还会产生大量有害气体。统计资料表明,在瓦斯、煤尘爆炸事故中,死于一氧化碳中毒的人数占死亡人数的70%以上。

四、瓦斯爆炸事故预防技术措施

防止瓦斯爆炸的技术措施很多,主要包括防止瓦斯积聚、防止瓦斯被引燃和防止瓦斯爆炸事故的扩大。

(一)防止瓦斯积聚

所谓瓦斯积聚是指瓦斯浓度超过 2%,其体积超过 $0.5 m^3$ 的现象。为了防止瓦斯积聚,每一矿井必须从生产技术管理上尽量避免出现盲巷,临时停工地点不允许停风,并加强通风系统管理,严格执行瓦斯检查制度,及时安全地处理积聚瓦斯。

1. 加强通风

有效地加强通风是防止瓦斯积聚的根本措施。瓦斯矿井必须做到风流稳定,有足够的风量和风速,避免循环风,局部通风机风筒末端要靠近工作面,放炮时间内也不能中断通风,向瓦斯积聚地点加大风量和提高风速等。

2. 及时处理局部积存的瓦斯

生产中容易积存瓦斯的地点有:采煤工作面上隅角,独头掘进工作面的巷道隅角,顶板冒落的空洞内,低风速巷道的顶板附近,停风的盲巷中,综放工作面放煤口及采空区边界处,以及采掘机械切割部分周围等。及时处理局部积存的瓦斯,是矿井日常瓦斯管理的重要内容,也是预防瓦斯爆炸事故,搞好安全生产的关键工作。

煤矿处理采煤工作面上隅角瓦斯积聚的方法很多,大致可以分为以下几种:

(1)迫使一部分风流流经工作面上隅角,将该处积存的瓦斯冲淡排出。此法多用于工作面瓦斯涌出量不大(小于 $2 \sim 3 m^3/min$),上隅角瓦斯浓度超限不多时。具体做法是在工作面上隅角附近设置木板隔墙或帆布风障(如图 5-2 所示)。

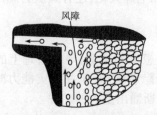

风障

图 5-2 迫使风流经采煤工作面上隅角

(2)全负压引排法。在瓦斯涌出量大、回风流瓦斯超限、煤炭无自然发火危险而且上区段采空区之间无煤柱的情况下,可控制上阶段的已采区密闭墙漏风(如图 5-3 所示),改变采空区的漏风方向,将采空区的瓦斯直接排入回风道内。

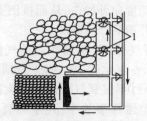

图 5-3 改变采空区漏风方向
1-打开的密闭墙

（3）上隅角排放瓦斯。最简单的方法是每隔一段距离在上隅角设置木板隔墙（或风障），敷设铁管利用风压差，将上隅角积聚的瓦斯排放到回风口 50～100 m 处（如图 5-4 所示）。如风筒两端压差太小，排放瓦斯不多时，可在风筒内设置高压水的或压气的引射器，提高排放效果。

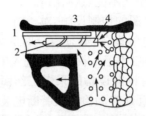

图 5-4　上隅角排放瓦斯
1 – 水管或压风管；2 – 风筒；3 – 喷嘴；4 – 隔墙或风障

在工作面绝对瓦斯涌出量超过 5～6 m^3/min 的情况下，单独采用上述方法，可能难以收到预期效果，必须进行邻近层或开采煤层的瓦斯抽放，以降低整个工作面的瓦斯涌出量。

综采工作面由于产量高，进度快，不但瓦斯涌出量大，而且容易发生回风流中瓦斯超限和机组附近瓦斯积聚。处理高瓦斯矿井综采工作面的瓦斯涌出和积聚，已成为提高工作面产量的重要任务之一。可以采取加大工作面风量及风速等措施。

如果瓦斯涌出量较大，风速较低（小于 0.5 m/s），在巷道顶板附近就容易形成瓦斯层状积聚。层内的瓦斯浓度由下向上逐渐增大。据统计瓦斯燃烧事故的 2/3 发生在顶板瓦斯层状积聚的地点。预防和处理瓦斯层状积聚的方法有：

（1）加大巷道的平均风速，使瓦斯与空气充分地紊流混合。一般认为，防止瓦斯层状积聚的平均风速不得低于 0.5～1 m/s。

（2）加大顶板附近的风速。如在顶梁下面加导风板将风流引向顶板附近；或沿顶板铺设风筒，每隔一段距离接一短管；或铺设接有短管的压气管，将积聚的瓦斯吹散；在集中瓦斯源附近装设引射器。

（3）将瓦斯源封闭隔绝。如果集中瓦斯源的涌出量不大时，可采用木板和粘土将其填实隔绝或注入砂浆等凝固材料，堵塞较大的裂隙。

在处理顶板冒落孔洞内积存瓦斯时，常用的方法有：用砂土将冒落空间填实；用导风板或风筒接岔（俗称风袖）引入风流吹散瓦斯。

3. 抽放瓦斯

抽放瓦斯的方法一般是用在矿井瓦斯涌出量很大，用一般的技术措施效果不佳的情况下。

4. 经常检查瓦斯浓度和通风状况

加强检查对于井下易于积聚瓦斯的地方，强化管理，要经常检查其含量，尽量使其通风状况合理，若发现瓦斯超限及时处理。

（二）防止瓦斯引燃

防止瓦斯引燃的原则，是对一切非生产必需的热源，要坚决禁绝。生产中可能发生的热源，必须严加管理和控制，防止它的发生或限定其引燃瓦斯的能力。

严禁携带烟草和点火工具下井；井下禁止使用电炉，禁止打开矿灯；井口房、抽放瓦斯泵房以及通风机房周围 20 m 内禁止使用明火；井下需要进行电焊、气焊和喷灯焊接时，应严格遵守有关规定;对井下火区必须加强管理等。

采用防爆的电气设备。目前广泛采用的是隔爆外壳。即将电机、电器或变压器等能发生火花、电弧或赤热表面的部件或整体装在隔爆和耐爆的外壳里,即使壳内发生瓦斯的燃烧或爆炸,不致引起壳外瓦斯事故。对煤矿的弱电设施,根据安全火花的原理,采用低电流、低电压,限制火花的能量,使之不能点燃瓦斯。

供电闭锁装置和超前切断电源的控制设施,对于防止瓦斯爆炸有重要的作用。因此,局部通风机和掘进工作面内的电气设备,必须有延时的风电闭锁装置。高瓦斯矿井和煤(岩)与瓦斯突出矿井的煤层掘进工作面,串联通风进入串联工作面的风流中,综采工作面的回风道内,倾角大于12°并装有机电设备的采煤工作面下行风流的回风流中,以及回风流中的机电硐室内,都必须安装瓦斯自动检测报警断电装置。

在有瓦斯或煤尘爆炸危险的煤层中,采掘工作面只准使用煤矿安全炸药和瞬发雷管。如使用毫秒延期电雷管最后一段的延期时间不得超过 130 ms。在岩层中开凿井巷时,如果工作面中发现瓦斯,应停止使用非安全炸药和延期雷管。打眼、放炮和封泥都必须符合有关规程的规定。必须严格禁止放糊炮、明火放炮和一次装药分次放炮。新近进行的炮掘工作面采用喷雾爆破技术防止瓦斯煤尘爆炸的试验已经取得了成功。其实质是在放炮前数分钟和爆破时,通过喷嘴使水雾化,在掘进工作面最前方形成一个水雾带,造成局部缺氧,降低煤尘浓度,隔绝火源,抑制瓦斯连锁反应,从而达到防止瓦斯、煤尘爆炸的目的。

五、防止瓦斯爆炸灾害事故扩大的措施

若发生爆炸,应使灾害波及范围局限在尽可能小的区域内,以减少损失。因此,应采取以下措施:

(1)编制周密的预防和处理瓦斯爆炸事故计划,并对有关人员贯彻这个计划。

(2)实行分区通风。各水平、各采区都必须布置单独的回风道,采掘工作面都应采用独立通风。这样一条通风系统的破坏将不致影响其他区域。

(3)通风系统力求简单。应保证当发生瓦斯爆炸时入风流与回风流不会发生短路。

(4)装有主要通风机的出风井口,应安装防爆门或防爆井盖,防止爆炸波冲毁通风机,影响救灾与恢复通风。

(5)防止煤尘事故的隔爆措施,同样也适用于防止瓦斯爆炸。

第五节　煤与瓦斯突出及其防治措施

一、煤与瓦斯突出的原因和规律

(一)煤与瓦斯突出的原因

煤与瓦斯突出是指地下开采过程中,在很短的时间内,突然由煤体内大量喷出煤和瓦斯,并伴随着强烈的声响和强大机械效应的一种现象。上山、石门和平巷内以及放炮落煤时最容易发生突出。

瓦斯喷出的内因是煤层成岩层的构造裂缝中储存有大量高瓦斯;外因是在开采过程中,由于放炮透穿或机械振动、地压活动使煤岩层所造成卸压缝隙,构成瓦斯外喷的通道。

(二)煤与瓦斯突出的规律

随着深度增加,突出危险性增大。这表现在突出次数增多、突出强度增大、突出煤层

数增加及突出的危险区域扩大。突出在煤层中的分布是不均匀的。突出多集中在地质构造带,突出危险区的面积只占突出层总面积的 5% ~ 10%。

易于发生突出的常见构造类型有:压扭性逆断层带,向斜轴部,煤层扭转地区,煤层走向突变和倾角突变地区,煤层突然变厚,特别是软分层变厚等。

突出的次数和强度随着煤层厚度的增加,特别是软分层厚度的增加而增多和增高。突出最严重的煤层一般是最厚的主采煤层。采掘工作面形成的应力集中区是突出点密集地区。

突出可以发生在各种类型的巷道中。其中,煤层平巷突出次数最多,石门揭开煤层时的突出次数虽然不多,但强度最大。突出的发生同外力冲击诱发有关。采掘工作中,绝大多数突出发生在落煤时。

在煤和瓦斯突出时,都会在煤层中形成特殊形状的孔洞(椭圆形、梨形等),喷出的煤具有分选性。

二、煤与瓦斯突出的危害和分类

(一)煤与瓦斯突出的危害

煤与瓦斯突出的危害主要包括:危及井下作业人员生命安全;破坏矿井正常的生产秩序;破坏井下设备和建筑物,如摧毁支架、推倒矿车、破坏通风设施;诱发其他灾害事故,如瓦斯煤尘爆炸、瓦斯燃烧;严重影响矿井经济效益。

(二)煤与瓦斯突出的分类

按照突出物质的不同,可以分为煤与甲烷突出,岩石与甲烷突出,岩石和二氧化碳突出,煤、岩、二氧化碳和甲烷突出。

按照突出动力源的不同,突出又可分为倾出、压出和突出。

按照突出强度的不同可分为小型、中型和大型突出。小型突出:强度小于 100 t;中型突出:强度 100 ~ 500 t;大型突出:强度 500 ~ 1 000 t;特大型突出:强度大于或等于 1 000 t。

三、煤与瓦斯突出的预兆

(一)有声预兆

有声预兆包括:煤层内发生劈裂声、机枪声、爆竹声,有时发出像打闷雷一样的巨响,俗称"煤炮";煤壁发生震动或冲击;顶板来压,煤体和支架压力增大,巷道支架发出断裂声;打钻时出现喷煤粉、喷瓦斯和水现象,并伴有哨声、蜂鸣声等。

(二)无声预兆

无声预兆包括:工作面顶板压力加大,煤开裂,外鼓,有时出现顶板下沉或底板凸起;工作面压力骤然增大,煤壁塌落、片帮、掉渣;煤尘变大,煤质干燥,煤光泽变暗,层理紊乱,煤厚变大(特别是软分层增大);工作面瓦斯涌出异常,瓦斯含量忽大忽小;煤的硬度发生变化;地质变化,如煤层倾角变陡,挤压褶曲,波状降起;打钻时顶钻、夹钻,装药时顶药卷;在每一次突出前并非所有预兆同时出现。

四、预防煤与瓦斯突出的安全技术措施

(一)预防煤和瓦斯突出的区域性措施

区域性防突措施主要有开采保护层和预抽煤层瓦斯两种。

1. 开采保护层

在突出矿井中,预先开采的、并能使其他相邻的有突出危险的煤层受到采动影响而减少或丧失突出危险的煤层称为保护层。被保护层:后开采的煤层称为被保护层。保护层位于被保护层上方的叫上保护层,位于下方的叫下保护层。

开采保护层的作用主要包括:地压减少,弹性潜能得以缓慢释放;煤层膨胀变形,形成裂隙与孔道,透气系数增加;煤层瓦斯涌出后,煤的强度增加。

具备开采保护层条件的突出危险区,必须开采保护层。选择保护层应当遵循下列原则:优先选择无突出危险的煤层作为保护层;矿井中所有煤层都有突出危险时,应当选择突出危险程度较小的煤层作保护层;应当优先选择上保护层;选择下保护层开采时,不得破坏被保护层的开采条件。

对不具备保护层开采条件的突出厚煤层,利用上分层或者上区段开采后形成的卸压作用保护下分层或者下区段时,应当依据实际考察结果来确定其有效保护范围。

开采保护层时,应当不留设煤(岩)柱。特殊情况需留煤(岩)柱时,必须将煤(岩)柱的位置和尺寸准确标注在采掘工程平面图和瓦斯地质图上,在瓦斯地质图上还应当标出煤(岩)柱的影响范围。在煤(岩)柱及其影响范围内采掘作业前,必须采取区域预抽煤层瓦斯防突措施。应当同时抽采被保护层和邻近层的瓦斯。开采近距离保护层时,必须采取防止误穿突出煤层和被保护层卸压瓦斯突然涌入保护层工作面的措施。

2. 预抽煤层瓦斯

对于无保护层或单一突出危险煤层的矿井,可以采用预抽煤层瓦斯作为区域性防突措施。通过一定时间的预先抽放瓦斯,降低突出危险煤层的瓦斯压力和瓦斯含量,并由此引起煤层收缩变形、地应力下降、煤层透气系数增加和煤的强度提高等效应,使被抽放瓦斯的煤体丧失或减弱突出危险性。

采取预抽煤层瓦斯区域防突措施时,应当遵守下列规定:

(1)预抽区段煤层瓦斯的钻孔应当控制区段内的整个回采区域、两侧回采巷道及其外侧如下范围内的煤层:倾斜、急倾斜煤层巷道上帮轮廓线外不小于20 m,下帮不小于10 m;其他煤层为巷道两侧轮廓线外不小于各15 m。以上所述的钻孔控制范围均为沿煤层层面方向(以下同)。

(2)穿层钻孔预抽煤巷条带煤层瓦斯区域防突措施的钻孔应当控制整条煤层巷道及其两侧一定范围内的煤层。

(3)穿层钻孔预抽井巷(含石门、立井、斜井、平硐)揭煤区域煤层瓦斯时,应当控制井巷及其外侧一定范围内的煤层,并在揭煤工作面距煤层最小法向距离7 m以前实施(在构造破坏带应当适当加大距离)。

(4)顺层钻孔预抽煤巷条带煤层瓦斯时,应当控制的煤巷条带前方长度不应小于60 m和煤层两侧一定范围。

(5)当煤巷掘进和采煤工作面在预抽防突效果有效的区域内作业时,工作面距未预抽或者预抽防突效果无效范围的前方边界不得小于20 m。

(6)厚煤层分层开采时,预抽钻孔应当控制开采分层及其上部法向距离至少20 m、下部10 m范围内的煤层。

(7)应当采取措施确保预抽瓦斯钻孔能够按设计参数控制整个预抽区域。

(二)预防煤和瓦斯突出的局部性措施

突出煤层采掘工作面经工作面预测后划分为突出危险工作面和无突出危险工作面。未进行突出预测的采掘工作面视为突出危险工作面。当预测为突出危险工作面时,必须实施工作面防突措施和工作面防突措施效果检验。只有经效果检验有效后,方可进行采掘作业。

井巷揭煤工作面的防突措施包括预抽煤层瓦斯、排放钻孔、金属骨架、煤体固化、水力冲孔或者其他经试验证明有效的措施。

井巷揭穿(开)突出煤层必须遵守下列要求:

(1)在工作面距煤层法向距离 10 m(地质构造复杂、岩石破碎的区域 20 m)之外,至少施工 2 个前探钻孔,掌握煤层赋存条件、地质构造、瓦斯情况等。

(2)从工作面距煤层法向距离大于 5 m 处开始,直至揭穿煤层全过程都应采取局部综合防突措施。

(3)揭煤工作面距煤层法向距离 2 m 至进入顶(底)板 2 m 的范围,均应当采用远距离爆破掘进工艺。

(4)厚度小于 0.3 m 的突出煤层,在满足规定条件下可直接采用远距离爆破掘进工艺揭穿。

(5)禁止使用震动爆破揭穿突出煤层。

煤巷掘进工作面应当选用超前钻孔预抽瓦斯、超前钻孔排放瓦斯的防突措施或者其他经试验证实有效的防突措施。

采煤工作面可以选用超前钻孔预抽瓦斯、超前钻孔排放瓦斯、注水湿润煤体、松动爆破或者其他经试验证实有效的防突措施。

突出煤层的采掘工作面,应当根据煤层实际情况选用防突措施,并遵守下列规定:

(1)不得选用水力冲孔措施,倾角在 8°以上的上山掘进工作面不得选用松动爆破、水力疏松措施。

(2)突出煤层煤巷掘进工作面前方遇到落差超过煤层厚度的断层,应当按井巷揭煤的措施执行。

(3)采煤工作面采用超前钻孔预抽瓦斯和超前钻孔排放瓦斯作为工作面防突措施时,超前钻孔的孔数、孔底间距等应当根据钻孔的有效抽排半径确定。

(4)松动爆破时,应当按远距离爆破的要求执行。

井巷揭穿突出煤层和在突出煤层中进行采掘作业时,必须采取避难硐室、反向风门、压风自救装置、隔离式自救器、远距离爆破等安全防护措施。

突出煤层的石门揭煤、煤巷和半煤岩巷掘进工作面进风侧必须设置至少 2 道反向风门。爆破作业时,反向风门必须关闭。反向风门距工作面的距离,应当根据掘进工作面的通风系统和预计的突出强度确定。

井巷揭煤采用远距离爆破时,必须明确起爆地点、避灾路线、警戒范围,制定停电撤人等措施。

井筒起爆及撤人地点必须位于地面距井口边缘 20 m 以外,暗立(斜)井及石门揭煤起爆及撤人地点必须位于反向风门外 500 m 以上全风压通风的新鲜风流中或者 300 m 以外的避难硐室内。

煤巷掘进工作面采用远距离爆破时,起爆地点必须设在进风侧反向风门之外的全风压通风的新鲜风流中或者避险设施内,起爆地点距工作面的距离必须在措施中明确规定。

远距离爆破时,回风系统必须停电撤人。爆破后,进入工作面检查的时间应当在措施中明确规定,但不应小于 30 min。

突出煤层采掘工作面附近、爆破撤离人员集中地点、起爆地点必须设有直通矿调度室的电话,并设置有供给压缩空气的避险设施或者压风自救装置。工作面回风系统中有人作业的地点,也应当设置压风自救装置。

清理突出的煤(岩)时,必须制定防煤尘、片帮、冒顶、瓦斯超限、出现火源,以及防止再次发生突出事故的安全措施。

第六节　矿井瓦斯抽放

一、矿井瓦斯抽放的相关概念

瓦斯抽放是指采用专用设备和管路把煤层、岩层和采空区中的瓦斯抽出或排出的措施。

邻近层抽放瓦斯是指抽放受开采层采动影响的上、下邻近煤层(可采煤层、不可采煤层、煤线、岩层)的瓦斯。

采空区抽放瓦斯是指抽放现采工作面采空区和老采空区的瓦斯。前者称现采空区(半封闭式)抽放,后者称老采空区(全封闭式)抽放。

瓦斯储量是指煤田开采过程中,能够向开采空间排放瓦斯的煤层和岩层中赋存瓦斯的总量。矿井瓦斯储量应为矿井可采煤层的瓦斯储量、受采动影响后能够向开采空间排放的不可采煤层及围岩瓦斯储量之和。

矿井瓦斯抽放量(纯瓦斯抽放量)是指矿井抽出瓦斯气体中的甲烷含量。

矿井可抽瓦斯量是指瓦斯储量中在当前技术水平下能被抽出来的最大瓦斯量。

设计瓦斯抽放率,可根据煤层瓦斯抽放方法、瓦斯涌出来源等因素综合确定;可参照邻近生产矿井或条件类似矿井的数值选取。

矿井设计年瓦斯抽放量或矿井设计年瓦斯抽放规模按设计的日瓦斯抽放量乘以矿井设计年工作日数计算。

矿井或水平的抽放年限应与其抽放瓦斯区域的开采年限相适应。

二、瓦斯抽放的作用

矿井瓦斯抽放是指在矿井中利用专门的巷道系统将瓦斯抽排至地面或井下回风巷道的安全地点,从而达到减少矿井瓦斯涌出量,实现安全生产的目的。一般是在靠通风方法难以解决瓦斯问题时,采取此措施。

专家解读 瓦斯抽放的目的主要在于:可以减少煤矿开采时瓦斯涌出量,能够减少和消除瓦斯隐患以及各种瓦斯事故,进而提高矿井的生产安全;瓦斯抽放也能降低矿井通风费用,同时还解决了单一利用通风技术稀释瓦斯集聚的难题;瓦斯抽放到地面既可以充分利用能量,又能减少气体排放而造成的环境污染。

三、瓦斯抽放的方法

(一)一般规定

建立瓦斯抽放系统的矿井必须实施先抽后采或边采边抽。按矿井瓦斯来源实施开采煤层瓦斯抽放、邻近层瓦斯抽放、采空区瓦斯抽放和围岩瓦斯抽放。多瓦斯来源的矿井,应采用综合瓦斯抽放方法。

(二)瓦斯抽放方法选择

1.开采层瓦斯抽放方法

未卸压煤层进行预抽,煤层瓦斯抽放的难易程度可划分为三类(如表5-1所示)。

表 5-1 煤层瓦斯抽放难易程度表

类别	钻孔流量衰减系数/d^{-1}	煤层透气性系数/$[m^2(MPa^2 \cdot d)]$
容易抽放	<0.003	>10
可以抽放	0.003 ~ 0.05	0.1 ~ 10
较难抽放	>0.05	<0.1

煤层透气性较好、容易抽放的煤层,宜采用本层预抽方法,可采用顺层或穿层布孔方式;煤层透气性较差、采用分层开采的厚煤层。可利用先采分层的卸压作用抽放来采分层的瓦斯;单一低透气性高瓦斯煤层,可选用加密钻孔、交叉钻孔、水力割缝、水力压裂、松动爆破、深孔控制顶裂爆破等方法强化抽放。煤与瓦斯突出危险严重煤层,应选择穿层网格布孔方式;煤巷掘进瓦斯涌出量较大的煤层,可采用边掘边抽或先抽后掘的抽放方法。

2. 邻近层瓦斯抽放方法

通常采用从开采层回风巷(或回风副巷)向邻近层打垂直或斜交穿层钻孔抽放瓦斯的方法;当邻近层瓦斯涌出量大时,可采用顶(底)板瓦斯巷道(高抽巷)抽放;当邻近层或围岩瓦斯涌出量较大时,可在工作面回风侧沿开采层顶板布置迎面水平长钻孔(高位钻孔)抽放上邻近层瓦斯。

3. 采空区瓦斯抽放法

老采空区应选用全封闭式抽放方法;现采空区可根据煤层赋存条件和巷道布置情况,采用顶(底)板钻孔法,有煤柱及无煤柱垂直及斜交钻孔法,插(埋)管法等抽放方法,并应采取措施,提高瓦斯抽放浓度。开采容易自燃或自燃煤层的采空区,必须经常检测抽放管路中 CO 浓度和气体温度等有关参数的变化。发现有自然发火征兆时,必须采取防止煤自燃的措施。

4. 其他瓦斯抽放法

埋藏浅、瓦斯含量高的厚煤层或煤层群,有条件时,可采用地面钻孔预抽开采层瓦斯、抽放卸压邻近层瓦斯或抽放采空区瓦斯的方法。

对矿井瓦斯涌出来源多、分布范围广、煤层赋存条件复杂的矿井,应采用多种抽放方法相结合的综合抽放方法。

煤与瓦斯突出矿井开采保护层时,必须同时抽放被保护煤层的瓦斯。

四、瓦斯抽放系统的建立条件

凡符合下列情况之一的矿井,必须建立地面永久瓦斯抽放系统或井下移动泵站瓦斯抽放系统。

(1)一个采煤工作面绝对瓦斯涌出量大于 5 m^3/min 或一个掘进工作面绝对瓦斯出量大于 3 m^3/min,用通风方法解决瓦斯问题不合理的。

(2)矿井绝对瓦斯涌出量满足大于或等于 40 m^3/min;年产量 1.0 ~ 1.5 Mt 的矿井,大于 30 m^3/min;年产量 0.6 ~ 1.0 Mt 的矿井,大于 25 m^3/min;年产量 0.4 ~ 1.0 Mt 的矿井,大于 25 m^3/min;年产量等于或小于 0.4 Mt 的矿井,大于 15 m^3/min。

(3)开采具有煤与瓦斯突出危险煤层。

在符合上述条件的同时,并具备下列两个条件的矿井,应建立地面永久瓦斯抽放系统:

（1）瓦斯抽放系统的抽放量可稳定在 2 m^3/min 以上。

（2）瓦斯资源可靠且储量丰富，预计瓦斯抽放时间在 5 年以上。

新建瓦斯抽放系统的矿井，必须具有相关资质的专业机构进行可行性论证，由企业技术负责人组织编制瓦斯抽放工程设计。为了更好地达到瓦斯抽放的效果，在设计时，首先应了解清楚矿井地质、煤层赋存及开采等有关参数，预测矿井瓦斯涌出量及其组成来源。选择合适的抽采方法，形成一套合理完善的抽采系统。其次，在抽放瓦斯阶段，还应加强技术参数的考查测定，全面加强管理，不断总结经验，从而使抽放瓦斯工作得到不断改进和提高。

五、瓦斯抽放系统工程设计的一般规定

瓦斯抽放工程设计应体现安全第一、技术经济合理原则，因地制宜地采用新技术、新工艺、新设备、新材料。

新建抽放工程设计应以批准的精查地质报告为依据，并参照邻近或条件类似生产矿井的瓦斯资料；改（扩）建及生产矿井应以本矿地质、瓦斯资料为依据。

瓦斯抽放工程设计应与矿井开采设计同步进行，合理安排掘进、抽放、回采三者间的超前与接替关系，保证有足够的工程施工及抽放时间。

瓦斯抽放站的建设方式，应经技术经济比较确定。一般情况下，宜采用集中建站方式。当有下列情况之一时，可采用分散建站方式：

（1）分区开拓或分期建设的大型矿井，集中建站技术经济不合理。

（2）矿井瓦斯抽放量较大且瓦斯利用点分散。

（3）一套瓦斯抽放系统难以满足要求。

分期建设、分期投产的矿井，瓦斯抽放工程可一次设计，分期建设分期投抽。瓦斯抽放工程设计应进行矿进瓦斯资源的评价。

六、瓦斯抽放参数的监测、监控

矿井瓦斯抽放系统必须监测抽放管道中的瓦斯流量、负压、浓度、温度以及一氧化碳等参数，同时监测抽放泵站内瓦斯是否存在泄漏等。当出现瓦斯抽放浓度过低、一氧化碳超限、泵站内有瓦斯泄漏等情况时，应立即报警并切断抽放泵主电源。

抽放站内应配置专用检测瓦斯抽放参数的仪器仪表。

七、瓦斯抽放管理

矿井瓦斯抽放工作由企业技术负责人全面技术责任，应定期检查、平衡瓦斯抽放工作；负责组织编制、审批、实施、检查瓦斯抽放工作长远规划、年度计划和安全技术措施，保证瓦斯抽放工作正常进行，做到"掘、抽、采"平衡。

瓦斯抽放矿井必须建立专门的瓦斯抽放队伍，负责打钻、管路安装回收等工程的施工和瓦斯抽放参数测定等工作。瓦斯抽放矿井必须建立全岗位责任制、钻孔钻场检查管理制度、抽放工程质量验收制度。

瓦斯抽放矿井必须有图纸、各类施工测定记录、报表、台账以及报告等。

加强瓦斯抽放参数（抽放量、瓦斯浓度、正压、负压、大气压、温度等）的监测，发现问题及时处理。抽放量的计算用大气压为 101.325 kPa、温度为 20 ℃时标准状态下的数值。

抽放瓦斯管理应满足以下要求：

（1）"多打孔、严封闭、综合抽"是加强瓦斯抽放工作的方向。瓦斯抽放矿井应增加瓦斯抽放钻孔量,提高瓦斯管路敷设质量、严密封孔及对多瓦斯源矿井(工作面)采用综合抽放方法,以提高抽放效果。

（2）永久抽放系统的年瓦斯抽放量不应小于 100 万 m^3,移动泵站不应小于 10 万 m^3。

（3）预抽煤层瓦斯的矿井,矿井抽出率不应小于20%,回采工作面抽出率不应小于25%;邻近层卸压瓦斯抽放的矿井,矿井抽出率不应小于35%,回采工作面抽出率不应小于45%;采用综合抽放方法的矿井,矿井抽出率不应小于30%;煤与瓦斯突出矿井,预抽煤层瓦斯后,突出煤层的瓦斯含量应小于该煤层始突深度的原始煤层瓦斯含量或将煤层瓦斯压力降至 0.74 MPa 以下。

（4）当采用顺层孔抽放时,预抽煤层瓦斯的钻孔量如表 5-2 所示;当采用穿层钻孔抽放时,钻孔见煤点的间距可参照容易抽放煤层 15 ~ 20 m;可以抽放煤层 10 ~ 15 m;较以难抽放煤层 8 ~ 10 m。

表 5-2　吨煤钻孔量表　　　　　　（单位:m/t）

煤层类别	薄煤层	中厚煤层	厚煤层
容易抽放	0.05	0.03	0.01
可以抽放	0.05 ~ 0.1	0.03 ~ 0.05	0.01 ~ 0.03
较难抽放	>0.1	>0.05	>0.03

第六章　煤矿水害防治技术

第一节　矿井水文地质条件及监测技术标准

一、矿井水文地质条件

(一)矿井水文地质类型

根据井田内受采掘破坏或者影响的含水层及水体、井田及周边老空区(火烧区,下同)的水分布状况、矿井涌水量、突水量、开采受水害影响程度和水害防治工作难易程度,将矿井水文地质类型划分为简单、中等、复杂和极复杂四种类型(如表6-1所示)。

表6-1　矿井水文地质类型

分类依据		类别			
		简单	中等	复杂	极复杂
井田内受采掘破坏或者影响的含水层及水体	含水层(水体)性质及补给条件	为孔隙、裂隙、岩溶含水层,补给条件差,补给来源少或者极少	为孔隙、裂隙、岩溶含水层,补给条件一般,有一定的补给水源	为岩溶含水层、厚层砂砾石含水层、老空水、地表水,其补给条件好,补给水源充沛	为岩溶含水层、老空水、地表水,其补给条件很好,补给来源极其充沛,地表泄水条件差
	单位涌水量 $q/[\mathrm{L/(s \cdot m)}]$	$q \leqslant 0.1$	$0.1 < q \leqslant 1.0$	$1.0 < q \leqslant 5.0$	$q > 5.0$
井田及周边老空水分布状况		无老空积水	位置、范围、积水量清楚	位置、范围或者积水量不清楚	位置、范围、积水量不清楚
矿井涌水量/ $(\mathrm{m^3/h})$	正常 Q_1	$Q_1 \leqslant 180$	$180 < Q_1 \leqslant 600$	$600 < Q_1 \leqslant 2\,100$	$Q_1 > 2\,100$
	最大 Q_2	$Q_2 \leqslant 300$	$300 < Q_2 \leqslant 1\,200$	$1\,200 < Q_2 \leqslant 3\,000$	$Q_2 > 3\,000$
突水量 $Q_3/(\mathrm{m^3/h})$		$Q_3 \leqslant 60$	$60 < Q_3 \leqslant 600$	$600 < Q_3 \leqslant 1\,800$	$Q_3 > 1\,800$
开采受水害影响程度		采掘工程不受水害影响	矿井偶有突水,采掘工程受水害影响,但不威胁矿井安全	矿井时有突水,采掘工程、矿井安全受水害威胁	矿井突水频繁,采掘工程、矿井安全受水害严重威胁
防治水工作难易程度		防治水工作简单	防治水工作简单或者易于进行	防治水工作难度较高,工程量较大	防治水工作难度高,工程量大

注:1.单位涌水量 q 以井田主要充水含水层中有代表性的最大值为分类依据。

2.矿井涌水量 Q_1、Q_2 和突水量 Q_3 以近3年最大值并结合地质报告中预测涌水量作为分类依据。

3.同一井田煤层较多,且水文地质条件变化较大时,应当分煤层进行矿井水文地质类型划分。

4.按分类依据就高不就低的原则,确定矿井水文地质类型。

矿井水文地质类型应当每3年修订1次。当发生较大以上水害事故或者因突水造成采掘区域或矿井被淹的,应当在恢复生产前重新确定矿井水文地质类型。

矿井应当收集水文地质类型划分各项指标的相关资料,分析矿井水文地质条件,编制矿井水文地质类型报告,由煤炭企业总工程师组织审批。矿井水文地质类型报告,应当包括下列主要内容:

(1)矿井所在位置、范围及四邻关系,自然地理,防排水系统等情况。

(2)以往地质和水文地质工作评述。

(3)井田地质、水文地质条件。

(4)矿井充水因素分析,井田及周边老空水分布状况。

(5)矿井涌水量的构成分析,主要突水点位置、突水量及处理情况。

(6)矿井未来3年采掘和防治水规划,开采受水害影响程度和防治水工作难易程度评价。

(7)矿井水文地质类型划分结果及防治水工作建议。

(二)矿井水文地质补充勘探

1.水文地质补充勘探要求

矿井有下列情形之一的,应当开展水文地质补充勘探:

(1)矿井主要勘探目的层未开展过水文地质勘探工作的。

(2)矿井原勘探工作量不足,水文地质条件尚未查清的。

(3)矿井经采掘揭露煤岩层后,水文地质条件比原勘探报告复杂的。

(4)矿井水文地质条件发生较大变化,原有勘探成果资料难以满足生产建设需要的。

(5)矿井开拓延深、开采新煤系(组)或者扩大井田范围设计需要的。

(6)矿井采掘工程处于特殊地质条件部位,强富水松散含水层下提高煤层开采上限或者强富水含水层上带压开采,专门防治水工程设计、施工需要的。

(7)矿井井巷工程穿过强含水层或者地质构造异常带,防治水工程设计、施工需要的。

矿井水文地质补充勘探应当针对具体问题合理选择勘查技术、方法,井田外区域以遥感水文地质测绘等为主,井田内以水文地质物探、钻探、试验、实验及长期动态观(监)测等为主,进行综合勘查。

矿井水文地质补充勘探应当根据相关规范编制补充勘探设计,经煤炭企业总工程师组织审批后实施。补充勘探工作完成后,应当及时提交矿井水文地质补充勘探报告和相关成果,由煤炭企业总工程师组织评审。

2.水文地质补充调查内容

(1)资料收集。收集降水量、蒸发量、气温、气压、相对湿度、风向、风速及其历年月平均值、两极值等气象资料。收集调查区内以往勘查研究成果,动态观测资料,勘探钻孔、供水井钻探及抽水试验资料。

(2)地貌地质。调查收集由开采或者地下水活动诱发的崩塌、滑坡、地裂缝、人工湖等地貌变化、岩溶发育矿区的各种岩溶地貌形态。对松散覆盖层和基岩露头,查明其时代、岩性、厚度、富水性及地下水的补排方式等情况,并划分含水层或者相对隔水层。查明地质构造的形态、产状、性质、规模、破碎带(范围、充填物、胶结程度、导水性)及有无泉水出露等情况,初步分析研究其对矿井开采的影响。

（3）地表水体。调查收集矿区河流、水渠、湖泊、积水区、山塘、水库等地表水体的历年水位、流量、积水量、最大洪水淹没范围、含泥沙量、水质以及与下伏含水层的水力联系等。对可能渗漏补给地下水的地段应当进行详细调查，并进行渗漏量监测。

（4）地面岩溶。调查岩溶发育的形态、分布范围。详细调查对地下水运动有明显影响的补给和排泄通道，必要时可进行连通试验和暗河测绘工作。分析岩溶发育规律和地下水径流方向，圈定补给区，测定补给区内的渗漏情况，估算地下水径流量。对有岩溶塌陷的区域，进行岩溶塌陷的测绘工作。

（5）井泉。调查井泉的位置、标高、深度、出水层位、涌水量、水位、水质、水温、气体溢出情况及类型、流量（浓度）及其补给水源。素描泉水出露的地形地质平面图和剖面图。

（6）老空区。老空区是指采空区、老窑和已报废井巷的总称。调查老空区的位置、分布范围、积水量及补给情况等，分析空间位置关系以及对矿井生产的影响。

（7）周边矿井。调查周边矿井的位置、范围、开采层位、充水情况、地质构造、采煤方法、采出煤量、隔离煤柱以及与相邻矿井的空间关系，以往发生水害的观测资料，并收集系统完整的采掘工程平面图及有关资料。

（8）本矿井历史资料。收集整理矿井充水因素、突水情况、矿井涌水量动态变化情况、防治水措施及效果等。

3. 地面水文地质补充勘探

按照水文地质补充勘探设计要求，编写单孔设计，内容包括钻孔结构、套管结构、孔斜、终孔直径、终孔层位、岩芯采取、简易水文观测、封孔止水、抽水试验、地球物理测井及采样测试、封孔质量、孔口装置和测量标志等要求。水文地质钻探主要技术指标应当符合以下要求：

（1）以煤层底板水害为主的矿井，其钻孔终孔深度以揭露下伏主要含水层段为原则。

（2）所有勘探钻孔均应当进行水文测井工作，配合钻探取芯划分含、隔水层，取得有关参数。

（3）主要含水层或者试验观测段采用清水钻进。遇特殊情况可以采用低固相优质泥浆钻进，并采取有效的洗孔措施。

（4）抽水试验孔试验段孔径，以满足设计的抽水量和安装抽水设备为原则；水位观测孔观测段孔径，应当满足止水和水位观测的要求。

（5）抽水试验钻孔的孔斜，应当满足选用抽水设备和水位观测仪器的工艺要求。

（6）钻孔应当取芯钻进，并进行岩芯描述。岩石岩芯采取率大于70%；破碎带岩芯采取率大于50%；黏土岩芯采取率大于70%；砂和砂砾层岩芯采取率大于30%。当采用水文物探测井，能够正确划分地层和含（隔）水层位置及厚度时，可以适当减少取芯。

（7）在钻孔分层（段）隔离止水时，通过提水、注水和水文测井等不同方法，检查止水效果，并作正式记录；止水效果不合格时，应当重新止水。

（8）除长期动态观测钻孔外，其余钻孔应当使用高标号水泥封孔，并取样检查封孔质量。

（9）水文地质钻孔应当做好简易水文地质观测，其技术要求参照相关规程规范。否则，应当降低其钻孔质量等级或者不予验收。

（10）观测孔竣工后，应当进行洗孔，以确保观测层（段）不被淤塞，并进行抽水试验。水文地质观测孔，应当安装孔口装置和长期观测测量标志，并采取有效保护措施。

需要进行注水试验的，应当编制注水试验设计。设计包括试验层段的起、止深度，孔径及套管下入层位、深度及止水方法，采用的注水设备、注水试验方法，以及注水试验质量要求等内容。注水试验施工主要技术指标，应当符合下列要求：

（1）根据岩层的岩性和孔隙、裂隙发育深度，确定试验孔段，并严格做好止水工作。

（2）注水试验前，彻底洗孔，以确保疏通含水层，并测定钻孔水温和注入水的温度。

（3）注水试验前后，应当分别进行静止水位和恢复水位的观测。

4. 井下水文地质补充勘探

矿井有下列情形之一的，应当进行井下水文地质补充勘探：

（1）采用地面水文地质勘探难以查清问题，需要在井下进行放水试验或者连通（示踪）试验的。

（2）受地表水体、地形限制或者受开采塌陷影响，地面没有施工条件的。

（3）孔深或者地下水位埋深过大，地面无法进行水文地质试验的。

放水试验应当符合下列要求：

（1）编制放水试验设计，确定试验方法、放水量和降深值。放水量视矿井现有最大排水能力而确定，原则上放水试验的观测孔应当有明显的水位降深。其设计由煤矿总工程师组织审批。

（2）做好放水试验前的准备工作，检验校正观测仪器和工具，检查排水设备能力和排水线路，采取可靠的安全技术组织措施。

（3）放水前，在同一时间对井上下观测孔和出水点的水位、水压、涌水量、水温和水质进行统测。

（4）根据具体情况确定放水试验的延续时间。当涌水量、水位难以稳定时，试验延续时间一般不少于 10～15 天。选取观测时间间隔，应当考虑非稳定流计算的需要。中心水位或者水压与涌水量进行同步观测。

（5）观测数据及时录入台账，并绘制涌水量与水位历时曲线。

（6）放水试验结束后，及时整理资料，提交放水试验总结报告。

二、矿井水文地质监测

煤矿应当加强与当地气象部门沟通联系，及时收集气象资料，建立气象资料台账；矿井30 km范围内没有气象台（站），气象资料不能满足安全生产需要时，应当建立降水量观测站。

矿井应当对与充水含水层有水力联系的地表水体进行长期动态观测，掌握其动态规律，分析研究地表水与地下水的水力联系，掌握其补给、排泄地下水的规律，测算补给、排泄量。

井下水文地质观测应当包括下列主要内容：

（1）对新开凿的井筒、主要穿层石门及开拓巷道，应当及时进行水文地质观测和编录，并绘制井筒、石门、巷道的实测水文地质剖面图或展开图。

（2）井巷穿过含水层时，应当详细描述其产状、厚度、岩性、构造、裂隙或者岩溶的发育与充填情况，揭露点的位置及标高、出水形式、涌水量和水温等，并采取水样进行水质分析。

（3）遇裂隙时，应当测定其产状、长度、宽度、形状、数量、尖灭情况、充填物及充填程度等，观察地下水活动的痕迹，绘制裂隙玫瑰花图，并选择有代表性的地段测定岩石的裂隙率。较密集裂隙，测定的面积可取 1～2 m²；稀疏裂隙，可取 4～10 m²。其计算公式如下。

$$K_T = \frac{\sum lb}{A} \times 100\%$$

式中：K_T——裂隙率（%）。

A——测定面积(m^2)。

l——裂隙长度(m)。

b——裂隙宽度(m)。

(4)遇岩溶时,应当观测其形态、分布状况、发育情况、充填物成分及充水状况等,并绘制岩溶素描图。

(5)遇断裂构造时,应当测定其产状、断层带宽度、断距,观测断裂带充填物成分、胶结程度及导水性等。

(6)遇褶曲时,应当观测其形态、产状及破碎情况等。

(7)遇陷落柱时,应当观测陷落柱内外地层岩性与产状、裂隙与岩溶发育程度及涌水等情况,并编制卡片,绘制平面图、剖面图和素描图。

(8)遇突水点时,应当详细观测记录突水的时间、地点、出水形式,出水点层位、厚度、岩性以及围岩破坏情况等,并测定水量、水质、水温和含砂量。同时,应当观测附近出水点涌水量和观测孔水位的变化,并分析突水原因。各主要突水点应当作为动态观测点进行系统观测,并编制卡片,绘制平面图、素描图和水害影响范围预测图。

对于大中型煤矿发生 300 m^3/h 以上、小型煤矿发生 60 m^3/h 以上的突水,或者因突水造成采掘区域或矿井被淹的,应当将突水情况及时上报地方人民政府负责煤矿安全生产监督管理的部门、煤炭行业管理部门和驻地煤矿安全监察机构。

专家解读 《煤矿防治水细则》取消了《煤矿防治水规定》中关于重大突水事故的说法。

(9)应当加强矿井涌水量观测和水质监测。矿井应当分水平、分煤层、分采区设观测站进行涌水量观测,每月观测次数不应少于3次。对于涌水量较大的断裂破碎带、陷落柱,应当单独设观测站进行观测,每月观测1~3次。水质的监测每年不应少于2次,丰、枯水期各1次。涌水量出现异常、井下发生突水或者受降水影响矿井的雨季时段,观测频率应当适当增加。

对于井下新揭露的出水点,在涌水量尚未稳定或者尚未掌握其变化规律前,一般应当每日观测1次。对溃入性涌水,在未查明突水原因前,应当每隔1~2 h观测1次,以后可以适当延长观测间隔时间,并采取水样进行水质分析。涌水量稳定后,可按井下正常观测时间观测。

对于新凿立井、斜井,垂深每延深10 m,应当观测1次涌水量;揭露含水层时,即使未达规定深度,也应当在含水层的顶底板各测1次涌水量。

矿井涌水量观测可以采用容积法、浮标法、堰测法、流速仪法等测量方法,测量工具和仪表应当定期校验。

(10)对含水层疏水降压时,在涌水量和水压稳定前,应当每小时观测1~2次钻孔涌水量和水压;待涌水量、水压基本稳定后,按照正常观测的要求进行。

第二节　矿井水害分析

一、矿井水害发生的基本条件

造成矿井水灾必须具备水源和涌水通道两个基本条件。水源就是流经或积存于井田范围内的地面水和地下水,如地表水、大气降水、含水层水、断层水、采空区(采煤以后不再维护的地下空间)、老塘水等;涌水通道就是水源进入矿井的渠道,如井筒、塌陷坑、裂缝、断层、裂隙、钻孔和溶洞等。

二、矿井水害水源类型及成因分析

(一)矿井水害水源的主要类型及特征

(1)地表水。地表水是指地面大气降水通过煤层露头、地面塌陷区、岩石风化破碎带中未全部胶结而形成的裂隙、各硐口等通道进入井下,形成井下水。其显著特征是其涌水量与4季的雨量成正比关系,雨季时水量较大,旱季时水量较小。

(2)含水层水。含水层水是矿井最经常和最主要的充水水源,其主要特点是水量多,但有一定的规律性可寻。绝大多数情况下,大气降水与地表水也是先补充给含水层水,然后再流入矿井。因此,必须研究与认识含水层水的规律,并采取有效的防水或疏干措施。

(3)断层水、地层承压水、岩溶水。断层水指地层中由于断层构造的影响,通过断层面作为含水层与巷道硐室或采场的沟通通道,使含水层的水或地面等其他水源涌入井下。其特征是以断层或裂隙存在作为前提,其损害程度受断层面切割部位的岩性、破碎程度及充填胶结程度的不同而出现不同的结果。地层承压水是指充满2个隔水层之间的重力水。由于承压水充满于2个隔水层之间,其隔水岩层的顶底板都承受静水压力。最适宜形成承压水的地质构造为向斜或单斜。岩溶水(也称溶洞水)是指埋藏在石灰岩、白云岩等可溶性岩石裂隙溶洞中的地下水。它的存在必须满足可溶性岩层的存在、岩层具有裂隙而突水、水必须具有侵蚀性和水在岩层中应是流动的条件。

(4)采空区老塘水。采空区老塘水是指煤矿实施采掘活动以后遗留在废弃的巷道、硐室、采空区等空间形成的积水。其主要特征是静止水。但也有个别积水区因煤层露头距地面较近而塌陷、顶板冒落出现裂隙带或地质构造(如断层或裂隙)等影响,导致出现沟通补给水源的通道,积水的水塘就变成动态水源。

(二)煤矿水害成因分析

发生矿井水灾的根源在于水文地质情况不清、设计不当、措施不力、管理不善和工作人员的思想麻痹、违章作业等。具体来说,煤矿水害频发的主要原因表现在以下几个方面:

(1)地面防洪措施不当。地面防洪、防水措施不周详或不能认真贯彻执行防洪措施,暴雨、山洪冲破了防洪工程洪水由井筒或塌陷区裂缝大量灌入井下而造成水灾。

(2)井筒位置设计不当。把井筒布置于不良的地质条件中或强含水层附近,施工后在矿山压力和水压力的共同作用下,易导致顶底板透水事故。或井筒的井口位置标高低于当地历年最高洪水水位,一旦暴雨袭来,山洪爆发导致淹井事故。

(3)水文资料不清盲目施工。对井田内的水源的分布情况及其相互连通的关系等水文地质情况不清楚或掌握不准确就进行盲目施工。致使掘进巷道接近老空区、充水断层、强含水层、溶洞等的水源时,未能事先采取必要的探放水措施,而造成透水淹井事故。

专家解读 探放水是探水和放水的总称。探水是指采用超前勘探方法,查明采掘工作面顶底板、侧帮和前方等水体的空间位置和状况等情况的行为。放水是指为预防水害事故,在探明情况后采取钻孔等安全方法将水放出的行为。

(4)工程质量低劣。施工管理不力,施工工程质量低劣,平巷掘进腰线忽高忽低,致使井巷塌落、冒顶、跑沙,导通顶底板含水层而发生透水事故。

(5)破坏煤柱。乱采乱掘破坏了防水煤柱或岩柱而造成透水事故,特别是一些小煤矿毫不顾及大矿的安危,只讲个人利益,乱采乱掘隔离煤柱或岩柱而造成透水事故的现象较为突出。

(6)技术差错。由于对断层附近、生产矿井与报废矿井之间、采空区与新采区之间是否留设煤柱和确定煤柱尺寸时出现技术差错,该设煤柱的没有设或所留设的煤柱尺寸太小,导致矿井水灾的发生。另外,测量误差或探水钻孔方向偏离,没有准确掌握到水源的位置、范围、水压和水量等技术参数;或者是巷道掘进方向偏离探水钻孔方向,超出了钻孔的控制范围,与积水区掘透等技术差错也可能导致矿井水灾。

(7)麻痹大意、违章作业。大量的事故案例说明造成矿井水灾的主要原因不是由于地质资料不清或技术措施不正确,而是由于忽视安全生产,思想上麻痹大意,丧失警惕,违章作业造成的。

三、矿井透水灾害
(一)矿井透水预兆

《煤矿安全规程》第二百八十八条规定:采掘工作面或者其他地点发现有煤层变湿、挂红、挂汗、空气变冷、出现雾气、水叫、顶板来压、片帮、淋水加大、底板鼓起或者裂隙渗水、钻孔喷水、煤壁溃水、水色发浑、有臭味等透水征兆时,应当立即停止作业,撤出所有受水患威胁地点的人员,报告矿调度室,并发出警报。在原因未查清、隐患未排除之前,不得进行任何采掘活动。具体分析如下:

(1)煤壁"挂汗"。"挂汗"是积水区的水在自身压力作用下透过煤岩体的细微裂隙而在采掘工作面煤岩壁上凝结成水珠的现象。透水预兆中的"挂汗"与其他原因造成的"挂汗"有所不同。透水预兆中顶板"挂汗"多呈尖形水珠,有"承压欲滴"之势;而煤炭自然发火预兆中的"挂汗"为水蒸气凝结于煤岩壁上所致,多为平形水珠;另外,井下空气中的水分遇到低温的煤岩体时,也可能凝结成水珠。区别"挂汗"现象是否为透水预兆的方法是剥离一层煤壁面,仔细观察所暴露的煤壁面上是否潮湿,若潮湿则是透水预兆。

(2)煤壁"挂红"。"挂红"是一种特殊的"挂汗",当老窑积水中含有铁的氧化物,在水压作用下,通过煤(岩)层裂隙时,附着在裂隙表面,"汗"呈暗红色,故称为"挂红"。

(3)空气变冷,煤壁发凉。水的导热系数比煤(岩)体大,所以采掘工作面接近积水区域时,空气会骤然下降。煤(岩)体的含水量增大时,其导热率增大,所以用手摸煤(岩)壁有发凉的感觉。但应注意,受地热影响大的矿井,地下水的温度较高,当采掘工作面接近积水温度较高的积水区时,煤(岩)壁的温度和空气的温度反而升高。

(4)出现雾气。当采掘工作面气温较高时,从煤岩壁渗出的积水就会被蒸发而形成雾气。

(5)水叫。含水层或积水区内的高压水在向煤壁裂隙挤压时,与煤壁摩擦会发出"嘶嘶"声响。有时能听到空洞泄水声,这是透水的危险征兆。

(6)淋水加大,顶板来压,底板鼓起或产生裂隙并出现渗水。

(7)出现压力水流(或称水线)。这表明离水源已经较近,应密切注意水流情况。若出水浑浊,说明水源很近;若出水清净则水源尚远。

(8)有臭味(有害气体增加)。积水区常常有瓦斯、二氧化碳、硫化氢等有害气体逸散出,导致工作面有害气体增加。

(9)煤层发潮、发暗。原本干燥、光亮的煤层由于水的渗入,就变得潮湿、暗淡。如果挖去表面一层,里面仍如此,说明附近有积水。

(10)水色发浑。采空积水多属积水时间长久、水中溶解的杂质多、水量补给较差的水源,一般称为死水,出现水色浑的现象当然在所难免。另外,冲积层水和受冲积层补给的断层水常出现淤泥、砂、水浑浊,多为黄色。在岩巷掘进遇到断层水时,有时能在岩缝中见到淤泥,底部出现射流现象,水呈现黄色。

(二)不同水源的透水特点

不同类型的水源,会出现不同的透水预兆。根据对透水预兆的判断,应采取相应的防治措施。

(1)采空区水。采空区水多属于积水时间长久,水中溶解的杂质多,水量补给较差,一般称为"死水"。其特点是出现"挂红",煤层发潮、色暗无光,水的酸度大,水味发涩,有臭鸡蛋气味。

(2)冲积层水。在浅部开凿井筒时,常会遇见冲积层水。如果隔离煤柱留得过少,回采工作面顶板冒落后,裂隙沟通冲积层,可能导致涌水事故。其特点是一般开始时涌水量小,随后涌水量逐渐增大,水色发黄且夹有砂子。

(3)断层水。在断层附近岩层较为破碎,所以一般出现工作面来压,淋水增大现象。断层水一般补给较充足,多属"活水",很少见到"挂红"现象,水味发甜。在岩巷掘进遇到断层水,有时能在岩缝中见到"淤泥",底部出现射流,水呈现黄色等。

上述预兆,并不是每次透水都全部出现,而只是出现其中几种。由于透水因素错综复杂,有时会出现特殊情况。如某矿过断层时未发现透水预兆,只是压力增大,支柱折断,水突然涌出。

四、矿井突水灾害

矿井突水:即矿井水灾,是在采掘过程中,暴雨、山洪、地表水、地下水、经井口或岩石裂隙、断层、岩溶洞穴等大量涌入矿井,远远超过矿井正常排水能力,以致淹没井巷,危害矿工生命,破坏坏境的灾害。

在采掘的过程中,如发现有突水的征兆,应及时报告并采取有效的防范措施,以防止突水事故发生。在工作面及其附近往往会出现下列征兆。

(一)承压水与承压水有关断层水突水征兆

(1)工作面顶板来压、冒顶、掉渣、支架倾倒或折梁断柱现象。

(2)底软膨胀、底膨张裂。这种征兆多随顶板来压之后发生,在采掘面围岩内出现裂缝,当突水量大、来势猛时,会伴有"底爆"响声。

(3)先出小水后出大水。

(4)采场或巷道内瓦斯量显著增大。

(二)冲积层水突水征兆

(1)突水部位岩层发潮、滴水,且逐渐增大,仔细观察可发现水中有少量细砂。

(2)发生局部冒顶,水量突增并出现流砂,流砂常呈间歇性,水色时清时混。

(3)发生大量溃水、溃砂,这种现象可能影响至地表,导致地表出现塌陷坑。

(三)老窑水突水征兆

(1)煤层发潮、色暗无光。

(2)煤层"挂汗"。

(3)采掘面、煤层和岩层内温度低。

(4)在采掘面内若在煤壁、岩层内听到"吱吱"的水呼声时,表征因水压大,水向裂隙中挤压发出的响声,说明离水体不远了,有突水危险。

(5)老窑水一般呈红色,含有铁,水面泛油花和臭鸡蛋味。

五、矿井水害预测预报及隐患排查

矿井应当对主要含水层进行长期水位、水质动态观测,设置矿井和各出水点涌水量观测点,建立涌水量观测成果等防治水基础台账,并开展水位动态预测分析工作。

矿井应当加强充水条件分析,认真开展水害预测预报及隐患排查工作。

(1)每年年初,根据年度采掘计划,结合矿井水文地质资料,全面分析水害隐患,提出水害分析预测表及水害预测图。

（2）水文地质类型复杂、极复杂矿井应当每月至少开展 1 次水害隐患排查，其他矿井应当每季度至少开展 1 次。

（3）在采掘过程中，对预测图、表逐月进行检查，不断补充和修正。发现水患险情，及时发出水害通知单，并报告矿井调度室。

（4）采掘工作面年度和月度水害预测资料及时报送煤矿总工程师及生产安全部门。

采掘工作面水害分析预报表如表 6-2 所示。

表 6-2　采掘工作面水害分析预测表

矿井	项号	预测水害地点	采掘队	工作面上下标高	煤层			采掘时间	水害类型	水文地质简述	预防及处理意见	责任单位	备注
					名称	厚度/m	倾角/(°)						
	1												
	2												
	3												
	4												
	5												

注：水害类型指地表水、孔隙水、裂隙水、岩溶水、老空水、断裂构造水、陷落柱水、钻孔水、顶板水、底板水等。

在矿井采掘工程图（月报图）上，按预报表上的项目，在可能发生水害的部位，用红颜色标上水害类型符号。符号图例如图 6-1 所示。

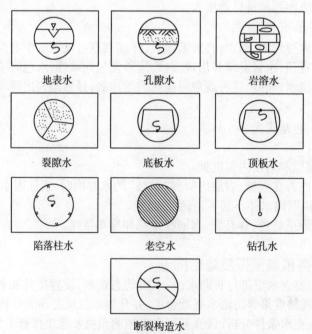

图 6-1　矿井采掘工作面水害预测图例

实行三级隐患排查管理。各安全生产基层单位,对防治水工作中易改易犯且能自己解决的隐患,现场随时进行解决治理,对需要上一级主管部门协调解决的隐患,汇报上一级科室部门。科室部门对本专业部门排查的水害隐患和基层单位汇报的水害隐患,能够协调解决立即进行协调解决治理,不能协调解决治理的汇报到矿。

对安全隐患严格按岗位责任制进行排查治理,安全科负责监督实施。对排查出的重大事故隐患必须及时向单位汇报。各矿安全科建立安全隐患管理档案,其内容包括整改资金、整改责任人、整改时间、整改措施、存续时间、隐患名称等。

六、井下防治水技术

井下防治水措施可概括为 6 个字,即"查、测、探、放、截、堵"等方面。

(一)查明水源

地下水源是看不见的,只有通过勘测,掌握古井、采空区的积水以及主要含水层、充水断层和裂隙的分布,从而定出矿井的积水线、探水线与警戒线。为了查明水源和可能的涌水通道,应掌握以下情况:

(1)冲击层的组成及厚度,各分层的含水性及透水性。

(2)裂隙和断层的位置、错动距离、延伸长度、破碎带范围、含水情况和导水性能。

(3)含水层与隔水层的位置、厚度、数量,各含水层的涌水量、透水性及其开采煤层的距离。

(4)老窑、古井和现在正在开采的小煤矿的分布、开采深度、开采范围和积水情况,废弃钻孔的处理情况等。

(5)开采过程中,围岩破坏及地表塌陷情况,观测岩层垮落带(由采煤引起的上覆岩层破裂,并向采空区垮落的岩层范围)、断裂带、沉降弯曲带的高度及其对涌水的影响。

(二)水文观测

做好水文观测工作应注意以下几个方面:

(1)收集当地气象、降水量和河流水文地质资料(速度)流量、水位、枯水期和洪水期等;查明地表水体的分布、水量的补给、排泄条件;查明洪水泛滥对矿区、工业广场及居民点的影响程度。

(2)通过探水钻孔和水文观测孔,观测各种地下水源的水位、水压和水量变化,分析水质,查明矿井水的来源及其补给关系。

(3)观测矿井涌水量及其与季节变化的规律等。

(三)井下探放水

在地面无法查明水文地质条件时,应当在采掘前采用物探、钻探或者化探等方法查清采掘工作面及其周围的水文地质条件。

采掘工作面遇有下列情况之一的,须进行探放水工作:

(1)接近水淹或者可能积水的井巷、老空或者相邻煤矿时。

(2)接近含水层、导水断层、溶洞或者导水陷落柱时。

(3)打开隔离煤柱放水时。

(4)接近可能与河流、湖泊、水库、蓄水池、水井等相通的断层破碎带时。

(5)接近有出水可能的钻孔时。

(6)接近水文地质条件不清的区域时。

(7)接近有积水的灌浆区时。

(8)接近其他可能突水的地区时。

布置探放水钻孔应当遵循下列规定：

(1)探放老空水和钻孔水。老空和钻孔位置清楚时,应当根据具体情况进行专门探放水设计,经煤矿总工程师组织审批后,方可施工;老空和钻孔位置不清楚时,探水钻孔成组布设,并在巷道前方的水平面和竖直面内呈扇形,钻孔终孔位置满足水平面间距不应大于3 m,厚煤层内各孔终孔的竖直面间距不应大于1.5 m。

专家解读 探放水钻孔应配设与水压匹配的固定套管、放水控制阀门、压力观测系统等孔口安全装置,并应具有防喷、反压、分流、带杆密闭的功能。钻场所在巷道不具备自排条件时,应配备与钻孔放水能力相匹配的由临时水仓、水泵、排水管路及配套设施等组成的排水系统。

(2)探放断裂构造水和岩溶水等时,探水钻孔沿掘进方向的正前方及含水体方向呈扇形布置,钻孔不应少于3个,其中含水体方向的钻孔不应少于2个。

(3)探查陷落柱等垂向构造时,应当同时采用物探、钻探两种方法,根据陷落柱的预测规模布孔,但底板方向钻孔不应少于3个,有异常时加密布孔,其探放水设计由煤矿总工程师组织审批。

(4)煤层内,原则上禁止探放水压高于1 MPa的充水断层水、含水层水及陷落柱水等。如确实需要的,可以先构筑防水闸墙(截流墙),并在闸墙外向内探放水。

在安装钻机进行探水前,应当符合下列规定：

(1)加强钻孔附近的巷道支护,并在工作面迎头打好坚固的立柱和挡板,严禁空顶、空帮作业。

(2)清理巷道,挖好排水沟。探水钻孔位于巷道低洼处时,应当施工临时水仓,配备足够能力的排水设备。

(3)在钻探地点或附近安设专用电话。

(4)由测量人员依据设计现场标定探放水钻孔位置,与负责探放水工作的人员共同确定钻孔的方位、深度、倾角和钻孔数量。

(5)制定包括紧急撤人时避灾路线在内的安全措施,使作业区域的每个人员了解和掌握,并保持撤人通道畅通。

探放水钻孔超前距和止水套管长度,应当符合下列规定：

(1)老空区积水范围、积水量不清楚的,近距离煤层开采的或者地质构造不清楚的,探放水钻孔超前距不应小于30 m,止水套管长度不应小于10 m;老空区积水范围、积水量清楚的,根据水头值高低、煤(岩)层厚度、强度及安全技术措施等确定。

(2)沿岩层探放含水层、断层和陷落柱等含水体时,应合理确定探放水钻孔超前距和止水套管长度。

在探放水钻进时,发现煤岩松软、片帮、来压或者钻孔中水压、水量突然增大和顶钻等突水征兆时,立即停止钻进,但不得拔出钻杆;应当立即撤出所有受水威胁区域的人员到安全地点,并向矿井调度室汇报,采取安全措施,派专业技术人员监测水情并分析,妥善处理。

(四)截水

在探到水源后,由于条件限制无法放水,或者虽能放水但不合理时,便利用防水墙(防水闸墙)、防水闸门(截水闸门)、防水煤柱或岩柱等设施,永久地或临时地截住水源,将采掘区与水源隔开。使局部地点涌水不至于威胁其他区域。

1. 防水墙

防水墙是井下防水、截水的一种设施。用于隔绝积水区(水源)或有透水危险的区域。根据防水墙服务时间的长短和作用的不同,可分为临时性防水墙和永久性防水墙。临时防水墙作为应急之用和为砌筑永久性防水墙服务。根据防水墙的形状不同,可分为平面形防水墙、圆柱形防水墙、球面形防水墙和多段防水墙。

水文地质条件复杂的矿井,井巷、采区布置或生产矿井开拓延深设计时,应预留建筑防水墙的位置,并在其附近留设足够的防水煤(岩)柱。

建筑防水墙的注意事项有以下几个方面:

(1)在建筑防水墙的地点,其岩石应坚固没有裂缝,风化松软的岩石,应全部除掉。

(2)防水墙的四周要用手镐或风镐掏槽,直到完整的煤体或岩体中。施工中禁止爆破,以防止震动造成裂缝。

(3)防水墙应尽量选择在断面小的巷道中构筑,以减小费用并缩短工期。

(4)建防水墙时,要使四周围岩与防水墙紧密结合在一起,以防漏水。

(5)防水墙应有足够的厚度,以确保支撑水的压力。为了防止防水墙受硫酸钙、碳酸钙、氧化钙的腐蚀破坏,可用铝钙水泥构筑厚度为 2 m 左右的防水墙的前一部分(即与水接触的部分)。

2. 防水闸门

防水闸门类似风门,设置在发生突水时需要堵截而平时需要行人和通车的巷道中。它是防止水灾的重要工程。

存在下列情况之一时,应设置防水闸门及硐室:

(1)水文地质条件复杂、极复杂或有突水淹井危险的矿井,井下未设置抗灾排水系统的井底车场周围,在井底车场设置防水闸门的目的是保护井筒、井底车场和排水设施不被水淹,便于恢复生产。在有突水危险地区设置防水闸门的目的是进行分区隔离,在采区或巷道发生突水时,阻止灾情扩大。

(2)在有突水危险的区域布置采掘工作面时。

(3)受承压水威胁的煤层需分水平或分采区隔离开采时。

(4)钻孔打透富水性强的含水层或老空积水区,有突水危险时。

建筑防水闸门应当符合下列规定:

(1)防水闸门由具有相应资质的单位进行设计,门体应当采用定型设计。

(2)防水闸门的施工及其质量,应当符合设计要求。闸门和闸门硐室不得漏水。

(3)防水闸门硐室前、后两端,分别砌筑不小于5m 的混凝土护硐,硐后用混凝土填实,不得空帮、空顶。防水闸门硐室和护硐采用高标号水泥进行注浆加固,注浆压力应当符合设计要求。

(4)防水闸门来水一侧 15~25 m 处,加设 1 道挡物算子门。防水闸门与算子门之间,不得停放车辆或者堆放杂物。来水时,先关算子门,后关防水闸门。如果采用双向防水闸门,应当在两侧各设 1 道算子门。

(5)通过防水闸门的轨道、电机车架空线、带式输送机等必须灵活易拆。通过防水闸门墙体的各种管路和安设在闸门外侧的闸阀的耐压能力,与防水闸门所设计压力相一致。

电缆、管道通过防水闸门墙体处,用堵头和阀门封堵严密,不得漏水。

(6)防水闸门必须安设观测水压的装置,并有放水管和放水闸阀。

(7)防水闸门竣工后,必须按照设计要求进行验收。对新掘进巷道内建筑的防水闸门,必须进行注水耐压试验;防水闸门内巷道的长度不得大于 15 m,试验的压力不得低于设计水压,其稳压时间在 24 h 以上,试压时应当有专门安全措施。

(8)防水闸门必须灵活可靠,并保证每年进行 2 次关闭试验,其中 1 次在雨季前进行。关闭闸门所用的工具和零配件必须专人保管,专门地点存放,不得挪用丢失。

(9)防水闸门及其控制系统中的各种机械设备、电控设备、零部件和主要材料及计量、检测器具、仪器、仪表等,均应符合现行煤矿安全规程的有关规定,其精度等级应满足被检测项目的精度要求。

(10)水害威胁严重的矿井设置防水闸门及硐室时,应与排水系统、防水闸墙统一规划、综合布置。

(11)防水闸门及硐室所承受的设计水压,应根据矿井水文地质资料和含水层的水位标高计算或通过实际观测水压等确定,并应与矿井水巷所承受的水头压力相一致。

(12)防水闸门的选型应根据通过设备的最大外形尺寸、人行道宽度、巷道通过的最大风量和风速等因素确定。

防水闸门硐室的设置应符合下列要求:应设于坚硬、稳定、完整致密的岩(煤)层中;不应设于岩溶、断层、节理、裂隙发育的破碎地带;不应受井下采动影响,并应符合通风、运输、行人、放水、安全等要求;应有利于施工和灾后恢复生产;硐室四周应留设保护煤(岩)柱。

3. 防隔水煤(岩)柱

对于井上下的各种水源,在一般情况下都应尽量疏干或堵塞其入井通道,彻底解除水的威胁,但这样做有时是不合理或不可能的,因此采取留设一定宽度的防隔水煤(岩)柱的方法来截住水源。

受水害威胁的区域应留设防隔水煤(岩)柱。防隔水煤(岩)柱应根据地质构造、水文地质条件、煤层赋存条件、围岩物理力学性质、开采方法及岩层移动规律等因素。

在水体下采煤时,当同一水体的底界面至煤层间距、基岩厚度、各煤层采高、倾角及煤层之间岩性差异悬殊时,应在倾斜剖面和走向剖面上分别计算确定安全煤(岩)柱。

一般在下列情况下需要留设防隔水煤(岩)柱:

(1)相邻矿井的分界处,必须留有防水煤柱。矿井以断层分界时,必须在断层两侧留设防水煤柱。

(2)井田内有与河流、湖泊、溶洞、含水层等有水力联系的导水断层、裂隙(带)陷落柱时,必须找出其确切的位置,并按规定留设防隔水煤(岩)柱。

相邻矿井边界处保护煤柱的设置,应符合下列要求:

(1)水文地质条件简单到中等型的矿井,煤柱留设的总宽度不应小于 40 m,且每矿不应小于 20 m。

(2)水文地质条件复杂和极复杂型的矿井,煤柱留设的宽度除应符合前款的要求外,还应根据煤层赋存条件、地质构造、静水压力、开采上覆岩层移动角、导水裂缝带高度等因素计算确定。

(3)以断层为界的矿井,其边界防隔水煤(岩)柱应按断层防水煤柱留设,同时相邻两矿的开采不应破坏邻矿的保护煤柱。

防隔水煤(岩)柱的尺寸,应根据相邻矿井的地质构造、水文地质条件、煤层赋存条件、围岩性质、开采方法以及岩层移动规律等因素,在矿井设计中规定。已留设的防水煤柱需要变动时,必须重新编制设计,报省级煤炭管理部门批准。严禁在各种防隔水煤柱中进行采掘活动。有突水历史或带压开采的矿井,应分水平或分采区实行隔离开采,并应编制相应的综合防治水措施。

(五)注浆堵水

将专门制备的浆液(堵水材料)通过钻孔压入地层的裂隙、溶洞或断层破碎带,使浆液扩张、凝固、硬化,达到充填堵塞涌水通道、隔离水源的目的。

一般在下列情况下应采用注浆堵水:

(1)当涌水水源本身水量不大,但与其他强大水源有密切联系,单纯采用排水方法排除矿井涌水成为不可能或不经济时。

(2)当井筒或巷道必须穿过若干的含水丰富的含水层或充水断层,如果不堵住水源将给矿井建设带来很大危害,甚至不可能进行掘进时。

(3)当井筒或工作面严重淋水,为了加固井壁、改善劳动条件、减少排水费用时。

(4)某些涌水量大的矿井,为了减少矿井的涌水量,降低常年排水费用时。

需要疏干(降)与区域水源有水力联系的含水层时,可以采取帷幕注浆截流措施。帷幕注浆方案编制前,应当对帷幕截流进行可行性研究,开展帷幕建设条件勘探,查明地层层序、地质构造、边界条件以及含水层水文地质工程地质参数,必要时开展地下水数值模拟研究。帷幕注浆方案经煤炭企业总工程师组织审批后实施。

当井下巷道穿过含水层或者与河流、湖泊、溶洞、强含水层等存在水力联系的导水断层、裂隙(带)、陷落柱等构造前,应当查明水文地质条件,根据需要可以采取井下或者地面竖孔、定向斜孔超前预注浆封堵加固措施,巷道穿过后应当进行壁后围岩注浆处理。巷道超前预注浆封堵加固方案,经煤炭企业总工程师组织审批后实施。

第三节　预防煤矿水害事故的安全技术措施

一、煤矿水害防治的技术措施

煤矿水害防治工作应当坚持预测预报、有疑必探、先探后掘、先治后采的原则,根据不同水文地质条件,采取探、防、堵、疏、排、截、监等综合防治措施。

(一)地表水防治

煤矿应当查清矿区、井田及其周边对矿井开采有影响的河流、湖泊、水库等地表水系和有关水利工程的汇水、疏水、渗漏情况,掌握当地历年降水量和历史最高洪水位资料,建立疏水、防水和排水系统。煤矿应当查明地裂缝区、采矿塌陷区分布情况及其地表汇水情况。

在地表容易积水的地点,应当修筑沟渠,排泄积水。修筑沟渠时,应当避开煤层露头、裂隙和导水岩层。特别低洼地点不能修筑沟渠排水的,应当填平压实。如果低洼地带范围太大无法填平时,应当采取水泵或者建排洪站专门排水,防止低洼地带积水渗入井下。

当矿井受到河流、山洪威胁时，应当修筑堤坝和泄洪渠，防止洪水侵入。对于排到地面的矿井水，应当妥善处理，避免再渗入井下。对于漏水的沟渠（包括农田水利的灌溉沟渠）和河床，如果威胁矿井安全，应当进行铺底或者改道。地面裂缝和塌陷地点应当及时填塞。进行填塞工作时，应当采取相应的安全措施，防止人员陷入塌陷坑内。

在有滑坡危险的地段，可能威胁煤矿安全时，应当治理滑坡。在井田内季节性沟谷下开采前，需对是否有洪水灌井的危险进行评价，开采应避开雨季，采后及时做好地面裂缝的填堵工作。

严禁将矸石、炉灰、垃圾等杂物堆放在山洪、河流可能冲刷到的地段，以免淤塞河道、沟渠。发现与煤矿防治水有关系的河道中存在障碍物或者堤坝破损时，应当及时报告当地人民政府，采取措施清理障碍物或者修复堤坝，防止地表水进入井下。

使用中的钻孔，应当按照规定安装孔口盖。报废的钻孔应当及时封孔，防止地表水或者含水层的水涌入井下。封孔资料等有关情况记录在案，存档备查。观测孔、注浆孔、电缆孔、下料孔、与井下或者含水层相通的钻孔，其孔口管应当高出当地历史最高洪水位。

报废的立井应当封堵填实，或者在井口浇注坚实的钢筋混凝土盖板，设置栅栏和标志。报废的斜井应当封堵填实，或者在井口以下垂深大于20 m处砌筑1座混凝土墙，再用泥土填至井口，并在井口砌筑厚度不低于1 m的混凝土墙。报废的平硐，应当从硐口向里封堵填实至少20 m，再砌支墙。位于斜坡、汇水区、河道附近的井口，充填距离应当适当加长。报废井口的周围有地表水影响的，应当设置排水沟。封填报废的立井、斜井或者平硐时，应当做好隐蔽工程记录，并填图归档。

每年雨季前，必须对煤矿防治水工作进行全面检查，制定雨季防治水措施，建立雨季巡视制度，组织抢险队伍并进行演练，储备足够的防洪抢险物资。对检查出的事故隐患，应当制定措施，落实资金，责任到人，并限定在汛期前完成整改。需要施工防治水工程的应当有专门设计，工程竣工后由煤矿总工程师组织验收。

煤矿应当与当地气象、水利、防汛等部门进行联系，建立灾害性天气预警和预防机制。应当密切关注灾害性天气的预报预警信息，及时掌握可能危及煤矿安全生产的暴雨洪水灾害信息，并采取安全防范措施；加强与周边相邻矿井信息沟通，发现矿井水害可能影响相邻矿井时，立即向周边相邻矿井发出预警。

煤矿应当建立暴雨洪水可能引发淹井等事故灾害紧急情况下及时撤出井下人员的制度，明确启动标准、联络人员、指挥部门、撤人程序和撤退路线等，当暴雨威胁矿井安全时，必须立即停产撤出全部井下人员，只有在确认暴雨洪水隐患消除后方可恢复生产。

煤矿应当建立重点部位巡视检查制度。当接到暴雨灾害预警信息和警报后，对井田范围内废弃老窑、地面塌陷坑、采动裂隙以及可能影响矿井安全生产的河流、水库、涵闸、湖泊、堤防工程等实施24 h不间断巡查。

降大到暴雨时和降雨后，应当有专业人员观测地面积水与洪水情况、井下涌水量等有关水文变化情况和井田范围及附近地面有无裂缝、采空塌陷、井上下连通的钻孔和岩溶塌陷等现象，及时向矿调度室及有关负责人报告，并将上述情况记录在案，存档备查。情况危急时，矿调度室及有关负责人应当立即组织井下撤人。

当矿井井口附近或者开采塌陷波及区域的地表出现滑坡或者泥石流等地质灾害威胁煤矿安全时，应当及时撤出受威胁区域的人员，并采取防治措施。

严禁将矸石、杂物、垃圾堆放在山洪、河流可能冲刷到的地段，防止淤塞河道和沟渠等。发现与矿井防治水有关系的河道中存在障碍物或者堤坝破损时,应当及时报告当地人民政府,清理障碍物或者修复堤坝,防止地表水进入井下。

使用中的钻孔,应当安装孔口盖。报废的钻孔应当及时封孔,并将封孔资料和实施负责人的情况记录在案,存档备查。

(二)顶板水防治

当煤层(组)顶板导水裂隙带范围内的含水层或者其他水体影响采掘安全时,应当采用超前疏放、帷幕注浆、注浆改造含水层、充填开采或者限制采高等方法,消除威胁后,方可进行采掘活动。

采取超前疏放措施对含水层进行区域疏放水的,应当综合分析导水裂隙带发育高度、顶板含水层富水性,进行专门水文地质勘探和试验,开展可疏性评价。根据其评价成果,编制区域疏放水方案,由煤炭企业总工程师审批。

采取注浆改造顶板含水层的,必须制定方案,经煤炭企业总工程师审批后实施,保证开采后导水裂隙带波及范围内含水层改造成弱含水层或者隔水层。

采取充填开采、限制采高等措施控制导水裂隙带高度的,必须制定方案,经煤炭企业总工程师审批后方可实施,确保导水裂隙带不波及含水层。

疏干(降)开采半固结或者较松散的古近系、新近系、第四系含水层覆盖的煤层时,开采前应当遵守下列规定:

(1)查明流砂层的埋藏及分布条件,研究其相变及成因类型。

(2)查明流砂层的富水性和水理性质,预计涌水量和评价可疏干(降)性,建立水文动态观测网,观测疏干(降)速度和疏干(降)半径。

(3)在疏干(降)开采试验中,应当观测研究导水裂隙带发育高度,水砂分离方法、跑砂休止角,巷道开口时溃水溃砂的最小垂直距离,钻孔超前探放水安全距离等。

(4)研究对溃水溃砂引起地面塌陷的预测及处理方法。

被富水性强的松散含水层覆盖的缓倾斜煤层,需要疏干(降)开采时,应当进行专门水文地质勘探或者补充勘探,根据勘探成果确定疏干(降)地段、制定疏干(降)方案,经煤炭企业总工程师组织审批后实施。

矿井疏干(降)开采可以应用"三图双预测法"进行顶板水害分区评价和预测。有条件的矿井可以应用数值模拟技术,进行导水裂隙带发育高度、疏干水量和地下水流场变化的模拟和预测;观测研究多煤层开采后导水裂隙带综合发育高度。

受离层水威胁(火成岩等坚硬覆岩下开采)的矿井,应当对煤层覆岩特征及其组合关系、力学性质、含水层富水性等进行分析,判断离层发育的层位,采取施工超前钻孔等手段,破坏离层空间的封闭性、预先疏放离层的补给水源或者超前疏放离层水等。

(三)底板水防治

底板水防治应当遵循井上与井下治理相结合、区域与局部治理相结合的原则。根据矿井实际情况,采取地面区域治理、井下注浆加固底板或者改造含水层、疏水降压、充填开采等防治水措施,消除水害威胁。

当承压含水层与开采煤层之间的隔水层能够承受的水头值大于实际水头值时,可以进行带压开采(在具有承压水压力的含水层上进行的采煤),但应当制定专项安全技术措施,由煤炭企业总工程师审批。当承压含水层与开采煤层之间的隔水层能够承受的水头值小于实际水头值时,开采前应当符合下列要求:

(1)采取疏水降压的方法,把承压含水层的水头值降到安全水头值(不致引起矿井突水的承压水头最大值)以下,并制定安全措施,由煤炭企业总工程师审批。矿井排水应与矿区供水、生态环境保护相结合,推广应用矿井排水、供水、生态环保"三位一体"优化结合的管理模式和方法。

专家解读 掘进巷道底板隔水层安全水头压力,宜按下式计算:

$$p = 2K_p \frac{t^2}{L^2} + \gamma t$$

式中:p——底板隔水层能够承受的安全水压(MPa)。

$\quad\quad t$——隔水层厚度(m)。

$\quad\quad L$——巷道宽度(m)。

$\quad\quad \gamma$——底板隔水层的平均重度(MN/m³)。

$\quad\quad K_p$——底板隔水层的平均抗拉强度(MPa)。

采掘工作面安全水头压力,宜按下式计算:

$$P = T_s M$$

式中:M——底板隔水层厚度(m)。

$\quad\quad p$——安全水压(MPa)。

$\quad\quad T_s$——临界突水系数(MPa/m)。应根据矿区资料确定,在具有构造破坏的地段按0.06计算,隔水层完整无断裂构造破坏地段按0.1计算。

(2)承压含水层的集中补给边界已经基本查清情况下,可以预先进行帷幕注浆,截断水源,然后疏水降压开采。

(3)当承压含水层的补给水源充沛,不具备疏水降压和帷幕注浆的条件时,可以采用地面区域治理,或者局部注浆加固底板隔水层、改造含水层的方法,但应当编制专门的设计,在有充分防范措施的条件下进行试采,并制定专门的防止淹井措施,由煤炭企业总工程师审批。

煤层底板存在高承压岩溶含水层,且富水性强或者富水性极强,采用井下探查、注浆加固底板或者改造含水层时,应当遵守下列规定:

(1)掘进前应当同时采用钻探和物探方法,确认无突水危险时方可施工。

(2)应当编制注浆加固底板或者改造含水层设计和施工安全技术措施,由煤矿总工程师组织审批。

(3)注浆加固底板或者改造含水层结束后,由煤炭企业总工程师组织效果评价。

煤层底板存在高承压岩溶含水层,且富水性强或者富水性极强,采用地面区域治理方法时,应当遵守下列规定:

(1)煤矿总工程师组织编制区域治理设计方案,由煤炭企业总工程师审批。

(2)地面区域治理可以采用定向钻探技术,根据矿井水文地质条件确定治理目标层和布孔方式,并根据注浆扩散距离确定合理孔间距,施工中应当逢漏必注,循环钻进直至设计终孔位置,注浆终压不应小于底板岩溶含水层静水压力的1.5倍,达到探测、治理、验证

"三位一体"的治理效果。

（3）区域治理工程结束后，对工程效果做出结论性评价，提交竣工报告，由煤炭企业总工程师组织验收。

（4）实施地面区域治理的区域，掘进前应当采用物探方法进行效果检验，没有异常的，可以正常掘进。发现异常的，应当采用钻探验证并治理达标，回采前应同时采用物探、钻探方法进行效果验证。

有条件的矿井可以采用"脆弱性指数法"或者"五图双系数法"等，对底板承压含水层的突水危险性进行综合分区评价。

（四）老空水防治

煤矿应当开展老空分布范围及积水情况调查工作，查清矿井和周边老空及积水情况，调查内容包括老空位置、形成时间、范围、积水情况、层位、补给来源等。老空范围不清、积水情况不明的区域，必须采取井上井下结合的钻探、化探、物探等综合技术手段进行探查，编制矿井老空水害评价报告，制定老空水防治方案。具体内容如下：

（1）地面物探可以采用地震勘探方法探查老空范围，采用直流电法、瞬变电磁法、可控源音频大地电磁测深法探查老空积水情况。

（2）井下物探可以采用槽波地震勘探、瑞利波勘探、无线电波透视法（坑透）探测老空边界，采用瞬变电磁法、音频电穿透法、直流电法探测老空积水情况。

（3）物探等探查圈定的异常区应当采用钻探方法验证。

（4）可以采用化探方法分析老空水来源及补给情况。

煤矿应当根据老空水查明程度和防治措施落实到位程度，对受老空水影响的煤层按威胁程度编制分区管理设计，由煤矿总工程师组织审批。老空积水情况清楚且防治措施落实到位的区域，划为可采区；否则，划为缓采区。缓采区由煤矿地测部门编制老空水探查设计，通过井上下探查手段查明老空积水情况，防治措施落实到位后，方可转为可采区；治理后仍不能保证安全开采的，划为禁采区。

煤矿应当及时掌握本矿及相邻矿井距离本矿 200 m 范围内的采掘动态，将采掘范围、积水情况、防隔水煤（岩）柱等填绘在矿井充水性图、采掘工程平面图等图件上，并标出积水线、警戒线和探水线的位置。

当老空有大量积水或者有稳定补给源时，应当优先选择留设防隔水煤（岩）柱；当老空积水量较小或者没有稳定补给源时，应当优先选择超前疏干（放）方法；对于有潜在补给源的未充水老空，应当采取切断可能补给水源或者修建防水闸墙等隔离措施。

疏放老空水时，应当由地测部门编制专门疏放水设计，经煤矿总工程师组织审批后，按设计实施。疏放过程中，应当详细记录放水量、水压动态变化。放水结束后，对比放水量与预计积水量，采用钻探、物探方法对放水效果进行验证，确保疏干放净。近距离煤层群开采时，下伏煤层采掘前，必须疏干导水裂隙带波及范围内的上覆煤层采空区积水。

沿空掘进的下山巷道超前疏放相邻采空区积水的，在查明采空区积水范围、积水标高等情况后，可以实行限压（水压小于 0.01 MPa）循环放水，但必须制定专门措施由煤矿总工程师审批。

应当对老空积水情况进行动态监测，监测内容包括水压、水温、水质、水量、有害气体等；采用留设防隔水煤（岩）柱和防水闸墙措施隔离老空水的，还应当对其安全状态进行监测。

（五）水体下采煤

在矿井、水平、采区设计时必须划定受河流、湖泊、水库、采煤塌陷区和海域等地表水体威胁的开采区域。受地表水体威胁区域的近水体下开采，应当留足防隔水煤（岩）柱。在松散含水层下开采时，应当按照水体采动等级留设防水、防砂或者防塌等不同类型的防隔水煤（岩）柱。在基岩含水层（体）或者含水断裂带下开采时，应当对开采前后覆岩的渗透性及含水层之间的水力联系进行分析评价，确定采用留设防隔水煤（岩）柱或者采用疏干（降）等方法保证安全开采。

专家解读 由于地下煤层的开采将使上覆岩层移动和破坏并导致地表下沉，当回采工作面推进一定距离，直接顶将开始垮落，当直接顶垮落一定距离，老顶（基本顶）也发生断裂，在基本顶之上的岩层直至地表都将发生变化，形成了"三带"，即"冒落带""裂隙带""弯曲下沉带"。"三带"的发育高度与矿井水文地质及工程地质条件、开采方法、开采高度和顶板控制方法等存在着密切关系，在矿井水文地质条件及工程地质条件一定的情况下，合理选择开采方法、开采高度及顶板控制方法等，将决定"三带"的发育高度。"三带"的发育高度对地面水体与井下开采过程中的涌水有较大的影响，甚至地面水体在矿井开采过程中可能直接通过"三带"导入井下，从而发生透水事故。

在松散含水层下进行开采时，首先要根据地层的水文地质资料、主要含水层的富水性和《建筑物、水体、铁路及主要井巷煤柱留设与压煤开采规范》（2017年修）的规定确定水体采动等级。防隔水煤（岩）柱指的是能够防止工作面不额外增加涌水量的煤（岩）柱，其最小垂直高度必须不小于导水裂缝带的最大高度加保护层厚度。防砂煤（岩）柱指的是能够防止工作面不额外增加长期涌水量并且能够防止工作面发生溃水、溃砂的煤（岩）柱，其最小垂直高度必须不小于垮落带的最大高度加保护层厚度。防塌煤（岩）柱指的是能够防止工作面不额外增加永久性涌水量，并且能够防止工作面溃砂的煤（岩）柱，其最小垂直高度必须等于或接近于垮落带的最大高度。

水体下采煤，应当根据矿井水文地质及工程地质条件、开采方法、开采高度和顶板控制方法等，按照有关规定，编制专项开采方案设计，经有关专家论证和煤炭企业主要负责人审批后，方可进行试采。采煤过程中，应当严格按照批准的设计要求，控制开采范围、开采高度和防隔水煤（岩）柱尺寸。水体下采煤的安全煤（岩）柱设计计算方法可参考《煤炭矿井防治水设计规范》（GB 51070—2014）附录B的规定。

进行水体下采煤的，应当对开采煤层上覆岩层进行专门水文地质工程地质勘探。专门水文地质工程地质勘探应当包括下列内容：

（1）查明与煤层开采有关的上覆岩层水文地质结构，包括含水层、隔水层的厚度和分布，含水层水质、水位、富水性，各含水层之间的水力联系及补给、径流、排泄条件，断层的导（含）水性。

（2）采用钻探、物探等方法探明工作面上方基岩面的起伏和基岩厚度。在松散含水层下开采时，应当查明松散层底部隔水层的厚度、变化与分布情况。松散层是指第四系、新近系未成岩的沉积物，如冲积层、洪积层、残积层等。

（3）通过岩芯工程地质编录和数字测井等，查明上覆岩土层的工程地质类型、覆岩组合及结构特征，对岩土样进行物理力学性质测试。

水体下采煤，其防隔水煤（岩）柱应当按照裂缝角和水体采动等级所要求的防隔水煤（岩）柱相结合的原则设计留设。放顶煤开采或者大采高（3 m以上）综采的垮落带、导水裂隙带高度,应当根据本矿区类似地质条件实测资料等多种方法综合确定。煤层顶板存在富水性中等及以上含水层或者其他水体威胁时,应当实测导水裂隙带和垮落带发育高度,进行专项设计,确定防隔水煤(岩)柱尺寸。放顶煤开采的保护层厚度,应当根据对上覆岩土层结构和岩性、垮落带、导水裂隙带高度以及开采经验等分析确定。留设防砂和防塌煤(岩)柱开采的,应当结合上覆土层、风化带的临界水力坡度,进行抗渗透破坏评价,确保不发生溃水和溃砂事故。

水体的边界应区分平面边界和深度边界。确定水体边界应符合下列要求:

(1)地表水体底界面直接与隔水层接触时,最高洪水位应为水体的平面边界,且水体底界面应为水体的深度边界。

(2)地表水体底界面直接与含水层接触或有水力联系时,最高洪水位线或该含水层边界应为水体的平面边界,该含水层底界面应为水体的深度边界。

(3)仅为地下含水层水体时,含水层边界应为水体的平面边界,含水层的顶或底界面应为水体的深度边界。

(4)在确定水体边界时,应分析由于受周围开采引起的岩层破坏和地表下沉或受水压力作用,以及地质构造等影响而导致水体边界条件变化的因素。

临近水体下的采掘工作,应当符合下列要求:

(1)采用有效控制采高和开采范围的采煤方法,防止急倾斜煤层抽冒。在工作面范围内存在高角度断层时,采取有效措施,防止断层导水或者沿断层带抽冒破坏。

【专家解读】 急倾斜煤层开采即使留设煤柱,下部开采后还会抽冒,很容易造成工作面与上覆水体的沟通。

(2)在水体下开采缓倾斜及倾斜煤层时,宜采用倾斜分层长壁开采方法,并尽量减少第一、第二分层的采厚。上下分层同一位置的采煤间歇时间不应小于6个月,岩性坚硬顶板间歇时间适当延长。留设防砂和防塌煤(岩)柱,采用放顶煤开采方法时,先试验后推广。

(3)严禁开采地表水体、老空水淹区域、强含水层下且水患威胁未消除的急倾斜煤层。

(4)开采煤层组时,采用间隔式采煤方法。如果仍不能满足安全开采的,修改煤柱设计,加大煤柱尺寸,保障矿井安全。

(5)当地表水体或者松散层富水性强的含水层下无隔水层时,开采浅部煤层及在采厚大、含水层富水性中等以上、预计导水裂隙带大于水体与开采煤层间距时,采用充填法、条带开采、顶板关键层弱化或者限制开采厚度等控制导水裂隙带发育高度的开采方法。对于易于疏降的中等富水性以上松散层底部含水层,可以采用疏降含水层水位或者疏干等方法,以保证安全开采。

(6)开采老空积水区内有陷落柱或者断层等构造发育的下伏煤层,在煤层间距大于预计的导水裂隙带波及范围时,还必须查明陷落柱或者断层等构造的导(含)水性,采取相应的防治措施,在隐患消除前不得开采煤层。

进行水体下采掘活动时,应当加强水情和水体底界面(地表水体或地下含水体或含水层的底部界面)变形的监测,并应配设相应设备。试采结束后,提出试采总结报告、研究规律,指导类似条件下的水体下采煤。

【专家解读】 水情监测对水体下采煤非常重要,可以及时掌握水体与开采之间的变化关系,为及时调整防治水措施和开采工艺提供依据。水情监测包括地表水情监测和地下水情监测。地表水情监测一般包括水位、水质、流量和汛期降雨量变化等。地下水情监测包括水位、水质、水温变化等。水体底界面的变形监测主要在地表水体底界面进行。有条件矿井在矿井设计阶段就可考虑设立水情自动监测系统。

在采掘过程中，当发现地质条件变化，需要缩小防隔水煤(岩)柱尺寸、提高开采上限时，应当进行可行性研究和工程验证，组织有关专家论证评价，经煤炭企业主要负责人审批后方可进行试采。缩小防隔水煤(岩)柱的，工作面内或者其附近范围内钻孔间距不应大于 500 m，且至少有 2 个以上钻孔控制含水层顶、底界面，查明含水层顶、底界面及含水层岩性组合、富水性等水文地质工程地质条件。进行缩小防隔水煤(岩)柱试采时，必须开展垮落带和导水裂隙带的实测工作。

二、煤矿水害的应急处置

(一)煤矿水害应急预案及实施

煤矿应当开展水害风险评估和应急资源调查工作，根据风险评估结论及应急资源状况，制定水害应急专项预案和现场处置方案，并组织评审，形成书面评审纪要，由本单位主要负责人批准后实施。应急预案内容应当具有针对性、科学性和可操作性。

煤矿应当组织开展水害应急预案、应急知识、自救互救和避险逃生技能的培训，使矿井管理人员、调度室人员和其他相关作业人员熟悉预案内容、应急职责、应急处置程序和措施。

每年雨季前至少组织开展 1 次水害应急预案演练。演练结束后，应当对演练效果进行评估，分析存在的问题，并对水害应急预案进行修订完善。演练计划、方案、记录和总结评估报告等资料保存期限不应少于 2 年。

矿井必须规定避水灾路线，设置能够在矿灯照明下清晰可见的避水灾标识。巷道交叉口必须设置标识，采区巷道内标识间距不应大于 200 m，矿井主要巷道内标识间距不应大于 300 m，并让井下职工熟知，一旦突水发生，能够安全撤离。

井下泵房应当积极推广无人值守和地面远程监控集控系统，加强排水系统检测与维修，时刻保持排水系统运转正常。水文地质类型复杂及极复杂的矿井，应当实现井下泵房无人值守和地面远程监控。

当发生突水时，矿井应当立即做好关闭防水闸门的准备，在确认人员全部撤离后，方可关闭防水闸门。

煤矿应当加强与各级抢险救灾机构的联系，掌握抢救技术装备情况，一旦发生水害事故，立即启动相应的应急预案，争取社会救援，实施事故抢救。水害事故发生后，煤矿应当依照有关规定报告政府有关部门，不得迟报、漏报、谎报、瞒报。

(二)排水恢复被淹井巷

恢复被淹井巷前，应当编制矿井突水淹井调查分析报告。报告应当包括下列主要内容：

(1)突水淹井过程、突水点位置、突水形式、突水时间、水源分析、淹没速度和涌水量变化等。

(2)突水淹没范围，估算积水量。

(3)预计排水过程中的涌水量。依据淹没前井巷各个部分的涌水量，推算突水点的最大涌水量(单位时间内矿井涌水量高峰值)和稳定涌水量，预计恢复过程中各不同标高段的涌水量,并设计排水量曲线。

(4)分析突水原因所需的有关水文地质点(孔、井、泉)的动态资料和曲线图、矿井综合水文地质图、矿井水文地质剖面图、矿井充水性图和水化学资料等。

矿井恢复时,应当设有专人跟班定时测定涌水量和下降水面高程,并做好记录;观察记录恢复后井巷的冒顶、片帮和淋水等情况;观察记录突水点的具体位置、涌水量和水温等,并做突水点素描;定时对地面观测孔、井、泉等水文地质点进行动态观测,并观察地面有无塌陷、裂缝现象等。

排除井筒和下山的积水及恢复被淹井巷前,应当制定防止被水封闭的有害气体突然涌出的安全措施。排水过程中,矿山救护队应当现场监护,并检查水面上的空气成分;发现有害气体,及时处理。

矿井恢复后,应当全面整理淹没和恢复两个过程的图纸和资料,查明突水原因,提出防范措施。

三、煤矿水害防治的保障措施

煤矿应成立防治水机构,建立防治水工作制度,配备探水钻机,包括探水钻杆、钻头及探放水零部件等工具。为确保防治水技术措施能顺利落实执行,还应有得力组织保障和足够的物资保障措施。

(一)组织保障措施

(1)煤炭企业、煤矿的主要负责人(法定代表人、实际控制人,下同)是本单位防治水工作的第一责任人,总工程师(技术负责人,下同)负责水害防治的技术管理工作。

煤矿主要负责人必须赋予调度员、安检员、井下带班人员、班组长等相关人员紧急撤人的权力,发现突水(透水、溃水,下同)征兆、极端天气可能导致淹井等重大险情,立即撤出所有受水患威胁地点的人员,在原因未查清、隐患未排除之前,不得进行任何采掘活动。水文地质条件复杂、极复杂的煤矿,应当设立专门的防治水机构,配备水害防治副总工程师。

(2)煤矿企业应当结合本单位实际情况建立健全水害防治岗位责任制、水害防治技术管理制度、水害预测预报制度、水害隐患排查治理制度、探放水制度、重大水患停产撤人制度以及应急处置制度等。

(3)应配备满足工作需要的防治水专业技术人员,负责日常水文地质工作。建立专门的探放水队伍,配足配齐专职的探放水人员,负责全矿井的探放水工作。

(4)分批分期对全矿职工进行防治水知识的教育和培训,使职工了解做好防治水工作的基本知识,掌握井下透水征兆的有关知识,组织井下职工开展水害应急救援演练,提高职工防治水的技能和抵御水害的能力。

(二)物资保障措施

1.专用探放水设备配备

煤矿必须配备3台以上的探水钻机,并按要求配齐配足钻杆、泥浆泵等配品配件。

2.抗灾排水设备配备

水文地质条件复杂、极复杂或有突水淹井危险的矿井,当井底车场周围未设置防水闸门时,应在正常排水系统的基础上另外安设由地面直接供电控制,且排水能力不小于最大涌水量的潜水电泵。

抗灾排水设备的能力应符合下列规定：

（1）抗灾排水设备的能力不应小于矿井最大涌水量。

（2）抗灾排水设备的能力应以管路淤积时的水泵工况排水量计算，管路淤积所引起的附加阻力系数可取1.7。

（3）抗灾潜水电泵数量不应少于2台，可不设备用和检修泵。

（4）计算抗灾排水设备能力时，如果管路内径不同，阻力损失宜分段计算。

抗灾排水设备的选择应符合下列规定：

（1）应选用高效节能的矿用潜水电泵，潜水电泵应具有全扬程无过载的性能。

（2）潜水电泵配套电动机应能承受额定转速1.2倍的反转转速，且历时2 min而无有害变形。

（3）并联运行于同一趟管路的潜水电泵不应超过2台，且应选用同型号同性能的产品。

3. 防治水物资保障

备齐防治水抢险物资，如水泵、排水钢管、水泥、沙袋等物资，设置防治水专用仓库，并派专人管理。

4. 防治水资金保障

根据矿井水害威胁程度和防治水工程的需要，每年必须安排足够的防治水资金，专款专用，不得挪作他用。

第七章 煤矿爆破安全技术

第一节 爆破工程基础知识

一、爆破工程分级

爆破工程按工程类别、爆破环境复杂程度、一次爆破总药量和爆破物特征,分 A,B,C,D 四个级别,实行分级管理。工程分级如表 7-1 所示。

表 7-1 爆破工程分级一览表

作业范围	分级计量标准	级别			
		A	B	C	D
岩土爆破[a]	一次爆破药量 Q/t	$100 \leqslant Q$	$10 \leqslant Q < 100$	$0.5 \leqslant Q < 10$	$Q < 0.5$
拆除爆破	高度 H[b]/m	$50 \leqslant H$	$30 \leqslant H < 50$	$20 \leqslant H < 30$	$H < 20$
	一次爆破药量 Q[c]/t	$0.5 \leqslant Q$	$0.2 \leqslant Q < 0.5$	$0.05 \leqslant Q < 0.2$	$Q < 0.05$
特种爆破[d]	单张复合板使用药量 Q/t	$0.4 \leqslant Q$	$0.2 \leqslant Q < 0.4$	$Q < 0.2$	—

注:a——表中药量对应的级别指露天深孔爆破。其他岩土爆破相应级别对应的药量系数为地下爆破 0.5;复杂环境深孔爆破 0.25;露天硐室爆破 5.0;地下硐室爆破 2.0;水下钻孔爆破 0.1,水下炸礁及清淤、挤淤爆破 0.2。

b——表中高度对应的级别指楼房、厂房及水塔的拆除爆破;烟囱和冷却塔拆除爆破相应级别对应的高度系数为 2 和 1.5。

c——拆除爆破按一次爆破药量进行分级的工程类别包括桥梁、支撑、基础、地坪、单体结构等;城镇浅孔爆破也按此标准分级;围堰拆除爆破相应级别对应的药量系数为 20。

d——所列其他特种爆破都按 D 级进行分级管理。

二、爆破工程起爆方法

在工程爆破中,必须根据爆破的目的、要求、规模等条件确定合理的起爆方法。起爆技术直接关系到工程爆破的可靠性、爆破效果、质量和爆破作业的安全性。工程爆破的起爆方法可分为火花起爆法、电力起爆法、导爆索起爆法、导爆管起爆法和综合起爆法。

电雷管应使用电力起爆器、动力电、照明电、发电机、蓄电池、干电池起爆。电子雷管应使用配套的专用起爆器起爆。导爆管雷管应使用专用起爆器、雷管或导爆索起爆。导爆索应使用雷管正向起爆。不应使用药包起爆导爆索和导爆管。

专家解读 电雷管分为普通电雷管、煤矿许用电雷管和地震勘探用电雷管。本处电雷管主要指煤矿许用电雷管。

工业炸药应使用雷管或导爆索起爆,没有雷管感度的工业炸药应使用起爆药包或起爆器具起爆。

各种起爆方法均应远距离操作,起爆地点应不受空气冲击波、有害气体和个别飞散物危害。在有瓦斯和粉尘爆炸危险的环境中爆破,应使用煤矿许用起爆器材起爆。在杂散电流大于 30 mA 的工作面或高压线、射频电危险范围内,不应采用普通电雷管起爆。

三、爆破工程专项施工方案

爆破工程应编制专项施工方案,方案应依据有关规定进行安全评估,并报经所在地公安部门批准后,再进行爆破作业。

爆破工程专项施工方案符合性论证上,专项施工方案主要内容应基本完整,主要内容应包括:

(1)工程概况、环境与技术要求。

(2)爆破区地形、地貌、地质条件,被爆体结构、材料及爆破工程量计算。

(3)设计方案选择;爆破参数选择与装药量计算。

(4)装药、填塞和起爆网路设计;爆破安全距离计算。

(5)安全技术与防护措施;施工机具、仪表及器材表。

(6)爆破施工组织;爆破施工应急预案。

爆破工程专项施工方案实质性论证上,专项施工方案主要内容包括:编制依据;工程概况;周边环境条件;设计方案选择;爆破参数及起爆网路设计;爆破安全距离计算;安全技术及防护措施;爆破施工组织;爆破施工应急预案。

其中,爆破安全距离计算应包括爆破振动、拆除爆破落地振动、爆破飞石、爆破冲击波、坍落等影响范围。

根据被爆体周边环境、结构特点,对施工中可能发生的情况逐一加以分析说明,制定具体可行的应急预案;应急预案应包括组织机构、工作布置、救援预案等内容。

实行工程总承包的,由总承包单位建立地面临时爆炸材料库,并负责管理;没有实行工程总承包的,由建设单位建立地面临时爆炸材料库并负责统一管理,或者由建设单位指定一家施工单位负责管理。地面临时性爆炸材料库选址、库容、安全距离、照明、防火措施及附属设施等,必须符合国家有关规定。

专家解读 爆破器材临时储存及修建临时爆破器材库房必须经过公安管理部门的许可,修建临时库应通过安全评价合格的程序要求。

四、爆破作业主要规定

爆破作业是指利用炸药的爆炸能量对介质做功,以达到预定工程目标的作业。而爆破作业环境泛指爆区及其周围影响爆破安全的自然条件、环境状况。

(一)爆破作业环境

爆破前应对爆区周围的自然条件和环境状况进行调查,了解危及安全的不利环境因素,并采取必要的安全防范措施。爆破作业场所有下列情形之一时,不应进行爆破作业:

(1)距工作面20 m 以内的风流中瓦斯含量达到1%或有瓦斯突出征兆的。

(2)爆破会造成巷道涌水、堤坝漏水、河床严重阻塞、泉水变迁的。

(3)岩体有冒顶或边坡滑落危险的。

(4)硐室、炮孔温度异常的。

(5)地下爆破作业区的有害气体浓度超过规定的。

(6)爆破可能危及建(构)筑物、公共设施或人员的安全而无有效防护措施的。

(7)作业通道不安全或堵塞的。

(8)支护规格与支护说明书的规定不符或工作面支护损坏的。

(9)危险区边界未设警戒的。

(10)光线不足且无照明或照明不符合规定的。

(11)未按《爆破安全规程》(GB 6722)的要求做好准备工作的。

应急抢险爆破可以不受《爆破安全规程》(GB 6722)的限制,但应采取安全保障措施并经应急抢险领导人批准。

在有关法规不允许进行常规爆破作业的场合,但又必须进行爆破时,应先与有关部门协调一致,做好安全防护,制定应急预案。

采用电爆网路时,应对高压电、射频电等进行调查,对杂散电流进行测试;发现存在危险,应立即采取预防或排除措施。浅孔爆破应采用湿式凿岩,深孔爆破凿岩机应配收尘设备;在残孔附近钻孔时应避免凿穿残留炮孔,在任何情况下均不许钻残孔。

(二)爆破施工准备

1.施工组织

应建立指挥组织,明确爆破作业及相关人员的分工和职责。A,B级爆破工程,都应成立爆破指挥部,全面指挥和统筹安排爆破工程的各项工作。指挥部应设指挥长1人,副指挥长若干人;指挥长负责指挥部的全面工作并对副指挥长工作进行分工;指挥部应根据需要设置设计施工组、起爆组、警戒组、物资供应组、安全保卫组、安全监测组和后勤组等;指挥部和各职能组的每个成员,都应分工明确,职责清楚,各尽其责。其他爆破应设指挥组或指挥人,指挥组应适应爆破类别、爆破工程等级、周围环境的复杂程度和爆破作业程序的要求,并严格按爆破设计与施工组织计划实施,确保工程安全。

2.施工通告

实施爆破前应发布爆破作业通告,凡须经公安机关审批的爆破作业项目,爆破作业单位应于施工前3天发布通告,并在作业地点张贴,施工通告内容应包括爆破作业项目名称、委托单位、设计施工单位、安全评估单位、安全监理单位、爆破作业时限等。

邻近交通要道的爆破需进行临时交通管制时,应预先申请并至少提前3天由公安交管部门发布爆破施工交通管制通知。

装药前1天应发布爆破通告并在现场张贴,爆破通告内容应包括爆破地点、每次爆破时间、安全警戒范围、警戒标识、起爆信号等。

爆破可能危及供水、供电、供气、排水、通信等线路以及运输交通隧道、输油管线等重要设施时,应事先准备好相应的应急措施,并向有关主管部门报告,做好协调工作并在爆破时通知有关单位到场。

在同一地区同时进行露天、地下、水下爆破作业或几个爆破作业单位平行作业时,应由建设单位组织协商后共同发布施工通告和爆破通告。

3.施工现场清理与准备

爆破工程施工前,应根据爆破设计文件要求和场地条件,对施工场地进行规划,并开展施工现场清理与准备工作。并制定施工安全与施工现场管理的各项规章制度。划定安全警戒范围,在警戒区的边界设立警戒岗哨和警示标志。清理现场,按规定撤离人员和设备。

施工场地规划内容应包括以下几点:

(1)爆破施工区段或爆破作业面划分及其程序编排,爆破与清运交叉循环作业时,应制定相关的安全措施。

（2）现场施工机械配置方案及其安全防护措施。

（3）进出场主通道及各作业面临时通道布置。

（4）夜间施工照明与施工用风、水、电供给系统敷设方案，施工器材、机械维修场地布置。

（5）施工用爆破器材现场临时保管、施工用药包现场制作与临时存放场所安排及其安全保卫措施。

（6）施工现场安全警戒岗哨、避炮防护设施与工地警卫值班设施布置。

（7）施工现场防洪与排水措施。

（8）有碍爆破作业的障碍物或废旧建（构）筑物的拆除与处理方案。

4. 通信联络

爆破指挥部应与爆破施工现场、起爆站、主要警戒哨建立并保持通信联络；不成立指挥部的爆破工程，在爆破组（人）、起爆站和警戒哨间应建立通信联络，保持畅通。通信联络制度、联络方法应由指挥长或指挥组（人）决定。

5. 装药前的施工验收

装药前应对炮孔、硐室、爆炸处理构件逐个进行测量验收，做好记录并保存。对验收不合格的炮孔、硐室、构件，应按设计要求进行施工纠正，或报告爆破技术负责人进行设计修改。凡须经公安机关审批的爆破作业项目施工验收，应有爆破设计人员参加。

（三）爆破器材现场检测与加工

爆破工程使用的炸药、雷管、导爆管、导爆索、电线、起爆器、量测仪表均应作现场检测，检测合格后方可使用。进行爆破器材检测、加工和爆破作业的人员，应穿戴防静电的衣物。在潮湿或有水环境（指炮孔有水、水压爆破、水下爆破情形）中应使用抗水爆破器材或对不抗水爆破器材进行防潮、防水处理。

1. 爆破器材现场检测

在实施爆破作业前，爆破器材现场检测应对所使用的爆破器材进行外观检查；对电雷管进行电阻值测定；对使用的仪表、电线、电源进行必要的性能检验。

爆破器材外观检查项目应包括以下内容：

（1）雷管管体不应变形、破损、锈蚀。

（2）导爆索表面要均匀且无折伤、变形、霉斑、压痕、油污。

（3）导爆管管内无断药，无异物或堵塞，无折伤、油污和穿孔，端头封口良好。

（4）粉状硝铵类炸药不应吸湿结块，乳化炸药和水胶炸药不应破乳或变质。

（5）电线无锈痕，绝缘层无划伤、开绽。

起爆电源及仪表的检验应包括以下内容：

（1）起爆器的充电电压、外壳绝缘性能。

（2）采用交流电起爆时，应测定交流电压，并检查开关、电源及输电线路是否合格。

（3）各种连接线、区域线、主线的材质、规格、电阻值和绝缘性能。

（4）爆破专用电桥、欧姆表和导通器的输出电流及绝缘性能。

A，B 级爆破工程检测及试验项目还应包括炸药的殉爆距离、延时雷管的延时时间、起爆网路连接方式的传爆可靠性试验。

2. 起爆器材加工

起爆器或起爆电源、起爆发电机等均属于现场起爆设备。

加工起爆药包和起爆药柱,应在指定的安全地点进行,加工数量不应超过当班爆破作业用量。切割导爆索应使用锋利刀具,不得使用剪刀剪切。

在水孔中使用的起爆药包,孔内不得有电线、导爆管和导爆索接头。当采用孔(硐)内延时爆破时,应在起爆药包引出孔(硐)外的电线和导爆管上标明雷管段别和延时时间。

3. 起爆网路

多药包起爆应连接成电力起爆(电爆)网路、导爆管网路、导爆索网路、混合网路或数码电子雷管网路起爆。起爆网路连接工作应由工作面向起爆站依次进行。

各种起爆网路均应使用合格的器材。起爆网路连接应严格按设计要求进行。在可能对起爆网路造成损害的部位,应采取保护措施。敷设起爆网路应由有经验的爆破员或爆破技术人员实施,并实行双人作业制。

起爆网路敷设应符合下列规定:

(1)敷设网路前应先清理场地,检查爆破器材是否丢失。

(2)起爆网路的连接应在全部炮孔装填完毕、无关人员全部撤离后方可实施。

(3)起爆线路连接应从爆破现场向起爆站逐孔进行。连接中应防止出现交叉、旋转型连接。

(4)起爆网路敷设时应由有经验的爆破员或爆破技术人员实施双人作业制。

(5)敷设的起爆网路线路不宜拉得过紧,应留有一定的伸缩量。

(6)连接网路时,应擦净手上油污、泥土和药粉。

(7)网路敷设完成后应及时进行检查或导通,检查所有线路完好后应立即将爆区封闭,禁止人员入内,并应向有关人员汇报网路敷设情况。

(8)遇雷电时应立即停止网路敷设,所有人员应立即撤离危险区,并应在安全边界上派出警戒人员,防止人员、车辆误入。

针对电力起爆,同一电力起爆网路应使用同厂、同型号、同批次的电雷管,各雷管间电阻差值不应大于产品说明书的规定(康铜桥丝电雷管的电阻值差不应超过 $0.3\ \Omega$,镍铬桥丝电雷管的电阻值差不应超过 $0.8\ \Omega$)。对表面有压痕、锈蚀、裂缝,脚线绝缘损坏、锈蚀,封口塞松动和脱出的电雷管严禁使用。检测电雷管和电爆网路电阻时,必须使用专用的爆破仪表,其工作电流值不应大于 $30\ mA$。电爆网路应采用绝缘电线,其绝缘性能、线芯截面积应符合爆破设计要求,使用前应进行电阻和绝缘检测。起爆后应立即切断电源,并将主线短路。使用瞬发电雷管起爆时应在切断电源后再保持短路 $5\ min$ 后再进入现场检查;采用延期电雷管时,应在切断电源后再保持短路 $15\ min$ 后进入现场检查。

针对导爆索起爆,起爆导爆索网路应使用双发雷管,临近城镇的矿区或对冲击波敏感的爆破环境,严禁采用裸露导爆索传爆网路。导爆索网路应采用平行搭接、扭结或三角形连接等连接方法。露天爆破中使用的导爆索应采取沙包覆盖等防护措施。

针对导爆管起爆,用于同一起爆网路的导爆管应选用同厂、同型号、同批次产品。敷设导爆管网路时,不得将导爆管拉紧、对折或打结,炮孔内不得有接头。敷设网路后还有其他工序进行时,应采用一定强度的软材料在导爆管的上下进行覆盖或套护。导爆管表面有损伤或管内有杂物者,不得使用。使用导爆索起爆导爆管网路时,应采用直角连接方式。采用雷管激发或传爆导爆管网路时,宜采用反向连接方式。采用导爆管网路进行孔外延时传爆时,其延长时间必须保证前一段网路引爆后,不破坏相邻或后续各段网路。爆后应从外向内、从干线至支线进行检查,发现拒爆按规定处置。

雷雨天禁止任何露天起爆网路连接作业,正在实施的起爆网路连接作业应立即停止,人员迅速藏至安全地点。

(四)装药

1. 装药基本要求

爆破作业人员应按爆破设计进行装药,当需调整时,应征得现场技术负责人员同意并作好变更记录。在装药和填塞过程中,应保护好爆破网线;当发生装药阻塞,严禁用金属杆(管)捣捅药包。爆前应进行网路检查,在确认无误的情况下再起爆。

装药前应对作业场地、爆破器材堆放场地进行清理,装药人员应对准备装药的全部炮孔、药室进行检查。

炸药运入警戒区后,应迅速分发到各装药孔口或装药硐口,不应在警戒区临时集中堆放大量炸药,不得将起爆器材、起爆药包和炸药混合堆放。在铵油、重铵油炸药与导爆索直接接触的情况下,应采取隔油措施或采用耐油型导爆索。

在黄昏或夜间等能见度差的条件下,不宜进行露天及水下爆破的装药工作,如确需进行装药作业时,应有足够的照明设施保证作业安全。爆破装药现场不得用明火照明。爆破装药用电灯照明时,在装药警戒区 20 m 以外可装 220 V 的照明器材,在作业现场或硐室内应使用电压不高于 36 V 的照明器材。

从带有电雷管的起爆药包或起爆体进入装药警戒区开始,装药警戒区内应停电,应采用安全蓄电池灯、安全灯或绝缘手电筒照明。

各种爆破作业都应按设计药量装药并做好装药原始记录。记录应包括装药基本情况、出现的问题及其处理措施。

2. 人工装药

人工搬运爆破器材时应遵守相关规定,起爆体、起爆药包应由爆破员携带、运送。

爆破作业人员必须按设计装药,不得擅自改变爆破参数;使用金属杆(管)捣捅药包会产生静电、火花或机械冲击力大等现象,容易造成火工品早爆,特别是带有雷管的药包。

炮孔装药应使用木质或竹制炮棍。不应往孔内投掷起爆药包和敏感度高的炸药,起爆药包装入后应采取有效措施,防止后续药卷直接冲击起爆药包。

在装药过程中,不得拔出或硬拉起爆药包中的导爆管、导爆索和电雷管引出线。装药发生卡塞时,若在雷管和起爆药包放入之前,可用非金属长杆处理。装入雷管或起爆药包后,不得用任何工具冲击、挤压。

3. 机械装药

现场混装多孔粒状铵油炸药装药车应符合下列要求:

(1)料箱和输料螺旋应采用耐腐蚀的金属材料,车体应有良好的接地。

(2)输药软管应使用专用半导体材料软管,钢丝与厢体的连接应牢固。

(3)装药车整个系统的接地电阻值不得大于 $1 \times 10^5 \ \Omega$。

(4)输药螺旋与管道之间应有一定的间隙,不应与壳体相摩擦。

(5)发动机排气管应安装消焰装置,排气管与油箱、轮胎应保持适当的距离。

(6)应配备灭火装置和有效的防静电接地装置。

(7)制备炸药的原材料时,装药车制药系统应能自动停车。

现场混装乳化炸药装药车应符合下列要求:

(1)料箱和输料部分的材料应采用防腐材料。

(2)输药软管应采用带钢丝棉织塑料或橡胶软管。

(3)排气管应安装消焰装置,排气管与油箱、轮胎应保持适当的距离。

（4）清洗系统应能保证有效地清理管道中的余料和积污。

（5）车上应设有灭火装置和有效的防静电接地装置。

（6）应具有出现原材料缺项、螺杆泵空转、螺杆泵超压等情况下自动停车等功能。

（7）输药螺旋与管道之间应有足够的间隙并不应与壳体相摩擦。

对于小孔径炮孔爆破使用的装药器，其罐体应使用耐腐蚀的导电材料制作；输药软管应采用专用半导体材料软管；整个系统的接地电阻不应大于 $1 \times 10^5 \ \Omega$。

采用装药车、装药器装药时，输药风压不应超过额定风压的上限值；装药车和装药器应保持良好接地；拔管速度应均匀，并控制在 0.5 m/s 以内；返用的炸药应过筛，不得有石块和其他杂物混入。

4. 压气装药孔底起爆

压气装药孔底起爆应使用经安全性试验合格的起爆器材或采用孔底起爆具；孔底起爆具应在现场装入导爆管、雷管和炸药，导爆管应放在装置的槽内，并用胶布固定在装置尾端。炸药的感度和威力均不应小于 2#粉状乳化炸药，装药密度应大于 0.95 g/cm³。

孔底起爆具应符合以下要求：

（1）通过激波管试验，能承受 6×10^5 Pa 的空气冲击波入射超压。

（2）在锤重 2 kg、落高 1.5 m 的卡斯特落锤试验中不损坏。

（3）对导爆管应有保护措施。

（4）能起爆孔底起爆具以外的炸药。

（5）每年至少检测一次。

压气装药安全性技术指标应符合以下要求：

（1）装药器符合相关规定。

（2）现场装药空气相对湿度不小于80%。

（3）装药器的工作压力不大于 6×10^5 Pa。

（4）炮孔内静电电压不应超过 1 500 V，在炸药和输药管类型改变后应重新测定静电电压。

5. 现场混装炸药车装药

混装炸药车上料前应对计量控制系统进行检测标定，配料仓不应有其他杂物；上料时不应超过规定的物料量；上料后应检查输药软管是否畅通。

混装炸药车行驶速度不应超过 40 km/h，扬尘、起雾、暴风雨等能见度差时速度减半；在平坦道路上行驶时，两车距离不应小于 50 m；上山或下山时，两车距离不应小于 200 m。

装药前，应先将起爆药柱、雷管和导爆索按设计要求加工并按设计要求装入炮孔内。混装炸药车行车时严禁压坏、刮坏、碰坏爆破器材；应对炸药密度进行检测，检测合格后方可进行装药；应对前排炮孔的岩性及抵抗线变化进行逐孔校核，设计参数变化较大的，应及时调整设计后再进行装药。

采用输药软管方式输送混装炸药时，对干孔应将输药软管末端送至孔口填塞段以下 0.5 ~ 1 m 处；对水孔应将输药软管末端下至孔底，并根据装药速度缓缓提升输药软管。

混装乳化炸药装药至最后一个炮孔时，应将软管中剩余炸药装入炮孔中，装药完毕将软管内残留炸药清理干净。装药完毕 10 min 后，经检查合格后才可进行填塞，应测量填塞段长度是否符合爆破设计要求。

现场混制装填炸药时，炮孔内导爆索、导爆管雷管、起爆具等起爆器材的性能除应满足国家标准要求外，还应满足耐水、耐温、耐拉、耐油等现场作业要求；严禁电雷管直接入孔。

6. 预装药

进行预装药作业,应制定安全作业细则并经爆破技术负责人审批。预装药爆区应设专人看管,并作醒目警示标识,无关人员和车辆不得进入预装药爆区。

雷雨天气露天爆破不得进行预装药作业。高温、高硫区不得进行预装药作业。

预装药所使用的雷管、导爆管、导爆索、起爆药柱等起爆器材应具有防水防腐性能。

正在钻进的炮孔和预装药炮孔之间,应有 10 m 以上的安全隔离区。预装药炮孔应在当班进行填塞,填塞后应注意观察炮孔内装药高度的变化。

如采用电力起爆网路,由炮孔引出的起爆导线应短路,如采用导爆管起爆网路,导爆管端口应可靠密封,预装药期间不得连接起爆网路。

(五)填塞

硐室、深孔和浅孔爆破装药后都应进行填塞,禁止使用无填塞爆破。填塞炮孔的炮泥中不得混有石块和易燃材料,水下炮孔可用碎石渣填塞。分段装药间隔填塞的炮孔,应按设计要求的间隔填塞位置和长度进行填塞。

用水袋填塞时,孔口应用不小于 0.15 m 的炮泥将炮孔填满堵严。水平孔和上向孔填塞时,不得紧靠起爆药包或起爆药柱楔入木楔。

发现有填塞物卡孔应及时进行处理(可用非金属杆或高压风处理)。填塞作业应避免夹扁、挤压和拉扯导爆管、导爆索,并应保护电雷管引出线。

深孔机械填塞工作中当填塞物潮湿、黏性较大或表面冻结时,应采取措施防止将大块装入孔内;填塞水孔时,应放慢填塞速度,让水排出孔外,避免产生悬料。

(六)爆破警戒和信号

1. 爆破警戒

装药警戒范围由爆破技术负责人确定;装药时应在警戒区边界设置明显标识并派出岗哨。爆破警戒范围由设计确定;在危险区边界,应设有明显标识,并派出岗哨。执行警戒任务的人员,应按指令到达指定地点并坚守工作岗位。

2. 信号

预警信号:该信号发出后爆破警戒范围内开始清场工作。

起爆信号:起爆信号应在确认人员全部撤离爆破警戒区,所有警戒人员到位,具备安全起爆条件时发出。起爆信号发出后现场指挥应再次确认达到安全起爆条件,然后下令起爆。

解除信号:安全等待时间过后,检查人员进入爆破警戒范围内检查、确认安全后,报请现场指挥同意,方可发出解除警戒信号。在此之前,岗哨不得撤离,不允许非检查人员进入爆破警戒范围。

各类信号均应使爆破警戒区域及附近人员能清楚地听到或看到。

(七)爆后检查

1. 爆后检查等待时间

露天浅孔、深孔、特种爆破,爆后应超过 5 min 方准许检查人员进入爆破作业地点;如不能确认有无盲炮,应经 15 min 后才能进入爆区检查。露天爆破经检查确认爆破点安全后,经当班爆破班长同意,方准许作业人员进入爆区。地下工程爆破后,经通风除尘排烟确认井下空气合格、等待时间超过 15 min 后,方准许检查人员进入爆破作业地点。硐室爆破、水下深孔爆破及本标准未规定的其他爆破作业,爆后检查的等待时间由设计确定。

2.爆后检查内容

爆后检查必须首先检查盲炮,是否有未爆的火工品;露天爆破爆堆是否稳定,有无危坡、危石、危墙、危房及未炸倒的建(构)筑物;地下爆破有无瓦斯及地下水突出、有无冒顶、危岩,支撑是否破坏,有害气体是否排除;在爆破警戒区内公用设施及重点保护建(构)筑物安全情况。

3.检查人员

A,B级及复杂环境的爆破工程,爆后检查工作应由现场技术负责人、起爆组长和有经验的爆破员,安全员组成检查小组实施。其他爆破工程的爆后检查工作由安全员、爆破员共同实施。

4.检查发现问题的处置

检查人员发现盲炮或怀疑盲炮,应向爆破负责人报告后组织进一步检查和处理;发现其他不安全因素应及时排查处理;在上述情况下,不得发出解除警戒信号,经现场指挥同意,可缩小警戒范围。发现残余爆破器材应收集上缴,集中销毁。发现爆破作业对周边建(构)筑物、公用设施造成安全威胁时,应及时组织抢险、治理,排除安全隐患。

对影响范围不大的险情,可以进行局部封锁处理,解除爆破警戒。

(八)爆破有害效应监测

爆破有害效应是指爆破时对爆区附近保护对象可能产生的有害影响。如爆破引起的振动、个别飞散物、空气冲击波、噪声、水中冲击波、动水压力、涌浪、粉尘、有毒气体等。

D级以上爆破以及可能引起纠纷的爆破,均应进行爆破有害效应监测。监测项目由设计和安全评估单位提出,监理单位监督实施。

监测项目涉及爆破振动、空气或水中冲击波、动水压力、涌浪、爆破噪声、飞散物、有害气体、瓦斯以及可能引起次生灾害的危险源。

监测单位应经有关部门认证具有法定资质,所使用的测试系统应满足国家计量法规的要求。

监测报告内容应包括:监测目的和方法、测点布置、测试系统的标定结果、实测波形图及其处理方法、各种实测数据、判定标准和判定结论。

重复爆破的监测项目,应在每次爆破后及时提交监测简报。爆破有害效应监测单位,不应作为本单位承担爆破工程仲裁的监测方。

爆破振动监测分析成果宜包括下列内容:

(1)爆破监测质点振动速度、加速度历时曲线。

(2)微震监测速度、加速度历时曲线。

(3)其他图表。

煤矿边坡监测时,爆破振动监测传感器的安装应与被监测边坡之间刚性黏结,并应使传感器的定位方向与所测量的振动方向一致。传感器固定可采用下列方法:

(1)被监测边坡为坚硬岩石时,宜采用环氧砂浆、环氧树脂胶、石膏或其他高强度黏合剂将传感器固定在坚硬岩石表面。

(2)被监测边坡为土体时,可先将表面松散土体夯实,再将传感器埋入夯实的土体之中,并使传感器与土体紧密接触。

(3)当需在边坡体的钻孔中设置爆破监测点时,应在钻孔中预埋传感器并填充水泥砂浆,使传感器轴线垂直于边坡坡面。

(4)传感器电缆应连接可靠、放置平稳,电缆接头的绝缘、屏蔽效果要保持完好。

爆破振动有害效应测试系统应由县级以上计量行政部门所属或者授权的计量检定机构定期标定,并将校核标定和测试信息、测试仪器设备标识信息输入中国爆破网信息管理系统,同时利用中国爆破网信息管理系统进行远程校核标定与数据处理。

第二节　露天爆破工程

一、露天爆破技术标准

露天爆破是指在地表进行的岩土爆破作业。露天浅孔台阶爆破与露天深孔台阶爆破,二者基本原理是相同的,工作面都是以台阶的形式向前推进,不同点仅仅是前者孔径、孔深比较小,爆破规模比较小。

(一)露天深孔台阶爆破相关技术标准

1.露天深孔台阶爆破的原则

露天台阶深孔爆破必须在满足各种开挖工程技术要求的同时,提高爆破质量,改善爆破的技术经济指标,降低工程的总成本。

提高爆破质量就是一方面要破碎充分,爆破块度符合工程要求,基本上无不合规格的大块,爆堆集中但不致太高且具有一定的松散度,便于高效率铲装;另一方面要最大限度地降低爆破危害,减少后冲、后裂和侧裂。

改善爆破的技术经济指标是指提高延米爆破量,降低炸药单耗,在保证爆破质量的前提下,使铲装、运输、机械破碎以及边坡支护等后续工序发挥高效率,降低工程的综合成本。

2.台阶要素

深孔爆破的台阶要素如图7-1所示。图中 H 为台阶高度;W_d 为前排钻孔的底盘抵抗线,是自炮孔中心至坡底线的最短距离;L 为钻孔深度;l_a 为装药长度;l_d 为堵塞长度;h 为超深;α 为台阶坡面角;a 为孔距;B 为在台阶面上从钻孔中心至坡顶线的安全距离。为了达到良好的爆破效果,必须正确确定上述各项台阶要素。

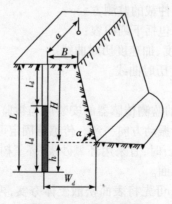

图7-1　台阶要素图

3.钻孔形式

露天深孔爆破的钻孔形式一般为垂直钻孔和倾斜钻孔两种(如图7-2所示)。只在个别情况下采用水平钻孔。

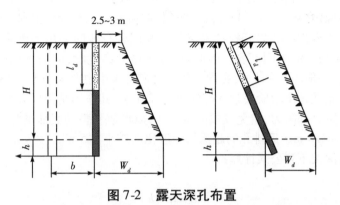

图 7-2 露天深孔布置

H – 台阶高度；h – 超深；W_d – 底盘抵抗线；l_d – 堵塞长度；b – 排距

4. 炮孔布置形式

深孔台阶平面炮孔布置方式分为单排布孔和多排布孔两种。多排布孔又分为方形、矩形及三角形(梅花形)三种(如图 7-3 所示)。方形布孔具有相等的孔间距和抵抗线，各排中对应炮孔呈竖直线排列。矩形布孔的抵抗线比孔间距小，各排中对应炮孔同样呈竖直线排列。

三角形布孔时可以取抵抗线和孔间距相等，也可以取抵抗线小于孔间距，后者更为常用。为使爆区两端的边界获得均匀整齐的岩石面，三角形排列常常需要补孔。

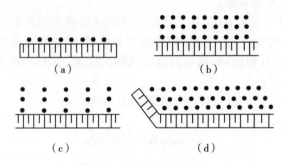

图 7-3 深孔布置方式

(a)单排布孔；(b)方形布孔；(c)矩形布孔；(d)三角形布孔

5. 露天深孔台阶爆破参数

露天深孔台阶爆破参数包括：孔径、孔深、超深、底盘抵抗线、孔距、排距、堵塞长度和单位岩石炸药消耗量等。

露天台阶深孔爆破的孔径主要取决于钻机类型、台阶高度、岩石性质和爆破要求。当采用潜孔钻机时，孔径通常为 100 ~ 200 mm。采用牙轮钻机或钢绳冲击式钻机时，孔径为 250 ~ 310 mm，也有的达 500 mm 大直径钻孔。通常，钻机型号确定后，其钻孔直径已固定下来，国内常用的深孔直径有 100 mm、150 mm、170 mm、200 mm、250 mm、310 mm 多种。

孔深由台阶高度和超深确定。在实际施工中，钻孔内岩碴排不完，因此会出现钻孔深度与爆破实际孔深不一致的现象。在施工中,要尽量让孔深达到要求,以防出现根底。但是在设计中应充分考虑钻孔深度与爆破实际孔深的关系。

台阶高度的确定应考虑为钻孔、爆破和铲装创造安全和高效率的作业条件,它主要取决于挖掘机的铲斗容积和矿岩开挖技术条件。我国各行业间采用的台阶高度相差较大,主要随钻机、铲装设备的不同而异。因此,在确定台阶高度时,应把机械设备的安全高效作业放在第一位,一般为 8 ~ 15 m,在国内的金属矿开采中也有采用 15 ~ 18 m 高台阶的。

超深 h 是指钻孔超出台阶底盘标高的那一段孔深,其作用是降低装药中心的位置,以便有效地克服台阶底部阻力,避免或减少留根底,以形成平整的底部平盘。国内矿山的超深值一般为 0.5 ~ 3.6 m。后排孔的超深值一般比前排小 0.5 m。

垂直深孔孔深按下列公式计算:

$$L = H + h$$

倾斜深孔孔深按下列公式计算:

$$L = H/\sin\alpha + h$$

孔距(a)是指同一排深孔中相邻两钻孔中心线间的距离。孔距按下式计算:

$$a = mW_d$$

式中:m——炮孔密集系数。

密集系数 m 值通常大于 1.0。在宽孔距小抵抗线爆破中则为 2 ~ 3 或更大。但是第一排孔往往由于底盘抵抗线过大,应选用较小的密集系数,以克服底盘的阻力。

排距(b)是指多排孔爆破时,相邻两排钻孔间的距离,它与孔网布置和起爆顺序等因素有关。计算方法如下:

(1)采用等边三角形布孔时,排距与孔距的关系为:

$$b = a\sin 60° = 0.866a$$

式中:b——排距(m)。
     a——孔距(m)。

(2)多排孔爆破时,孔距和排距是一个相关的参数。在给定的孔径条件下,每个孔都有一个合理的负担面积,即:

$$S = ab$$
$$b = \sqrt{S/m}$$

式中符号含义同前。式 $b = \sqrt{S/m}$ 表明,当合理的钻孔负担面积 S 和炮孔密集系数 m 已知时,即可求出排距 b。

单排孔爆破或多排孔爆破的第一排孔的每孔装药量按下式计算：

$$Q = qaW_dH$$

式中：q——单位岩石炸药消耗量（kg/m^3）。

　　　a——孔距（m）。

　　　H——台阶高度（m）。

　　　W_d——底盘抵抗线（m）。

多排孔爆破时，从第二排孔起，以后各排孔的每孔装药量按下式计算：

$$Q = kqabH$$

式中：k——考虑受前面各排孔的矿岩阻力作用的增加系数，$k = 1.1 \sim 1.2$。

　　　b——排距（m）。

（二）露天浅孔台阶爆破相关技术标准

1. 炮孔布置

浅孔台阶爆破的炮孔排列分为单排孔和多排孔。其中，单排孔多用于一次爆破量较小的爆破。多排孔又可分为平行排列和交错排列（如图 7-4 所示）。

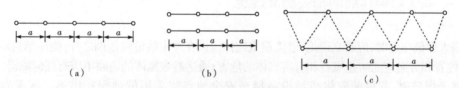

图 7-4　侧向宽孔距布孔

（a）单排孔；（b）多排孔平行排列；（c）多排孔交错排列

2. 露天浅孔台阶爆破参数

爆破参数应根据施工现场的具体条件和类似工程的成功经验选取，并通过实践经验修正，以获取最佳参数值。

（1）炮孔直径（d）。由于采用浅孔凿岩设备，孔径多为 36～42 mm，药卷直径为 32 mm 或 35 mm。

（2）炮孔深度。炮孔深度的计算公式如下：

$$L = H + h$$

式中：L——炮孔深度（m）。

　　　H——台阶高度（m）。

　　　h——超深（m）。

浅孔台阶爆破的台阶高度 H 一般不超过 5 m。超深 h 一般取台阶高度的 10% ～ 15%，超深的计算公式如下：

$$h = (0.10 \sim 0.15)H$$

如果台阶底部辅以倾斜炮孔,台阶高度可适当增加。

(3)炮孔间距(a)。其计算公式如下:

$$a = (1.0 \sim 2.0)W_d$$

或者

$$a = (0.5 \sim 1.0)L$$

(4)底盘抵抗线 W_d。其计算公式如下:

$$W_d = (0.4 \sim 1.0)H$$

在坚硬难爆的岩石中,或台阶高度较高时,计算时应取较小的系数。

与深孔台阶爆破的单位岩石炸药消耗量相比,浅孔台阶爆破的单耗值应大一些。

二、露天爆破作业的相关标准规定

(一)一般规定

露天爆破作业时,应建立避炮掩体,避炮掩体应设在冲击波危险范围之外;掩体结构应坚固紧密,位置和方向应能防止飞石和有害气体的危害;通达避炮掩体的道路不应有任何障碍。

露天爆破时,起爆前应将机械设备撤至安全地点或采用就地保护措施。露天岩土爆破严禁采用裸露药包。在寒冷地区的冬季实施爆破,应采用抗冻爆破器材。

雷雨天气、多雷地区和附近有通信机站等射频源时,进行露天爆破不应采用普通电雷管起爆网路。

松软岩土或砂矿床爆破后,应在爆区设置明显标识,发现空穴、陷坑时应进行安全检查,确认无危险后,方准许恢复作业。

硐室爆破爆堆开挖作业遇到未松动地段时,应对药室中心线及标高进行标示,确认是否有硐室盲炮。

当怀疑有盲炮时,应设置明显标识并对爆后挖运作业进行监督和指挥,防止挖掘机盲目作业引发爆炸事故。

爆破作业时应保证足够的视距。在天气及气候条件不正常或变化比较大时,爆破作业容易出现准备不充分或慌乱等情形,视距不足会造成警戒困难。

(二)浅孔爆破相关规定

浅孔爆破台阶高度不宜超过 5 m,孔径宜在 50 mm 以内,底盘抵抗线宜为 30 ~ 40 倍的孔径,炮孔间距宜为底盘抵抗线的 1.0 ~ 1.25 倍。

在台阶形成之前进行爆破应加大填塞长度和警戒范围。

浅孔爆破堵塞长度宜为炮孔最小抵抗线的 0.8 ~ 1.0 倍,夹制作用较大的岩石宜为最小抵抗线的 1.0 ~ 1.25 倍。

浅孔爆破应避免最小抵抗线与炮孔孔口在同一方向,并避免指向重要建(构)筑物。孔深小于 0.5 m 的岩土爆破,应采用倾斜孔,倾角宜为 45°~75°。

装填的炮孔数量,应以一次爆破为限。破碎大块时,单位炸药消耗量应控制在 150 g/m³ 以内,应采用齐发爆破或短延时毫秒爆破。

(三)深孔爆破相关规定

验孔时,应将孔口周围 0.5 m 范围内的碎石、杂物清除干净,孔口岩壁不稳者,应进行维护。

深孔验收应满足下列标准:

(1)孔深允许误差 ±0.2 m,间排距允许误差 ±0.2 m,偏斜度允许误差 2%。

(2)发现不合格钻孔应及时处理,未达验收标准不得装药。

爆破工程技术人员在装药前应对第一排各钻孔的最小抵抗线进行测定,底盘抵抗线应依据岩石性质、炮孔深度、炸药性能、起爆形式经过计算或试爆确定,宜为炮孔直径的 30~40 倍。对形成反坡或有大裂隙的部位应考虑调整药量或间隔填塞,底盘抵抗线过大的部位,应进行处理,使其符合爆破要求。孔口抵抗线过小者,应适当加大填塞长度。

采用两排及以上炮孔爆破时,炮孔间距宜为底盘抵抗线的 1.0~1.25 倍。爆破员应按爆破技术设计的规定进行操作,不得自行增减药量或改变填塞长度;如确需调整,应征得现场爆破工程技术人员同意并做好变更记录。

露天深孔爆破应采用台阶爆破,在台阶形成之前进行爆破时应加大警戒范围;台阶高度依据地质情况、开挖条件、钻孔机械、装载设备匹配及经济合理等因素确定,宜为 8 m~15 m;台阶爆破初期应采取自上面下分层爆破形成台阶,如需进行双层或多层同时爆破,应有可靠的安全措施。

炮孔装药后应进行堵塞,堵塞长度宜为 30~40 倍的孔径。装药过程中发现炮孔可容纳药量与设计装药量不符时,应及时报告,由爆破工程技术人员检查校核处理。装药结束后,应进行检查验收,验收合格后再进行填塞和联网作业。

装药过程中出现阻塞、卡孔等现象时,应停止装药并及时疏通,如已装入雷管或起爆药包,不得强行疏通,应保护好雷管或起爆药包,报告爆破工程技术人员采取补救措施。高台阶抛掷爆破应与预裂爆破结合使用。

深孔爆破使用空气间隔器时,应确保空气间隔器与使用环境要求相匹配,使用前应进行空气间隔器充气速度测试和负荷试验;使用时不应损伤空气间隔器外防护层。

第三节　边坡控制爆破工程

一、边坡控制爆破工程技术

边坡控制爆破宜采用预裂爆破和光面爆破。

(一)预裂爆破

预裂爆破应符合下列规定:

(1)需要设置隔振带的开挖区,边坡开挖宜采取预裂爆破。

(2)预裂爆破的炮孔应沿设计开挖边界布置,炮孔倾斜角度应与设计边坡坡度一致,炮孔底应处在同一高程。

(3)炮孔直径根据台阶高度、地质条件和钻机设备确定。

(4)炮孔超钻深度宜为 0.5~2.0 m,坚硬岩石宜取大值,反之宜取小值。

(5)炮孔深度 L 应按下式进行计算。

$$L = (H + h)/\sin\alpha$$

式中:α——边坡坡度角(°),即钻孔角度。

H——台阶高度(m)。

h——炮孔超深(m)。

(6)孔距 a_y 与岩石性质和孔径有关,宜按 8~12 倍的孔径选取。

(7)预裂爆破的炮孔线装药密度 q_y 和单孔装药量 Q_y 应按下列公式进行计算。

$$q_y = k_y \cdot a_y$$
$$Q_y = q_y \cdot L$$

式中:k_y——预裂爆破的单位面积岩石炸药消耗量(g/m^2),可根据不同岩性的经验值选取。

(8)预裂炮孔与主炮孔之间应有一定的距离,该距离与主炮孔药包直径及单段最大药量有关,可根据经验值选取;预裂炮孔的布孔界限应超出主体爆破区、宜向主体爆破区两侧各延伸 5~10 m;预裂爆破隔振时,预裂炮孔应比主炮孔深;预裂炮孔和主体炮孔同次起爆时,预裂炮孔应在主体炮孔前起爆,超前时间不宜小于 75 ms。

(二)光面爆破

光面炮孔宜与主体炮孔分段延时起爆,也可预留光爆层在主体爆破后独立起爆。光面炮孔应沿设计开挖边界布置,炮孔倾斜角度应与设计边坡坡度一致,炮孔底应处在同一高程。

炮孔直径根据光面爆破的台阶高度、地质条件和钻孔设备确定。炮孔超深宜为 300~1 500 mm。

光面爆破的孔网参数可参考下列经验数据,也可通过实验确定。最小抵抗线 W_g 宜为 15~20 倍的孔径;孔距 a_g 宜为 0.6~0.8 倍最小抵抗线或按 10~16 倍的孔径确定。

炮孔深度 L 可按下式计算得出:

$$L = (H + h)/\sin\alpha$$

式中:α——边坡坡度角(°),即钻孔角度。

H——台阶高度(m)。

h——钻孔超深(m)。

光面爆破的炮孔线装药密度 q_g 应按下式确定:

$$q_g = k_g a_g W_g$$

式中:k_g——光面爆破的单位体积岩石炸药消耗量(g/m^3),可根据不同岩性的经验值选取。

光面爆破单孔装药量 Q_g 按下式计算：

$$Q_g = q_g \cdot L$$

光面炮孔与主体炮孔同次爆破时，光面炮孔应滞后相邻主炮孔起爆，滞后时间宜为 $50 \sim 150$ ms。

3. 光面、预裂爆破装药结构设计

光面、预裂爆破装药结构设计应符合下列规定：

（1）光面、预裂爆破的炮孔均应采用不耦合装药，不耦合系数宜为 $2 \sim 5$。

（2）光面、预裂爆破宜采用普通药卷和导爆索制成药串进行间隔装药，也可用光面、预裂爆破专用药卷进行连续装药。

（3）光面、预裂爆破炮孔的装药结构宜分为底部加强装药段、正常装药段和上部减弱装药段。减弱装药段长度宜为加强段长段的 $1 \sim 4$ 倍。

光面、预裂爆破起爆网路宜用导爆索连接，组成同时起爆或多组接力分段起爆网路。当环境不允许时可用相应段别的电雷管或非电导爆管雷管直接绑入孔内导爆索或药串上起爆。

4. 光面、预裂爆破钻孔

光面、预裂爆破钻孔的要求应符合下列规定：

（1）钻孔前做好测量放线，标明孔口位置和孔底标高。

（2）钻孔深度误差不应超过 $\pm 2.5\%$ 的炮孔设计深度。

（3）孔口偏差不应超过 1 倍炮孔直径。

（4）炮孔方向偏斜不应超过设计方向的 $1°$。

（5）钻孔完毕应进行验孔，检查是否符合设计要求并做好记录和孔口保护，不合格的炮孔应在设计人员指导下重新钻孔。

5. 光面、预裂爆破质量

光面、预裂爆破的质量应符合下列规定：

（1）岩面半孔率，依据岩性不同宜为：硬岩（Ⅰ，Ⅱ）$\eta \geqslant 80\%$；中硬岩石（Ⅲ）$\eta \geqslant 50\%$；软岩（Ⅳ，Ⅴ）$\eta \geqslant 20\%$；（其中，$\eta = \sum l_0 / \sum L_0$，$\sum l_0$ 为检验区域残留炮孔长度总和，$\sum L_0$ 为检验区域炮孔长度总和）。

（2）预裂爆破后，裂缝应按孔的中心线贯穿，深度达到孔底，预裂缝宽度一般为 $5 \sim 20$ mm。

（3）壁面应平顺，壁面平整度宜为 ± 150 mm。

二、爆破工程验收

爆破工程验收资料应包括爆破工程设计、施工专项方案及评审报告、爆破工程监测方案、监测报告及监控记录。过程控制资料包括施工日志、效果分析、技术经济指标及其他过程监测资料等。

爆破工程设计方案，应包括下列内容：

（1）布孔方式和布孔参数。

（2）药包直径和装药结构。

（3）炸药品种和相应的单位炸药消耗量。

(4)起爆方法、起爆顺序与延期时间。

(5)非正规台阶的爆破方法和爆破参数。

(6)允许最大单段起爆药量。

(7)起爆网络连接方式。

监测报告应包括下列内容：

(1)监测时间、地点、部位、监测人员、监测目的与内容。

(2)监测数据应包括监测环境平面图、监测指标和爆破参数。

(3)结果分析与建议。

进行第三方监控时,监控单位应将监测结果在规定时间内报告相关部门。依据监测频度的不同,宜以快报、日报、周报、旬报或月报等形式发送报告。有特殊要求时,应对监测成果进行必要的分析与评价。

第四节　地下爆破工程

一、地下爆破基础知识

地下爆破是指在地下(如地下矿山,地下硐室,隧道等)进行的岩土爆破作业。常用的地下工程爆破包括井巷掘进爆破、隧道掘进爆破以及地下采场爆破、地下深孔挤压爆破。

(一)巷道掘进爆破

巷道掘进一般采用浅孔爆破(炮孔爆破),井巷掘进爆破不同于台阶爆破,其特点是自由面一般只有 1 个,而且狭小,炮孔侧面没有自由面,四周岩体对岩石破碎有约束作用(夹制作用)。作业空间狭小,爆破作业受限制。因此,应在有限的自由面上合理地布置炮孔及起爆顺序。井巷掘进工作面的炮孔按其位置和作用不同分为掏槽孔、辅助孔(前落孔)和周边孔 3 种(如图 7-5 所示)。

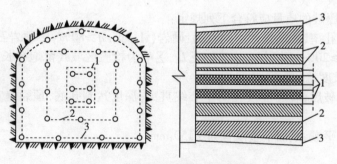

图 7-5　工作面炮孔布置示意图

1－掏槽孔;2－辅助孔;3－周边孔

(二)隧道掘进爆破

隧道是铁路和公路建设的重点和关键工程。与矿山平巷掘进爆破相比,隧道掘进爆破在爆破原理、爆破参数选择与药量计算方面基本相同。然而由于隧道有其自身的特点,因此在爆破施工方法上又有所区别。具体包括以下几点:

(1)铁路和公路隧道一般断面尺寸较大,其高度和跨度一般在 8.0 m 以上,双线隧道时度大于10.0 m,大断面施工技术复杂,要求在爆破作业时尽量减少爆破对围岩的破坏。

(2)隧道多位于地质条件复杂的多变地段,尤其是浅埋隧道(埋深小于2倍隧道跨度),岩石风化破碎严重,受裂隙水和地表水影响较大。因此在施工时应充分考虑岩石的节理、裂隙、断层、软弱夹层等岩石结构面及滴渗水对钻孔和爆破的影响。

(3)隧道服务年限较长,工程质量要求高,在施工中不允许有较大的超挖和欠挖,隧道的方向须满足精度要求,因此必须保证钻孔位置、方向和孔深的准确,使开挖断面满地等。

(三)地下采场爆破

采场落矿是地下开采的一个重要工序。与巷道掘进爆破相比,采场落矿爆破一般具有两个以上的自由面,自由面和补偿空间明显增大,所以爆破条件明显改善。根据地下采场采矿方法和工艺的不同,地下采场落矿一般采用浅孔爆破和深孔爆破方法。

二、隧洞爆破的炮孔布置、起爆顺序及其参数设计

(一)炮孔布置

隧洞开挖爆破炮孔一般按先布置掏槽孔,其次是周边孔,最后是崩落孔的原则布置,具体要求如下:

(1)掏槽孔一般应布置在开挖面中央偏下部位,其深度应比其他孔深15~20 cm。为爆出平整的开挖面,除掏槽孔和底板炮孔外,所有掘进孔底应落在同一平面上。底板炮孔深度一般与掏槽孔相同。

(2)周边孔应严格按照设计位置布置。断面拐角处应布置炮孔。为满足机械钻机需要和减少超欠挖,周边孔设计位置应考虑0.035~0.05的外插斜率,并应使前后两循环炮孔的衔接锯齿形的齿高最小。锯齿高一般不应大于15 cm。

(3)崩落孔应在整个断面上均匀布置,一般其抵抗线约为炮孔间距的60%~80%。当炮孔深度超过2.5 m时,靠近周边孔的内圈崩落孔应与周边孔有相同的倾角。

(二)起爆顺序

只有采用正确的起爆顺序才能达到理想的爆破效果。正确的起爆顺序是:先爆破的炮孔应为后续爆破的炮孔减小岩石的夹制作用和增大自由面,创造更好的爆破条件。即在隧洞开挖爆破时,应先爆破掏槽炮孔,后爆破崩落孔,然后是底板孔、侧墙孔、顶拱孔。目前,在无瓦斯与煤尘爆炸危险的水工隧洞中进行爆破开挖多采用塑料导爆管起爆系统起爆。

(三)参数设计

隧洞开挖中的爆破参数设计与多种因素有关,如围岩条件、断面尺寸大小、爆破器材质量、凿岩爆破的技术水平等。要根据客观条件,选取最适宜的爆破参数,取得该条件下的最佳爆破效果。

(1)炮孔直径。炮孔直径对凿岩生产率、炮孔数目、单位体积耗药量和洞壁的平整程度均有影响。必须根据岩性、凿岩设备和工具、炸药性能等综合分析,合理选用孔径。一般隧洞开挖爆破的炮孔直径在32~50 mm之间,药卷与孔壁之间的间隙一般为炮孔直径的10%~15%。

(2)炮孔深度。炮孔深度是指炮孔底至开挖面的垂直距离。合适的炮孔深度有助于提高掘进速度和炮孔利用率(工作面爆破一次的循环进尺与炮孔平均深度的比值)。随着

凿岩、装渣运输设备的改进,目前普通存在加长炮孔深度以减少作业循环次数的趋势。炮孔深度一般根据围岩的岩性;凿岩机的允许钻孔长度、操作技术条件和钻孔技术水平;掘进循环安排,保证充分利用作业时间。

(3)单位体积耗药量。单位体积耗药量取决于岩性、断面大小、炮孔直径和炮孔深度等多种因素,目前尚无完善的理论计算方法。一般可根据工程类比进行初步估算。

(4)每一循环总装药量计算。目前多采用体积公式计算出一个循环的总装药量,即:

$$Q = qLS$$

式中:Q——一个循环的总装药量(kg)。

$\quad\quad q$——爆破每立方米岩石所需的炸药单耗(kg/m³)。

$\quad\quad L$——炮孔深度或设计循环进尺(m)。

$\quad\quad S$——开挖断面面积(m²)。

(5)炮孔数量的确定。炮孔数量主要与开挖断面、炮孔直径、岩石性质和炸药性能有关。炮孔数目过少会影响爆破效果,过多会增加钻孔工作量,从而影响掘进速度。确定其计算原则应是炮孔数量正好容纳一次爆破循环的总装药量,即:

$$N = \frac{qSL}{L\alpha\gamma} = \frac{qS}{\alpha\gamma}$$

式中:N——炮孔数量,不包括不装药的掏槽部位的空孔数。

$\quad\quad L$——炮孔长度(m)。

$\quad\quad \alpha$——炮孔装药系数,即装药长度与炮孔全长的比值。

$\quad\quad \gamma$——炸药的线装药密度(kg/m)。

(6)总装药量的分配。每一循环总的装药量 Q 应分配到各个炮孔中去。由于各炮孔的作用及受到岩石夹制情况不同,装药量也不同。通常装药量的分配可根据炮孔装药系数 α 进行。当采用直孔掏槽时,掏槽孔可适当增加10% ~20%,以保证掏槽效果。分配完后,按装整卷或半卷炸药的档次进行调整,以方便装药施工。

三、地下爆破作业相关标准规定

(一)一般规定

地下爆破可能引起地面塌陷和山坡滚石时,应在通往塌陷区和滚石区的道路上设置警戒,树立醒目的警示标识,防止人员误入。

工作面的空顶距离超过设计或超过作业规程规定的数值时,不应爆破。地下爆破应有良好照明,距爆破作业面100 m 范围内照明电压不应超过 36 V。

采用电力起爆时,爆破主线、区域线、连接线,不应与金属物接触,不应靠近电缆、电线、信号线、铁轨等。

距井下爆破器材库30 m 以内的区域不应进行爆破作业。在离爆破器材库30 ~100 m 区域内进行爆破时,人员不应停留在爆破器材库内。

地下爆破时,应明确划定警戒区,设立警戒人员和标识,并应采用适合井下的声响信号。发布的"预警信号""起爆信号""解除警报信号",应确保受影响人员均能辨识。

井下工作面所用炸药、雷管应分别存放在受控加锁的专用爆破器材箱内,爆破器材箱应放在顶板稳定、支架完整、无机械电气设备、无自燃易燃或其他危险物品的地点。每次起爆时均应将爆破器材箱放置于警戒线以外的安全地点。

地下爆破出现不良地质或渗水时,应及时采取相应的支持和防水措施;出现严重地压、岩爆、瓦斯突出、温度异常及炮孔喷水时,应立即停止爆破作业,制定安全方案和处理措施。

爆破后,应进行充分通风,检查处理边帮、顶板安全,做好支护,确认地下爆破作业场所空气质量合格、通风良好、环境安全后方可进行下一循环作业。

（二）地下采场爆破相关规定

浅孔爆破,采场应通风良好、支护可靠并应至少有两个人行安全出口;特殊情况下不具备两个安全出口时,应报单位爆破技术负责人批准。

深孔爆破采场爆破前应做好以下准备工作:

(1)建立通往爆区井巷的良好通行条件和装药现场的作业条件,必要时在适当位置建立防冲击波阻波墙。

(2)巷道中应设有通往爆破区和安全出口的明显路标,并设联通爆破作业区和地表爆破指挥部的通信线路。

(3)现场制定爆破危险区,并在通往爆破危险区的所有井巷的入口处设置明显的警示标识。

(4)验收合格的深孔应用高压风吹干净,列出深孔编号,废孔应做出明显标识。

地下深孔爆破作业,除应遵守露天爆破中深孔爆破有关规定,还应符合以下要求:

(1)装药开始后,爆区 50 m 范围内不应进行其他爆破。

(2)现场加工起爆药包应选择不受其他作业影响的安全地点。

(3)现场装药、填塞、联网、起爆,应由专职爆破员进行,遇有装药故障,应在爆破技术人员指导下进行处理。

(4)需要回收的装药操作台、人行梯子等物,应在起爆网路连接完成、并经现场爆破负责人检查无误后,由专人从工作面开始向起爆站方向依次回收,回收操作不得影响和损坏起爆网路。

地下开采二次爆破时,应遵守下列规定:

(1)起爆前应通知可能受影响的相邻采场和井巷中的作业人员撤到安全地点。

(2)人员不应进入溜井与漏斗内爆破大块矿石。

(3)人员不应进入采场放矿出现的悬拱或立槽下方危险区实施二次爆破。

(4)在与采场短溜井、溜眼相对或斜对的出矿漏斗处理卡斗或二次爆破时,应待溜井、溜眼下部的放矿作业人员撤到安全地点后方可进行,且爆破作业人员应有可靠的防坠措施。

(5)地下二次破碎地点附近,应设专用炸药箱和起爆器材箱,其存放量不应超过当班二次爆破使用量。

(6)在旋回、漏斗等设备、设施中的裸露药包爆破,应在停电、停机状态下进行,并应采取相应的安全措施。

（三）井下爆破相关规定

煤矿矿井下爆破包括有瓦斯或煤尘爆炸危险的地下工程爆破。煤矿必须指定部门对爆破工作专门管理,配备专业管理人员。所有爆破人员,包括爆破、送药、装药人员,必须熟悉爆炸物品性能和《煤矿安全规程》的规定。

井下爆破工作应由专职爆破员担任,在煤与瓦斯突出煤层中,专职爆破员应固定在同一工作面工作,并应遵守下列规定:

(1)爆破作业应执行装药前、爆破前和爆破后的"一炮三检"制度。

(2)专职爆破员应经专门培训,考试合格,持证上岗。

(3)专职爆破员应依照爆破作业说明书进行作业。

在有瓦斯和煤尘爆炸危险的工作面爆破作业,应具备下列条件:

(1)工作面有风量、风速、风质符合煤矿安全规程规定的新鲜风流。

(2)使用的爆破器材和工具,应经国家授权的检验机构检验合格,并取得煤矿矿用产品安全标识。

(3)掘进爆破前,应对作业面 20 m 以内的巷道进行洒水降尘。

(4)爆破作业面 20 m 以内,瓦斯浓度应低于 1%。

煤矿井下爆破作业,必须使用煤矿许用炸药和煤矿许用电雷管,不应使用导爆管或普通导爆索。煤矿和有瓦斯矿井选用许用炸药时,应遵守煤炭行业规定;同工作面不应使用两种不同品种的炸药。

煤矿井下爆破使用电雷管时,应遵守下列规定:

(1)使用煤矿许用瞬发电雷管或煤矿许用毫秒延时电雷管。

(2)使用煤矿许用毫秒延时电雷管时,从起爆到最后一段的延时时间不应超过 130 ms。

煤矿井下应使用防爆型起爆器起爆;开凿或延深通达地面的井筒时,无瓦斯的井底工作面可使用其他电源起爆,但电压不应超过 380 V,并应有防爆型电力起爆接线盒。

装药前和爆破前有下列情况之一的,不应装药、爆破:

(1)采掘工作面的控顶距离不符合作业规程的规定、支架有损坏、伞檐超过规定。

(2)爆破地点附近 20 m 以内风流中瓦斯浓度达到 1%。

(3)炮孔内发现异状、温度骤高骤低、有显著瓦斯涌出、煤岩松散、穿透老采空区等情况。

(4)在爆破地点 20 m 以内,矿车、未清除的煤、矸或其他物体堵塞巷道断面 1/3 以上。

(5)采据工作面风量不足。

炮孔填塞材料应用黏土或黏土与砂子的混合物,不应用煤粉、块状材料或其他可燃性材料。炮孔填塞长度应符合下列要求:

(1)炮孔深度小于 0.6 m 时,不应装药、爆破;在特殊条件下,如挖底、刷帮、挑顶等确需炮孔深度小于 0.6 m 的浅孔爆破时,应封满炮泥,并应制定安全措施。

(2)炮孔深度为 0.6~1.0 m 时,封泥长度应不小于炮孔深度的 1/2。

(3)炮孔深度超过 1.0 m 时,封泥长度应不小于 0.5 m。

(4)炮孔深度超过 2.5 m 时,封泥长度应不小于 1.0 m。

(5)光面爆破时,周边光爆孔应用炮泥封实,且封泥长度不应小于 0.3 m。

(6)工作面有两个或两个以上自由面时,在煤层中最小抵抗线应不小于 0.5 m,在岩层中最小抵抗线应不小于 0.3 m;浅孔装药二次爆破时,最小抵抗线和封泥长度均应不小于 0.3 m。

(7)炮孔用水炮泥封堵时,水炮泥外剩余的炮孔部分应用黏土炮泥或不燃性的、可塑性松散材料制成的炮泥封实,其长度应不小于 0.3 m。

(8)无封泥,封泥不足或不实的炮孔不应爆破。

有煤(岩)和瓦斯突出危险的采掘工作面,废炮孔也应在爆破前用炮泥封实;大直径炮孔的填塞深度,应超过炮孔装药的长度。

在有瓦斯或煤尘爆炸危险的采掘工作面,应采用毫秒延时爆破,掘进工作面应全断面一次起爆;采煤工作面,可分组装药,但一组装药应一次起爆且不应在一个采煤工作面使用两台起爆器同时进行爆破。

在有瓦斯或煤尘爆炸危险的矿井中,放顶煤工作面不应用爆破挑顶煤。

第五节　爆炸物品的贮存及运输

一、爆炸物品的贮存

(一)一般规定

爆炸材料的贮存,永久性地面爆炸材料库建筑结构(包括永久性埋入式库房)及各种防护措施,总库区的内、外部安全距离等,必须符合国家有关规定。井上、下接触爆炸材料的人员,必须穿棉布或抗静电衣服。

煤矿企业必须建立爆炸物品领退制度和爆炸物品丢失处理办法。电雷管(包括清退入库的电雷管)在发给爆破工前,必须用电雷管检测仪(电雷管检测专用电桥)逐个测试电阻值,并将脚线扭结成短路。发放的爆炸物品必须是有效期内的合格产品,并且雷管应当严格按同一厂家和同一品种进行发放。

建有爆炸物品制造厂的矿区总库,所有库房贮存各种炸药的总容量不应超过该厂 1 个月生产量,雷管的总容量不应超过 3 个月生产量。没有爆炸物品制造厂的矿区总库,所有库房贮存各种炸药的总容量不应超过由该库所供应的矿井 2 个月的计划需要量,雷管的总容量不应超过 6 个月的计划需要量。单个库房的最大容量:炸药不应超过 200 t,雷管不应超过 500 万发。

(二)地面爆炸物品库相关规定

地面分库所有库房贮存爆炸物品的总容量:炸药不应超过 75 t,雷管不应超过 25 万发。单个库房的炸药最大容量不应超过 25 t。地面分库贮存各种爆炸物品的数量,不应超过由该库所供应矿井 3 个月的计划需要量。

开凿平硐或者利用已有平硐作为爆炸物品库时,必须遵守下列规定:

(1)硐口必须装有向外开启的 2 道门,由外往里第一道门为包铁皮的木板门,第二道门为栅栏门。

(2)硐口到最近贮存硐室之间的距离超过 15 m 时,必须有 2 个入口。

(3)硐口前必须设置横堤,横堤必须高出硐口 1.5 m,横堤的顶部长度不应小于硐口宽度的 3 倍,顶部厚度不应小于 1 m。横堤的底部长度和厚度,应当根据所用建筑材料的静止角确定。

(4)库房底板必须高于通向爆炸物品库巷道的底板,硐口到库房的巷道坡度为 5‰,并有带盖的排水沟,巷道内可以铺设不延深到硐室内的轨道。

(5)除有运输爆炸物品用的巷道外,还必须有通风巷道(钻眼、探井或者平硐),其入口和通风设备必须设置在围墙以内。

（6）库房必须采用不燃性材料支护。巷道内采用固定式照明时,开关必须设在地面。

（7）爆炸物品库上面覆盖层厚度小于 10 m 时,必须装设防雷电设备。

（8）检查电雷管的工作,必须在爆炸物品贮存硐室外设有安全设施的专用房间或者硐室内进行。

各种爆炸物品的每一品种都应当专库贮存;当条件限制时,按国家有关同库贮存的规定贮存。存放爆炸物品的木架每格只准放 1 层爆炸物品箱。

地面爆炸物品库必须有发放爆炸物品的专用套间或者单独房间。分库的炸药发放套间内,可临时保存爆破工的空爆炸物品箱与发爆器。在分库的雷管发放套间内发放雷管时,必须在铺有导电的软质垫层并有边缘突起的桌子上进行。

（三）井下爆炸物品库相关规定

井下爆炸物品库应当采用硐室式、壁槽式或者含壁槽的硐室式。爆炸物品必须贮存在硐室或者壁槽内,硐室之间或者壁槽之间的距离,必须符合爆炸物品安全距离的规定。井下爆炸物品库应当包括库房、辅助硐室和通向库房的巷道。辅助硐室中,应当有检查电雷管全电阻、发放炸药以及保存爆破工空爆炸物品箱等的专用硐室。

井下爆炸物品库的布置必须符合下列要求:

（1）井下爆炸物品库必须有独立的通风系统,回风风流必须直接引入矿井的总回风巷或者主要回风巷中。

（2）井下爆炸物品库的两个出口,必须分别设置抗冲击波活门和抗冲击波密闭门,其抗冲击波压力可分别选用 1 500 Pa 及 2 500 Pa 两种类型。当库内发放炸药硐室距设置防护活门的距离不小于 35 m 的条件下,可选用抗力为 1 500 Pa 型的防护活门和密闭门。当库内发放炸药硐室距设置防护活门的距离不小于 15 m 的条件下,可选用抗力为 2 500 Pa 型的防护活门和密闭门。

（3）库房距井筒、井底车场、主要运输巷道、主要硐室以及影响全矿或者一翼通风的风门的法线距离:硐室式不应小于 100 m,壁槽式不应小于 60 m。

（4）库房距行人巷道的法线距离:硐室式不应小于 35 m,壁槽式不应小于 20 m。

（5）库房距地面或者上下巷道的法线距离,硐室式不应小于 30 m,壁槽式不应小于 15 m。

（6）库房与外部巷道之间,必须用 3 条相互垂直的连通巷道相连。连通巷道的相交处必须延长 2 m,断面积不应小于 4 m^2,在连通巷道尽头还必须设置缓冲砂箱隔墙,不得将连通巷道的延长段兼作辅助硐室使用。库房两端的通道与库房连接处必须设置齿形阻波墙。

（7）每个爆炸物品库房必须有 2 个出口,一个出口供发放爆炸物品及行人,出口的一端必须装有能自动关闭的抗冲击波活门;另一出口布置在爆炸物品库回风侧,可以铺设轨道运送爆炸物品,该出口与库房连接处必须装有 1 道常闭的抗冲击波密闭门。

（8）库房地面必须高于外部巷道的地面,库房和通道应当设置水沟。

（9）贮存爆炸物品的各硐室、壁槽的间距应当大于殉爆安全距离。

井下爆炸物品库必须采用砌碹或者用非金属不燃性材料支护,不得渗漏水,并采取防潮措施。爆炸物品库出口两侧的巷道,必须采用砌碹或者用不燃性材料支护,支护长度不应小于 5 m。库房必须备有足够数量的消防器材。

井下爆炸物品库的最大贮存量,不应超过矿井 3 天的炸药需要量和 10 天的电雷管需要量。井下爆炸物品库的炸药和电雷管必须分开贮存。每个硐室贮存的炸药量不应超过2 t,电雷管不应超过 10 天的需要量;每个壁槽贮存的炸药量不应超过 400 kg,电雷管不得2 天的需要量。库房的发放爆炸物品硐室允许存放当班待发的炸药,最大存放量不应超过 3 箱。

在多水平生产的矿井、井下爆炸物品库距爆破工作地点超过 2.5 km 的矿井以及井下不设置爆炸物品库的矿井内,可以设爆炸物品发放硐室,并必须遵守下列规定:

(1)发放硐室必须设在独立通风的专用巷道内,距使用的巷道法线距离不应小于 25 m。

(2)发放硐室爆炸物品的贮存量不应超过 1 天的需要量,其中炸药量不应超过 400 kg。

(3)炸药和电雷管必须分开贮存,并用不小于 240 mm 厚的砖墙或者混凝土墙隔开。

(4)发放硐室应当有单独的发放间,发放硐室出口处必须设 1 道能自动关闭的抗冲击波活门。

(5)建井期间的爆炸物品发放硐室必须有独立通风系统。必须制定预防爆炸物品爆炸的安全措施。

(6)管理制度必须与井下爆炸物品库相同。

井下爆炸物品库必须采用矿用防爆型(矿用增安型除外)照明设备,照明线必须使用阻燃电缆,电压不应超过 127 V。严禁在贮存爆炸物品的硐室或者壁槽内安设照明设备。不设固定式照明设备的爆炸物品库,可使用带绝缘套的矿灯。任何人员不得携带矿灯进入井下爆炸物品库房内。库内照明设备或者线路发生故障时,检修人员可以在库房管理人员的监护下使用带绝缘套的矿灯进入库内工作。

二、爆炸物品的运输

在地面运输爆炸物品时,必须遵守《民用爆炸物品安全管理条例》以及有关标准规定。

在井筒内运送爆炸物品时,应当遵守下列规定:

(1)电雷管和炸药必须分开运送;但在开凿或者延深井筒时,符合相关规定的,不受此限。

(2)必须事先通知绞车司机和井上、下把钩工。

(3)运送电雷管时,罐笼内只准放置 1 层爆炸物品箱,不得滑动。运送炸药时,爆炸物品箱堆放的高度不应超过罐笼高度的 2/3。采用将装有炸药或者电雷管的车辆直接推入罐笼内的方式运送时,车辆必须为专用的且车厢带盖的、有木质隔板,车厢内部应当铺有胶皮或者麻袋等软质垫层,并只准放置 1 层爆炸物品箱。使用吊桶运送爆炸物品时,必须使用专用箱。

(4)在装有爆炸物品的罐笼或者吊桶内,除爆破工或者护送人员外,不得有其他人员。

(5)罐笼升降速度,运送电雷管时,不应超过 2 m/s;运送其他类爆炸物品时,不应超过4 m/s。吊桶升降速度,不论运送何种爆炸物品,都不应超过 1 m/s。司机在启动和停绞车时,应当保证罐笼或者吊桶不震动。

(6)在交接班、人员上下井的时间内,严禁运送爆炸物品。

(7)禁止将爆炸物品存放在井口房、井底车场或者其他巷道内。

井下用机车运送爆炸物品时,应当遵守下列规定:

(1)炸药和电雷管在同一列车内运输时,装有炸药与装有电雷管的车辆之间,以及装有炸药或者电雷管的车辆与机车之间,必须用空车分别隔开,隔开长度不应小于3 m。

(2)电雷管必须装在专用的、带盖的、有木质隔板的车厢内,车厢内部应当铺有胶皮或者麻袋等软质垫层,并只准放置1层爆炸物品箱。炸药箱可以装在矿车内,但堆放高度不应超过矿车上缘。运输炸药、电雷管的矿车或者车厢必须有专门的警示标识。

(3)爆炸物品必须由井下爆炸物品库负责人或者经过专门培训的人员专人护送。跟车工、护送人员和装卸人员应当坐在尾车内,严禁其他人员乘车。

(4)列车的行驶速度不应超过2 m/s。

(5)装有爆炸物品的列车不得同时运送其他物品。

井下采用无轨胶轮车运送爆炸物品时,应当按照民用爆炸物品运输管理有关规定执行。

水平巷道和倾斜巷道内有可靠的信号装置时,可以用钢丝绳牵引的车辆运送爆炸物品,炸药和电雷管必须分开运输,运输速度不应超过1 m/s。运输电雷管的车辆必须加盖、加垫,车厢内以软质垫物塞紧,防止震动和撞击。严禁用刮板输送机、带式输送机等运输爆炸物品。

由爆炸物品库直接向工作地点用人力运送爆炸物品时,应当遵守下列规定:

(1)电雷管必须由爆破工亲自运送,炸药应当由爆破工或者在爆破工监护下运送。

(2)爆炸物品必须装在耐压和抗撞冲、防震、防静电的非金属容器内,不得将电雷管和炸药混装。严禁将爆炸物品装在衣袋内。领到爆炸物品后,应当直接送到工作地点,严禁中途逗留。

(3)携带爆炸物品上、下井时,在每层罐笼内搭乘的携带爆炸物品的人员不应超过4人,其他人员不得同罐上下。

(4)在交接班、人员上下井的时间内,严禁携带爆炸物品人员沿井筒上下。

第六节　爆破的危险辨识及有害因素分析

一、煤矿爆破的主要危险因素

在煤矿开采中,地下爆破工作空间相对狭小,并且爆破比较频繁。在井巷掘进中往往是凿岩、爆破、出渣交替进行,不但要考虑爆破作业本身特点,还需要注意各工序之间的配合。

爆破事故主要有以下两个方面:一是从事爆破器材加工、运输、贮存及现场操作中发生的事故;二是伴随炸药爆炸时所产生的有害效应引起周围环境破坏及对周围人员的危害。为进一步降低在爆破事故出现的概率,针对具体原因的分析有如下方面:

(1)爆破材料不合格或变质,使用了煤矿非许用炸药或雷管,导致爆燃、残爆、熄爆、瞎炮、在处理过程或爆破过程中发生事故。

(2)爆破材料的储存、运输、领退不执行有关规定,爆炸材料库不合格,不用专用爆破材料箱、炸药、雷管混装在一起,运送过程中碰撞或接触导电体等引起爆炸材料爆炸事故。

(3)装药质量差或在装药过程中违反操作规程作业,雷管脚线不短接,装配引药时未避开导电体,造成早爆伤人。

(4)不按爆炸作业规程要求装药,封堵炮眼。封泥不够,炮泥不符合要求,未使用水炮泥等,造成放空炮,爆燃继而引起火灾、瓦斯、煤电爆炸。

（5）炮眼深度（从炮眼、炮孔底到工作面的垂直距离）不够，爆破抵抗线不符合要求，造成放空炮引燃瓦斯、引爆煤尘。

（6）放炮母线长度不够，放炮安全距离不够，造成放炮崩人事故。

（7）放炮不设警戒，撤人不到位，或者警戒范围过小、爆破警戒不严或无明显标志造成人员误入爆破地点，未清点好人数，造成爆破伤人事故。

（8）在井下违章放明炮、放糊炮，造成火灾、瓦斯、煤尘事故。

（9）使用了与煤矿瓦斯等级不相符（低于煤矿安全规程要求）的炸药，造成瓦斯事故。

（10）违章处理煤斗、溜煤（矸）眼堵塞，未使用专用被筒炸药或未采取防尘，加强瓦斯检测等措施造成瓦斯、煤尘事故。

（11）非放炮员进行爆破作业造成爆破事故。

（12）未执行"一炮三检制"和"三人联锁放炮制"造成放炮事故。

专家解读　"一炮三检"是装药前，放炮前和放炮后必须认真检查放炮地点附近20 m内的瓦斯浓度，只有在瓦斯浓度不超过1%，无局部瓦斯积聚（即体积大于0.5 m³的空间，浓度达到2%）时，才能装药放炮的制度。"三人联锁放炮制"即三人联锁放炮应执行换牌制度，即放炮员持警戒牌，班组长持放炮命令牌，瓦检员（或符合规定的安全员）持放炮牌；具体操作是：放炮前，放炮员在本职工作就绪后将警戒牌交给班组长，班组长在清点人数、安排好警戒，并检查好顶板和支护情况，一切正常时，将自己携带的放炮命令牌交给瓦检员，瓦检员检查瓦斯、煤尘合格后，瓦斯员将自己携带的放炮牌交给放炮员，放炮员接到放炮牌后，发出放炮口哨至少再等5 s方可放炮。放炮后三牌各归原主。"一炮三检"是加强放炮前防止瓦斯漏检，避免在瓦斯超限的情况下放炮或超限作业的主要措施。执行"三人联锁放炮制"，可以防止放炮混乱、放炮警戒不严或不落实造成放炮崩人事故。

（13）放炮员不随身携带放炮钥匙，他人误起爆造成放炮崩人事故。

（14）放炮母线、雷管脚线不短节、不悬空、杂散电流引起早爆事故。

（15）不按规程要求违章处理瞎炮，造成爆破事故。

（16）遗留残炮、瞎炮不交班，埋下事故隐患，造成滞后爆破事故。

（17）不按要求悬挂放炮母线或放炮线不合格（明接头多）造成母线带电引发早爆事故。

（18）放炮母线不随用随敷设，多根母线混在一起造成误起爆事故。

（19）使用不合格的起爆器造成爆破事故。

（20）爆破后过早进入爆破工作面引起的伤人、炮烟中毒事故。

二、煤矿爆破产生的危害和影响

所谓爆破，就是指炸药爆轰瞬间产生的高温高压破碎物体及破碎块运动的过程。爆破会产生一系列危害影响，具体内容如下。

（一）爆破振动

由爆破引起的振动，常常会造成爆源附近的地面以及地面上的一切物体产生颠簸和摇晃，凡是由爆破所引起的这种现象及其后果，叫作爆破地震效应。当爆破振动达到一定的强度时，可以造成爆区周围建筑物和构筑物的破坏，露天矿边坡的滑落以及井下巷道的片帮和冒顶。影响地震波的因素有很多，其中主要包括以下3点：

（1）装药量的影响，距爆炸源一定距离的质点振动速度随药量的增大而增加，随药量的降低而减少。

(2)爆炸爆轰速度的影响,一定条件下,震速与爆轰速度成正比。

(3)传播途径介质影响,介质影响质点振动速度。

(二)爆破飞散物

在工程爆破中,被爆介质中那些飞得较远的碎石,称为爆破飞散物。爆破飞石虽属个别,但由于飞行方向无法预测,飞行距离难以准确计算,则往往会给爆区附近人员、建筑物及设备等造成严重威胁,特别是露天和二次破碎爆破造成的飞石事故更多。造成爆破飞散物的因素有很多,主要包括以下几点:

(1)爆破能量过剩。爆破时所装的炸药除将指定的介质破碎外,还有多余的爆生气体能量。它若作用于某些碎石块上,将使其获得较大的动能而飞向远方。

(2)软弱面影响。由于被爆介质结构不均匀,如有软弱面和地质构造面时,会沿着这些软弱部位产生飞石。

(3)爆破参数设计不当。设计时由于某些爆破参数选择不当,如爆破作用指数或炸药单耗取的过大;最小抵抗线过小等都会产生飞石。

(4)延迟起爆时间不合理。微差爆破设计合理,将会减少空气冲击波、噪声和爆破飞石的产生,也会降低爆破震动效应,但若延迟时间过短或过长都会产生飞石。

(5)起爆顺序不合理。起爆顺序安排不当,可能造成后起爆破孔的夹制作用太大,岩石不能朝向最小抵抗线移动而向上抛掷,形成"冲天炮"而引起飞石。

(6)堵塞长度不够。炮孔孔口堵塞长度小于最小抵抗线长度时,使爆破碎块抛向孔口,产生飞石,堵塞质量不良,也会产生飞石。

(7)施工不当。由于施工的误差,可能导致最小抵抗线的实际值的变小或方向改变等,易产生飞石。其他如装药量过大、起爆顺序改变等都会引起飞石。

(8)覆盖防护质量不合格也是产生飞石的重要原因之一。

(三)空气冲击波

爆破空气冲击波是爆炸在空气中形成的具有空气参数强间断面的纵波,简称冲击波。炸药在空气中爆炸,具有高温高压的爆炸产物直接作用在空气介质上;在岩体中爆炸,这种高温高压爆炸产物就在岩体破裂的瞬间冲入大气中。爆破空气冲击波产生的原因有很多种,主要包括以下几点:

(1)裸露在地面上的炸药产生的冲击波,比如地上的导火索。

(2)装药孔口堵塞长度不够,堵塞力度也不够,高温高压爆炸产物从孔口外溢,产生空气冲击波。

(3)局部抵抗线太小,沿该方向以释放爆炸能量,产生空气冲击波。

(4)岩体不均匀,在断层、夹层等薄弱部位,爆炸产物集中喷出形成空气冲击波。

(5)爆破时岩体沿最小抵抗线方向振动外移,发生鼓包运动,以及强烈的振动诱发空气冲击波。

(四)有毒气体

工程爆破中一般采用炸药都是由 C,H,O,N 四种元素组成的化合物,爆炸过程中可能会发生反应。反应生成物中氮氧化物和一氧化碳都是有毒气体,为了避免或减少生成氮氧化物和一氧化碳,炸药爆炸反应时力求达到正氧平衡或零氧平衡,从而把碳和氢完全氧化生成二氧化碳和水。

此外,当爆破介质中含有硫化物,如硫化矿、黄铁矿、含黑铁矿的煤炭,爆破时还会生成硫化氢和二氧化硫等有毒气体。硫化物矿石在某些特定条件与硝铵炸药直接接触,发生一系列化学反应,使炸药爆燃或燃烧而引起自爆,产生大量毒气。有毒气体对人的危害主要是一氧化氮与红细胞内的血红蛋白结合,造成人体严重缺氧,严重时会致人窒息死亡;氮氧化物中的一氧化氮不溶解于水,但可与血液中的红细胞结合,从而损害人体吸收氧的能力。

(五)爆破粉尘

在爆破中,粉尘对环境的污染问题越来越受到人们的关注。拆除爆破施工作业中,采用干湿钻孔时,其作业周围的粉尘浓度可达数 $10 \ mg/m^3$。影响爆破粉尘的因素很多,主要包括以下几点:

(1)爆破的物理性质对产尘强度有很大的影响。岩石硬度愈大,爆破后进入空气中的粉尘量也愈大。

(2)爆破单位体积的岩石所用的炸药量愈多,产尘强度愈大。

(3)炮孔深,产尘强度小,炮孔浅,产尘强度大。

(4)爆破技术不同产尘强度也不同。

三、爆破危害的预防措施

爆破危害影响程度大小与爆破技术、爆破参数、地质构造、岩体物理力学性能、施工工艺等因素有关。虽然诸因素之间相互作用使问题错综复杂,但是随着对爆破技术的不断改进和完善,可以在达到爆破设计效果的同时,把爆破的危害影响降至最低。

(一)爆破工程安全

爆破器材在受热、光照、摩擦、撞击、超声振动、电磁辐射、静电放电等情况下,达到一定程度时都可能引起爆炸。若爆破器材的运输、存储、保管不善或因验收、发放、废品销毁制度不严格引起外露,都会造成意外爆炸事故。在爆破施工中,操作人员如果缺乏专业知识,不遵守操作规程,粗心大意,违章作业,或对新材料、新工艺认识不足,将会造成爆破事故。应严格依照规程对爆破器材的存储、运输、保管、验收进行谨慎操作,才能使操作人员的生命安全得到保障。

(二)爆破本身危害的控制和防护

1.爆破地震效应控制保护措施

爆破过程中造成岩石破裂的主要原因是体波的作用,而造成爆破破坏的主要原因是面波的作用。爆破地震效应主要描述爆破地震波引起的破坏现象及后果。爆破地震效应是一个包含建(构)筑物本身以及爆破地震波多种因素的综合性的现象。根据以上原理,可以采用一定技术措施来减轻地震波危害,它包括降低地震波的强度和采取必要的防护措施两方面内容。具体的方法和措施包括:

(1)采用预裂爆破或开挖减震沟槽。

(2)限制一次爆破最大用药量。

(3)对于建筑物拆除爆破,应加大拆除部位,减少爆破钻孔数,对基础部位采用部分爆破拆除方式、低爆速炸药或采用静态破碎剂。

(4)设置缓冲层。

(5)选择合理爆破器材,设计合理爆破参数等。

2.爆破飞石的控制与防护

(1)搞清被爆体的性质和结构。设计施工前应摸清被爆介质的情况,详尽地掌握有关资料,然后进行精心设计和施工。

(2)优选爆破参数。在能够达到工程目的的前提下,尽量采取炸药单耗较低的爆破方式,并设法降低实际炸药消耗量。最小抵抗线的大小及方向要认真选取,一般情况下爆破指数不宜过大。爆破施工企业在爆破施工前要对各种爆破参数进行校对,如误差较大应采取补救措施。爆破施工企业是指按施工企业资质证书管理规定的标准取得爆破与拆除工程专业承包企业资质的施工企业,安全生产许可证书指企业依据《安全生产许可证条例》取得的《施工安全许可证》《企业爆破作业证书》及《从业人员爆破作业证书》。

(3)慎重选择炮孔位置。尽量避免将炮位选在软弱夹层、断层、裂隙、孔洞、破碎带、混凝土接触缝和砖缝等弱面处及其附近。

(4)提高堵塞质量。选用摩擦系数大、密度大的材料作炮泥。堵塞要密实、连续,堵塞物中应避免夹杂碎石。应保证有足够的堵塞长度,以延长炮泥的阻滞时间。在硐室爆破中,装药应避开断层和破碎带,其间应予以堵塞。

(5)采用适宜的炸药和装药结构。装药结构是指炸药在炮眼中装填的结构,分为正向装药结构、反向装药结构、不耦合装药结构、空气柱间隔装药结构等形式。爆破的类型很多,要根据其特点选用适宜的炸药和装药结构,如采用低威力、低爆速炸药,以及不耦合装药或空隙间隔装药并反向起爆(起爆药卷、爆药包放在药柱的近炮眼、炮孔底一方,雷管底部朝向眼或孔口的起爆方法)等。

(6)设计合理的起爆顺序和最佳的延迟起爆时间。设计合理的起爆顺序和最佳的延迟起爆时间,避免改变实际最小抵抗线的大小和方向,避免出现"冲突炮"等。

(7)严格施工。施工中应认真检查各炮孔布置参数和装药参数,严格按设计要求施工,并能随时根据岩石情况调整爆破参数。

(8)加强防护。在防护中主要采取覆盖,其材料应以来源方便、具有一定的强度和重量、富有弹性和韧性以及透气性和便于搬运、联接为好。

(9)设置遮挡结构。在爆源与被保护物之间设置遮挡排架,挂钢丝网等其他防护材料,可有效遮挡飞石。

3. 降低空气冲击波的主要措施

为有效减轻空气冲击波的危害,应从两方面着手:一是防止产生强烈的冲击波;二是进行必要的防护。防止产生强烈空气冲击波的具体措施有:

(1)采用良好的爆破技术。

(2)保持设计抵抗线。

(3)保证合理的堵塞长度和填塞质量。

(4)注意地质构造的影响。

(5)控制爆破方向及合理安排爆破时间。

(6)注意气象条件。

(7)尽量避免地面雷管或导爆索,否则应覆盖。

防护的具体做法有:在爆破前,应把人员撤离到安全区,并增加警戒。在地下爆破时,可以利用一个或几个反向布置的辅助药包,与主药包同时起爆,以削弱主药包产生的空气冲击波。地下爆破区附近巷道构筑不同形式和材料的阻波墙,阻波墙可以消减冲击波强度98%以上。

第七节　爆破事故的分类与预防安全技术措施

爆破作业是煤矿开采生产中的重要工艺环节。长期以来,煤炭行业因爆破作业而造成的伤亡事故屡有发生。煤矿爆破事故中,早爆、盲炮处理不当、巷道贯通爆破、遇老空区爆破、接近积水区的爆破等引发的事故较多发生。确保爆破作业安全性已经成为煤矿企业安全工作的重中之重。煤矿企业应做好爆破作业安全准备工作,爆破作业安全准备工作应包含组织机构及人员分工、爆破作业通告、安全警戒范围及警戒、清理现场4个方面内容。

一、爆破事故的分类

(一)早爆事故

早爆就是炸药在预定的起爆时间之前起爆。主要包括明火引起的爆炸事故、火炮事故、电炮事故、运输事故、高温环境造成的早爆事故、打残眼事故、销毁爆破器材违章事故、误操作引起早爆、石头砸响引起的早爆和化学反应引起的早爆等事故。

(二)拒爆事故

主要包括炸药质次或过期变质拒爆、电爆网路拒爆、导爆索网路拒爆、非电导爆管网路拒爆、导火索起爆的拒爆。装药堵塞作业造成的拒爆等。其中,使用过期或变质的爆破器材其性能得不到保证,会严重影响爆破效果,甚至还会引起安全事故。

(三)其他事故

主要包括警戒疏漏事故、飞石事故、地震事故、空气冲击波事故、毒气事故等。

(四)爆破引发的次生事故

主要包括透水事故、瓦斯突出事故、塌方事故、粉尘爆炸事故、滑坡事故、爆堆运动造成的安全事故、水浪事故等。

二、预防爆破事故的技术措施

(一)预防早爆事故的技术措施

导致早爆的原因是多方面的,如爆破器材质量不合格;工作面上杂散电流的存在;使用装药机械时的静电积聚;炸药自燃导致的自爆;感度高的炸药或起爆器材受到机械能作用引起的意外早爆等等。早爆可对现场施工人员造成严重伤害。

1. 杂散电流的防治

杂散电流是指来自电爆网路之外的电流。它有可能使电爆网路发生早爆事故。因此在井巷掘进中,要经常监测杂散电流,超过30 mA时,必须采取可靠的预防措施。

(1)杂散电流的来源。架线电机车的电气牵引网路电流经金属物或大地返回直流变电所的电流。实践证明,在轨道接头电阻较大、轨道与巷道底板之间的过渡电阻较小的情况下,就会有大量电流流入大地,形成杂散电流。在有架线式电机车通过的巷道中,特别是电机车启动的瞬间,测得的杂散电流值高达几百甚至几千毫安以上。当直流变电所停电时,杂散电流就会急剧下降。因此,架线式电机车牵引网路漏电是井下杂散电流的主要来源。

动力或照明交流电路漏电。当井下电器设备或照明线路的绝缘遭到破坏时,容易发生漏电。在潮湿环境和有金属导体时,就会产生杂散电流。

化学作用漏电。在装药过程中,撒在底板上的硝铵炸药,遇水可能形成化学来源。因为硝酸铵溶于水后离解成为带正电荷的铵离子和带负电的硝酸根离子,在大地自然电流作用下,铵离子趋向负极,硝酸根离子趋向正极,在铁轨、风水管等导体之间形成电位差,即产生杂散电流,其数值可达到几十毫安。

因电磁辐射和高压线路电感应产生杂散电流。在大功率的广播电台或电视台附近进行电力起爆时,接收天线对电爆网路产生感应电流,有可能达到危险值。应将没有形成雷管脚线网路闭合面积的保持短路,将起爆网路形成闭合面积的保持断路,防止产生感应电流引起早爆。

位于输电高压线附近的电爆网路,以及与铁路的接触线靠近的电爆网路都可能感应产生电流,发生危险。

(2)杂散电流的防治。由于杂散电流可引起电雷管爆炸,具有很大危害,因此,一般需测定流过电雷管的杂散电流值。测量时间取 0.5~2 min。按规定,采用电雷管起爆时,杂散电流不应超过30 mA。大于 30 mA 时,必须采取必要的安全措施。

尽量减少杂散电流的来源,特别要注意防止架线式电机车牵引网路的漏电。一般可在铁轨接头处焊接铜导线以减少接头电阻;采用绝缘道碴或疏干巷道底板与铁轨之间的电阻,以减少漏电等。

确保电爆网路的质量,爆破导线不得有裸露接头;防止损伤导线的绝缘包皮;雷管脚线或已与雷管连接的导线两端,在接入起爆电源前,均应扭接短路,防止杂散电流流入。

在爆区采取局部或全部停电的方法可使杂散电流迅速减小,必要时可将爆区一定范围内的铁轨、风水管等金属导体拆除。

采用紫铜桥丝低电阻电雷管或无桥丝电雷管,但必须相应地采用高能发爆器作为起爆电源。采用非电起爆系统,如导爆管、导爆索和导火索等。但在煤矿井下有瓦斯、煤尘时,不得使用。

2. 静电的防治

静电表现为高电压、小电流,静电电位往往高达几千伏特甚至上万伏特。静电之所以能够造成危害,主要是由于它能聚积在物体表面上面达到很高的电位,并发生静电放电火花。当高电位的带电体与零电位或低电位物体接触形成不大的间隙时,就会发生静电放电火花。这种贮存起来的静电荷可能通过电雷管导线向大地放电,而引起雷管爆炸。雷管脚线上的分流屏蔽和绝缘,在这样条件下不能提供可靠的保护,因为此时电压高到足以使绝缘击穿,有可能引起爆区发生早爆事故。

为预防静电引起的早爆事故,可以采取以下措施:

(1)在压气装药系统中采用半导体输药管。

(2)对装药工艺系统采用良好的接地装置。

(3)采用抗静电雷管。

(4)预防机械产生的静电影响。

对爆区附近的一切机械运转设备,除要有良好的接地外,雷管和电爆网路要尽量远离。必要时,在可能产生静电的区域附近,正当连接电爆网路时,以及整个网路起爆之前,让机械运转设备暂停运行。机械系统的接地导线和接地极应远离钢轨、导线和管路,避免钢轨和金属管线将杂散电流传送到爆破网路。

3. 雷电的预防

由于雷电产生很大的电流,即使较远的雷电,也可能给地下和露天作业的电与非电起爆系统带来危害。

因此,在进行爆破工作前,应事先了解天气情况,每当爆区附近出现雷电时,地面或地下爆破作业均应停止,一切人员必须撤到安全地点。为防止雷电引起早爆事故,雷雨天和雷击区不得采用电力起爆法,而应改为非电起爆法。对炸药库和有爆炸危险的工房,必须安设避雷装置,防止直接雷击引爆。

(二)预防盲炮(拒爆)事故的技术措施

1. 盲炮产生原因

在爆破工作中,会因多方原因发生拒爆(盲炮),具体包括以下几点:

(1)雷管受潮或因雷管密封防水失效。

(2)采用了不同厂不同批生产的雷管。

(3)雷管质量不合格,又未经质量性能检测。

(4)装药时雷管脱离药包或导火索脱离火雷管。

(5)通过拒爆雷管的起爆电流太小或通电时间过短,雷管得不到所必需的点燃冲能。

(6)起爆器充电时间过短,未达到规定的电压值。

(7)起爆器电容容量降低。

(8)交流电压低,输出功率不够。

(9)爆破网路电阻太大,未经改正,即强行起爆。

(10)爆破网路错接或漏接,导致起爆电流小于雷管的最低准爆电流。

(11)爆破网路有短接现象。

(12)爆破网路漏电、导线破损并与积水或泥浆接触,此时实测网路电阻远小于计算电阻值。

(13)爆破网路中的雷管反接、导爆索没搭接好、导爆索浸油或切头受潮。

(14)非防水炸药保管不善而受潮或超过有效期,发生硬化和变质现象。

(15)粉状混合炸药装药时药卷被捣实,使密度过大,或药卷直径过小。

(16)药卷与炮孔壁之间存在间隙效应。

(17)药卷之间有岩渣、岩粉阻隔。

(18)炮孔入水,未清理孔内积水,非防水炸药失效。

(19)连续装药脱节。

(20)粉状炸药流入裂缝、溶洞等其他原因。

当出现盲炮情形时,由于爆破作业人员未调查清楚发生拒爆的原因,就匆忙处理,加上处理方法不当,将会导致爆炸事故发生。

2. 盲炮的预防措施

(1)禁止使用不合格的爆破材料;不同厂家、不同类型、不同批次的雷管不准在爆破中混用。

(2)连线后应认真检查整个线路有无连错或连漏,并对爆破网路准爆电流进行计算,起爆前用专用爆破电桥测量爆破网路的电阻,实测的总电阻值与计算值差应小于10%。

(3)检查爆礴电源,并计算电源的起爆能力。

(4)对硝铵类炸药在装药时,应尽量避免压得过紧,密度过大。

(5)装药前要认真清除炮孔内的岩粉。

(6)对硝铵类炸药要注意间隙效应的发生,装药前可在药卷上涂一层黄油或黄泥。

3. 盲炮处理

处理盲炮前应由爆破技术负责人定出警戒范围,并在该区域边界设置警戒,处理盲炮时无关人员不许进入警戒区。

发现盲炮应立即上报,以防止发现人擅自处理,应派有经验的爆破员处理盲炮,硐室爆破的盲炮处理应由爆破工程技术人员提出方案并经单位技术负责人批准。

电力起爆网路发生盲炮时,应立即切断电源,及时将盲炮电路短路;再等待定时间(使用瞬发电雷管,至少等待 5 min;使用延期电雷管至少等待 15 min),才可沿线路检查,找出拒爆的原因。

导爆索和导爆管起爆网路发生盲炮时,应首先检查导爆索和导爆管是否有破损或断裂,发现有破损或断裂的可修复后重新起爆。

严禁强行拉出炮孔中的起爆药包和雷管。

盲炮处理后,应再次仔细检查爆堆,将残余的爆破器材收集起来统一销毁;在不能确认爆堆无残留的爆破器材之前,应采取预防措施并派专人监督爆堆挖运作业。

严禁用镐刨或者从炮眼中取出原放置的起爆药卷,或者从起爆药卷中拉出电雷管。不论有无残余炸药,严禁将炮眼残底继续加深;严禁使用打孔的方法往外掏药;严禁使用压风吹拒爆、残爆炮眼。

处理裸露爆破的盲炮,可安置新的起爆药包(或雷管)重新起爆或将未爆药包回收销毁;发现未爆炸药受潮变质,则应将变质炸药取出销毁,重新敷药起爆。但《煤矿安全规程》规定,在井下严禁裸露爆破。

浅孔爆破的盲炮处理应遵守下列规定:

(1)经检查确认起爆网路完好时,可重新起爆。

(2)可钻平行孔装药爆破,平行孔距盲炮孔不应小于 0.3 m。

(3)可用木、竹或其他不产生火花的材料制成的工具,轻轻地将炮孔内填塞物掏出,用药包诱爆。

(4)可在安全地点外用远距离操纵的风水喷管吹出盲炮填塞物及炸药,但应采取措施回收雷管。

(5)处理非抗水类炸药的盲炮,可将填塞物掏出,再向孔内注水,使其失效,但应回收雷管。

(6)盲炮应在当班处理,当班不能处理或未处理完毕,应将盲炮情况(盲炮数目、炮孔方向、装药数量和起爆药包位置,处理方法和处理意见)在现场交接清楚,由下一班继续处理。

深孔爆破的盲炮处理应遵守下列规定:

(1)爆破网路未受破坏,且最小抵抗线无变化者,可重新连接起爆;最小抵抗线有变化者,应验算安全距离,并加大警戒范围后,再连接起爆。

(2)可在距盲炮孔口不少于 10 倍炮孔直径处另打平行孔装药起爆。爆破参数由爆破工程技术人员确定并经爆破技术负责人批准。

(3)所用炸药为非抗水炸药,且孔壁完好时,可取出部分填塞物向孔内灌水使之失效,然后做进一步处理,但应回收雷管。

硐室爆破的盲炮处理应遵守下列规定:

（1）如能找出起爆网路的电线、导爆索或导爆管，经检查正常仍能起爆者，应重新测量最小抵抗线，重划警戒范围，连接起爆。

（2）可沿竖井或平硐清除填塞物并重新敷设网路连接起爆，或取出炸药和起爆体。

水下炮孔爆破的盲炮处理应遵守下列规定：

（1）因起爆网路绝缘不好或连接错误造成的盲炮，可重新连接起爆。

（2）对填塞长度小于炸药殉爆距离或全部用水填塞的水下炮孔盲炮，可另装入起爆药包诱爆。

（3）处理水下裸露药包盲炮，也可在盲炮附近投入裸露药包诱爆。

（4）在清渣施工过程中发现未爆药包，应小心地将雷管与炸药分离，分别销毁。

（三）预防巷道贯通爆破事故的技术措施

两条巷道掘进贯通时，涉及到互不通视的两个工作面，极易发生事故，为了确保安全，巷道贯通爆破必须符合下列规定和要求：

（1）用爆破方法贯通井巷时，必须有准确的测量图，每班在图上填明进度。测量人员必须勤给中、腰线，打眼工和爆破工要严格按中、腰线调整方向和坡度，布置炮眼。

（2）当贯通的两个工作面相距 20 m（在有冲击地压煤层中，两个掘进工作面相距 30 m）前，地测部门必须事先下达通知书，并且只准从一个工作面向前接通。停掘的工作面必须保持正常通风，经常检查风筒是否脱节，还必须正常检查工作面及其回风流中的瓦斯浓度，瓦斯浓度超限时，必须立即处理。掘进工作面每次装药爆破前，班组长必须派专人和瓦斯检查员共同到停掘工作面检查工作面及其回风流中的瓦斯浓度，瓦斯超限时，先停止掘进工作面的工作，然后处理瓦斯。只有当两个工作面及其回风巷风流中的瓦斯浓度都在 1% 以下时，掘进工作面方可装药爆破。每次爆破前，在两个工作面内必须设置栅栏和有专人警戒。间距小于 20 m 的平行巷道，其中一个巷道爆破时，两个工作面的人员都必须撤离至安全地点。

（3）贯通爆破前，要加固贯通地点支架，背好帮顶，防止崩倒支架或冒顶埋人。

（4）距贯通地点 5 m 内，要在工作面中心位置打超前探眼，探眼深度要大于炮眼深度 1 倍以上，眼内不准装药，在有瓦斯工作面，爆破前用炮泥将探眼填满。

（5）停掘已久的巷道贯通时，应按上述规定认真执行，并在贯通前，严格检查停掘巷道的瓦斯、煤尘、积水、支架和顶板，发现问题，立即处理，否则不准贯通。

（6）由班组长指派警戒人，并亲自接送。在班组长或班组长指定的专人来接以前，警戒人不得擅离岗位。

（7）两巷较近时，可采取少装药、放小炮的办法进行爆破，防止崩跨巷道。

（8）到预测贯通位置而未贯通时，应立即停止掘进，查明原因，重新采取贯通措施。

（四）预防老空区爆破事故的技术措施

老空区也称老塘，是井下采空区和报废巷道的总称。由于老空区里面没有排水和通风设施，往往积存着大量的水、瓦斯和其他有害气体，爆破时如误穿老空区，往往易发生突然涌水、人员中毒和瓦斯爆炸等恶性事故。所以，在接近老空区时，必须制定安全措施，并注意以下事项：

（1）爆破地点距老空 15 m 前，必须通过打探眼、探钻等有效措施，探明老空区的准确位置和范围、水、火、瓦斯等情况，必须根据探明的情况采取措施，进行处理。否则不准装药或爆破。

（2）打眼时，如发现炮眼内出水异常，煤、岩松散，工作面温度骤高骤低，瓦斯大量涌出等异常情况，说明工作面已临近老空区，必须查明原因，采取有效的放水、瓦斯排放等措施，爆破条件具备时才可以装药爆破。

（3）揭露老空爆破时，必须将人员撤至安全地点，并在无危险地点起爆。只有经过检查，证明无危险后，方可恢复工作。

（4）必须坚持"有疑必探，先探后掘"的原则，发现异常情况，必须查明原因，采取措施，否则不准装药爆破，以免误穿老空区，发生透水、火灾、大量涌出瓦斯以及瓦斯爆炸等事故。

（五）预防接近积水区的爆破事故的技术措施

由于水具有较强的流动性和渗透性，当地质、水文地质情况和采空区位置不明，或测量不准确，以及过去小煤窑的存在，往往在爆破时误穿积水区导致大量积水涌出，造成冲毁设备，伤亡人员，甚至淹没矿井等严重事故。透水是煤矿五大灾害之一，因此，在接近积水区爆破时，必须加强管理，并采取如下安全措施：

（1）在接近溶洞、含水丰富的地层（流沙层、冲积层、风化带等）、导水断层、积水的井巷和老空，打开隔水煤（岩）柱放水等有透水危险的地点爆破时，必须坚持"有疑必探，先探后掘"的原则。

专家解读 含水或导水断层防隔水煤（岩）柱的设计应符合《煤炭矿井防治水设计规范》（GB 51070—2014）的规定。

（2）接近积水区时，要根据已查明的情况进行切实可行的排放水设计，制定安全措施，否则严禁爆破。

（3）工作面或其他地点发现有透水预兆（挂红、挂汗、空气变冷、出现雾气、水叫、顶板来压、顶板淋水加大、地板鼓起或产生裂隙出现涌水、水色发浑有臭味、煤岩变松软等其他异状）时，必须停止作业，爆破工停止装药、爆破，及时汇报，采取措施，查明原因。若情况危急，必须发出警报，立即撤出所有受水害威胁地点的人员。

（4）打眼时，如发现炮眼涌水，要立即停止钻眼，不要拔出钻杆，并马上向班组长或调度室汇报。

（5）合理选择掘进爆破方法，在探水眼严密掩护下，可采取多打眼、少装药、放小炮的方法，以利保持煤体的稳定性。

（六）预防溜煤（矸）眼堵塞事故的技术措施

煤（矸）眼堵塞是矿井经常遇到的问题，用爆破方法崩落卡在溜煤（矸）眼中的煤、矸，也属于裸露爆破。由于溜煤（矸）眼被堵塞后，往往通风不好，容易积聚瓦斯，而且煤尘也多，极易引起瓦斯、煤尘爆炸。《煤矿安全规程》规定，处理卡在溜煤（矸）眼中的煤、矸时，如果确无爆破以外的其他方法，可爆破处理，但必须遵守下列规定：

（1）爆破前检查溜煤（矸）眼内堵塞部位的上部和下部空间的瓦斯浓度。

（2）爆破前必须洒水。

（3）使用用于溜煤（矸）眼的煤矿许用刚性被筒炸药，或者不低于该安全等级的煤矿许用炸药。

（4）每次爆破只准使用 1 个煤矿许用电雷管，最大装药量不应超过 450 g。

第八章 煤矿地压灾害防治相关标准与安全技术要求

第一节 矿山地压灾害分析

一、煤矿地压灾害基础知识

地压是泛指在岩体中存在的力,包括原岩对围岩的作用力、围岩间的相互作用力、围岩对支护体的作用力。当这种应力超过某一数值时,将会使岩体缓慢的或剧烈的变形或财产的伤害或损失,形成所谓的地压灾害。

地压灾害的主要表现为以下四个方面:

(1)采场顶板大范围跨落、陷落和冒顶的后果。

(2)巷道或采掘工作面的片帮、冒顶。

(3)在地应力作用下产生的冲击地压。

(4)采空区大范围垮落等。

产生地压灾害的主要原因有:

(1)回采顺序不合理,未及时处理采空区。

(2)采矿方法选择不合理和采场顶板管理不善。

(3)缺乏有效支护手段。

(4)检查不细致和疏忽大意。

(5)浮石处理操作不当。

(6)矿岩地质条件差,节理裂隙发育,地应力大等。

二、冒顶

冒顶是指地下开采中,上部矿岩层自然塌落的现象,主要是由于开采后,原先平衡的矿山压力遭到破坏而造成的。

(一)冒顶的类型

1.空顶引起的局部冒顶

空顶引起的局部冒顶是指巷道掘进中空顶后没有及时支护,而造成空顶范围内顶板危岩的冒落。

2.支架承载能力不足而引起的大面积冒顶

由于支架选择不合理、支护质量不合格而造成支架承载能力不足,或巷道过地质构造带、贯穿老巷,掘进下分层工作面巷道、上部冒落矸石没有压实,大范围岩层的下沉运动给巷道支架产生冲击载荷,当支架不能承受围岩运动的作用时而引起冒顶。

3.支架稳定性差引起的推垮型冒顶

在急倾斜煤层或倾角较大的倾斜煤层内掘进巷道(特别是破顶掘进)时,巷道上部顶板岩层在自重及上覆岩层的作用下,将产生一种沿层面的下滑力。当下滑力超出某一限度后,支架将不能承受这一侧向力而被推垮。

(二)发生冒顶时的预兆

入井人员要时刻注意施工地点的两帮和顶板。若顶板下沉,有响声、裂缝、片帮、掉碴、支架折断等现象,这是冒顶的前兆,必须立即采取措施,若情况紧急,要立即撤离险区,以防冒顶伤人。

(1)响声。经采掘挖空的地方,顶板会下沉断裂,顶板压力急剧加大时,木支架就会发出劈裂声,紧接着出现断梁断腿现象。金属支柱的活柱急速下缩(或下降),也发出很大的声响。有时能听到采空区内顶板发生断裂时的闷雷声。

(2)掉碴。顶板严重破裂时,折梁断柱就要增加,随后出现顶板掉碴现象,掉碴越多,说明顶板压力越大。在人工假顶下,掉下的碎矸石和煤渣更多,习惯上叫"煤雨"。这是将要发生冒顶的危险信号。

(3)片帮。冒顶前煤壁所受压力增加,煤也将变得松软,片帮煤比平时增多。

(4)裂缝。顶板裂缝可分为两种,一种是地质构造产生的自然裂隙;另一种是由于采空区顶板下沉引起的采动裂隙。

专家解读 对于裂缝,井下工人的经验是:流水的裂隙有危险,因为它深,缝里有煤泥;有水锈的无危险,因为它是老缝;茬口新的有危险,因为它是新生的。因此,裂缝加宽加深时,就有可能产生冒顶。

(5)漏顶。破碎的伪顶或直接顶,在大面积冒落前,有时因背顶不严或支架不牢,出现漏顶现象。漏顶如不及时处理,会使棚顶托空,支架松动。当顶板岩石继续冒落时,就会出现没有声响信号的大冒顶。

(6)脱层。顶板快要冒落时,常出现冒顶脱落现象,可通过问顶的办法观察出来。有时脱层很难发现,因此要用敲帮问顶的办法来判断。其方法是操作人员站在安全的地方,用长钢钎先捅掉破碎的煤或岩石后,再用手镐、斧等工具由轻而重地敲打顶板,如有空声,表明顶帮岩块或煤块有立即掉落的危险,要马上用长柄工具把悬空的煤块或石块撬下来。敲时若发出清脆的声音,则没有剥落。当剥层较厚时,则不好辨认,这时要用震动问顶法。

专家解读 震动问顶法是用左手指贴紧顶板,右手用镐等工具敲击顶板,如果手指有震动,说明顶板石块已脱离整体,有冒落的危险,如果声音清脆又没有震动,说明顶板坚实。

在某些特定条件下,冒顶前还会出现诸如瓦斯涌出量、涌水(淋水)量的异常变化等现象。

三、片帮

采煤工作面的煤壁,在矿山压力作用下,发生自然塌落的现象叫片帮,也叫滚帮或塌帮等。

(一)片帮发生的条件

通常情况下,在采高大、煤质松软、顶板破碎、矿山压力大的工作面容易发生片帮,而薄煤层和煤质坚硬的工作面一般不容易发生片帮。

(二)片帮的危害

随着采高的加大,煤壁片帮的概率增大,严重的煤壁片帮对大采高工作面的正常生产产生了很大的影响。主要包括以下2个方面:

(1)大采高工作面由于采高较大,煤壁片帮严重影响职工的人身安全与生产的正常进行。在地质构造复杂地带片帮非常严重,经常把工作面设备砸变形;片落的大块煤体无法通过采煤机,影响了正常割煤。

(2)煤壁片帮后,空顶距增大,引起端面漏冒,导致顶板条件恶化,而顶板条件恶化又导致支架接顶差,支架受力不均,容易引起支架部件损坏,进一步引发顶板事故。这样的恶性循环使大采高设备无法发挥其生产潜能,同时也是安全生产的巨大隐患。

四、冲击地压

(一)冲击地压的概念

冲击地压(又称冲击矿压、岩爆),是指井巷或工作面周围煤岩体,在采掘扰动作用下,由于弹性能的瞬时释放而突然产生剧烈破坏的动力现象,常伴有煤岩体抛出、巨响、气浪等现象。

冲击倾向性是指煤岩体是否能够发生冲击地压的自然属性,可通过实验室测试鉴定。

冲击危险性是指煤岩体发生冲击地压的可能性与危险程度,受矿山地质因素与矿山开采条件综合影响。冲击危险性评价结果分为无危险、弱危险、中等危险与强危险4个等级。

冲击地压煤层和冲击地压矿井的界定是冲击地压防治的基础和前提。矿井如果发生过冲击地压,则直接认定为冲击地压矿井。矿井煤层或其顶底板岩层经测试鉴定具有冲击倾向性,并且经评价具有冲击危险性的煤层,则该煤层确定为冲击地压煤层。

(二)冲击地压的原理

冲击地压就其现象而言是指煤岩体突然破坏,并伴有强烈振动和冲击波产生,具有较大破坏力的动力现象。具体来说就是压力超过煤岩体的强度极限,聚积在巷道周围煤岩体中的能量突然释放,在井巷发生爆炸性事故,动力将煤岩体抛向巷道,同时发出巨大声响,造成煤岩体振动和岩体破坏,支架与设备损坏,人员伤亡,部分巷道垮落破坏等。冲击地压还会引发其他矿井灾害,如瓦斯、煤尘的爆炸、火灾以及水灾,干扰通风系统等。

(三)冲击地压的分类

按照产生冲击地压的力源划分,我国的冲击地压可分为重力型、构造应力型和混合型(重力、构造应力兼有)。重力型冲击地压基本上没有(或极少有)构造应力参与,在一定的顶底板和深度条件下,由采掘影响引起的冲击地压。构造型冲击地压主要受构造应力支配,与构造形迹有密切关系。混合型冲击地压不仅受重力的影响,同时受构造应力的支配,是在两者综合作用下产生的。

按冲击地压发生的地点划分,冲击地压又可分为巷道冲击和工作面冲击。巷道冲击指冲击地压发生在巷道附近,主要造成巷道的破坏。工作面冲击指发生在工作面附近的冲击地压,主要造成工作面煤壁及其设备的破坏。

(四)冲击地压发生的条件

1. 自然地质条件

(1)煤层的物理力学性质。该因素为冲击地压发生的本质内在因素,通常具有冲击危险的煤层具有以下的特点:煤质较硬,易发生脆性破坏;煤层自然含水率低,一般不超过3%;煤层厚度较大或厚度变化大;煤体在达到强度极限以前的变形主要表现为弹性变形。

(2)开采深度。冲击地压的发生,除受内在因素影响外,外在因素也是引发该灾害发生的导火索。其中煤体所处的应力水平是一个主要外在因素,开采深度与煤体内的应力水平基本成正比,即开采深越大,煤体内的应力越高,煤体变形和积聚的弹性潜能也越大,发生冲击的可能性也就越大。

(3)煤层顶(底)板强度。具有冲击倾向的煤体,单位体积积蓄的能量越高,冲击的可能性就越大。顶(底)板强度较高的情况下,一方面,开采后的悬露面积较大,顶(底)板的相对运动对煤体形成夹持作用,在煤体一定深度范围内形成较高的支承压力,促使煤体进一步变形;另一方面,由于顶底板强度较高,可变形较小,煤体中积蓄的能量不易被顶底板吸收掉,因此,容易发生冲击地压。当顶底板强度较低,以上两个方面均不成立,冲击的倾向性也相应减小。

(4)地质构造。地质构造对于冲击地压的发生也会产生很大的影响,构造应力的作用可以使发生冲击地压的临界深度明显减小。在构造应力集中的构造地带,构造应力能促使发生冲击地压。通常,冲击地压大多发生在煤田次一级向斜和背斜构造地带。因为次一级向斜和背斜构造带的构造应力比主向斜、背斜翼部宽缓部位的构造应力大,且次一级向斜、背斜转折部位因构造应力集中,危险性更大。

2. 生产技术条件

(1)采煤方法。一般来说,短壁体系的采煤方法,巷道交叉多,易形成多处支承压力叠加,从而导致冲击地压。因此,具有冲击危险的煤层宜采用直线长壁式开采。

(2)采掘程序。巷道相向掘进,回采工作面相向推进,以及在回采工作面前方的支承压力带内开掘巷道,都会使支承压力叠加而易引发冲击地压。因此,应当避免同区段上两翼的工作面同时接近上山。

(3)顶板管理。顶板管理方法影响煤体内支承压力的大小和分布。如采用刀柱法管理顶板,由于顶板不垮落,从而将采空区域内上覆岩层重力传递到了刀柱上,在此形成较大的压力集中,不仅刀柱本身易发生冲击地压,而且在下层近距离煤层的相应部位亦可发生冲击地压。

(4)煤柱。煤柱是开采中形成的孤立体。孤岛形或半岛形煤柱可能承受多个采空区方向引起的支承压力,不仅煤柱本身易发生冲击地压,而且上层煤柱上的集中压力会传递到下层,从而在下层的相应部位亦容易发生冲击地压。

(5)放炮。放炮导致冲击地压的原因主要包括两个方面:一方面,放炮产生的强烈振动和冲击波,在煤体内产生动态应力,与原有应力的叠加后,打破了使原来煤体的平衡状态,迅速释放弹性能量,造成冲击;另一方面,放炮后原高应力区煤体的侧向约束迅速解除,其受力状态改变,强度降低,以致迅速破坏造成冲击。

(六)冲击地压发生的征兆

煤矿冲击地压发生的征兆如下:

(1)工作面、巷道顶板压力骤然增大,工作面超前支护段顶梁、单体变形、破坏。

(2)工作面、巷道片帮严重,顶板下沉加剧,巷道底板鼓起。

(3)钻孔钻进时,动力效应明显,有卡钻、吸钻、顶钻、钻杆跳动剧烈、钻孔内有异响等现象,钻孔内排出的煤粉量大大超过正常量,有碎煤块。

(4)煤炮频繁,声响由小逐渐增大、加密,由清脆变沉闷。

(5)利用电磁辐射仪监测时,电磁辐射值或脉冲数随时间呈增长趋势或先随时间增长,而后突然降低,然后又呈增长趋势。

在矿山开采过程中,矿山地压灾害的发生大多数情况下是由许多危险、有害因素综合作用的结果,应具体情况具体分析,并制定相应的防治措施。

五、采空区

(一)采空区的概念

地下开采空间围岩失稳而产生位移、开裂、破碎垮落,直到上覆岩层整体下沉、弯曲所引起的地表变形和破坏的区域及范围,统称采空区。就煤矿而言,煤矿作业过程中,将地下煤炭或煤矸石等开采完成后留下的空洞或空腔称为采空区。

(二)煤矿采空区的形成

因煤矿开采过程,需要将地下煤炭资源开采运走,一般会在掘进过程中,采用类似道路上过山隧道方法,逐步打通地下煤炭所在位置到煤矿井口间的隧道,一般会将开采过程中遇到的矿石、煤炭等运送到地面,以便形成合理的运送和开采作业面,随着煤炭和其他矿石的不断运出,地下形成了煤矿采空区。

煤矿采空区一般会以煤矿井口为中心,向煤炭资源存储点形成采煤巷道,采煤巷道类似过山隧道的形状。

当采空区出现后,打破了原有的应力平衡状态,上覆岩层失去支撑,产生移动变形,直到破坏塌落。采空区塌陷后,形成采空塌陷区。以煤层采空塌陷区为例,可分为三个带:

(1)垮落带:由采煤引起的上覆岩层破裂并向采空区垮落的范围。

(2)断裂带:垮落带上方的岩层产生断裂或裂缝,但仍保持其原有层状的岩层范围。

(3)弯曲带:断裂带上方直至地表产生弯曲的岩层范围。

(三)煤矿采空区的分类

煤矿采空区类型可根据开采规模、形式、时间、采深及煤层倾角等进行划分,并应符合下列规定:

(1)可根据开采规模和采空区面积划分为大面积采空区和小窑采空区。小窑采空区是指采空范围较窄、开采深度较浅、采用非正规开采方式开采、以巷道采掘并向两边开挖支巷道、分布无规律或呈网格状、单层或多层重叠交错、大多不支撑或临时简单支撑,任其自由垮落的采空区。

(2)可根据煤层开采形式划分为长壁式开采、短壁式开采、条带式开采、房柱式开采等采空区。长壁式开采是指采煤工作面长度一般在60 m以上的开采,分为走向长壁开采和倾斜长壁开采。

(3)可根据开采时间和采空区地表变形阶段分为老采空区、新采空区和未来(准)采空区。

(4)可根据采深及采深采厚比分为浅层采空区、中深层采空区和深层采空区。浅层采空区是指采深(H)<50 m,或50 m≤采深(H)<50 m且采深采厚比(H/M)<30的采空区。深层采空区是指采深(H)≥300 m,或200 m≤采深(H)<300 m且采深采厚比(H/M)≥60的采空区。

(5)可根据煤层倾角分为水平(缓倾斜)采空区、倾斜采空区和急倾斜采空区。急倾斜采空区是指煤层倾角大于55°的采空区。

第二节　煤矿冲击地压灾害防治相关技术和标准

一、煤矿冲击地压防治的总体要求和一般规定

(一)总体要求

煤矿企业(煤矿)的主要负责人(法定代表人、实际控制人)是冲击地压防治的第一责

任人,对防治工作全面负责;其他负责人对分管范围内冲击地压防治工作负责;煤矿企业(煤矿)总工程师是冲击地压防治的技术负责人,对冲击地压防治技术工作负责。

冲击地压防治费用必须列入煤矿企业(煤矿)年度安全费用计划,满足冲击地压防治工作需要。

冲击地压矿井必须编制冲击地压事故应急预案,且每年至少组织 1 次应急预案演练。

冲击地压矿井必须建立冲击地压防治安全技术管理制度、防治岗位安全责任制度、防治培训制度、事故报告制度等工作规范。

鼓励煤矿企业(煤矿)和科研单位开展冲击地压防治研究与科技攻关,研发并推广使用新技术、新工艺、新材料、新装备,提高冲击地压防治水平。

(二)一般规定

1. 煤层(岩层)冲击倾向性鉴定

有下列情况之一的,必须进行煤层(岩层)冲击倾向性鉴定:

(1)有强烈震动、瞬间底(帮)鼓、煤岩弹射等动力现象的。

(2)埋深超过 400 m 的煤层,且煤层上方 100 m 范围内存在单层厚度超过 10 m、单轴抗压强度大于 60 MPa 的坚硬岩层。

(3)相邻矿井开采的同一煤层发生过冲击地压或经鉴定为冲击地压煤层的。

(4)冲击地压矿井开采新水平、新煤层。

开采具有冲击倾向性的煤层,必须进行冲击危险性评价。煤矿企业应当将评价结果报省级煤炭行业管理部门、煤矿安全监管部门和煤矿安全监察机构。冲击危险性评价可采用综合指数法或其他经实践证实有效的方法。评价结果分为 4 级:强冲击地压危险、中等冲击地压危险、弱冲击地压危险、无冲击地压危险。煤矿企业应当将评价结果报省级煤炭行业管理部门、煤矿安全监管部门和煤矿安全监察机构。

2. 矿井防治冲击地压工作要求

矿井防治冲击地压(简称防冲)工作应当遵守下列规定:

(1)设专门的机构与配备专业人员。

(2)坚持"区域先行、局部跟进、分区管理、分类防治"的防冲原则。

(3)必须编制中长期防冲规划与年度防冲计划,采掘工作面作业规程中必须包括防冲专项措施。

(4)开采冲击地压煤层时,必须采取冲击危险性预测、监测预警、防范治理、效果检验、安全防护等综合性防治措施。

(5)必须建立防冲培训制度。

专家解读 冲击地压矿井应当设立专门的防治冲击地压机构,负责冲击地压防治工作,并配备专职防冲技术人员与专职施工队伍。冲击地压矿井应当完善各项防冲管理制度,明确各级管理人员工作岗位责任制,开展防冲工作。

区域先行是指从采掘布局、开采设计等方面避免或降低采掘区域应力集中,防止冲击地压发生。采掘作业前应当开展采掘区域危险性评价、危险区域划分、防冲设计、冲击危险性监测与治理方案制定、区域性监测预警等工作。局部跟进是在采掘作业过程中,根据监测信息、冲击地压防治效果和新揭露的地质条件等动态信息,调整并优化冲击地压监测和防治技术体系。

冲击地压矿井中长期防冲规划应当对待开采区域进行冲击危险性评价,划分冲击危险区域,明确冲击地压防治技术措施。冲击地压矿井年度防冲计划应当确定年度采掘范围内冲击地压危险区域,制定防治专项措施。防冲专项措施应当包括作业区域冲击危险性的评价与区域划分、地质构造说明与简明图表,周边(包括上、下层)开采位置及其影响范围图,掘进与回采方法及工艺,巷道及采煤工作面的支护,爆破作业制度,冲击地压防治措施及发生冲击地压灾害时的避灾路线和应急措施等。

防范治理包括区域防范治理和局部解危措施。区域防范治理包括开采保护层、优化生产布局、合理调整开采顺序、确定合理开采方法、降低应力集中、提前采取卸压措施等。局部解危措施包括煤层注水、爆破卸压、钻孔卸压、水力压裂等。

效果检验是对冲击危险区域解危效果有效性的评价。效果检验方法有地应力、电磁辐射、微震、钻屑法等。

安全防护是指避免因冲击地压造成人员伤害和设备损坏所采取的措施,包括系统完善、人身防护、设备固定、加强支护等。

3. 新建和冲击地压矿井的一般规定

新建矿井和冲击地压矿井的新水平、新采区、新煤层有冲击地压危险的,必须编制防冲设计。防冲设计应当包括开拓方式、保护层的选择、巷道布置、工作面开采顺序、采煤方法、生产能力、支护形式、冲击危险性预测方法、冲击地压监测预警方法、防冲措施及效果检验方法、安全防护措施等内容。

新建矿井防冲设计还应当包括防冲机构和管理制度、冲击地压防治培训制度和应急预案、防冲必须具备的装备等。新水平防冲设计还应当包括多水平之间相互影响、多水平开采顺序、水平内煤层群的开采顺序、保护层设计等。新采区防冲设计还应当包括采区内工作面采掘顺序设计、冲击地压危险区域与等级划分、基于防冲的回采巷道布置、上下山巷道位置以及停采线位置等。

冲击地压矿井应当按采掘工作面的防冲要求进行矿井生产能力核定,在冲击地压危险区域采掘作业时,应当按冲击地压危险性评价结果明确采掘工作面安全推进速度,确定采掘工作面的生产能力。提高矿井生产能力和新水平延深时,必须组织专家进行论证。

矿井具有冲击地压危险的区域,采取综合防冲措施仍不能消除冲击地压危险的,不得进行采掘作业。

4. 冲击地压矿井巷道布置与采掘作业的一般规定

冲击地压矿井巷道布置与采掘作业应当遵守下列规定:

(1)开采冲击地压煤层时,在应力集中区内不得布置2个工作面同时进行采掘作业。为避免应力叠加导致冲击地压的发生,2个掘进工作面之间的距离小于150 m时,采煤工作面与掘进工作面之间的距离小于350 m时,2个采煤工作面之间的距离小于500 m时,必须停止其中一个工作面,确保两个回采工作面之间、回采工作面与掘进工作面之间、两个掘进工作面之间留有足够的间距。相邻矿井、相邻采区之间应当避免开采相互影响。

【专家解读】 在集中应力影响范围内,若布置2个工作面同时回采或掘进会使2个工作面的支承压力呈叠加状态,其值成倍增长,极易诱发冲击地压。因此,为避免冲击地压煤层的采、掘工作面在时间、空间上的相互干扰影响,工作面之间应留有足够的采掘错距。

同一巷道2个掘进工作面相向掘进之间的距离不应小于150 m,如图8-1(a)所示;相邻巷道2个掘进工作面相向掘进之间的斜距不应小于150 m,如图8-1(b)所示。

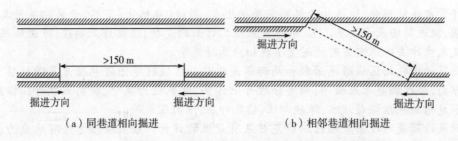

（a）同巷道相向掘进　　　　　　　　　（b）相邻巷道相向掘进

图 8-1　冲击地压危险煤层掘进工作面相隔距离要求

相邻掘进工作面与采煤工作面相向推进之间的距离不应小于 350 m，如图 8-2（a）所示；临近掘进工作面与采煤工作面相向推进之间的斜距不应小于 350 m，如图 8-2（b）所示；临近掘进工作面与采煤工作面同向推进之间的斜距不应小于 350 m，如图 8-2（c）所示。

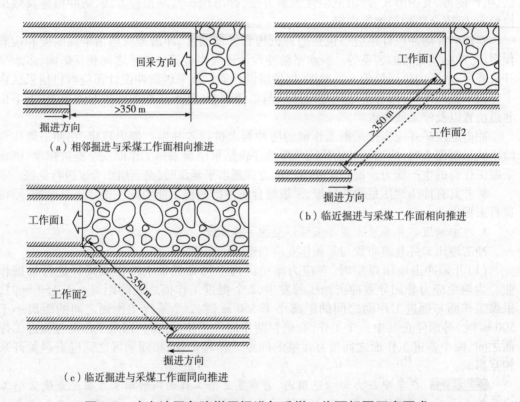

（a）相邻掘进与采煤工作面相向推进

（b）临近掘进与采煤工作面相向推进

（c）临近掘进与采煤工作面同向推进

图 8-2　冲击地压危险煤层掘进与采煤工作面相隔距离要求

同一采（盘）区上下煤层工作面同向推进之间的距离不应小于 500 m，如图 8-3（a）所示，两翼工作面相向推进之间的距离不应小于 500 m，如图 8-3（b）所示。

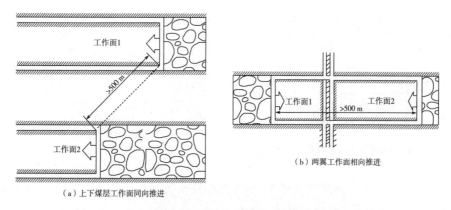

（a）上下煤层工作面同向推进　　　　（b）两翼工作面相向推进

图 8-3　冲击地压危险煤层采煤工作面相隔距离要求

（2）开拓巷道不得布置在严重冲击地压煤层中，永久硐室不得布置在冲击地压煤层中。煤层巷道与硐室布置不应留底煤，如果留有底煤必须采取底板预卸压措施。

（3）严重冲击地压厚煤层中的巷道应当布置在应力集中区外。冲击地压煤层双巷掘进时，2 条平行巷道在时间、空间上应当避免相互影响。

（专家解读）在双巷同时掘进时，为避免两条平行巷道在时间、空间上的相互干扰影响，双巷之间的前后错距应大于 150 m（如图 8-4 所示）。

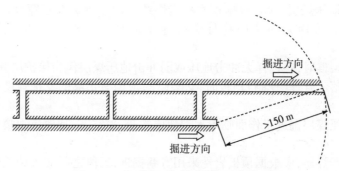

图 8-4　双巷掘进巷道错距示意图

（4）冲击地压煤层应当严格按顺序开采，不得留孤岛煤柱。采空区内不应留有煤柱，如果必须在采空区内留煤柱时，应当进行安全性论证，报企业技术负责人审批，并将煤柱的位置、尺寸以及影响范围标在采掘工程平面图上。开采孤岛煤柱时，应进行防冲安全开采论证；严重冲击地压煤矿不得开采孤岛煤柱。

（专家解读）工作面两侧及两侧以上边界为采空区，称为孤岛工作面。受多个方向支承压力叠加影响，孤岛工作面开采应力水平较高，顶板运动剧烈，冲击地压危险更高。孤岛工作面（煤柱）的布置方式如图 8-5 所示。

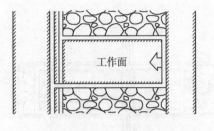

（a）两面采空（两巷侧采空）

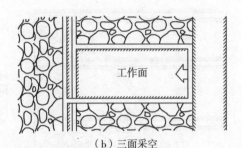

（b）三面采空

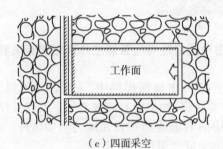

（c）四面采空

图 8-5 孤岛工作面（煤柱）布置示意图

（5）对冲击地压煤层，应当根据顶底板岩性适当加大掘进巷道宽度。应当优先选择无煤柱护巷工艺，采用大煤柱护巷时应当避开应力集中区，严禁留大煤柱影响邻近层开采。

（6）开采煤层群时，应选择无冲击地压或弱冲击地压煤层作为保护层开采。

（7）采用垮落法管理（控制）顶板时，支架（柱）应当有足够的支护强度，采空区中所有支柱必须回净。

（8）冲击地压煤层掘进工作面临近大型地质构造、采空区、其他应力集中区时，必须制定专项措施。

（9）冲击地压煤层，应根据顶板岩性采用宽巷掘进；区段之间应采用无煤柱或窄煤柱；采用大煤柱护巷时，应避开应力集中区，严禁留大煤柱影响邻近层开采。巷道支护严禁采用混凝土、金属等刚性支架。严重冲击地压厚煤层中的巷道，应布置在应力集中区外；双巷掘进时，2 条平行巷道在时间、空间上，应避开相互影响。

（10）应当在作业规程中明确规定初次来压、周期来压、采空区"见方"等期间的防冲措施。

（11）在无冲击地压煤层中的三面或者四面被采空区所包围的区域开采和回收煤柱时，必须制定专项防冲措施。

（12）有煤（岩）与瓦斯（二氧化碳）突出危险煤（岩）层以及有冲击地压危险的煤层中不得布置井下车场巷道和主要硐室。

专家解读 工作面回采后采空区走向长度与工作面倾斜长度近似相等，如图 8-6（a）所示，即为采空区"见方"。采空区"见方"时上覆岩层呈正"$O-X$"破断，如图 8-6（b）所示，应力集中程度高，矿压显现明显，是冲击地压的重点防治阶段。

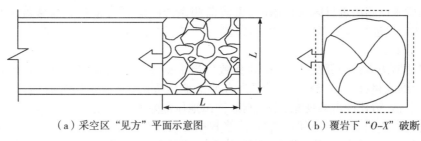

（a）采空区"见方"平面示意图　　　　（b）覆岩下"O-X"破断

图8-6　工作面采空区"见方"示意图

5. 其他相关规定

具有冲击地压危险的高瓦斯、煤与瓦斯突出矿井，应当根据本矿井条件，综合考虑制定防治冲击地压、煤与瓦斯突出、瓦斯异常涌出等复合灾害的综合技术措施，强化瓦斯抽采和卸压措施。具有冲击地压危险的高瓦斯矿井，采煤工作面进风巷（距工作面不大于10 m处）应当设置甲烷传感器，其报警、断电、复电浓度和断电范围同突出矿井采煤工作面进风巷甲烷传感器。

煤矿矿井采掘单体液压支柱适用于不同矿山压力显现规律的工作面，冲击地压工作面使用时，安全阀最大溢流量应大于10 L/min。破碎顶板工作面使用时应采取措施防止漏顶。底板比压应大于16 MPa以上，底板比压小于16 MPa或支柱压入底板影响回柱的软底工作面应采用大底座或使用柱鞋。

具有冲击地压危险的复杂水文地质、容易自燃煤层的矿井，应当根据本矿井条件，在防治水、煤层自然发火时综合考虑防治冲击地压。

冲击地压矿井必须制定避免因冲击地压产生火花造成瓦斯燃烧、爆炸、煤尘等事故的专项措施。

开采具有冲击地压危险的急倾斜煤层、特厚煤层时，在确定合理采煤方法和工作面参数的基础上，应当制定防冲专项措施，并由企业技术负责人审批。

具有冲击地压危险的急倾斜煤层，顶板具有难垮落特征时，应当对顶板活动进行监测预警，制定顶板预裂或强制放顶等措施，实施措施后必须进行顶板处理效果检验。

二、煤矿冲击地压危险性预测、监测、效果检验

（一）冲击地压危险性预测

冲击地压矿井必须进行区域危险性预测（简称区域预测）和局部危险性预测（简称局部预测）。区域预测即对矿井、水平、煤层、采（盘）区进行冲击危险性评价，划分冲击地压危险区域和确定危险等级；局部预测即对采掘工作面和巷道、硐室进行冲击危险性评价，划分冲击地压危险区域和确定危险等级。区域预测和局部预测可根据地质与开采技术条件等，优先采用综合指数法确定冲击危险性。预测结果分为四类：强冲击地压危险区、中等冲击地压危险区、弱冲击地压危险区、无冲击地压危险区。根据不同的预测结果制定相应的防治措施。

（二）冲击地压的监测

冲击地压矿井必须建立区域与局部相结合的冲击地压危险性监测制度，区域监测应当覆盖矿井采掘区域，局部监测应当覆盖冲击地压危险区，区域监测可采用微震监测法等，局部监测可采用钻屑法、电磁辐射法、应力监测法等。

采用微震监测法进行区域监测时,微震监测系统的监测与布置应当覆盖矿井采掘区域,对微震信号进行远距离、动态、实时监测,并确定微震发生的时间、能量(震级)及三维空间坐标等参数。

采用钻屑法进行局部监测时,钻孔参数应当根据实际条件确定。记录每米钻进时的煤粉量,达到或超过临界指标时,判定为有冲击地压危险;记录钻进时的动力效应,如声响、吸钻、卡钻、钻孔冲击等现象,作为判断冲击地压危险的参考指标。

采用应力监测法进行局部监测时,应当根据冲击危险性评价结果,确定应力传感器埋设深度、埋设时间、测点间距、监测范围、冲击地压危险判别指标等参数,实现远距离、动态、实时监测。可采用矿压监测法进行局部补充性监测,掘进工作面每掘进一定距离设置顶底板动态仪和顶板离层仪,对顶底板移近量和顶板离层情况进行定期观测;回采工作面通过对液压支架工作阻力进行监测,分析采场来压程度、来压步距、来压征兆等,对采场大面积来压进行预测预报。

冲击地压矿井应当根据矿井的实际情况和冲击地压发生类型,选择区域和局部监测方法。可以用实验室试验或类比法先设定预警临界指标初值,再根据现场实际考察资料和积累的数据对初值做进一步修订,确定冲击危险性预警临界指标。

冲击地压矿井必须有技术人员专门负责监测与预警工作;必须建立实时预警、处置调度和处理结果反馈制度。

冲击地压危险区域必须进行日常监测,防冲专业人员每天对冲击地压危险区域的监测数据、生产条件等进行综合分析,判定冲击地压危险程度,并编制监测日报,报经矿防冲负责人、总工程师签字,及时告知相关单位和人员。

当监测区域或作业地点监测数据超过冲击地压危险预警临界指标,或采掘作业地点出现强烈震动、巨响、瞬间底(帮)鼓、煤岩弹射等动力现象,判定具有冲击地压危险时,应立即停止作业,按照冲击地压避灾路线迅速撤出人员,切断电源,并报告矿调度室。

(三)冲击地压的效果检验

冲击地压危险区域实施解危措施时,必须撤出冲击地压危险区域所有与防冲施工无关的人员,停止一切与防冲施工无关的设备的运转。实施解危措施后,必须对解危效果进行检验,检验结果小于临界值,确认危险解除后方可恢复正常作业。

停采3天及以上的冲击地压危险采掘工作面恢复生产前,防冲专业人员应当根据钻屑法、应力监测法或微震监测法等检测监测情况对工作面冲击地压危险程度进行评价,并采取相应的安全措施。

三、冲击地压的区域与局部防冲措施

冲击地压矿井必须采取区域和局部相结合的防冲措施。在矿井设计、采(盘)区设计阶段应当先行采取区域防冲措施;对已形成的采掘工作面应当在实施区域防冲措施的基础上及时跟进局部防冲措施。

冲击地压矿井应当选择合理的开拓方式、采掘部署、开采顺序、煤柱留设、采煤方法、采煤工艺及开采保护层等区域防冲措施。

冲击地压矿井进行开拓方式选择时,为尽可能地避免局部应力集中,应当参考地应力等因素合理确定开拓巷道层位与间距。

冲击地压矿井进行采掘部署时,应当将巷道布置在低应力区,优先选择无煤柱护巷或小煤柱护巷,降低巷道的冲击危险性。

冲击地压矿井同一煤层开采,应当优化确定采区的开采顺序,避免出现孤岛工作面等高应力集中区域。

冲击地压矿井进行采区设计时,应当避免开切眼和停采线外错布置形成应力集中,否则应当制定防冲专项措施。

根据煤层层间距、煤层厚度、煤层及顶底板的冲击倾向性等情况综合考虑保护层开采的可行性,具备条件的,必须开采保护层。优先开采无冲击地压危险或弱冲击地压危险的煤层,有效减弱被保护煤层的冲击危险性。

保护层的有效保护范围应当根据保护层和被保护层的煤层赋存情况、保护层采煤方法和回采工艺等矿井实际条件确定;保护层回采超前被保护层采掘工作面的距离应当符合《防治煤矿冲击地压细则》的规定;保护层的卸压滞后时间和对被保护层卸压的有效时间应当根据理论分析、现场观测或工程类比综合确定。

保护层开采应当遵守下列规定:

(1)具备开采保护层条件的冲击地压煤层,应当开采保护层。

(2)应当根据矿井实际条件确定保护层的有效保护范围,保护层回采超前被保护层采掘工作面的距离应当符合相关规定。

(3)开采保护层后,仍存在冲击地压危险的区域,必须采取防冲措施。

冲击地压煤层应当采用长壁综合机械化采煤方法。缓倾斜、倾斜厚及特厚煤层采用综采放顶煤工艺开采时,直接顶不能随采随冒的,应当预先对顶板进行弱化处理。

冲击地压矿井应当在采取区域措施基础上,选择煤层钻孔卸压、煤层爆破卸压、煤层注水、顶板水力致裂、顶板爆破预裂、底板钻孔或爆破卸压等至少一种有针对性、有效的局部防冲措施。采用爆破卸压时,必须编制专项安全措施,起爆点及警戒点到爆破地点的直线距离不应小于300 m,躲炮时间不应小于30 min。

采用煤层钻孔卸压防治冲击地压时,应当依据冲击危险性评价结果、煤岩物理力学性质、开采布置等具体条件综合确定钻孔参数。

冲击地压煤层采用局部防冲措施应当遵守下列规定:

(1)采用钻孔卸压措施时,必须制定防止诱发冲击伤人的安全防护措施。

(2)采用煤层爆破措施时,应当根据实际情况选取超前松动爆破、卸压爆破等方法,确定合理的爆破参数,起爆点到爆破地点的距离不应小于300 m。

(3)采用煤层注水措施时,应当根据煤层条件,确定合理的注水参数,并检验注水效果。

(4)采用底板卸压、顶板预裂、水力压裂等措施时,应当根据煤岩层条件,确定合理的参数。

采用煤层爆破卸压防治冲击地压时,应当依据煤岩物理力学性质、开采布置、冲击危险性评价结果等具体条件确定合理的爆破参数,包括孔深、孔距、孔径、装药量、封孔长度、起爆间隔时间、起爆方法、一次爆破的孔数。

采用煤层注水防治冲击地压时,应当根据煤层条件及煤的浸水试验结果等综合考虑确定注水孔布置、注水压力、注水时间、注水量等参数,并检验注水效果。

采用顶板爆破预裂防治冲击地压时,应当根据邻近钻孔顶板岩层柱状图、顶板岩层物理力学性质和工作面来压情况等,确定岩层爆破层位,依据岩层爆破层位确定爆破钻孔方位、倾角、长度、装药量、封孔长度等爆破参数。

采用顶板水力致裂防治冲击地压时,应当根据邻近钻孔顶板岩层柱状图、顶板岩层物理力学性质和工作面来压情况等,确定压裂孔布置(孔距、孔深、孔径)、高压泵压力、致裂时间等参数。

采用底板爆破卸压防治冲击地压时,应当根据邻近钻孔柱状图和煤层及底板岩层物理力学性质等煤岩层条件等,确定煤岩层爆破深度、钻孔倾角与方位角、装药量、封孔长度等参数。

采用底板钻孔卸压防治冲击地压时,应当依据冲击危险性评价结果、底板煤岩层物理力学性质、开采布置等实际具体条件综合确定卸压钻孔参数。

冲击地压危险工作面实施解危措施后,必须进行效果检验,确认检验结果小于临界值后,方可进行采掘作业。

防冲效果检验可采用钻屑法、应力监测法或微震监测法等,其指标参考监测预警的指标执行。

四、冲击地压安全防护措施

人员进入冲击地压危险区域时必须严格执行"人员准入制度"。人员准入制度必须明确规定人员进入的时间、区域和人数,井下现场设立管理站。

进入严重(强)冲击地压危险区域的人员必须采取穿戴防冲服等特殊的个体防护措施,对人体的主要部位加强保护。

有冲击地压危险的采掘工作面,供电、供液等设备应当放置在采动应力集中影响区外,且距离工作面不小于200 m;不能满足上述条件时,应当放置在无冲击地压危险区域。

评价为强冲击地压危险的区域不得存放备用材料和设备;巷道内杂物应当清理干净,保持行走路线畅通;对冲击地压危险区域内的在用设备、管线、物品等应当采取固定措施,管路应当吊挂在巷道腰线以下,高于1.2 m的必须采取固定措施。

冲击地压危险区域的巷道必须采取加强支护措施,采煤工作面必须加大上下出口和巷道的超前支护范围与强度,并在作业规程或专项措施中规定。严重冲击地压危险区域,必须采取防底鼓措施。加强支护可采用单体液压支柱、垛式支架、门式支架、自移式支架等。采用单体液压支柱加强支护时,必须采取防倒措施。

专家解读 在工作面临近大型地质构造、采空区或通过其他应力集中区等冲击地压危险区域时,必须加强巷道支护强度。严重冲击地压危险区域的锚杆、锚索、U型钢支架卡缆、螺栓等应当采取防崩措施,防止冲击过程中崩落伤人。

为降低严重冲击地压危险区巷道发生底板型冲击地压灾害,必须提前对巷道底板实施钻孔卸压、爆破卸压、开掘卸压槽等解危措施,必要时对底板进行支护,降低底板冲击危险性。

严重(强)冲击地压危险区域,必须采取防底鼓措施。防底鼓措施应当定期清理底鼓,并可根据巷道底板岩性采取底板卸压、底板加固等措施。底板卸压可采取底板爆破、底板钻孔卸压等;底板加固可采用U型钢底板封闭支架、带有底梁的液压支架、打设锚杆(锚索)、底板注浆等。

冲击地压危险区域巷道扩修时,必须制定专门的防冲措施,严禁多点同时作业,采动影响区域内严禁巷道扩修与回采平行作业。

冲击地压巷道严禁采用刚性支护,要根据冲击地压危险性进行支护设计,可采用抗冲击的锚杆(锚索)、可缩支架及高强度、抗冲击巷道液压支架等,提高巷道抗冲击能力。

有冲击地压危险的采掘工作面必须设置压风自救系统。在距采掘工作面25~40 m的巷道内、爆破地点、撤离人员与警戒人员所在位置、回风巷有人作业处等地点,至少设置1组压风自救装置。压风自救系统管路可以采用耐压胶管,每10~15 m预留0.5~1.0 m的延展长度。

冲击地压矿井必须制定采掘工作面冲击地压避灾路线,绘制井下避灾线路图。冲击地压危险区域的作业人员必须掌握作业地点发生冲击地压灾害的避灾路线以及被困时的自救常识。井下发生危险情况时,班组长、调度员和防冲专业人员有权责令现场作业人员停止作业,停电撤人。

发生冲击地压后,必须迅速启动应急救援预案,防止发生次生灾害。

恢复生产前,必须查清事故原因,制定恢复生产方案,通过专家论证,落实综合防冲措施,消除冲击地压危险后,方可恢复生产。

防治煤矿冲击地压基本流程如图8-7所示。

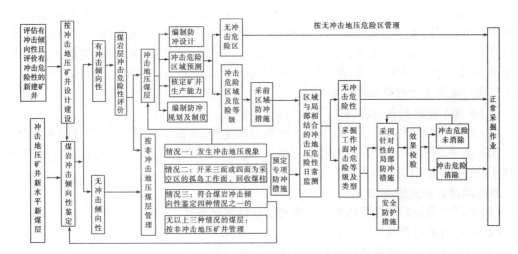

图 8-7 防治煤矿冲击地压基本流程

第三节 煤矿冒顶、片帮事故的防治

一、煤矿冒顶的防治

(一)冒顶事故的探测方法

1.观察法

顶板来压预兆主要有声响、掉渣、出现裂缝、片帮、漏顶、离层等现象。有经验的作业人员认真观察工作面围岩及支护的变异情况,可直观判断有无冒顶的危险。

2.木楔探测法

在工作面顶板(围岩)的裂缝中打入小木楔,过一段时间进行一次检查,如发现木楔松动或者掉渣,表明顶板(围岩)裂缝受矿压影响在逐渐增大,可能发生冒顶事故。

3.敲帮问顶法

敲帮问顶法是最常用的方法,又分锤击判断声法和振动探测法两种。锤击判断声法是用镐或铁锹轻轻敲击顶板和帮壁,若发出"当当"的清脆声,则表明围岩完好,暂无冒落危险;若发出"噗噗"的沉闷声,则表明顶板已发生剥离或断裂,可能发生冒顶事故。振动探测法是对断裂岩块体积较大或松软岩石(或煤层),用锤击判断声法难以判别时进行探测的方法。具体做法是用一只手扶在顶板下面,另一只手用镐、大锤或铁棍敲打硬板。如果手指感觉到顶板发生轻微振动,则表明此处顶板已经离层或断裂。需注意,人应站在支护完好的安全地点进行操作。

4.仪器探测法

大面积冒顶可以用微振仪、地音仪和超声波地层应力仪等进行预测。厚层坚硬岩层的破坏过程,长的在冒顶前几十天就出现声响和其他异常现象,短的在冒顶前几天,甚至几小时也会出现预兆。因此,根据仪器测量的结果,再结合历次冒顶预兆的特征,可以对大面积冒顶进行较准确的预报,避免造成灾害。

(二)冒顶事故的预防措施

预防大冒顶的措施如下:

(1)掌握工作面顶板周期来压规律。在确定工作面支架的总支撑力时,必须考虑顶板的初次来压和周期来压的规律。如果支架总支撑力只能适应平时顶板压力,当有周期来压时会给工作面造成严重威胁,在支架的总支撑力不足以应付周期来压时,掌握了顶板活动规律,在来压前加强支护,多增支架,并采取各种安全措施,则可以防止冒顶。所以,采掘工作面有备用支护材料是十分必要的。

(2)采煤工作面要有合理的支架规格和支护密度。

(3)加快工作面推进速度。因为工作面推进速度慢,顶板下沉量大,所以顶板不完整,木支架折损多,反映在金属支柱上的压力也大,而工作面的总支撑力减小,这就容易推垮工作面,故应加快工作面推进速度。

预防局部冒顶的措施如下:

(1)不同的顶板岩石性质应采用与之相适应的支护方式。

(2)采煤机采后要及时支柱。

(3)整体移动和放置输送机要采取必要的安全措施。

(4)工作面上下出口要有特种支架。一般采取在上、下平巷中超前工作面架抬棚,在机头、机尾处架抬棚,有时要加大密集支柱或木垛等措施加以特别支护。

(5)防止因爆破而崩倒棚子。

(6)认真做好回柱放顶工作,回柱放顶一定要及时,控顶距超过作业规程规定时,禁止采煤。回柱后顶板仍不冒落,超过规定悬顶距离时,必须采取人工放顶或其他有效措施进行强制放顶。

(7)按规定的循环作业方式施工。

(8)坚持执行必要的制度,如敲帮问顶制度、验收支架制度、岗位责任制度、金属支架检查制度、交接班制度、顶板分析制度等。

(三)冒顶事故的处理

1.冒顶事故处理的基本原则

冒顶事故发生后,应迅速抢救被困人员、恢复通风。首先,应直接与被困人员联络来确定被困人员所在的位置和人数,可采取呼叫、敲打、使用地音探听器等方式。如果被困人员所在地点通风不好,必须设法加强通风,并利用压风管、水管及开掘巷道、打钻孔等方法,向被困人员输送新鲜空气、水和食物。如果觉察到有再次冒顶危险时,首先应加强支护,做好安全撤退的准备,在冒落区工作时,要派专人观察周围顶板的变化,注意检查瓦斯变化情况,在清除冒落矸石时,要合理使用工具,以免伤害被困人员,应根据冒顶事故的范围大小、地压情况等,采取不同的抢救方法。

2.采煤工作面冒顶事故的处理

首先抢救被困人员,然后采取措施恢复生产。根据冒顶区岩层冒落的高度、冒落岩石的块度、冒顶的位置和冒顶影响范围的大小来决定采取的处理措施。同时,还要根据煤层厚度、采煤方法等采取相应的措施。对于局部小冒顶的处理方法一般是采取掏梁窝,使用单腿棚或悬挂金属顶梁处理。对于大冒顶的处理方法如下:

(1)整巷法处理冒顶。对影响范围不大,冒顶区不超过15 m,垮落碎石不大,采取一定措施以后用人工可以搬动的,可以采取整巷法处理冒顶,即采取恢复工作面的方法。

(2)开补巷绕过冒顶区。一般在冒顶影响范围较大,不宜用整巷方法处理时,可采取开补巷绕过冒顶区的方法。

当冒顶发生在工作面机尾处,可以沿工作面煤帮从回风巷重开一条补巷绕过冒顶区,若冒顶区范围较大,矸石堵塞巷道,造成采空区回风角瓦斯积存,可用临时挡风帘或临时局部通风机排除。

当冒顶区在工作面中部,可以平行于工作面留3~5 m煤柱,重开一条切巷,新切巷的支架可根据顶板情况而定,一般使用一梁二柱棚。

当冒顶区在工作面机头侧,处理方法与处理机尾侧冒顶区基本相同,即在煤帮错过一段留3~5 m煤柱,由进风侧向工作面打一条斜补巷,与工作面相通。

3.掘进工作面冒顶事故处理

在处理垮落巷道之前,应采用加补棚子和架挑棚的方法,对冒顶处附近的巷道加强维护。在维护巷道的同时,要派专人观察顶板,以防扩大冒顶范围。处理垮落巷道的方法如下:

(1)木垛法。这是处理垮落巷道较常用的方法,一般分为"井"字木垛和"井"字木垛与小棚相结合的两种处理方法。

(2)撞楔法。当顶板岩石很碎而且继续冒落,无法进行清理冒落物和架棚时,可采用撞楔法处理垮落巷道。

(3)搭凉棚法。冒顶处冒落的拱高度不超过1 m,且顶板岩石不继续冒落,冒顶长度又不大时,可以用5~8根长料搭在冒落两头完好的支架上,这就是搭凉棚法。然后,在"凉棚"的掩护下进行出矸、架棚等工序,架完棚后,再在凉棚上用材料把顶板接实。这种方法不宜用于高瓦斯矿井。

(4)打绕道法。当冒顶巷道长度较小,不易处理,并且造成堵人的严重情况时,为了想办法给被困人员输送新鲜空气、食物和饮料,迅速营救被困人员,可采取打绕道的方法,绕过冒落区进行抢救。

(四)冒顶事故发生时的自救与互救

采煤工作面冒顶时的避灾自救措施如下:

(1)迅速撤退到安全地点。当发现工作地点有即将发生冒顶的征兆,而当时又难以采取措施防止采煤工作面顶板冒落时,最好的避灾措施是迅速离开危险区,撤退到安全地点。

(2)遇险时要靠煤帮贴身站立或到木垛处避灾。从采煤工作面发生冒顶的实际情况来看,顶板沿煤壁冒落是很少见的。因此,当发生冒顶来不及撤退到安全地点时,遇险者应靠煤帮贴身站立避灾,但要注意煤壁片帮伤人。另外,冒顶时可能将支柱压断或推倒,但在一般情况下不可能压垮或推倒质量合格的木垛。因此,如遇险者所在位置靠近木垛时,可撤至木垛处避灾。

(3)遇险后立即发出呼救信号。冒顶对人员的伤害主要是砸伤、掩埋或隔堵。冒落基本稳定后,遇险者应立即采用呼叫、敲打等方法,发出有规律、不间断的呼救信号,以便救护人员和撤出人员了解灾情,组织力量进行抢救。

(4)遇险人员要积极配合外部的营救工作。冒顶后被煤矸物料等埋压的人员,不要惊慌失措,在条件不允许时切忌采用猛烈挣扎的办法脱险,以免造成事故扩大。被冒顶隔堵的人员,应在遇险地点有组织地维护好自身安全,构筑脱险通道,配合外部的营救工作,为提前脱险创造良好的条件。

独头巷道迎头冒顶被堵人员避灾自救措施如下:

(1)遇险人员要正视已发生的灾害,切忌惊慌失措,并应迅速组织起来,主动听从灾区中班组长和经验丰富的人员的指挥;团结协作,尽量减少体力和隔堵区的氧气消耗,有计划地使用饮水、食物和矿灯等;做好较长时间避灾的准备。

(2)如人员被困地点有电话,应立即用电话汇报灾情、遇险人数和计划采取的避灾自救措施;否则,应采用敲击钢轨、管道和岩石等方法,发出有规律的呼救信号,并每隔一定时间敲击一次,不间断地发出信号,以便营救人员了解灾情,组织力量进行抢救。

(3)维护加固冒落地点和人员躲避处的支架,并经常派人检查,以防止冒顶进一步扩大,保障被堵人员避灾时的安全。

(4)如人员被困地点有压风管,应打开压风管给被困人员输送新鲜空气,并稀释被隔堵空间的瓦斯浓度,但要注意保暖。

专家解读 冲击地压难防难治,一旦发生,往往造成巨大的生命财产损失。2018年10月,山东省龙郓煤业有限公司1303泄水巷发生冲击地压,造成约100 m巷道出现不同程度破坏。该矿当班下井334人,险情发生后312人升井,22人被困井下。因围岩破碎、顶板冒落严重,给救援工作带来一定困难。当地立即启动应急预案,组织多方力量全力救援。山东省内多支矿山救护队、消防救援队伍共170余人已赶到现场全力救援,现场救援指挥部已安排专业队伍进行严密动态监控,防范次生事故发生。经过9天的井下救援,22名被困矿工中,1人生还,21人遇难。

二、煤矿片帮的防治

(一)预防片帮的安全措施

在认真执行《煤矿安全规程》对掘进工作面和巷道支护的有关规定的基础上,要做好以下工作:

(1)确切掌握地质资料,认真编制施工作业规程,采取合理的施工方法和顶板管理措施。

(2)加强巷道围岩的观测和工作面的顶板管理,严格执行敲帮问顶制度,发现问题及时处理。

(3)使用爆破落煤的工作面,要合理布置炮眼,打炮眼时严格控制炮眼的角度,顶眼离顶板不应太近,炮眼装药量要适当。

(4)工作面煤壁要采直采齐,对有片帮危险的煤壁,应及时打好贴帮柱,减少顶板对煤壁的压力。

(5)采高大于2 m且煤质松软时,除了及时打好贴帮支柱外,还应在煤壁与贴帮柱间加横撑。

(6)在发生片帮严重的地点,煤壁上方垮落,应在贴帮支柱上加托梁或超前挂金属铰接顶梁。工作面落煤后要及时挑梁刷帮,使煤壁不留伞檐、活矸。

(7)综合开采的工作面顶板破碎或支架梁端距较大时,可采取及时支护的方法。若及时支护后梁端距仍超过规定值或不能超前移架而梁端距超过规定值时,可在支架顶梁上垂直煤壁打板梁,以防止煤壁片帮和冒顶。

(二)巷道片帮的处理方法

1. 木垛法

当巷道片帮不太严重,片帮一侧稍有冒顶、柱腿压折、煤矸挤入巷道时,先在顶梁下打上一根顶柱,然后清矸换新柱腿,用木料架木垛,支架用背板和荆笆背好后撤去顶柱。

2. 撞楔法

巷道一侧片帮很严重,撤掉压坏柱腿时,煤岩会流出,并且片帮继续扩大,可用撞楔法处理。在片帮地点选择完好的柱腿,打上1.4 m左右的斜撞楔。然后在顶梁下打上顶柱,换好新柱腿,支架顶帮要背严,依次将支架修好。

第四节　采空区灾害的防治措施

通常采煤作业完成后会留下煤矿采空区,如需要继续向纵深开采,一般会对采空区进行适度加固,采用锚杆固定、木桩支撑等防护措施,短时间内,煤矿采空区不会塌陷。如煤矿采空区不再进行加固,且不进行回填,时间长了将会造成塌陷,造成地面沉降,在地表形成塌陷坑,影响地面生产生活。

一、采空区稳定性和工程建设适宜性评价

采空区场地稳定性应根据采空区勘察成果进行分析和评价,并应根据建筑物重要性等级、结构特征和变形要求、采空区类型和特征,采用定性与定量相结合的方法,分析采空区对拟建工程和拟建工程对采空区稳定性的影响程度,综合评价采空区场地工程建设适宜性及拟建工程地基稳定性。

采空区场地稳定性评价,应根据采空区类型、开采方法及顶板管理方式、终采时间、地表移动变形特征、采深、顶板岩性及松散层(第四系、新近系未成岩的沉积物,如冲积层、洪积层、残积层等)厚度、煤(岩)柱稳定性等,宜采用定性与定量评价相结合的方法划分。

采空区场地工程建设适宜性,应根据采空区场地稳定性、采空区与拟建工程的相互影响程度、拟采取的抗采动影响技术措施的难易程度、工程造价等进行划分,分为三个级别:适宜、基本适宜、适宜性差。

二、采空区治理一般要求

煤矿采空区治理范围应包括对拟建工程有影响的采空区。

不同区段的采空区,应根据采空区规模、采空区稳定性评价结论、拟建建(构)筑物重要性等级及特点等,采取分区治理措施,治理效果应经检测符合要求后,再进行主体工程施工。

采空区治理效果检测可采用钻探、物探、室内试验、孔内电视和钻孔注浆等方法,检测项目宜包括波速测试、浆液结石体的抗压轻度测试和变形监测等。

采空区治理效果应通过变形监测验证确定,监测项目应包括水平位移、垂直位移、建(构)筑物倾斜和裂缝监测。

三、采空区建筑平面布置及结构处理与预防措施

采空区影响范围内工程建设规划应与煤矿采掘计划结合,宜布置在地表变形过程已经结束或预估地表剩余变形值最小的区域。

煤矿拟建建(构)筑平面布置,应符合下列规定:

(1)拟建采空区的长轴宜平行于地表下沉等值线。

(2)应选择地表变形小、变形均匀的地段,并应避开地表裂缝、塌陷坑、台阶等分布地段,不得将同一建(构)筑物置于地基土层软硬不均的地层上。

煤矿采空区的新建建(构)筑物的建筑措施,应符合下列规定:

(1)建筑物平面形状应力求简单、对称、等高。

(2)建筑物过长时,应设置变形缝,变形缝应与建筑物的纵向中心线垂直,且应由屋顶直至基础底面。

煤矿采空区的新建建(构)筑物的结构措施,应符合下列规定:

(1)宜选用静定结构体系。

(2)在地标非连续变形区内,应在框架与柱子之间设置斜拉杆。

(3)楼板和屋顶不应采用易产生横向推力的砖拱或混凝土拱形结构。

(4)对在长壁垮落法开采的老采空区上方新建建(构)筑物时,宜采取抗变形的结构措施。

煤矿采空区的新建建(构)筑物及其基础与地下室部分,可根据结构特点和建(构)筑物用途按刚性或柔性原则设计,采取的措施应符合下列规定:

(1)采用刚性原则设计时,基础结构的刚度和强度应足以抵抗地表水平变形的影响和承受采动时所产生的附加内力。

【专家解读】 在基础与地下室结构中,采取的结构措施应符合下列规定:条形基础,应在基础顶部设置钢筋混凝土圈梁;钢筋混凝土板式基础,应根据地表水平变形引起的附加内力大小配置钢筋;单独基础,应在各基础之间设置联系梁;在地标压缩变形区内,宜挖掘变形补偿沟。

(2)采用柔性原则设计时,基础结构或基础与地下室部分应具有足够的柔性和可弯性,可根据情况的不同,采用滑动层和可倾式基础,以及采用弱强度围护结构。

煤矿采空区已有建(构)筑物的保护,应根据其损坏程度等级及特点采取加固措施,加固措施的选择应符合下列规定:

(1)预计建(构)筑物将受到轻微损坏或轻度损坏时,可采用设置地形补偿沟、钢拉杆、钢筋混凝土圈梁、增加变形缝等一般保护措施进行处理。

(2)预计建(构)筑物将受到中度损坏时,除一般的加固保护措施外,还应增设钢筋混凝土基础梁(包括纵、横向梁及斜梁)、层间及檐口钢筋混凝土圈梁、钢筋混凝土柱等加固措施,并可采取一定的开采技术措施。

(3)预计建(构)筑物将受到严重损坏时,应根据建(构)筑物可能出现的破坏形式采取专门的加固方案,并应采取减小地表移动变形破坏的开采技术措施。

四、采空区工程治理措施

煤矿采空区工程治理措施可分为注浆法、干(浆)砌支撑法、开挖回填法、巷道加固法、强夯法、跨越法、穿越法、垮落法等。工程治理措施应根据工程特点及处理目的、采空区地质条件、开采方式、拟建建(构)筑物地基条件。现场施工条件等综合确定。煤矿采空区工程治理措施可分为注浆法、干(浆)砌支撑法、开挖回填法、巷道加固法、强夯法、跨越法、穿越法、垮落法等。工程治理措施应根据工程特点及处理目的、采空区地质条件、开采方式、

拟建建(构)筑物地基条件。现场施工条件等综合确定。

注浆法可用于不稳定或相对稳定的采空塌陷区治理,应根据采空区的形成时间、埋深、采厚、采煤方法、顶板或覆岩岩性及其力学性质、水文地质及工程地质特征等因素进行注浆设计。

干(浆)砌支撑法可用于采空区顶板尚未完全塌陷、需回填空间较大、埋深浅、通风良好、具有人工作业条件,且材料运输方便的煤矿采空区。

开挖回填法可用于挖方规模较小,易开挖且周边无任何建筑物的采空区,回填时可采用强夯或重锤夯实处理。

巷道加固法可用于正在使用的生产、通风和运输巷道,或具备井下作业条件的废弃巷道。

强夯法可用于埋深小于 10 m,上覆顶板完整性差、岩体强度低的采空区地段或采空区地表裂隙区的处理。

跨越法适用于埋深浅、范围小、不易于处理的采空区,当采用桩穿过采空区时,应分析评价采空区成桩可能性,并应分析采空区沉陷可能性及其对桩基稳定性和承载力的影响,必要时应对采空区进行注浆或浆砌工程处理。

垮落法:可用于采空区悬露顶板垮落后充填采空区的岩层控制方法。全部垮落法是在工作面从开切眼推进一定距离后,主动撤除采煤工作空间外的支架,使直接顶自然垮落或强迫垮落。

五、采空区综合治理措施

采空区综合治理措施应根据建(构)筑物本身的允许变形能力,采取地下开采、地下工程加固、地标建筑物结构加固或预防措施等。

地面建(构)筑物的主要开采保护方法的适用范围及技术要求,应符合表 8-1 的规定。

表 8-1　地面建(构)筑物的主要开采技术方法的适用范围及技术要求

开采技术方法	适用范围	技术要求
充填开采	重要建筑物,密集建筑物下,城镇下开采;大倾角,急倾斜矿层开采;对煤层采出率要求较高时	根据充填材料不同分为水砂充填、全砂充填、矸石自溜充填;充填开采地表下沉量控制在采厚的 8% ~15%
部分开采	地面建筑物非常密集、结构复杂;有纪念意义的建筑物;由于技术和经济上的原因,不适于采取加固措施的建筑物;地面排水困难;煤层层数少,厚度较稳定,断层少;临近采取的开采不致破坏煤(岩)柱的完整性;对煤层采出率要求达到 50% ~60% 时	部分开采分为垮落部分开采和充填部分开采;垮落部分开采地表下沉量可控制在采厚的 10% ~15%;充填部分开采地标下沉量控制在采厚的 5% 以内
限厚开采	煤层全厚开采,地标预计变形超过建筑物允许变形值,采取建筑物结构保护措施有困难,采用限厚开采可行时	根据有关地表移动变形预计结果,确定合理开采厚度,使地表移动变形预计值小于地表移动变形最大允许值

（续表）

开采技术方法	适用范围	技术要求
房柱式开采	开采深度较浅，一般不宜超过300～500 m；煤层倾角在10°以下；煤层较硬，煤（岩）柱具有较强稳定性	仅对煤房中的煤炭进行开采，不进行煤房间煤柱的回收
协调开采	地面建筑物较少且需要进行保护时	通过合理安排开采布局、顺序、方向、时间等方法控制
留保护煤（岩）柱法	重点保护工程、密集建筑群下或水体下，对地表变形有比较严格的要求，而采取其他措施达不到要求或者经济上不合理时	建筑物围护带宽根据受保护对象等级确定；确定建筑物保护煤（岩）柱时的地表允许变形值采用：倾斜 $i = \pm 3$ mm/m，曲率值 $K = \pm 0.2 \times 10^{-3}$/m，水平变形值 $\varepsilon = \pm 2$ mm/m

对于必须留设保护煤（岩）柱的建（构）筑物，其保护煤（岩）柱留设应进行专项设计。

六、采空区地质灾害治理措施

地面塌陷治理应根据地面塌陷的类型、规模、发展变化趋势、危害大小等特征，因地制宜，综合治理。对未达到稳定状态的区域，宜采取监测、示警及临时工程措施；对达到稳定状态的区域，应采取防渗处理、削高填低、回填整平、挖沟排水等综合治理措施。

地裂缝治理应根据规模和危害程度采取不同的措施。规模和危害程度较小时，可采用土石填充并夯实，以及防渗处理等措施；规模和危害程度较大时，可采取填充、灌浆等措施。

崩塌、滑坡治理，可采用清理废土石和危岩，或修筑拦挡工程和排水工程；潜在的崩塌、滑坡灾害，可采用削坡减荷、锚固、抗滑、支挡、排水、截水等工程措施进行治理。对受正在开采的采空区影响的滑坡治理，还应采取留设保护煤（岩）柱的开采保护措施。

泥石流的治理，可采用清理泥土石，或修筑拦挡工程防止形成新的泥石流物源；潜在的泥石流隐患可采用疏导、切断或固化泥石流物源等措施。

第九章 煤矿机电运输安全技术

第一节 矿井机电运输安全技术标准

一、矿井运输系统

（一）矿井运输系统组成及一般规定

矿井的开拓、巷道的掘进、煤炭的生产中,将劳动工具、机械设备、支护材料、电气设备、爆破材料以及施工人员等运进、运出的工作,称为矿井运输。

矿井运输系统是由采区运输、主巷运输、提升运输和地面运输四大运输环节组成。矿井采区运输是指在矿井单水平或多水平采区中,从工作面到采区车场或是阶段运输大巷车场这一运输工作环节。矿井主巷运输是指矿井已开拓成主要运输的水平或倾斜巷道(包括阶段、石门、水平运输大巷)的运输,即采区车场到井底车场的这一段的运输环节。矿井提升运输是指立井和斜井开拓的矿井中,从井底车场到地面车场的运输环节。矿井地面运输是指在矿山地面工业广场内的运输工作。

矿井运输应符合下列规定:

（1）运输宜线路顺直、系统流畅、设备台数少、能耗低。运输环节少,避免折返、转载及反向运输。

（2）宜设置缓冲煤仓对来煤进行调节。

（3）主要运输大巷煤炭运输方式及设备,宜进行能耗分析和方案比选。

（4）选用带式输送机时,对每日运输量变化幅度大的运输系统宜采用变频调速装置;对不同生产期运输量变化幅度大的运输系统应进行方案比较,宜分期设置相应输送设备或设置变频调速装置。

（5）选用轨道运输时,应根据运距、运量等选择机车和矿车。当选用架线式电机车时,宜选用电压等级高的供电线路,电机车调速宜选用变频调速方式。

（6）采用多条带式输送机串联运输时,带式输送机的启动应根据载荷分布情况,选择节能合理的启动顺序。

（7）带式输送机传动单元的配置及安装位置,宜使胶带张力较小、供电线路较短。

辅助运输应遵守下列规定:

（1）辅助运输方式及设备选型应进行能耗分析,经综合比较后确定。

（2）井下矸石宜在井下处理。

（3）应减少设备数量,并应提高设备运行效率。

(二)矿井运输系统分类

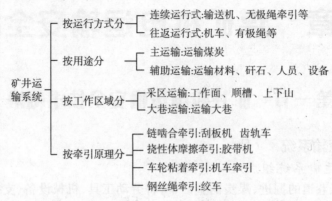

(三)矿井运输主要设备和设施

矿井运输主要设备和设施包括矿用绞车、人行车、梭车、矿车、猴车、助行器、输送机、卡轨车、齿轨车、架空乘人装置等。

二、矿井运输系统设备安装

(一)胶带输送机安装

胶带输送机(普通胶带输送机、钢丝绳芯胶带输送机)安装应符合下列要求:

(1)应根据设计标定胶带输送机纵向中心线,机头、机尾十字中心线及标高。

(2)基础垫铁安装、螺栓连接、减速器安装、联轴器装配应符合规定。

(3)传动滚筒、改向滚筒的安装应符合下列规定:宽度中心线与胶带输送机纵向中心线重合度应不大于 2 mm;轴心线与胶带输送机纵向中心线的垂直度应不大于滚筒宽度的2/1 000;轴的水平度应不大于 3/10 000。

(4)中间架安装时,中间架支腿垂直度应小于 3/1 000;中间架中心线允许偏差应为±3 mm;间距允许偏差应为 ±1.5 mm。

(5)胶带展放时,应根据胶带带面长度及胶带安装斜度,计算选择展放胶带机具;展放胶带时,应根据牵引方向调整带面侧偏。

(6)胶带接头处理时,机械接头的皮带扣应连接牢固,抗拉强度应不小于原胶带的80%;冷粘接头前,应制定冷粘工艺,冷粘接头的抗拉强度应不小于原胶带的85%;热硫化接头应根据设计及胶带技术要求,确定胶带硫化方案;胶带硫化前应进行胶带硫化抗拉强度试验,经检验合格后方可实施;热硫化接头的强度应不小于原胶带的85%。

(7)托辊应转动灵活。

(8)清扫装置中刮板与胶带接触长度应不小于清扫面长度的85%。

(9)拉紧装置工作可靠,调整行程应不小于全行程的1/2。

(10)保护装置、制动装置和逆止装置应灵活可靠。

胶带输送机试运转应符合下列规定:

(1)试运转前期应检查保护装置、制动装置和逆止装置是否灵活、可靠;各部位连接螺栓是否牢固、齐全;各润滑部位的注油情况;上下带面是否有杂物。

(2)空负荷试运转时,应调整皮带,张紧适中,运行时皮带与滚筒不打滑;轴承温度和温升应符合规定;空负荷试运转时间应不小于连续 4 h。

(3)负荷试运转时,整机应运行平稳,应无不转动的托辊;清扫器清扫效果应良好;皮带跑偏量不应大于带宽的 5%；再次启动时，输送带不得打滑；负荷试运转时间不应小于连续 8 h。

(二)固定式刮板输送机安装

固定式刮板输送机安装应遵守下列规定：

(1)对设备应进行清洗注油。

(2)刮板输送机下井前应进行预组装。

刮板输送机在试运转前应做好下列工作：

(1)各连接螺栓应紧固。

(2)各润滑系统油量应充足。

(3)点动电动机，观察机头、机尾转向应正确；方向一致后启动电动机，应观察有无卡刮及异常响声。

(4)链条与链轮啮合应正常，无跳链现象；刮板链在接头过渡不得有跳动现象。

刮板输送机空负荷试运转时间应不小于 2 h，负荷试运转时间应不小于 4 h，并应符合下列要求：

(1)各连接螺栓应紧固无松动。

(2)两条刮板链松紧应一致。

(3)轴承的温度、温升应符合规定。

(4)再次紧链，其松紧程度按规定铺设长度满载时，机头处链条宜松弛 2 个链环。

(5)尾部调节装置调整应灵活。

(6)各种保护装置应安全可靠。

(三)单轨吊车

单轨吊车安装应当遵守以下规定：

(1)测量放线、安装锚索，锚索的规格及安装深度应符合设计要求。

(2)敷设轨道，轨道的直线度、中心线重合度、接头偏差等均应符合相关验收规范的要求。

(3)应按随机技术文件的要求组装单轨吊。

(4)应利用起吊工具将单轨吊安装在轨道上，调整好间隙，紧固所有的紧固件。

(5)各润滑点和减速器内所加油、脂的牌号和数量应符合设备技术文件的规定。

(6)应盘动各运动机构，使转动系统的输入、输出轴旋转一周，不应有卡阻现象。

单轨吊车试运转应符合下列规定：

(1)运行轨道应无影响试运转的障碍物。

(2)应原地运转 5 min，观察仪表，检查各部压力、温度应正常。

(3)所有滚轮和行走轮在轨道上应接触良好，运行平稳。

(4)减速器油温和轴承油升均不应超过设备技术文件的规定，润滑和密封应良好。

(5)安全联锁保护装置和操作及控制系统应灵敏、正确和可靠。

(四)卡轨车

卡轨车的安装应符合下列要求：

(1)卡轨车用无极绳绞车安装应符合《煤矿设备安装工程施工规范》(GB 51062—2014)的相关规定。

(2)在运输过程中，应采取措施防止张紧装置框架变形。

(3)卡轨车的组装还应符合产品的技术要求。

(4)钢丝绳的预紧力宜为 30～50 kN，张紧钢丝绳时，钢丝绳不得偏离绳轮。

(5)钢丝绳张紧后,应根据钢丝绳的具体走向调整轮系的位置或方位,使轮系起到较好的导向作用,且转动轻便、灵活。

卡轨车的试运转应符合下列要求:

(1)各润滑点和减速机内应加注润滑油。

(2)检查运行轨道应无影响试运转的障碍物。

(3)检查紧固件应无松动现象。

(4)电气系统、制动装置、操作控制工作性能应灵敏、正确、可靠。

(五)斜井人车

斜井人车的安装应符合下列要求:

(1)斜井人车运行轨道安装应达到设计及相关现行规范的要求。

(2)连接装置、保险链及防坠器(提升钢丝绳或连接装置断裂时,防止提升容器坠落的保护装置)应安全可靠。

(3)斜井人车井下组装应符合产品技术文件的要求。

(4)绞车钢丝绳应通过钢丝绳套环和轴销与人车连接牢固。

(5)斜井人车运行中紧急停车信号应灵敏、可靠。

斜井人车试运行应符合下列规定:

(1)制动座与车体之间的滑动应灵活可靠。

(2)制动座不得偏斜。

(3)主拉杆与主弹簧应无折断或其他不良现象,撞铁的螺钉应紧固。

(4)前后主拉杆在导向箱导套内应活动灵活,闭锁装置应可靠。

(5)缓冲木应符合要求,紧固螺钉无松动;制动器应灵敏、可靠。

(六)转载机安装

转载机安装应符合下列规定:

(1)液力联轴器装配应符合《煤矿设备安装工程施工规范》(GB 51062—2014)附录 A 的相关规定。

(2)转载机搭接长度不得小于 500 mm,机头最低点与前面运输机机尾最高点的间隙应不小于 300 mm。

(3)转载机机尾滚筒应转动灵活,无卡刮。

(4)连接螺栓应牢固、可靠;链条无拧链,松紧程度应适当。

转载机试运转应符合下列规定:在额定速度下连续运转应不小于 4 h;转载机运行应平稳,无卡链;各种保护装置应灵敏、可靠;轴承温度和温升应符合规定。

(七)架空乘人装置

煤炭生产企业,为提高工人生产效率、降低工人在斜井及长距离平巷行走时间和体力消耗,使架空乘人装置得到了普遍运用。架空乘人装置安装应符合《煤矿设备安装工程施工规范》(GB 51062—2014)、《煤矿用架空乘人装置》(MT/T 1117—2011)等的规定。

架空乘人装置试运行应符合下列规定:

(1)试运行前,应根据说明书对各个注油点进行注油。

(2)空载试运行:上站和下站各安装 1 个空吊椅,先以慢速直至额定运行速度进行空载试运行,两者运行时间总和不应少于 4 h,应以设计 4 倍、2 倍和实际吊椅间距布满全线试运行,其运行时间总和不应少于 4 h。

(3)重载试运行,应采用重物模拟人员进行重载试运行,试运行载荷应按设计的 1/2、2/3 和满载荷分别进行,运行时间均不应小于 4 h。

（八）齿轨车

齿轨车安装前的检查,除应做到安装工程所用材料符合工程设计及其产品标准的规定、安装前对材料进行检查和验收,并应做好记录外,牵引机车的防爆性能应达到防爆要求。

齿轨车安装前,对有清洗要求的零件或部件应进行清洗。清洗时,应对部件中每个零件进行编号。

齿轨车的安装应符合下列规定:

(1)齿轨车的组装应符合产品技术文件的要求进行,并应做到紧固件齐全,连接可靠。

(2)齿轨固定方式应符合设计要求,且牢固牢靠;齿轨接头间隙应符合设计要求,接头的错边量不应大于1 mm。

(3)机械传动系统应运行平稳。

(4)安全踏板起落应轻便、灵活。

(5)液压或气动制动系统应压力稳定;液压系统应不渗油,气动系统应不漏气。

(6)制动瓦与制动轮的接触面积,不应小于制动瓦面积的70%。

(7)电子监控系统的安装,应符合设计及产品技术文件要求。

(8)齿轨车进出齿轨时,应轻便、快捷,无卡阻现象。

齿轨车的试运转应符合以下要求:

(1)轨道和齿轨应无影响试运转的障碍物。

(2)所有紧固件应无松动。

(3)系统加速、减速应平稳,其最高速度应符合产品技术文件的要求。

(4)制动装置应灵活、可靠,系统制动时应无剧烈冲击,制动距离应符合产品技术文件的要求。

（九）梭式矿车

梭式矿车安装应符合下列要求:车辆之间的连接应牢固;梭式矿车车架、储绳轮、车轮等各部连接螺栓应紧固。

尾轮安装应符合下列要求:

(1)尾轮固定:运送较重物品时应采用混凝土基础固定;运送重量不大于10 t物品时,可采用锚杆固定。

(2)尾轮应安装在轨道中间,安装后不得阻碍梭车运行。

弯道护轨装置安装应符合产品技术文件的要求,综合保护装置安装后应能达到保护功能的要求。

梭式矿车试运行前应符合下列要求:

(1)轨道上应无影响车辆运行的杂物。

(2)制动应正常,手制动闸在松闸位置。

梭式矿车试运行时应先低速运行,再高速运行;应先轻载运行,再重载运行;运行应平稳无异常声响。

三、平巷和倾斜井巷运输

采用滚筒驱动带式输送机运输时,应当遵守下列规定:

(1)输送带是带式输送机的重要部件,应对输送带类型和覆盖层性能进行合理选择。大运量、长距离输送机,一般输送带张力较大,宜采用有较大张力和较小伸长率的钢丝绳芯输送带。采用非金属聚合物制造的输送带、托辊和滚筒包胶材料等,其阻燃性能和抗静电性能必须符合《煤矿用带式输送机滚筒技术条件》(MT/T 1063)、《带式输送机　安全规范》(GB 14784—2013)、《煤矿用带式输送机　安全规范》(GB 22340)等有关标准的规定。

(2)必须装设跑偏保护装置,沿线急停装置、防撕裂保护装置、超温自动洒水保护装置、烟雾保护装置、速度保护装置、煤位传感器,同时应当装设摄像仪、温度监测装置、自动洒水装置,以及防止物料堵塞、溢料等监测装置。安装要求应符合《煤矿电气设备安装工程施工与验收规范》(GB 51145—2015)及其他相关规定。

(3)应当具备沿线急停闭锁功能。

(4)主要运输巷道中使用的带式输送机,必须装设输送带张紧力下降保护装置。

(5)倾斜井巷中使用的带式输送机,上运时,必须装设防逆转装置和制动装置;下运时,应当装设软制动装置且必须装设防超速保护装置。

(6)在大于16°的倾斜井巷中使用带式输送机,应当设置防护网,并采取防止物料下滑、滚落等的安全措施。

(7)液力耦合器严禁使用可燃性传动介质(调速型液力耦合器不受此限)。

(8)机头、机尾及搭接处,应当有照明。

(9)机头、机尾、驱动滚筒和改向滚筒处,应当设防护栏及警示牌。行人跨越带式输送机处,应当设过桥。

《带式输送机工程设计规范》(GB 50431)规定,输送带设计安全系数,应当按下列规定选取:棉织物芯输送带,8~9;尼龙、聚酯织物芯输送带,10~12;钢丝绳芯输送带,7~9;当带式输送机采取可控软启动、制动措施时,5~7。输送带安全系数,除取决于输送带类型外,还与采用的接头方法和输送机起制动性能有关,对有可控起、制动性能的带式输送机的输送带可取较小的安全系数。对短带式输送机通常取7~9。

采用轨道机车运输时,轨道机车的选用应当遵守下列规定:

(1)突出矿井必须使用符合防爆要求的机车。

(2)新建高瓦斯矿井不得使用架线电机车运输。高瓦斯矿井在用的架线电机车运输,沿煤层或者穿过煤层的巷道必须采用砌碹或者锚喷支护;有瓦斯涌出的掘进巷道的回风流,不得进入有架线的巷道中;采用炭素滑板或者其他能减小火花的集电器。

(3)低瓦斯矿井的主要回风巷、采区进(回)风巷应当使用符合防爆要求的机车。低瓦斯矿井进风的主要运输巷道,可以使用架线电机车,并使用不燃性材料支护。

(4)各种车辆的两端必须装置碰头,每端突出的长度不得小于100 mm。

新建矿井不得使用钢丝绳牵引带式输送机,生产矿井采用钢丝绳牵引带式输送机运输时,必须遵守下列规定:

(1)装设过速保护、过电流和欠电压保护、钢丝绳和输送带脱槽保护、输送带局部过载保护、钢丝绳张紧到达终点和张紧重锤落地保护,并定期进行检查和试验。

(2)在倾斜井巷中,必须在低速驱动轮上装设液控盘式失效安全型制动装置,制动力矩与设计最大静拉力差在闸轮上作用力矩之比在2~3之间;制动装置应当具备手动和自动双重制动功能。

(3)采用钢丝绳牵引带式输送机运送人员时,输送带至巷道顶部的垂距,在上、下人员的20 m区段内不得小于1.4 m,行驶区段内不得小于1 m。下行带乘人时,上、下输送带间的垂距不得小于1 m。输送带的宽度不得小于0.8 m,运行速度不得超过1.8 m/s,绳槽至输送带边的宽度不得小于60 mm。人员乘坐间距不得小于4 m。乘坐人员不得站立或者仰卧,应当面向行进方向。严禁携带笨重物品和超长物品,严禁触摸输送带侧帮。上、下人员的地点应当设有平台和照明。上行带平台的长度不得小于5 m,宽度不得小于0.8 m,

并有栏杆。上、下人的区段内不得有支架或者悬挂装置。下人地点应当有标志或者声光信号,距离下人区段末端前方 2 m 处,必须设有能自动停车的安全装置。在机头机尾下人处,必须设有人员越位的防护设施或者保护装置,并装设机械式倾斜挡板。运送人员前,必须卸除输送带上的物料。应当装有在输送机全长任何地点可由乘坐人员或者其他人员操作的紧急停车装置。

采用轨道机车运输时,应符合下列要求:

(1)生产矿井同一水平行驶 7 台及以上机车时,应当设置机车运输监控系统;同一水平行驶 5 台及以上机车时,应当设置机车运输集中信号控制系统。新建大型矿井的井底车场和运输大巷,应当设置机车运输监控系统或者运输集中信号控制系统。

(2)列车或者单独机车均必须前有照明,后有红灯。

(3)列车通过的风门,必须设有当列车通过时能够发出在风门两侧都能接收到声光信号的装置。

(4)巷道内应当装设路标和警标。

(5)必须定期检查和维护机车,发现隐患,及时处理。机车的闸、灯、警铃(喇叭)、连接装置和撒砂装置,任何一项不正常或者失爆时,机车不得使用。

(6)正常运行时,机车必须在列车前端。机车行近巷道口、硐室口、弯道、道岔或者噪声大等地段,以及前面有车辆或者视线有障碍时,必须减速慢行,并发出警号。

(7)2 辆机车或者 2 列列车在同一轨道同一方向行驶时,必须保持不应少于 100 m 的距离。

(8)同一区段线路上,不得同时行驶非机动车辆。

(9)必须有用矿灯发送紧急停车信号的规定。非危险情况下,任何人不得使用紧急停车信号。

(10)机车司机开车前必须对机车进行安全检查确认;启动前,必须关闭车门并发出开车信号;机车运行中,严禁司机将头或者身体探出车外;司机离开座位时,必须切断电动机电源,取下控制手把(钥匙),扳紧停车制动。在运输线路上临时停车时,不得关闭车灯。

(11)新投用机车应当测定制动距离,之后每年测定 1 次。运送物料时制动距离不得超过 40 m;运送人员时制动距离不应超过 20 m。

使用的矿用防爆型柴油动力装置,应满足以下要求:

(1)具有发动机排气超温、冷却水超温、尾气水箱水位、润滑油压力等保护装置。

(2)排气口的排气温度不应超过 77 ℃,其表面温度不应超过 150 ℃。

(3)发动机壳体不得采用铝合金制造;非金属部件应具有阻燃和抗静电性能;油箱及管路必须采用不燃性材料制造;油箱最大容量不得超过 8 h 用油量。

(4)冷却水温度不应超过 95 ℃。

(5)在正常运行条件下,尾气排放应满足相关规定。

(6)必须配备灭火器。

使用的蓄电池动力装置,必须符合下列要求:

(1)充电必须在充电硐室内进行。

(2)充电硐室内的电气设备必须采用矿用防爆型。

(3)检修应当在车库内进行,测定电压时必须在揭开电池盖 10 min 后测试。

轨道线路应当符合下列要求:

(1)运行 7 t 及以上机车、3 t 及以上矿车,或者运送 15 t 及以上载荷的矿井、采区主要巷道轨道线路,应当使用不应小于 30 kg/m 的钢轨;其他线路应当使用不应小于 18 kg/m 的钢轨。

(2)卡轨车、齿轨车和胶套轮车运行的轨道线路,应当采用不应小于22 kg/m的钢轨。

(3)同一线路必须使用同一型号钢轨,道岔的钢轨型号不得低于线路的钢轨型号。

(4)轨道线路必须按标准铺设,使用期间应当加强维护及检修。

采用架线电机车运输时,架空线应符合下列要求:

(1)架空线悬挂高度、与巷道顶或者棚梁之间的距离等,应当保证机车的安全运行。

(2)架空线的直流电压不应超过600 V。

采用架线电机车运输时,轨道应符合下列要求:

(1)两平行钢轨之间,每隔50 m应当连接1根断面不小于50 mm^2的铜线或者其他具有等效电阻的导线。

(2)线路上所有钢轨接缝处,必须用导线或者采用轨缝焊接工艺加以连接。连接后每个接缝处的电阻应当符合要求。

(3)不回电的轨道与架线电机车回电轨道之间,必须加以绝缘。第一绝缘点设在两种轨道的连接处;第二绝缘点设在不回电的轨道上,其与第一绝缘点之间的距离必须大于一列车的长度。在与架线电机车线路相连通的轨道上有钢丝绳跨越时,钢丝绳不得与轨道相接触。

专家解读 为了防止穿越轨道的钢丝绳将回电电流导向别处,规定钢丝绳不得直接与轨道接触。

长度超过1.5 km的主要运输平巷或者高差超过50 m的人员上下的主要倾斜井巷,应当采用机械方式运送人员。运送人员的车辆必须为专用车辆,严禁使用非乘人装置运送人员。严禁人和物料混运。

采用架空乘人装置运送人员时,应符合下列要求:

(1)有专项设计。

(2)吊椅中心至巷道一侧突出部分的距离不应小于0.7 m,双向同时运送人员时钢丝绳间距不应小于0.8 m,固定抱索器的钢丝绳间距不应小于1.0 m。乘人吊椅距底板的高度不应小于0.2 m,在上下人站处不应大于0.5 m。乘坐间距不应小于牵引钢丝绳5s的运行距离,且不应小于6 m。除采用固定抱索器的架空乘人装置外,应当设置乘人间距提示或者保护装置。

(3)固定抱索器最大运行坡度不应超过28°,可摘挂抱索器最大运行坡度不应超过25°,运行速度应当满足表9-1的规定。运行速度超过1.2 m/s时,不得采用固定抱索器;运行速度超过1.4 m/s时,应当设置调速装置,并实现静止状态上下人员,严禁人员在非乘人站上下。

表9-1 架空乘人装置运行速度规定(m/s)

巷道坡度 θ	28°≥θ>25°	25°≥θ>20°	20°≥θ>14°	θ≤14°
固定抱索器	≤0.8	≤1.2		
可摘挂抱索器	—	≤1.2	≤1.4	≤1.7

(4)驱动系统必须设置失效安全型工作制动装置和安全制动装置,安全制动装置必须设置在驱动轮上。

(5)各乘人站设上下人平台,乘人平台处钢丝绳距巷道壁不应小于1 m,路面应当进行防滑处理。

（6）架空乘人装置必须装设超速、打滑、全程急停、防脱绳、变坡点防掉绳、张紧力下降、越位等保护，安全保护装置发生保护动作后，需经人工复位，方可重新启动。应当有断轴保护措施。减速器应当设置油温检测装置，当油温异常时能发出报警信号，沿线应当设置延时启动声光预警信号，各上下人地点应当设置信号通信装置。

专家解读 煤矿中常用的安全保护装置有：防过卷装置；防过速装置；防过负荷和欠电压保护装置；限速装置；深度指示器失效保护装置；闸间隙保护装置；松绳保护装置；满仓保护装置；减速功能保护装置等。

（7）倾斜巷道中架空乘人装置与轨道提升系统同巷布置时，必须设置电气闭锁，2 种设备不得同时运行。倾斜巷道中架空乘人装置与带式输送机同巷布置时，必须采取可靠的隔离措施。

（8）巷道应当设置照明。

（9）每日至少对整个装置进行 1 次检查，每年至少对整个装置进行 1 次安全检测检验。

（10）严禁同时运送携带爆炸物品的人员。

新建、扩建矿井严禁采用普通轨斜井人车运输。生产矿井在用的普通轨斜井人车运输，必须遵守下列规定：

（1）车辆必须设置可靠的制动装置。断绳时，制动装置既能自动起作用，也能人工操纵。

（2）必须设置使跟车工在运行途中任何地点都能发送紧急停车信号的装置。

（3）多水平运输时，从各水平发出的信号必须有区别。

（4）人员上下地点应当悬挂信号牌。任一区段行车时，各水平必须有信号显示。

（5）应当有跟车工，跟车工必须坐在设有手动制动装置把手的位置。

（6）每班运送人员前，必须检查人车的连接装置、保险链和制动装置，并先空载运行一次。

专家解读 每班运送人员前，必须先放一次空车，检查好绞车道没有任何变化，才能正式运送人员。否则，当绞车道发生变化，如轨道上有障碍物时，会对人车的运行造成危害。

采用平巷人车运送人员时，必须遵守下列规定：

（1）每班发车前，应当检查各车的连接装置、轮轴、车门（防护链）和车闸等。

（2）严禁同时运送易燃易爆或者腐蚀性的物品，或者附挂物料车。

（3）列车行驶速度不得超过 4 m/s。

（4）人员上下车地点应当有照明，架空线必须设置分段开关或者自动停送电开关，人员上下车时必须切断该区段架空线电源。

（5）双轨巷道乘车场必须设置信号区间闭锁，人员上下车时，严禁其他车辆进入乘车场。

（6）应当设跟车工，遇有紧急情况时立即向司机发出停车信号。

（7）两车在车场会车时，驶入车辆应当停止运行，让驶出车辆先行。

人员乘坐人车时，必须遵守下列规定：

（1）听从司机及跟车工的指挥，开车前必须关闭车门或者挂上防护链。

（2）人体及所携带的工具、零部件，严禁露出车外。

（3）列车行驶中及尚未停稳时，严禁上下车和在车内站立。

（4）严禁在机车上或者任意两车厢之间搭乘。

（5）严禁扒车、跳车和超员乘坐。

倾斜井巷内使用串车提升时，必须遵守下列规定：

（1）在倾斜井巷内安设能够将运行中断绳、脱钩的车辆阻止住的跑车防护装置。

（2）在各车场安设能够防止带绳车辆误入非运行车场或者区段的阻车器。

（3）在上部平车场入口安设能够控制车辆进入摘挂钩地点的阻车器。

（4）在上部平车场接近变坡点处，安设能够阻止未连挂的车辆滑入斜巷的阻车器。

（5）在变坡点下方略大于 1 列车长度的地点，设置能够防止未连挂的车辆继续往下跑车的挡车栏。

上述挡车装置必须经常关闭，放车时方准打开。兼作行驶人车的倾斜井巷，在提升人员时，倾斜井巷中的挡车装置和跑车防护装置必须是常开状态并闭锁。

倾斜井巷使用提升机或者绞车提升时，必须遵守下列规定：

（1）采取轨道防滑措施。

（2）按设计要求设置托绳轮（辊），并保持转动灵活。

（3）井巷上端的过卷距离，应当根据巷道倾角、设计载荷、最大提升速度和实际制动力等参量计算确定，并有 1.5 倍的备用系数。

（4）串车提升的各车场设有信号硐室及躲避硐；运人斜井各车场设有信号和候车硐室，候车硐室具有足够的空间。

（5）提升信号参照《煤矿安全规程》的相关规定。

（6）运送物料时，开车前把钩工必须检查牵引车数、各车的连接和装载情况。牵引车数超过规定，连接不良，或者装载物料超重、超高、超宽或者偏载严重有翻车危险时，严禁发出开车信号。

（7）提升时严禁蹬钩、行人。

专家解读 矿井提升机是提升设备中的动力部分，主要由电动机、减速器、主轴装置、制动装置、深度指示器、电控系统和操纵台等组成。提升机一般分为缠绕式（单绳缠绕式、多绳缠绕式）和摩擦式（单绳摩擦式、多绳摩擦式）两种，其中，单绳缠绕式又分为单滚筒式、双滚筒式和可分离式。绞车是借助于钢丝绳带动提升容器沿井筒或倾斜井巷运行的提升机械，绞车按传动方式分为齿轮传动绞车和液压传动绞车，按钢丝绳缠绕方式分为缠绕式绞车和摩擦式绞车。

人力推车必须遵守下列规定：

（1）1 次只准推 1 辆车。严禁在矿车两侧推车，同向推车的间距，在轨道坡度不大于 5‰ 时，不应小于 10 m；坡度大于 5‰ 时，不应小于 30 m。

（2）推车时必须时刻注意前方。在开始推车、停车、掉道、发现前方有人或者有障碍物，从坡度较大的地方向下推车以及接近道岔、弯道、巷道口、风门、硐室出口时，推车人必须及时发出警号。

（3）严禁放飞车和在巷道坡度大于 7‰ 时人力推车。

（4）不得在能自动滑行的坡道上停放车辆，确需停放时必须用可靠的制动器或者阻车器将车辆稳住。

专家解读 当坡度大于 7‰ 时，由于人力很难控制住矿车，所以严禁推车。

使用的单轨吊车、卡轨车、齿轨车、胶套轮车、无极绳连续牵引车，应当符合下列要求：

（1）运行坡度、速度和载重，不得超过设计规定值。

（2）安全制动和停车制动装置必须为失效安全型，制动力应当为额定牵引力的 1.5 ~ 2 倍。

（3）必须设置既可手动又能自动的安全闸。

专家解读 安全闸应当具备下列性能：绳牵引式运输设备运行速度超过额定速度 30% 时，其他设备运行速度超过额定速度 15% 时，能自动施闸；施闸时的空动时间不大于

0.7 s。在最大载荷最大坡度上以最大设计速度向下运行时,制动距离应当不超过相当于在这一速度下 6 s 的行程。在最小载荷最大坡度上向上运行时,制动减速度不大于5 m/s²。

(4)胶套轮材料与钢轨的摩擦系数,不应小于0.4。

(5)柴油机和蓄电池单轨吊车、齿轨车和胶套轮车的牵引机车或者头车上,必须设置车灯和喇叭,列车的尾部必须设置红灯。

(6)柴油机和蓄电池单轨吊车,必须具备 2 路以上相对独立回油的制动系统,必须设置超速保护装置。司机应当配备通信装置。

(7)无极绳连续牵引车、绳牵引卡轨车、绳牵引单轨吊车,必须设置越位、超速、张紧力下降等保护;必须设置司机与相关岗位工之间的信号联络装置;设有跟车工时,必须设置跟车工与牵引绞车司机联络用的信号和通信装置。在驱动部、各车场,应当设置行车报警和信号装置;运送人员时,必须设置卡轨或者护轨装置,采用具有制动功能的专用乘人装置,必须设置跟车工。制动装置必须定期试验;运行时绳道内严禁有人;车辆脱轨后复轨时,必须先释放牵引钢丝绳的弹性张力。人员严禁在脱轨车辆的前方或者后方工作。

采用单轨吊车运输时,应当遵守下列规定:

(1)柴油机单轨吊车运行巷道坡度不应大于25°,蓄电池单轨吊车不应大于15°,钢丝绳单轨吊车不应大于25°。

(2)必须根据起吊重物的最大载荷设计起吊梁和吊挂轨道,其安装与铺设应当保证单轨吊车的安全运行。

(3)单轨吊车运行中应当设置跟车工。起吊或者下放设备、材料时,人员严禁在起吊梁两侧;机车过风门、道岔、弯道时,必须确认安全,方可缓慢通过。

(4)采用柴油机、蓄电池单轨吊车运送人员时,必须使用人车车厢;两端必须设置制动装置,两侧必须设置防护装置。

(5)采用钢丝绳牵引单轨吊车运输时,严禁在巷道弯道内侧设置人行道。矿井提升用钢丝绳执行《矿井提升用钢丝绳》(GB/T 33955—2017)中相关规定。钢丝绳不应存在《钢丝绳 验收及缺陷术语》(GB/T 21965)中列举出的制造缺陷。

(6)单轨吊车的检修工作应当在平巷内进行。若必须在斜巷内处理故障时,应当制定安全措施。

(7)有防止淋水侵蚀轨道的措施。

采用无轨胶轮车运输时,应当遵守下列规定:

(1)严禁非防爆、不完好无轨胶轮车下井运行。

(2)驾驶员持有"中华人民共和国机动车驾驶证"。

(3)建立无轨胶轮车入井运行和检查制度。

(4)设置工作制动、紧急制动和停车制动,工作制动必须采用湿式制动器。

(5)必须设置车前照明灯和尾部红色信号灯,配备灭火器和警示牌。

(6)巷道路面、坡度、质量,应当满足车辆安全运行要求。

(7)巷道和路面应当设置行车标识和交通管控信号。

(8)长坡段巷道内必须采取车辆失速安全措施。

(9)巷道转弯处应当设置防撞装置。人员躲避硐室、车辆躲避硐室附近应当设置标识。

(10)井下行驶特殊车辆或者运送超长、超宽物料时,必须制定安全措施。

【专家解读】无轨胶轮车运行中应当符合下列要求:运送人员必须使用专用人车,严禁超员;运行速度,运人时不超过25 km/h,送送物料时不超过40 km/h;同向行驶车辆必须保持不小于50 m的安全运行距离;严禁车辆空挡滑行;应当设置随车通信系统或者车辆位置监测系统;严禁进入专用回风巷和微风、无风区域。

四、立井提升

煤矿立井提升的过程涉及多种因素,既包括相关的提升系统和设备,又包括许多繁琐复杂的工作标准和规范,只有从安装、使用、相关技术应用以及系统设备可靠性保障等多个方面共同着手,才能全面提高煤矿立井提升的安全性。对立井提升中涉及的各种因素都要加强控制,在做好各项基础性工作的同时,对各种不安定性因素也要做好各种安全应对,从而全面提升煤矿立井生产的安全性。

提升系统是由矿井提升机、电动机、天轮或导向轮、井架或井塔、提升容器、钢丝绳、装卸载设备及电气控制设备等提升设施组成的系统。

提升装置及其相关的各部分,主要包括提升容器、连接装置、防坠器、罐耳、罐道、阻车器、罐座、摇台、安全门、装卸设备(翻矸装置、抓岩机)、天轮梁、天轮和钢丝绳,以及提升绞车各部分,包括滚筒、传动装置、制动装置、深度指示器、防过卷装置、限速装置、调绳装置、电动机和控制设备以及保护和闭锁装置等。矿井立井提升系统主要的构成如图9-1所示。

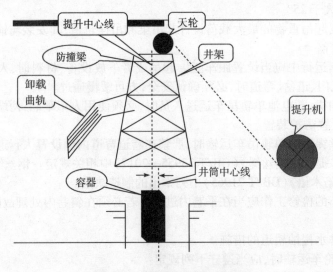

图9-1 立井提升系统构成

立井提升容器(主要包括罐笼、箕斗、箕斗罐笼、矿车、吊桶等)和载荷,必须符合下列要求:

(1)立井中升降人员应当使用罐笼,罐笼是装载人员和矿车等的提升容器,有普通罐笼和反转罐笼之分,后者应用较少,前者有单层、多层和单车、双车以及单绳、多绳之分。在井筒内作业或者因其他原因,需要使用普通箕斗(主要是底卸式箕斗)或者救急罐升降人员时,必须制定安全措施。

(2)升降人员或者升降人员和物料的单绳提升罐笼必须装设可靠的防坠器。防坠器的作用是当提升钢丝绳万一发生断裂后,可使罐笼牢固地支撑在井筒的罐道(罐道是提升容器在立井井筒及井架中上、下运行时的导向装置)上,防止罐笼坠落井底造成严重事故。

专家解读 防坠器的一般要求:在任何情况下都能制动住短绳下坠的罐笼,应平稳可靠;必须能保证人身安全;结构要简单可靠;空行程时间不超过 0.25 s;制动过程中罐笼通过的距离不应大于 0.5 m。

(3)罐笼和箕斗的最大提升载荷和最大提升载荷差应当在井口公布,严禁超载和超最大载荷差运行。

(4)箕斗是直接装载煤炭、矿石等的提升容器,箕斗提升必须采用定重装载。

专为升降人员和升降人员与物料的罐笼,必须符合下列要求:

(1)乘人层顶部应当设置可以打开的铁盖或者铁门,两侧装设扶手。

(2)罐底必须满铺钢板,如果需要设孔时,必须设置牢固可靠的门;两侧用钢板挡严,并不得有孔。

(3)进出口必须装设罐门或者罐帘,高度不应小于 1.2 m。罐门或者罐帘下部边缘至罐底的距离不应超过 250 mm,罐帘横杆的间距不应大于 200 mm。罐门不得向外开,门轴必须防脱。

(4)提升矿车的罐笼内必须装有阻车器。升降无轨胶轮车时,必须设置专用定车或者锁车装置。

(5)单层罐笼和多层罐笼的最上层净高(带弹簧的主拉杆除外)不应小于 1.9 m,其他各层净高不应小于 1.8 m。带弹簧的主拉杆必须设保护套筒。

(6)罐笼内每人占有的有效面积应当不应小于 0.18 m²。罐笼每层内 1 次能容纳的人数应当明确规定。超过规定人数时,把钩工必须制止。

(7)严禁在罐笼同一层内人员和物料混合提升。升降无轨胶轮车时,仅限司机一人留在车内,且按提升人员要求运行。

立井罐笼提升井口、井底和各水平的安全门与罐笼位置、摇台或者锁罐装置、阻车器之间的联锁,必须符合下列要求:

(1)井口、井底和中间运输巷的安全门必须与罐位和提升信号联锁:罐笼到位并发出停车信号后安全门才能打开;安全门未关闭,只能发出调平和换层信号,但发不出开车信号;安全门关闭后才能发出开车信号;发出开车信号后,安全门不能打开。

(2)井口、井底和中间运输巷都应当设置摇台或者锁罐装置,并与罐笼停止位置、阻车器和提升信号系统联锁;罐笼未到位,放不下摇台或者锁罐装置,打不开阻车器;摇台或者锁罐装置未抬起,阻车器未关闭,发不出开车信号。

(3)立井井口和井底使用罐座时,必须设置闭锁装置,罐座未打开,发不出开车信号。升降人员时,严禁使用罐座。

专家解读 提升信号装置及通信设备应符合现行国家标准《煤炭工业矿井设计规范》(GB 50215—2015)的有关规定。提升信号应包括工作、检修、紧急停车信号及直通电话。提升信号装置应设专用电源,信号电源电压不应大于 127 V,并应采用不接地系统。当使用罐座时,要有罐座不打开发不出开罐信号的闭锁,可避免拉坏罐座和拉断钢丝绳。

安装时,提升容器的罐耳与罐道之间所留间隙应当符合下列要求:

(1)使用滑动罐耳的刚性罐道每侧不应超过 5 mm,木罐道每侧不应超过 10 mm。

(2)钢丝绳罐道的罐耳滑套直径与钢丝绳直径之差不应大于 5 mm。

(3)采用滚轮罐耳的矩形钢罐道的辅助滑动罐耳,每侧间隙应当保持 10~15 mm。

使用时,提升容器的罐耳和罐道的磨损量或者总间隙达到下列限值时,必须更换:

(1)木罐道任一侧磨损量超过 15 mm 或者总间隙超过 40 mm。

(2)钢轨罐道轨头任一侧磨损量超过 8 mm,或者轨腰磨损量超过原有厚度的 25%;罐耳的任一侧磨损量超过 8 mm,或者在同一侧罐耳和罐道的总磨损量超过 10 mm,或者罐耳与罐道的总间隙超过 20 mm。

（3）矩形钢罐道任一侧的磨损量超过原有厚度的50%。

（4）钢丝绳罐道与滑套的总间隙超过15 mm。

立井提升容器间及提升容器与井壁、罐道梁、井梁之间的最小间隙，必须符合下表要求。提升容器在安装或者检修后，第一次开车前必须检查各个间隙，不符合要求时不得开车。采用钢丝绳罐道，当提升容器之间的间隙小于表9-2的要求时，必须设防撞绳。

表9-2　立井提升容器间及提升容器与井壁、罐道梁、井梁间的最小间隙值（mm）

罐道和井梁布置		容器与容器之间	容器与井壁之间	容器与罐道梁之间	容器与井梁之间	备注
罐道布置在容器一侧		200	150	40	150	罐耳与罐道卡子之间为20
罐道布置在容器两侧	木罐道	—	200	50	200	有卸载滑轮的容器，滑轮与罐道梁间隙增加25
	钢罐道		150	40	150	
罐道布置在容器正面	木罐道	200	200	50	200	—
	钢罐道	200	150	40	150	
钢丝绳罐道		500	350	—	350	设防撞绳时，容器之间最小间隙为200

钢丝绳罐道应当优先选用密封式钢丝绳。每个提升容器（平衡锤）有4根罐道绳时，每根罐道绳的最小刚性系数不得小于500 N/m，各罐道绳张紧力之差不得小于平均张紧力的5%，内侧张紧力大，外侧张紧力小。每个提升容器（平衡锤）有2根罐道绳时，每根罐道绳的刚性系数不得小于100 N/m，各罐道绳的张紧力应当相等。单绳提升的2根主提升钢丝绳必须采用同一捻向或者阻旋转钢丝绳。

应当每年检查1次金属井架、井筒罐道梁和其他装备的固定和锈蚀情况，发现松动及时加固，发现防腐层剥落及时补刷防腐剂。检查和处理结果应当详细记录。建井用金属井架，每次移设后都应当涂防腐剂。

专家解读　钢丝绳罐道及防撞绳的安装应符合《煤矿设备安装工程质量验收规范》（GB 50946—2013）的规定。钢丝绳罐道、防撞绳及固定装置安装的允许偏差应符合表9-3的规定。

表9-3　钢丝绳罐道、防撞绳及固定装置安装的允许偏差

项目	允许偏差/mm	检验方法
井上、下固定装置（或固定梁）安装位置偏差	3.0	
井上、下钢丝绳的固定位置的偏差	3.0	
重锤悬挂的高低偏差	±400	尺量检查
井下固定梁安装标高偏差	±5.0	
井下固定梁埋入井壁内深度偏差	−70	

井架是安装天轮及其他设备的构筑物,主要作用是支持天轮,承受全部提升重量和拉力,并固定钢丝绳罐道。根据材质不同,主要分为木井架、金属井架和混凝土井架。井架的设计应参考《矿山井架设计标准》(GB 50385—2018)等相关规定。

提升系统各部分每天必须由专职人员至少检查1次,每月还必须组织有关人员至少进行1次全面检查。检查中发现问题,必须立即处理,检查和处理结果都应当详细记录。

检修人员站在罐笼或箕斗顶上工作时,必须遵守下列规定:

(1)在罐笼或箕斗顶上,必须装设保险伞和栏杆。

(2)必须系好保险带。

(3)提升容器的速度,一般为0.3~0.5 m/s,最大不应超过2 m/s。

(4)检修用信号必须安全可靠。

专家解读 井筒中的检修工作需要提升容器经常变更高度,遇有特殊情况或检修完升井,都必须用信号与绞车司机联系,但如信号失灵,便无法与外界联系,所以为了可靠,还要设移动电话。

罐笼提升的井口和井底车场必须有把钩工。人员上下井时,必须遵守乘罐制度,听从把钩工指挥。开车信号发出后严禁进出罐笼。

每一提升装置,必须装有从井底信号工发给井口信号工和从井口信号工发给司机的信号装置。井口信号装置必须与提升机的控制回路相闭锁,只有在井口信号工发出信号后,提升机才能启动。除常用的信号装置外,还必须有备用信号装置。井底车场与井口之间、井口与司机操控台之间,除有上述信号装置外,还必须装设直通电话。1套提升装置服务多个水平时,从各水平发出的信号必须有区别。

井底车场的信号必须经由井口信号工转发,不得越过井口信号工直接向提升机司机发送开车信号;但有下列情况之一时,不受此限:发送紧急停车信号;箕斗提升;单容器提升;井上下信号联锁的自动化提升系统。

用多层罐笼升降人员或者物料时,井上、下各层出车平台都必须设有信号工。各信号工发送信号时,必须遵守下列规定:

(1)井下各水平的总信号工收齐该水平各层信号工的信号后,方可向井口总信号工发出信号。

(2)井口总信号工收齐井口各层信号工信号并接到井下水平总信号工信号后,才可向提升机司机发出信号。

信号系统必须设有保证按上述顺序发出信号的闭锁装置。

专家解读 安全闭锁控制安装应符合下列规定:罐笼不到位,安全门应处于闭锁状态,摇台、罐笼内阻车器、罐笼外阻车器应打不开;提入时,推车机、阻车器应不能动作;安全门未关闭到位,只能发出调平和换层信号,应发不出开车信号;安全门不打开,应闭锁所有操作(除后阻车器调车外);前阻车器不关闭,后阻车器应打不开。

在提升速度大于3 m/s的提升系统内,必须设防撞梁(提升容器过卷后防止冲撞井架结构的构件)和托罐装置(能将撞击防撞梁后下落高度不超过0.5 m的容器托住的活动装置),防撞梁必须能够挡住过卷后上升的容器或者平衡锤,并不得兼作他用;托罐装置必须能够将撞击防撞梁后再下落的容器或者配重托住,并保证其下落的距离不超过0.5 m。

立井提升装置的过卷和过放应当符合下列要求:

(1)罐笼和箕斗提升,过卷和过放距离不应小于表9-4所列数值。

表9-4 立井提升装置的过卷和过放距离

提升速度/(m/s)	≤3	4	6	8	≥10
过卷、过放距离/m	4.0	4.75	6.5	8.25	≥10.0

注:提升速度为表中所列速度的中间值时,用插值法计算。过卷高度指容器在正常停车位置,容器上盘面至防撞梁底面的距离。过放距离指井下提升容器在正常停车位置时,容器底盘面至防撞梁上表面的距离。

(2)在过卷和过放距离内,应当安设性能可靠的缓冲装置。缓冲装置应当能将全速过卷(过放)的容器或者平衡锤平稳地停住,并保证不再反向下滑或者反弹。

(3)过放距离内不得积水和堆积杂物。

(4)缓冲托罐装置必须每年至少进行1次检查和保养。

五、钢丝绳和连接装置

(一)钢丝绳的安全系数

各种用途钢丝绳悬挂时的安全系数,必须符合表9-5的要求。

表9-5 钢丝绳安全系数最小值

用途分类			安全系数*的最小值
单绳缠绕式提升装置	专为升降人员		9
	升降人员和物料	升降人员时	9
		混合提升时**	9
		升降物料时	7.5
	专为升降物料		6.5
摩擦轮式提升装置	专为升降人员		$9.2 - 0.0005H$***
	升降人员和物料	升降人员时	$9.2 - 0.0005H$
		混合提升时	$9.2 - 0.0005H$
		升降物料时	$8.2 - 0.0005H$
	专为升降物料		$7.2 - 0.0005H$
倾斜钢丝绳牵引带式输送机	运人		$6.5 - 0.001L$**** 但不得小于6
	运物		$5 - 0.001L$ 但不得小于4
倾斜无极绳绞车	运人		$6.5 - 0.001L$ 但不得小于6
	运物		$5 - 0.001L$ 但不得小于3.5
架空乘人装置			6
悬挂安全梯用的钢丝绳			6

(续表)

用途分类	安全系数*的最小值
罐道绳、防撞绳、起重用的钢丝绳	6
悬挂吊盘、水泵、排水管、抓岩机等用的钢丝绳	6
悬挂风筒、风管、供水管、 注浆管、输料管、电缆用的钢丝绳	5
拉紧装置用的钢丝绳	5
防坠器的制动绳和缓冲绳（按动载荷计算）	3

注：1. *钢丝绳的安全系数,等于实测的合格钢丝拉断力的总和与其所承受的最大静拉力（包括绳端载荷和钢丝绳自重所引起的静拉力）之比。

2. **混合提升指多层罐笼同一次在不同层内提升人员和物料。

3. H***为钢丝绳悬挂长度(m)。

4. L****为由驱动轮到尾部绳轮的长度(m)。

在用的缠绕式提升钢丝绳在定期检验时,安全系数小于下列规定值时,应当及时更换：

(1)专为升降人员用的小于7。

(2)升降人员和物料用的钢丝绳,升降人员时小于7,升降物料时小于6。

(3)专为升降物料和悬挂吊盘用的小于5。

(二)钢丝绳的韧性指标

各种用途钢丝绳的韧性指标,必须符合表9-6的要求。

表9-6　不同钢丝绳的韧性指标

钢丝绳 用途	钢丝绳 种类	钢丝绳韧性指标下限		说明
		新绳	在用绳	
升降人员或升 降人员和物料	光面绳	《煤矿重要用途钢丝绳验收技术条件》（MT 716）中光面钢丝绳韧性指标	新绳韧性指标的90%	在用绳按《煤矿重要用途在用钢丝绳性能测定方法及判定规则》(MT 717)标准(面接触绳除外)
	镀锌绳	《煤矿重要用途钢丝绳验收技术条件》（MT 716）中 AB 类镀锌钢丝韧性指标	新绳韧性指标的5%	
升降物料	光面绳	《煤矿重要用途钢丝绳验收技术条件》（MT/T 716）中光面钢丝绳韧性指标	新绳韧性指标的80%	
	镀锌绳	《煤矿重要用途钢丝绳验收技术条件》（MT 716）中 A 类镀锌钢丝韧性指标	新绳韧性指标的80%	
罐道绳	密封绳	特级	普级	按《密封钢丝绳》（YB/T 5295）标准

(三)钢丝绳的使用与管理

新钢丝绳的使用与管理,必须遵守下列规定:

(1)钢丝绳到货后,应当进行性能检验。合格后应当妥善保管备用,防止损坏或者锈蚀。

(2)每根钢丝绳的出厂合格证、验收检验报告等原始资料应当保存完整。

(3)存放时间超过1年的钢丝绳,在悬挂前必须再进行性能检测,合格后方可使用。

(4)钢丝绳悬挂前,必须对每根钢丝做拉断、弯曲和扭转3种试验,以公称直径为准对试验结果进行计算和判定。

专家解读 钢丝绳的试验结果判定如下:不合格钢丝的断面积与钢丝总断面积之比达到6%,不得用作升降人员;达到10%,不得用作升降物料。钢丝绳的安全系数小于《煤矿安全规程》中规定的安全系数时,该钢丝绳不得使用。

(5)主要提升装置必须有检验合格的备用钢丝绳。

(6)专用于斜井提升物料且直径不大于18 mm的钢丝绳,有产品合格证和检测检验报告等,外观检查无锈蚀和损伤的,可以不进行第(1)(2)条所要求的检验。

专家解读 扭转是由于钢丝绳在捻制时,绳股围绕绳芯旋转,当钢丝绳受到拉力后,绳股因被拉伸而向破劲方向旋转,拉力越大,旋转越严重。

钢丝绳在运行中遭受到卡罐、突然停车等猛烈拉力时,必须立即停车检查,发现下列情况之一者,必须将受损段剁掉或者更换全绳:

(1)钢丝绳产生严重扭曲或者变形。

(2)断丝超过表9-6的规定。

(3)直径减小量超过表9-6的规定。

(4)遭受猛烈拉力的一段的长度伸长0.5%以上。

有接头的钢丝绳,仅限于下列设备中使用:

(1)平巷运输设备。

(2)无极绳绞车。

(3)架空乘人装置。

(4)钢丝绳牵引带式输送机。钢丝绳接头的插接长度不得小于钢丝绳直径的1 000倍。

(四)钢丝绳的检验、检查与维护

在用钢丝绳的检验、检查与维护,应当遵守下列规定:

(1)升降人员或者升降人员和物料用的缠绕式提升钢丝绳,自悬挂使用后每6个月进行1次性能检验,悬挂吊盘的钢丝绳,每12个月检验1次。

(2)升降物料用的缠绕式提升钢丝绳,悬挂使用12个月内必须进行第一次性能检验,以后每6个月检验1次。

(3)缠绕式提升钢丝绳的定期检验,可以只做每根钢丝的拉断和弯曲2种试验。试验结果,以公称直径为准进行计算和判定。

专家解读 出现下列情况的钢丝绳,必须停止使用:不合格钢丝的断面积与钢丝总断面积之比达到25%时;钢丝绳的安全系数小于《煤矿安全规程》中规定的安全系数时。

(4)摩擦式提升钢丝绳、架空乘人装置钢丝绳、平衡钢丝绳以及专用于斜井提升物料且直径不大于 18 mm 的钢丝绳,不受第(1)(2)条限制。

(5)提升钢丝绳必须每天检查 1 次,平衡钢丝绳、罐道绳、防坠器制动绳(包括缓冲绳)、架空乘人装置钢丝绳、钢丝绳牵引带式输送机钢丝绳和井筒悬吊钢丝绳必须每周至少检查 1 次。对易损坏和断丝或者锈蚀较多的一段应当停车详细检查。断丝的突出部分应当在检查时剪下。检查结果应当记入钢丝绳检查记录簿。

(6)对使用中的钢丝绳,应当根据井巷条件及锈蚀情况,采取防腐措施。摩擦提升钢丝绳的摩擦传动段应当涂、浸专用的钢丝绳增摩脂。

(7)平衡钢丝绳的长度必须与提升容器过卷高度相适应,防止过卷时损坏平衡钢丝绳。使用圆形平衡钢丝绳时,必须有避免平衡钢丝绳扭结的装置。

(8)严禁平衡钢丝绳浸泡水中。

(9)多绳提升的任意一根钢丝绳的张力与平均张力之差不得超过 ±10%。

(五)钢丝绳的报废和更换

新安装或者大修后的防坠器,必须进行脱钩试验,合格后方可使用。对使用中的立井罐笼防坠器,应当每 6 个月进行 1 次不脱钩试验,每年进行 1 次脱钩试验。对使用中的斜井人车防坠器,应当每班进行 1 次手动落闸试验、每月进行 1 次静止松绳落闸试验、每年进行 1 次重载全速脱钩试验。防坠器的各个连接和传动部分,必须处于灵活状态。

钢丝绳的报废和更换,应当遵守下列规定:

(1)钢丝绳的报废类型、内容及标准应当符合表9-7 的要求。达到其中一项的,必须报废。

表 9-7 钢丝绳的报废类型、内容及标准

项目	钢丝绳类别		报废标准	说明
使用期限	摩擦式提升机	提升钢丝绳	2 年	如果钢丝绳的断丝、直径缩小和锈蚀程度不超过本表断丝、直径缩小、锈蚀类型的规定,可继续使用 1 年
		平衡钢丝	4 年	
	井筒中悬挂水泵、抓岩机的钢丝绳		1 年	到期后经检查鉴定,锈蚀程度不超过本表锈蚀类型的规定,可以继续使用
	悬挂风管、输料管、安全梯和电缆的钢丝绳		2 年	
断丝	升降人员或者升降人员和物料用钢丝绳		5%	各种股捻钢丝绳在 1 个捻距内断丝断面积与钢丝总断面积之比
	专为升降物料用的钢丝绳、平衡钢丝绳、防坠器的制动钢丝绳(包括缓冲绳)、兼作运人的钢丝绳牵引带式输送机的钢丝绳和架空乘人装置的钢丝绳		10%	
	罐道钢丝绳		15%	
	无极绳运输和专为运物料的钢丝绳牵引带式输送机用的钢丝绳		25%	

（续表）

项目	钢丝绳类别	报废标准	说明
直径缩小	提升钢丝绳、架空乘人装置或者制动钢丝绳	10%	以钢丝绳公称直径为准计算的直径减小量；使用密封式钢丝绳时，外层钢丝厚度磨损量达到50%时，应当更换
	罐道钢丝绳	15%	
锈蚀	各类钢丝绳		钢丝出现变黑、锈皮、点蚀麻坑等损伤时，不得再用作升降人员；钢丝绳锈蚀严重，或者点蚀麻坑形成沟纹，或者外层钢丝松动时，不论断丝数多少或者绳径是否变化，应当立即更换

（2）更换摩擦式提升机钢丝绳时，必须同时更换全部钢丝绳。

在钢丝绳使用期间，断丝数突然增加或者伸长突然加快，必须立即更换。

（六）连接装置

立井和斜井使用的连接装置的性能指标和投用前的试验，必须符合下列要求：

（1）各类连接装置的安全系数必须符合表9-8的要求。

表9-8　各类连接装置的安全系数最小值

用途		安全系数最小值
专门升降人员的提升容器连接装置		13
升降人员和物料的提升容器连接装置	升降人员时	13
	升降物料时	10
专为升降物料的提升容器的连接装置		10
斜井人车的连接装置		13
矿车的车梁、碰头和连接插销		6
无极绳的连接装置		8
吊桶的连接装置		13
凿井用吊盘、安全梯、水泵、抓岩机的悬挂装置		10
凿井用风管、水管、风筒、注浆管的悬挂装置		8
倾斜井巷中使用的单轨吊车卡轨车和齿轨车的连接装置	运人时	13
	运物时	10

注：连接装置的安全系数等于主要受力部件的破断力与其所承受的最大静载荷之比。

（2）各种环链的安全系数，必须以曲梁理论计算的应力为准。并同时符合按材料屈服强度计算的安全系数，不小于2.5；以及以模拟使用状态拉断力计算的安全系数，不小于13的要求。

（3）各种连接装置主要受力件的冲击功必须符合常温（15 ℃）下不小于100 J；低温（-30 ℃）下不小于7 J的要求。

（4）各种保险链以及矿车的连接环、链和插销等，批量生产的，必须做抽样拉断试验，不符合要求时不得使用；初次使用前和使用后每隔2年，必须逐个以2倍于其最大静荷重的拉力进行试验,发现裂纹或者永久伸长量超过1.2%时,不得使用。

（5）立井提升容器与提升钢丝绳的连接,应当采用楔形连接装置。每次更换钢丝绳时,必须对连接装置的主要受力部件进行探伤检验,合格后方可继续使用。楔形连接装置的累计使用期限应符合规定要求,单绳提升不得超过10年;多绳提升不得超过15年。

（6）倾斜井巷运输时,矿车之间的连接、矿车与钢丝绳之间的连接,必须使用不能自行脱落的连接装置,并加装保险绳。

（7）倾斜井巷运输用的钢丝绳连接装置,在每次换钢丝绳时,必须用2倍于其最大静荷重的拉力进行试验。

（8）倾斜井巷运输用的矿车连接装置,必须至少每年进行1次2倍于其最大静荷重的拉力试验。

六、提升装置

提升装置的天轮、卷筒、摩擦轮、导向轮和导向滚等的最小直径与钢丝绳直径之比值,应当符合表9-9的要求。

表9-9　提升装置的天轮、卷筒、摩擦轮、导向轮
和导向滚等的最小直径与钢丝绳直径之比值

用途		最小比值	说明
落地式摩擦提升装置的摩擦轮及天轮、围抱角大于180°的塔式摩擦提升装置的摩擦轮	井上	90	
	井下	80	
围抱角为180°的塔式摩擦提升装置的摩擦轮	井上	80	
	井下	70	
摩擦提升装置的导向轮		80	
地面缠绕式提升装置的卷筒和围抱角大于90°的天轮		80	
地面缠绕式提升装置围抱角小于90°的天轮		60	在这些提升装置中,如使用密封式提升钢丝绳,应当将各相应的比值增加20%
井下缠绕式提升机和凿井提升机的卷筒,井下架空乘人装置的主导轮和尾导轮、围抱角大于90°的天轮		60	
井下缠绕式提升机、凿井提升机和井下架空乘人装置围抱角小于90°的天轮		40	
斜井提升的游动天轮	围抱角大于60°	60	
	围抱角大于35°~60°	40	
	围抱角小于35°	20	
矸石山绞车的卷筒和天轮		50	
悬挂水泵、吊盘、管子用的卷筒和天轮,凿井时运输物料的提升机卷筒和天轮,倾斜井巷提升机的游动轮,矸石山绞车的压绳轮以及无极绳运输的导向滚等		20	—

专家解读　天轮是设置在井架上部,承托提升钢丝绳的导向轮。分为移动天轮和固定天

轮,移动天轮多用于井下暗斜井提升或上下山运输。固定天轮主要用于大型提升设备。

各种提升装置的卷筒上缠绕的钢丝绳层数,必须符合下列要求:

(1)立井中升降人员或者升降人员和物料的不超过1层,专为升降物料的不超过2层。

(2)倾斜井巷中升降人员或者升降人员和物料的不超过2层,升降物料的不超过3层。

(3)建井期间升降人员和物料的不超过2层。

(4)现有生产矿井在用的绞车,如果在滚筒上装设过渡绳楔,滚筒强度满足要求且滚筒边缘高度符合《煤矿安全规程》中的相关要求,可按第(1)(2)条所规定的层数增加1层。

(5)移动式或者辅助性专为升降物料的(包括矸石山和向天桥上提升等),不受第(1)(2)(3)条的限制。

缠绕2层或者2层以上钢丝绳的卷筒,必须符合下列要求:

(1)卷筒边缘高出最外层钢丝绳的高度,至少为钢丝绳直径的2.5倍。

(2)卷筒上必须设有带绳槽的衬垫。

(3)钢丝绳由下层转到上层的临界段(相当于绳圈1/4长的部分)必须经常检查,并每季度将钢丝绳移动1/4绳圈的位置。

对现有不带绳槽衬垫的在用提升机,只要在卷筒板上刻有绳槽或者用1层钢丝绳作底绳,可继续使用。

钢丝绳绳头固定在卷筒上时,应当符合下列要求:

(1)必须有特备的容绳或者卡绳装置,严禁系在卷筒轴上。

(2)绳孔不得有锐利的边缘,钢丝绳的弯曲不得形成锐角。

(3)卷筒上应当缠留3圈绳,以减轻固定处的张力,还必须留有定期检验用绳。

通过天轮的钢丝绳必须低于天轮的边缘,其高差应符合下列要求:

(1)提升用天轮不得小于钢丝绳直径的1.5倍。

(2)悬吊用天轮不得小于钢丝绳直径的1倍。

天轮和摩擦轮绳槽衬垫磨损达到下列限值,必须更换绳槽衬垫:

(1)天轮绳槽衬垫磨损达到1根钢丝绳直径的深度,或者沿侧面磨损达到钢丝绳直径的1/2。

(2)摩擦轮绳槽衬垫磨损剩余厚度小于钢丝绳直径,绳槽磨损深度超过70 mm。

矿井提升系统的加(减)速度和提升速度必须符合表9-10的要求。

表9-10 矿井提升系统的加(减)速度和提升速度值

项目	立井提升		斜井提升	
	升降人员	升降物料	串车提升	箕斗提升
加(减)速度/(m/s²)	≤0.75	—	≤0.5	—
提升速度/(m/s)	$v \leq 0.5\sqrt{H}$,且不超过12	$v \leq 0.6$	≤5	≤7,当铺设固定道床且钢轨≥38 kg/m时,≤9

注:v为最大提升速度(m/s)。H为提升高度(m)。

提升装置必须按下列要求装设安全保护:

(1)过卷和过放保护(当提升容器超过正常终端停止位置或者出车平台0.5 m时,必须能自动断电,且使制动器实施安全制动)。

（2）超速保护（当提升速度超过最大速度15%时,必须能自动断电,且使制动器实施安全制动）。

（3）过负荷和欠电压保护。

（4）限速保护（提升速度超过3 m/s的提升机应当装设限速保护,以保证提升容器或者平衡锤到达终端位置时的速度不超过2 m/s。当减速段速度超过设定值的10%时,必须能自动断电,且使制动器实施安全制动）。

（5）提升容器位置指示保护（当位置指示失效时,能自动断电,且使制动器实施安全制动）。

（6）闸瓦间隙保护（当闸瓦间隙超过规定值时,能报警并闭锁下次开车）。

（7）松绳保护（缠绕式提升机应当设置松绳保护装置并接入安全回路或者报警回路。箕斗提升时,松绳保护装置动作后,严禁受煤仓放煤）。

（8）仓位超限保护（箕斗提升的井口煤仓仓位超限时,能报警并闭锁开车）。

（9）减速功能保护（当提升容器或者平衡锤到达设计减速点时,能示警并开始减速）。

（10）错向运行保护（当发生错向时,能自动断电,且使制动器实施安全制动）。

过卷保护、超速保护、限速保护和减速功能保护应当设置为相互独立的双线型式。缠绕式提升机应当加设定车装置。

专家解读 提升机必须装设可靠的提升容器位置指示器、减速声光示警装置,必须设置机械制动和电气制动装置。严禁司机擅自离开工作岗位。提升机司机要做到"三不开"与"七不接","三不开"即信号不明不开,没看清上下信号不开,启动状态不正常不开。"七不接"即交接当班运转情况,交代不清不接;交清设备故障与隐患,交代不清不接;交清应处理而未处理问题的原因,交代不清不接;交清工具和材料配件的情况,数量不符时不接;交清设备和室内卫生打扫情况,不清洁不接;交清各种记录填写情况,发现填写不完整或未填写不接;交班不交给无合格证者或喝酒和精神不正常的人,当交班司机交代情况不清楚时不接。

机械制动装置应当采用弹簧式,能实现工作制动和安全制动。工作制动必须采用可调节的机械制动装置。安全制动必须有并联冗余的回油通道。双滚筒提升机每个滚筒的制动装置必须能够独立控制,并具有调绳功能。

提升机机械制动装置的性能,必须符合下列要求:

（1）制动闸的空动时间,盘式制动装置不得超过0.3 s,径向制动装置不得超过0.5 s。

（2）盘形闸的闸瓦与闸盘之间的间隙不得超过2 mm。

（3）制动力矩倍数应满足下列要求:制动装置产生的制动力矩与实际提升最大载荷旋转力矩之比K值不应小于3。对质量模数较小的提升机,上提重载保险闸的制动减速度超过《煤矿安全规程》规定值时,K值可以适当降低,但不应小于2。在调整双滚筒提升机滚筒旋转的相对位置时,制动装置在各滚筒闸轮上所产生的力矩,不应小于该滚筒所悬重量（钢丝绳重量与提升容器重量之和）形成的旋转力矩的1.2倍。计算制动力矩时,闸轮和闸瓦的摩擦系数应当根据实测确定,一般采用0.30~0.35。

各类提升机的制动装置发生作用时,提升系统的安全制动减速度,必须符合下列要求:

（1）提升系统的安全制动减速度必须符合表9-11的要求。

表 9-11　提升系统安全制动减速度规定值

减速度	$\theta \leqslant 30°$	$\theta > 30°$
提升减速度/$(m \cdot s^{-2})$	$\leqslant A_c$	$\leqslant 5$
下放减速度/$(m \cdot s^{-2})$	$\geqslant 0.75$	$\geqslant 1.5$

注:$A_c = g(\sin \theta + f\cos \theta)$。式中,$A_c$ 为自然减速度(m/s^2)。g 为重力加速度(m/s^2)。θ 为井巷倾角,(°)。f 为绳端载荷的运行阻力系数,一般取 0.010~0.015。

(2)摩擦式提升机安全制动时,除必须符合相关要求外,还必须符合防滑要求。

专家解读 (1)在各种载荷(满载或者空载)和提升状态(上提或者下放重物)下,制动装置所产生的制动减速度计算值不应超过滑动极限。钢丝绳与摩擦轮衬垫间摩擦系数的取值不应大于 0.25。由钢丝绳自重所引起的不平衡重必须计入。

(2)在各种载荷和提升状态下,制动装置发生作用时,钢丝绳都不出现滑动。

(3)计算或者验算时防滑要求,以第(1)条为准;在用设备时的防滑要求,以第(2)项为准。

提升机操作必须遵守下列规定:

(1)主要提升装置应当配有正、副司机。自动化运行的专用于提升物料的箕斗提升机,可不配备司机值守,但应当设图像监视并定时巡检。

(2)升降人员的主要提升装置在交接班升降人员的时间内,必须正司机操作,副司机监护。

(3)每班升降人员前,应当先空载运行 1 次,检查提升机动作情况;但连续运转时,不受此限。

(4)如发生故障,必须立即停止提升机运行,并向矿调度室报告。

新安装的矿井提升机,必须验收合格后方可投入运行。专门升降人员及混合提升的系统应当每年进行 1 次性能检测,其他提升系统每 3 年进行 1 次性能检测,检测合格后方可继续使用。

专家解读 设备运行 3 年后,薄弱环节均已暴露,质量差的零部件的技术性能都能在测试中被发现,不作测试,发现不了性能的某些变化,在运行中暴露出来就影响生产了。

提升装置管理必须具备下列资料,并应妥善保管:

(1)提升机说明书。

(2)提升机总装配图。

(3)制动装置结构图和制动系统图。

(4)电气系统图。

(5)提升机、钢丝绳、天轮、提升容器、防坠器和罐道等的检查记录簿。

(6)钢丝绳的检验和更换记录簿。

(7)安全保护装置试验记录簿。

(8)故障记录簿。

(9)岗位责任制和设备完好标准。

(10)司机交接班记录簿。

(11)操作规程。

制动系统图、电气系统图、提升装置的技术特征和岗位责任制等应当悬挂在提升机房内。

第二节　电气安全技术标准

一、电气设备和保护

矿井供电电能质量应当符合国家有关规定;电力电子设备或者变流设备的电磁兼容

性应当符合国家标准、规范要求。

电气设备不应超过额定值运行。

对井下各水平中央变（配）电所和采（盘）区变（配）电所、主排水泵房和下山开采的采区排水泵房供电线路,不得少于两回路。当任一回路停止供电时,其余回路应当承担全部用电负荷。向局部通风机供电的井下变（配）电所应当采用分列运行方式。

主要通风机、提升人员的提升机、抽采瓦斯泵、地面安全监控中心等主要设备房,应当各有两回路直接由变（配）电所馈出的供电线路;受条件限制时,其中的一回路可引自上述设备房的配电装置。

向突出矿井自救系统供风的压风机、井下移动瓦斯抽采泵应当各有两回路直接由变（配）电所馈出的供电线路。

严禁井下配电变压器中性点直接接地。严禁由地面中性点直接接地的变压器或者发电机直接向井下供电。

选用井下电气设备必须符合表9-12的要求。

表9-12　井下电气设备选型

使用场所 类别	突出矿井和瓦斯喷出区域	高瓦斯矿井、低瓦斯矿井				
		井底车场、中央变电所、总进风巷和主要进风巷		翻车机硐室	采区进风巷	总回风巷、主要回风巷、采区回风巷、采掘工作面和工作面进、回风巷
		低瓦斯矿井	高瓦斯矿井			
高低压电机和电气设备	矿用防爆型（增安型除外）	矿用一般型	矿用一般型	矿用防爆型	矿用防爆型	矿用防爆型（增安型除外）
照明灯具	矿用防爆型（增安型除外）	矿用一般型	矿用一般型	矿用防爆型	矿用防爆型	矿用防爆型（增安型除外）
通信、自动化控制的仪表、仪器	矿用防爆型（增安型除外）	矿用一般型	矿用防爆型	矿用防爆型	矿用防爆型	矿用防爆型（增安型除外）

注:1.使用架线电机车运输的巷道中及沿巷道的机电设备硐室内可以采用矿用一般型电气设备(包括照明灯具、通信、自动控制的仪表、仪器)。
2.突出矿井井底车场的主泵房内,可以使用矿用增安型电动机。
3.突出矿井应当采用本安型矿灯。
4.远距离传输的监测监控、通信信号应当采用本安型,动力载波信号除外。
5.在爆炸性环境中使用的设备应当采用EPL Ma保护级别。非煤矿专用的便携式电气测量仪表,必须在甲烷浓度1.0%以下的地点使用,并实时监测使用环境的甲烷浓度。

操作井下电气设备应当遵守下列规定:
(1)非专职人员或者非值班电气人员不得操作电气设备。
(2)操作高压电气设备主回路时,操作人员必须戴绝缘手套,并穿电工绝缘靴或者站在绝缘台上。
(3)手持式电气设备的操作手柄和工作中必须接触的部分必须有良好绝缘。

井下各级配电电压和各种电气设备的额定电压等级,应当符合下列要求:

(1)高压不超过 10 000 V。

(2)低压不超过 1 140 V。

(3)照明和手持式电气设备的供电额定电压不超过 127 V。

(4)远距离控制线路的额定电压不超过 36 V。

(5)采掘工作面用电设备电压超过 3 300 V 时,必须制定专门的安全措施。

井下电力网的短路电流不得超过其控制用的断路器的开断能力,并校验电缆的热稳定性。井下严禁使用油浸式电气设备。40 kW 及以上的电动机,应当采用真空电磁起动器控制。

井下高压电动机、动力变压器的高压控制设备,应当具有短路、过负荷、接地和欠压释放保护。井下由采区变电所、移动变电站或者配电点引出的馈电线上,必须具有短路、过负荷和漏电保护。低压电动机的控制设备,必须具备短路、过负荷、单相断线、漏电闭锁保护及远程控制功能。

井下配电网路(变压器馈出线路、电动机等)必须具有过流、短路保护装置;必须用该配电网路的最大三相短路电流校验开关设备的分断能力和动、热稳定性以及电缆的热稳定性。

必须用最小两相短路电流校验保护装置的可靠动作系数。保护装置必须保证配电网路中最大容量的电气设备或者同时工作成组的电气设备能够起动。

矿井 6 000 V 及以上高压电网,必须采取措施限制单相接地电容电流,生产矿井不超过 20 A,新建矿井不超过 10 A。

井上、下变电所的高压馈电线上,必须具备有选择性的单相接地保护;向移动变电站和电动机供电的高压馈电线上,必须具有选择性的动作于跳闸的单相接地保护。

井下低压馈电线上,必须装设检漏保护装置或者有选择性的漏电保护装置,保证自动切断漏电的馈电线路。

煤电钻必须使用具有检漏、漏电闭锁、短路、过负荷、断相和远距离控制功能的综合保护装置。每班使用前,必须对煤电钻综合保护装置进行 1 次跳闸试验。突出矿井禁止使用煤电钻,煤层突出参数测定取样时不受此限。

二、井下机电设备硐室

硐室内的设备,必须分别编号,标明用途,并有停送电的标志。

永久性井下中央变电所和井底车场内的其他机电设备硐室,应当采用砌碹或者其他可靠的方式支护,采区变电所应当用不燃性材料支护。

硐室必须装设向外开的防火铁门。铁门全部敞开时,不得妨碍运输。铁门上应当装设便于关严的通风孔。装有铁门时,门内可加设向外开的铁栅栏门,但不得妨碍铁门的开闭。

从硐室出口防火铁门起 5 m 内的巷道,应当砌碹或者用其他不燃性材料支护。硐室内必须设置足够数量的扑灭电气火灾的灭火器材。

井下中央变电所和主要排水泵房的地面标高,应当分别比其出口与井底车场或者大巷连接处的底板标高高出 0.5 m。

专家解读 井下中央变电所和主要排水泵房的地面标高,比其出口与井底车场或大巷连接处的底板标高高出 0.5 m,是为了防止由井底车场或大巷等处向中央变电所和主要排水泵房内倒灌水。如经常发生倒灌水后,加剧电气设备锈蚀,降低电气设备绝缘,容易引起电气设备失爆、接地、短路故障,造成全矿井井下停电。

硐室不应有滴水。硐室的过道应当保持畅通,严禁存放无关的设备和物件。

采掘工作面配电点的位置和空间必须满足设备安装、拆除、检修和运输等要求,并采用不燃性材料支护。

变电硐室长度超过 6 m 时,必须在硐室的两端各设 1 个出口。硐室内各种设备与墙壁之间应当留出 0.5 m 以上的通道,各种设备之间留出 0.8 m 以上的通道。对不需从两侧或者后面进行检修的设备,可以不留通道。

专家解读 为了方便硐室内各种设备的检修和检修时不影响其他设备,检修人员在检修时必须有一定的检修空间。另外,在检修时为便于运放工具和设备,必须留有一定宽度的通道。因此,硐室内各种设备与墙壁之间应留有 0.5 m 以上通道,各种设备相互之间,应留有 0.8 m 以上通道。

三、井下电气设备保护接地

电压在 36 V 以上和由于绝缘损坏可能带有危险电压的电气设备的金属外壳、构架,铠装电缆的钢带(钢丝)、铅皮(屏蔽护套)等必须有保护接地。

任一组主接地极断开时,井下总接地网上任一保护接地点的接地电阻值,不得超过 2 Ω。每一移动式和手持式电气设备至局部接地极之间的保护接地用的电缆芯线和接地连接导线的电阻值,不得超过 1 Ω。

所有电气设备的保护接地装置(包括电缆的铠装、铅皮、接地芯线)和局部接地装置,应当与主接地极连接成 1 个总接地网。主接地极应当在主、副水仓中各埋设 1 块。

主接地极应当用耐腐蚀的钢板制成,副水仓中各埋设 1 块. 主接地极应当用耐腐蚀的钢板制成,其面积不得小于 0.75 m² 、厚度不得小于 5 mm。

在钻孔中敷设的电缆和地面直接分区供电的电缆,不能与井下主接地极连接时,应当单独形成分区总接地网,其接地电阻值不得超过 2 Ω。

下列地点应当装设局部接地极:

(1)采区变电所(包括移动变电站和移动变压器)。

(2)装有电气设备的硐室和单独装设的高压电气设备。

(3)低压配电点或者装有 3 台以上电气设备的地点。

(4)无低压配电点的采煤工作面的运输巷、回风巷、带式输送机巷以及由变电所单独供电的掘进工作面(至少分别设置 1 个局部接地极)。

(5)连接高压动力电缆的金属连接装置。

设置在水沟中的局部接地极应当用面积不小于 0.6 m² 、厚度不小于 3 mm 的钢板或者具有同等有效面积的钢管制成,并平放于水沟深处。

设置在其他地点的局部接地极,可以用直径不小于 35 mm、长度不小于 1.5 m 的钢管制成,管上至少钻 20 个直径不小于 5 mm 的透孔,并全部垂直埋入底板;也可用直径不小于 22 mm、长度为 1 m 的 2 根钢管制成,每根管上钻 10 个直径不小于 5 mm 的透孔,2 根钢管相距不得小于 5 m,并联后垂直埋入底板,垂直埋深不得小于 0.75 m。

连接主接地极母线,应当采用截面不小于 50 mm² 的铜线,或者截面不小于 100 mm² 的耐腐蚀铁线,或者厚度不小于 4 mm、截面不小于 100 mm² 的耐腐蚀扁钢。

电气设备的外壳与接地母线、辅助接地母线或者局部接地极的连接,电缆连接装置两头的铠装、铅皮的连接,应当采用截面不小于 25 mm² 的铜线,或者截面不小于 50 mm² 的耐腐蚀铁线,或者厚度不小于 4 mm、截面不小于 50 mm² 的耐腐蚀扁钢。

橡套电缆的接地芯线,除用作监测接地回路外,不得兼作他用。

专家解读 橡套电缆接地芯线兼作他用时,接地芯线上则有电流通过,电气设备之间产生电位差,此电位差容易引起人身触电和产生电火花,引发瓦斯和煤尘爆炸事故。因此,橡套电缆的接地芯线,除用作监测接地回路外,不得兼作他用。

四、电气设备的检查与维护

电气设备的检查、维护和调整,必须由气维修工进行。高压电气设备和线路的修理和调整工作,应当有工作票和施工措施。

高压停、送电的操作,可以根据书面申请或者其他联系方式,得到批准后,由专责电工执行。采区电工,在特殊情况下,可对采区变电所内高压电气设备进行停、送电的操作,但不得打开电气设备进行修理。

专家解读 高压电气设备的供电范围大,停、送电影响的设备多,停送电必须统一安排和指挥。例如,风机的停电前要撤出人员,提人弹簧车在停电前要停止运行。送电前要检查瓦斯,不得检修电气设备等工作。为保证人身安全和避免事故发生,高压停送电的操作,必须有可靠的联系方式,统一指挥并由专责电工执行。

井下防爆电气设备的运行、维护和修理,必须符合防爆性能的各项技术要求。防爆性能遭受破坏的电气设备,必须立即处理或者更换,严禁继续使用。

矿井应当按表9-13的要求对电气设备进行检查和调整。检查和调整结果应当记入专用的记录簿内。

表 9-13　电气设备的检查和调整

项目	检查周期	备注
使用中的防爆电气设备的防爆性能检查	每月 1 次	每日应由分片 负责电工检查 1 次外部
配电系统继电保护装置检查整定	每 6 个月 1 次	负荷变化时应当及时整定
主要电气设备绝缘电阻的检查	至少 6 个月 1 次	—
接地电网接地电阻值测定	每季 1 次	—
新安装的电气设备绝缘电阻和接地电阻的测定	—	投入运行以前

第三节　机电运输系统危险辨识及有害因素分析

一、平巷和倾斜井巷运输系统主要危险因素识别与分析

(一)平巷运输系统主要危险因素识别与分析

平巷轨道运输主要在煤矿原煤、矸石、材料、设备运输部分采用。主要危险因素是行人因素、人力推车因素、电瓶车运输因素等。具体为:

(1)行人因素。如行人不按规定、要求行走,在轨道间或轨道上行走,或者在巷道狭窄侧行走;行人安全意识差,与矿车抢道或扒车,均易发生运输事故;轨道运输巷无人行道,或者人行道宽度、高度不符合要求,在人行道上堆积材料,造成人行道不畅;煤矿装煤或装矸重车采用自溜方式由主斜井井口沿轨道运行至翻车架,矿车运行期间,人员躲避不及时或跨越轨道,引发矿车碰撞人员事故。

（2）人力推车因素。如在轨道坡度小于或等于5‰时,同向推车的间距不得小于10 m,坡度大于5‰时,不得小于30 m,且不得在矿车两侧推车。当巷道坡度大于7‰时,严禁人力推车,严禁放飞车,否则易引发撞人、撞压事故。

（3）电瓶车运输因素。如电瓶车掉道和受撞击等原因造成车架变形或接口脱焊;由于连接件磨损严重、间隙增大,或由于闸瓦过度磨损,使制动失灵;由于连杆缺油操作不灵活;砂子硬结,不流动;砂管歪斜,砂子流不到轨面上;轮对受到剧烈的撞击后,轮毂产生裂纹或圆根部松动,或轮碾面磨损超过8 mm而引起机车掉道;电瓶车未使用国家规定的防爆设备;因轨道铺设质量缺陷,巷道变形、破坏、底鼓,超载、偏装等发生掉道等。

（二）倾斜井巷运输系统主要危险因素识别与分析

矿井主斜井、井下上下山轨道运输巷、矸石山等采用斜巷串车轨道提升方式。启动加速、制动减速、等速运行和各种工况的紧急制动均为正常运行工况,在一些特殊事故状态如卡罐、过卷、断绳、跑车等为非正常运行工况或事故运行工况,而非正常工况的受力往往是非常巨大的。

综合来说,平巷和倾斜井巷运输系统存在的危险主要有:提升过速、过卷、过放、断绳、井巷道变形、跑车、管理不善等,具体为:

（1）提升过速。如负载超重,负力提升、制动系统缺失、闸间隙超限闸块与制动轮接触面积不足、制动力不足等。

（2）容器过卷、过放。如重载提升,减速异常,过卷停车开关损坏、行程监控器故障、维修调试不当、闸间隙超限、电气制动失效等。

（3）断绳。如提升时发生紧急停车、钢丝绳受外来物体撞击、井筒淋水、腐蚀、直径变细或锈蚀严重、托绳地辊运转不灵活造成钢丝绳磨损严重、钢丝绳悬挂装置异常及超载提升、与矿车连接装置插销不闭锁,未使用保险绳,钩头、连接环、插销的安全系数不符合规定等,都有可能造成断绳跑车事故。

（4）井巷道变形。地质条件变化,井壁变形或底鼓,造成轨道位移、变形,造成矿车掉道,或钩头将轨道拉坏等。

（5）跑车。如制动力矩、空动时间、闸间隙不符合规定值,不能可靠地制动;制动装置、传动系统疲劳、变形、失效、闸瓦磨损严重,闸瓦与制动盘的接触面积小于规定值,造成不能可靠地制动;未安装或安装不当;起不到防跑车的作用;井口未设置"一坡三挡"装置或装置不健全,不能有效阻拦井口矿车,井筒内未设置超速吊梁或发生跑车时,超速吊梁不动作,发生跑车事故。

专家解读 根据《跑车防护装置技术条件》(MT 933)、《煤矿设备安装工程施工规范》(GB 51062—2014)等的规定,防跑车装置试运转应符合下列规定:使用前应根据布置图、安装图检查安装是否合理,挡车栏提到位后矿车是否正常通行,并应根据具体情况确定横梁高度,使矿车能顺利通过;应调整钢丝绳长度使挡车栏栏网处在合适位置,各运转部位应灵活自如;在人车运行时应将挡车栏锁在"常开"状态;应检查各紧固件是否松动;应使挡车栏正常升降,运行平稳;应接通电源,测量电源电压值波动范围在±10%以内;应不放矿车,将绞车空运转,当绞车运转到规定位置后看动作是否可靠;防跑车装置安装完毕后,应采用模拟正常行车和模拟跑车的方法检测装置工作是否正常。反复运转3～5次后放下矿车进行实验,矿车上下5次后不发生故障即可投入使用。

（6）管理不善。如倾斜井巷提升,没有或不执行"行车不行人制度",管理混乱。没有制定或不认真执行斜井提升、运输管理制度,现场秩序混乱,不执行"行车不行人,行人不行车"规定,造成设备损坏、人员伤亡;矿车运行期间,人员在上下车场随意走动,发生矿车碰撞人员事故。信号不动作或误动作,给操作人员或行人错误信号,造成人员误操作。

二、钢丝绳和连接装置主要危险因素识别与分析

(一)造成钢丝绳掉绳的危险因素

造成钢丝绳掉绳的危险因素主要有以下几点:

(1)自动张紧装置选型不合适或出现故障。

(2)轮系装置选型不匹配或出现故障。

(3)未安设防掉绳保护装置。

(4)安装质量不标准。

(5)工作人员在吊椅上来回摆动。

(6)工作人员未在指定位置下车,下车时身体未与乘车器分离。

(二)造成断绳事故的危险因素

造成断绳事故的危险因素主要有以下几点:

(1)钢丝绳选型不当造成安全系数不满足规程要求。

(2)钢丝绳腐蚀严重、净缩率超限。

(3)断丝、磨损、锈蚀超过规定。

(4)钢丝绳有急弯、挤压、撞击变形,遭受猛烈拉力而未及时更换。

(5)超速、超载运行,制动过急、紧急制动。

(三)连接装置主要危险因素

根据《煤矿建设安全规范》(AQ 1083—2011)等相关规定,连接装置主要危险因素是指不符合以下要求:

(1)倾斜井巷运输时矿车之间的连接、矿车和钢丝绳之间的连接,都必须使用不能自行脱落的连接装置,并加装保险绳。

(2)斜巷运输用的钢丝绳连接装置,在每次换钢丝绳时,必须用 2 倍于其最大静荷重的拉力进行试验,矿车连接装置至少每年进行 1 次 2 倍于最大静荷重的拉力试验。

(3)斜井使用的专为升降物料的提升容器的连接装置,以破断强度为准的安全系数不应小于 10,矿车的车梁、碰头和连接销、无极绳运输的连接装置,其安全系数不应小于 6。

三、提升装置系统主要危险因素识别与分析

井下运输车辆拐弯点、主井绞车提升地点、运输斜巷、采掘工作面及其运输巷道等处是运输提升危险存在的主要场所。

主要危险因素包括:主井声光信号使用不规范;主立井上部防过卷保护装置不能正常使用;主立井提升钢丝绳与箕斗连接未按《煤矿安全规程》设置,可使钢丝绳连接部位强度受损;主提升钢丝绳、罐道绳未按规定检查,斜巷防跑车装置设置不合理或失效,钢丝绳无每月涂油记录等。

第四节 机电运输安全技术措施

一、煤矿机电运输事故频发的原因剖析

煤矿机电运输事故频发的主要原因包括以下几方面:

(1)不当操作。不当操作是造成事故多发的重要原因。这是因为作业人员文化程度

参差不齐,掌握作业技术不娴熟,对操作设备的原理、性能熟悉程度不够,特别是采掘一线的部分作业人员基础比较差,工作又无长期打算,给机电运输安全带来了极大隐患。

(2)管理不善。个别单位专业管理部室技术力量较为薄弱,人员较少,分工责任不明确,工作停留在安排、检查层面上,不能做到对设备性能深层次的解剖分析,为生产单位解决技术问题。

(3)制度不严。专业之间职责不明确,对某些工作相互扯皮,隐患得不到及时整改落实;对事故处理未严格按"四不放过"原则分析处理,事故分析带有倾向性,没有分析出真正原因,甚至层层保护,不严肃追究责任,职工受不到教育,防范措施不到位,结果是事故重复发生。

(4)设备选型不合理。机电设备的选型要求配套化,对不同的地质条件、施工工艺、使用人员及管理水平等有较强的适应性。而实际情况则是设备与条件不相适应,需要很长一段时间的磨合,磨合期内,往往事故率较高。

(5)设备检修存在缺陷。检修时间不能保证,尤其是采掘设备,作业条件好的时候基本上难以实现正规循环,对设备的检查维修是哪坏修哪,日历化检修工作很难坚持下去。

(6)作业人员因素。如员工学习业务技术的积极性差,导致机电运输事故率上升;特种作业人员的频繁调换,岗位的调整,给安全埋下隐患。

二、矿井提升事故的预防措施

(一)提升容器坠落事故的预防措施

1.提升容器坠落事故原因

提升容器坠落事故主要原因分为提升钢丝绳突然破断和提升机连接装置断裂。

2.预防方法

木罐道防坠器,利用棘爪刺入木罐道内而起保护作用;金属罐道防坠器,利用偏心摩擦轮与金属罐道产生摩擦力而起保护作用;钢丝绳罐道防坠器,利用楔块夹在钢丝绳罐道上产生摩擦力而起保护作用。

3.技术要求

防坠器必须保证工作可靠,因此必须加强对防坠器的日常检查和维护,并定期进行防坠试验,每半年进行一次不脱钩检查性试验,每年进行一次脱钩试验(分为空载不脱钩试验、空载脱钩试验和人车空载与重载全速脱钩试验)。

(二)提升钢丝绳事故的预防措施

1.提升钢丝绳断裂原因

提升钢丝绳断裂原因主要有以下3点:

(1)钢丝绳磨损严重。钢丝绳与天轮、地滚等外界物体的摩擦,引起钢丝绳丝与丝、股与股之间的的断裂。

(2)锈蚀严重。井下潮湿常淋水,钢丝绳易锈蚀。

(3)超负荷或疲劳运行。钢丝绳在动负荷作用强度下降。

2.预防技术措施

为了预防钢丝绳事故的发生,应采取以下措施:

(1)加强提升钢丝绳的检查与维护,有专人每天负责检查一次。

(2)及时对提升钢丝绳除污、涂油。

(3)定期对提升钢丝绳性能检查实验,防止疲劳运行。

(4)严格控制提升负荷,防止钢丝绳过负荷运行。

（三）提升过卷事故的预防措施

提升过卷事故主要分为提升过卷事故和下放过卷事故。提升过卷事故是指提升容器超过井口停车位置未停车，继续向上提升所造成的事故。下放过卷事故是指下放到井底而未减速停车，与井底承接装置或井窝发生撞击而造成的事故叫礅罐事故。

为了预防提升过卷事故的发生，应采取以下措施：

（1）正确设置使用矿井提升过卷保护和制动等安全防护装置。

（2）井架必须有一定的过卷高度；其安全要求：提升速度小于 3 m/s 时，过卷高度不应小于 4 m；提升速度为 3~6 m/s 时，过卷高度不应小于 6 m；提升速度为 6~10 m/s（不包括 6 m/s）时，过卷高度不应小于最高提升速度下运行 1 s 的提升高度。

专家解读 井口防过卷及井下防过放装置应符合下列要求：提升速度大于 3 m/s 的提升系统必须设防撞梁和托罐装置，防撞梁必须能够挡住过卷后上升的容器或平衡锤；托罐装置应能够将撞击防撞梁后再下落的容器或平衡锤托住，并应保证其下落的距离不超过 0.5 m。在过卷高度或过放距离内，应安设性能可靠的缓冲装置。缓冲装置应能将全速过卷或过放的容器或平衡锤平稳地停住，并应保证不再反向下滑或反弹。防过卷及防过放采用缓冲托罐装置时，不宜再设置木质楔形罐道。罐笼提升过卷制动减速度宜小于1 gm/s^2，箕斗提升过卷制动减速度宜小于 2 gm/s^2。选用的缓冲托罐装置应具有良好的恢复功能。

三、矿井平巷运输事故及预防措施

矿用机车运行中常发生的主要事故包括列车掉道和翻车事故、机车撞车和追尾事故、机车撞人和压人事故。

为了预防矿井平巷运输事故的发生，应采取以下措施：

（1）开车前必须发出开车信号。

（2）每班发车前，应检查各车的连接装置、轮轴和车闸等。

（3）严禁同时运送有爆炸性的、易燃性的或腐蚀性的物品，或附挂物料车。

（4）行车时必须在列车前端牵引行驶，严禁顶车行驶（调车除外）。

（5）机车运人时，列车行驶速度不得超过 4 m/s。

（6）机车在下坡道、弯道、交叉口、道岔、风门、两车相会处，以及交接班人多时，应减速行驶，并在 40 m 以外响铃示警。

（7）人员上、下车地点应有照明，架空线必须安设分段开关或自动停送电开关，人员上、下车时必须切断该区段架空线电源。

（8）双轨巷道乘车场必须设信号区间闭锁，人员上、下车时，严禁其他车辆进入乘车场。

四、斜巷运输事故及预防措施

斜巷运输常发生的事故包括摘挂钩挤压人事故和车辆跑车事故等。

为了预防矿井斜巷运输事故的发生，应采取以下措施：

（1）把钩工必须按操作规程正确摘挂钩。

（2）运输前必须检查牵引车数和各车连接情况，牵引车数超过规定不得发开车信号。

（3）倾斜井巷运输时，矿车之间、矿车和钢丝绳之间的连接，都必须使用不能自行脱落的连接装置。

（4）巷道倾角超过 12° 应加装保险绳。

（5）上部和中部的各个停车场都必须设阻车器，阻车器必须经常关闭，只准在放车时打开。

（6）斜巷必须装设自动防跑车装置，当发生跑车时，防跑车装置能自动放下挡车门，阻止跑车。

（7）倾斜井巷运输用的钢丝绳连接装置，在每次换钢丝绳时，必须用2倍于其最大静荷重的拉力进行试验。倾斜井巷运输用的矿车连接装置，必须至少每年进行1次2倍于其最大静荷重的拉力试验。

五、巷道胶带输送机运输事故及预防措施

巷道胶带输送机运输事故主要包括输送带跑偏被撕裂事故、运送带打滑起热着火事故和输送机伤人事故。

为了预防巷道胶带输送机运输事故的发生，应采取以下措施：

（1）安装防跑偏和防撕裂保护装置。

（2）安装防滑保护装置，及时清除胶带滚筒上的水或调整胶带长度。

（3）带式输送机的机头传动部分、机尾滚筒、液力耦合器等处都要装设保护罩或保护栏杆。

（4）安装带式输送机的巷道宜采用 C10 等级铺底混凝土强度，两侧要有足够的宽度，输送机距支柱或砌墙的距离不应小于 0.5 m，行人侧不应小于 0.8 m。

六、工作面刮板输送机运输事故及预防措施

工作面刮板输送机运输常发生的事故：输送机动部分绞伤人、机头或机尾突然向上撬起，打伤或挤伤人、没发信号开动输送机伤人等。

为了预防工作面刮板输送机运输事故的发生，应采取以下措施：

（1）电动机与减速器的液力耦合器、传动链条、链轮等运转部件应设保护罩或保护栏杆，机尾设护板。

（2）工作面刮板输送机沿线装设能发出停车或开车信号的装置，间距不得超过 12 m。

（3）机槽接口要平整，机头、机尾紧固装置要牢靠；无紧固装置要用顶柱撑牢。

（4）刮板输送机运长料和长工具时，必须采取安全措施。

（5）刮板输送机配套电气设备、电控系统应符合安全技术要求，能适应煤矿井下工作条件。

（6）采煤工作面的电缆、采煤机组的供水管路应安装在刮板输送机的挡板和电缆槽上，跟随采煤机械移动的电缆和水管应防止拉断或其他损伤。

（7）刮板输送机所选用的矿用高强度圆环链的机械强度，应有可靠的安全裕度，链条安全系数应大于 3。

专家解读　总的来说，煤矿机电运输事故的预防措施主要有：

（1）以"安全第一"为中心；加强安全措施，把安全放在第一位。

（2）机电运输设备的维护与保养；所有人员必须高度重视是对设备的维修及保养，不仅要严格按照设备的安全技术操作规范进行作业，还要对设备出现的故障进行排除。

（3）加强工作人员思想工作；通过各种途径加强引导教育职工，明确事故的危害性，消除安全侥幸心理，增强安全意识。通过典型的事故案例对职工进行思想教育。

（4）加强矿井质量标准化管理；矿井质量标准化是煤矿安全的基础，要作为一项经常化的工作来抓。

（5）加强煤矿井下排水泵站及排水管路设计管理。严格按照《煤矿安全规程》、《煤矿井下排水泵站及排水管路设计规范》（GB/T 50451—2017）等的规定安装水仓、泵房机电设备等。

第十章 煤矿排土场及矸石山灾害防治技术

第一节 排土场及矸石山灾害防治标准

一、排土场安全技术要求

(一)排土场地质勘察分类

根据场地的复杂程度,排土场分为三个场地等级:简单场地、中等复杂场地和复杂场地三种。

简单场地是指:地形较平坦,地貌单一;地层结构简单,岩石和土的性质均一且压缩性不大;基底倾向与排弃物边坡倾向相反;地下水埋藏较深,无不良地质作用。

中等复杂场地是指:地形起伏较大,地貌单元较多,地层种类较多且岩石和土的性质变化较大;基底有软弱夹层倾角较大;地下水埋藏较浅;不良地质作用较发育。

复杂场地是指:地形起伏大,地貌单元多,地层种类多且岩石和土的性质变化大;基底有软弱夹层倾角大且基底倾向与排弃物边坡倾向一致;地下水埋藏浅;不良地质作用发育。

(二)排土场技术要求

排土场主要应用于露天煤矿工程,分为外部排土场和内部排土场,外部排土场是指建在露天采场以外的排土场,内部排土场是指建在露天采场以内的排土场。

排土场位置的选择,应当保证排弃土岩时,不致因大块滚落、滑坡、塌方等威胁采场、工业场地、居民区、公路、铁路、农田和水域的安全。排土场位置选定后,应当进行地质测绘和工程、水文地质勘探,以确定排土参数。

当排土场地面顺向坡度大于 10% 或基底有弱层滑动时,应采取防止滑坡的措施。高台阶、多台阶排土场应在最下层排弃中硬以上岩石,必要时应清理基底。

排土场应当保持平整,不得有积水,周围应当修筑可靠的截泥、防洪和排水设施。当出现滑坡征兆或者其他危险时,必须停止排土作业,采取安全措施。

排土场卸载区应当有通信设施或者联络信号,夜间应当有照明。

铁路排土线路必须符合下列要求:

(1)路基面向场地内侧按段高形成反坡。

(2)排土线设置移动停车位置标志和停车标志。

列车在排土线路的卸车地段应当遵守下列规定:

(1)列车进入排土线后,由排土人员指挥列车运行。机械排土线的列车运行速度不应超过 20 km/h;人工排土线不应超过 15 km/h;接近路端时,不应超过 5 km/h。

(2)严禁运行中卸土。

(3)新移设线路,首次列车严禁牵引进入。

(4)翻车时 2 人操作,操作人员位于车厢内侧。

(5)采用机械化作业清扫自翻车,人工清扫必须制定安全措施。

216

（6）卸车完毕,在排土人员发出出车信号后,列车方可驶出排土线。

单斗挖掘机排土应当遵守下列规定：

（1）受土坑的坡面角不应大于70°,严禁超挖。

（2）挖掘机至站立台阶坡顶线的安全距离满足台阶高度10 m以下为6 m；台阶高度11～15 m为8 m；台阶高度16～20 m为11 m；台阶高度超过20 m时必须制定安全措施。

矿用卡车排土场及排弃作业应当遵守下列规定：

（1）排土场卸载区,必须有连续的安全挡墙,车型小于240 t时安全挡墙高度不应低于轮胎直径的0.4倍,车型大于240 t时安全挡墙高度不应低于轮胎直径的0.35倍。不同车型在同一地点排土时,必须按最大车型的要求修筑安全挡墙,特殊情况下必须制定安全措施。

（2）排土工作面向坡顶线方向应当保持3%～5%的反坡。

（3）应当按规定顺序排弃土岩,在同一地段进行卸车和排土作业时,设备之间必须保持足够的安全距离。

（4）卸载物料时,矿用卡车应当垂直排土工作线；严禁高速倒车、冲撞安全挡墙。

推土机、装载机排土必须遵守下列规定：

（1）司机必须随时观察排土台阶的稳定情况。

（2）严禁平行于坡顶线作业。

（3）与矿用卡车之间保持足够的安全距离。

（4）严禁以高速冲击的方式铲推物料。

排土机排土必须遵守下列规定：

（1）排土机必须在稳定的平盘上作业,外侧履带与台阶坡顶线之间必须保持一定的安全距离。

（2）工作场地和行走道路的坡度必须符合排土机的技术要求。

（3）排土机长距离走行时,受料臂、排料臂应与走行方向成一直线,并将其吊起、固定；配重小车在前靠近回转中心一端,到位后用销子固定；严禁上坡转弯。

（4）上排台阶高度应根据排料臂长度、倾角、排弃物料抛出水平距离,排土机中心线至排土台阶坡底线安全距离以及排土台阶坡面角等确定。

（5）下排台阶高度应根据排料臂水平投影长度,排土机中心线至排土台阶坡顶线安全距离及排土台阶坡面角等确定。对软岩应对下排台阶进行稳定性验算。

（6）上排台阶排土带宽度应根据排上机中心线与卸料臂间夹角,排土台阶坡面角等确定。

（7）下排台阶排土带宽度应根据排土机卸载半径和排土机中心线至下排台阶坡顶线安全距离等确定。

专家解读 排土工作平盘应无杂物、无明火、无积水,无危及行车安全的积冰、积雪或散落的大块岩石。当采用内排土时,内排土场最下一个台阶的坡底线与采掘工作面最下一个台阶的坡底线间的安全距离不应小于设计值。

（三）排土场边坡工程监测

排土场边坡工程监测工作应根据排土场基底工程地质复杂程度、水文地质条件、排弃方式、剥离物构成、安全等级、监测阶段、变形特点和控制要求等选择边坡监测内容与方法。具体内容如下：

（1）应监测已有采空区对排土场边坡的影响。

（2）存在泥石流隐患的排土场边坡,应进行泥石流监测,监测方法应按现行行业标准

《崩塌、滑坡、泥石流监测规范》(DZ/T 0221)有关规定执行。

（3）距离排土场边坡坡脚较近的重要建筑物应进行建筑物变形观测，具体要求应按现行行业标准《建筑变形测量规范》(JGJ 8—2016)执行。

(四)排土场边坡稳定性评价

影响排土场边坡稳定性的重要因素，除排弃物料自身的强度以外，还有排土场基底的承载能力。尤其是软基底变形产生的影响，因此在评价排土场边坡稳定性时，不仅评价边坡角的大小，还应对最大排弃高度，基底能否产生变形或产生变形后的影响距离进行评价。

排土场的稳定性与排弃高度主要受排土场基底的软弱程度与排弃物料的组成成分控制的。排土场基底分为坚硬基底与软弱基底。对于软弱基底排土场，排土场基底的地基承载力是控制排土场稳定与排土高度的制约性因素；排弃物料是由不同岩土剥离量的比例确定的。一定时期内的各种岩土比例可按采掘计划确定，因此在确定其物理力学性质计算参数时应进行不同比例岩土的物理力学性质试验，以取得排弃物料的物理力学性质计算参数。

专家解读 典型的软弱基底排土场边坡，以压剪破坏为主，破坏机理为边坡后缘加载导致上覆排弃物不均匀沉降而产生张拉裂缝，同时由于边坡体内存在潜在的弱层，在上覆载荷的作用下边坡沿着弱层发生滑动，并在弱层部位出现压应力集中区。

排土场边坡破坏模式图是根据国内外的理论与实践资料绘制的，不仅考虑了排弃物料的力学强度，同时还考虑了排土场基底工程地质条件对边坡稳定性的影响，由于其它影响因素较为复杂，在图中未加考虑，为此仅供在确定排土场滑坡破坏模式时参考。

应结合排土场现状及工程实际，采用具有针对性的排土压脚治理方案，能够最大化的利用排弃空间，达到边坡稳定储备系数要求，确保排土场安全。目前国际上通用并广泛被设计部门采用的为极限平衡计算方法，并且以稳定系数表示边坡的稳定程度，稳定系数的选取范围是根据国内外有关资料与国内各矿山多年的生产实践综合确定的，一般以 1.2 ～ 1.5 为宜。

水对边坡稳定性的危害较大，如大量地表水渗入到排土场土体中会对排土场的稳定性产生严重的影响，如在排土场基底有承压水存在时，应注意基底产生变形后有无突水的危险，因此防止地表水与地下水对边坡稳定产生的不利影响，必须采取有效的防治水措施，以改善边坡稳定条件。

二、矸石山灾害防治技术要求

(一)煤矸石的分类

煤矸石是指在煤矿建井、开拓掘进、采煤和煤炭洗选等生产过程中排出的干基灰分大于50%的含碳岩石，是煤矿生产过程中的废弃物。根据不同的分类标准，煤矸石可分为不同的类别。

1. 按全硫含量分类

煤矸石按全硫的低、中、中高、高划分为 4 个类别。类别划分如表 10-1 所示。

表 10-1　煤矸石按全硫含量分类

类别名称	全硫($S_{t,d}$)含量范围/%
低硫煤矸石	$S_{t,d} \leqslant 1.00$

类别名称	全硫($S_{t,d}$)含量范围/%
中硫煤矸石	$1.00 < S_{t,d} \leqslant 3.00$
中高硫煤矸石	$3.00 < S_{t,d} \leqslant 6.00$
高硫煤矸石	$6.00 < S_{t,d}$

2. 按灰分产率分类

煤矸石按灰分产率的低、中、高划分为三个类别。类别划分如表10-2所示。

表 10-2 煤矸石按灰分产率分类

类别名称	灰分(A_d)产率范围/%
低灰煤矸石	$A_d \leqslant 70.00$
中灰煤矸石	$70.00 < A_d \leqslant 85.00$
高灰煤矸石	$85.00 < A_d$

3. 按灰成分分类

煤矸石类型以钙镁含量划分，钙镁含量 $\omega_{Cao+Mgo} > 10\%$ 划分为钙镁型煤矸石，其余为铝硅型煤矸石。类型划分如表10-3所示。

表 10-3 煤矸石按灰成分分类

类型名称	钙镁含量($\omega_{Cao+Mgo}$)范围/%
钙镁型煤矸石	$\omega_{Cao+Mgo} > 10$
铝硅型煤矸石	$\omega_{Cao+Mgo} \leqslant 10$

其中铝硅型煤矸石按铝硅比含量的低、中、高划分为三个等级。等级划分如表10-4所示。

表 10-4 铝硅型煤矸石按铝硅比分类

级别名称	铝硅比 $m(Al_2O_3)/m(SiO_2)$ 范围/%
低级铝硅比煤矸石	$m(Al_2O_3)/m(SiO_2) \leqslant 0.30$
中级铝硅比煤矸石	$0.30 < m(Al_2O_3)/m(SiO_2) \leqslant 0.50$
高级铝硅比煤矸石	$0.50 < m(Al_2O_3)/m(SiO_2)$

（二）矸石山设计选址

新建矿井一般不应设置永久性矸石山，可建临时性排矸场（以下统称矸石山）。矸石山的设计选址、建设必须符合有关技术规范和法规。

矸石山与周围居住区、标准轨距铁路、公路、工业建筑物之间必须保持一定的安全距离。不应布置在居住区、工业广场、井口主导风向上风侧。各项距离的合理值必须在矸石山设计选址前经论证后确定。

布置矸石山提升绞车道时，其位置不宜正对工业广场的主要建筑物，不宜与现有公路、排水渠道、人行道等交叉。提升绞车道的坡度一般不应大于25°。

矸石山堆存应符合生产安全要求，不应布置在煤层露头、表土下10 m以内有煤层和存在漏风的采空区上方塌陷范围内，同时要考虑地形、地质条件，防止滑坡和矸石滑落冲毁农田沟渠、道路。

(三)矸石山日常管理

矸石山四周必须设置安全警戒区。安全警戒区内禁止建设永久性建筑，并应在明显位置设立永久性危险标记，防止闲杂人员擅自入内。

生产矿井必须对进入矸石山的煤矸石定期进行取样分析化验，以确定其自燃倾向性，并建档管理。新建矿井应在矿井地质报告中对不同岩(煤)层的硫、碳等可能引发自燃的元素含量进行检测，确定其自燃倾向性，明确标注于岩层综合柱状图。

矸石山堆存量达到设计容量或者因安全原因不允许再堆存煤矸石时，应停止使用。矸石山堆存活动结束后，如不能立即开发利用，必须对矸石山进行安全处置和生态恢复。

(四)矸石山堆放方式及预防自燃

对于黄铁矿含量高和反应活性高的煤矸石，排放前喷洒适量石灰乳液或者添加适量黄土和石灰混合物，中和氧化产酸；防止黄铁矿在酸性条件下加速氧化反应产热，引起自燃。经鉴定为高自燃倾向性的矸石应采取分层堆积方式。尽可能减小矸石山堆积斜面的坡度。堆积坡度一般不应大于42°。

严禁向矸石山倾倒温度大于70 ℃的物料和易燃物，如坑木、锯末、生活垃圾等。采掘矸石与洗选矸石应分别堆放。

矸石山有自燃倾向或已发生过自燃的，必须制定具有操作性的管理制度、危害预警措施、应急预案等。煤矿企业要有固定的矸石山管理与灾害治理专业队伍或专职人员。

矸石山自燃倾向性高的煤矿要建立自燃预警管理制度，定期测温及预测、预警预报机制，并建立相应技术管理资料库。

自燃严重的矸石山，暴雨天气必须封锁安全警戒区，禁止人员和车辆接近。当矸石山出现异常现象，特别是雨雪天应加强监测、监控。

(五)矸石山灭火

矸石山灭火前要进行调研，选择技术成熟、先进的灭火技术，制定灭火技术方案。对参与灭火人员进行专业技术培训和安全培训，并配备防护用品，防止人员中毒。

自燃矸石山的灭火工作，应遵循尽早进行的原则。矸石山灭火工作宜采取先易后难、先下后上、由外向里的灭火策略，防止灭火过程中发生灾害性事故。大雨和暴雨天气严禁灭火作业。

矸石山自燃严禁用水直接灭火。不宜采用大规模开挖方式灭火，如决定采用该方式灭火，要采取措施释放积存在矸石山内部的可燃气体，防止阴燃区暴露后转成明火，点燃积存内部的可燃气团。

完成灭火后的矸石山必须组织进行验收，并对灭火后的矸石山采取安全措施和生态恢复措施，防止自燃再次发生。

(六)煤矸石综合利用

1.煤矸石的综合利用要求

煤矸石综合利用是指利用煤矸石进行井下充填、发电、回收矿产品、筑路、制取化工产品、生产建筑材料、土地复垦等。利用煤矸石进行土地复垦时,应严格按照《土地复垦条例》和环境保护等相关部门出台的有关规定执行,遵守相关技术规范、质量控制标准和环境保护要求。

煤矸石发电项目应当按照国家有关部门低热值煤发电项目规定进行规划建设,煤矸石使用量不应低于入炉燃料的 60%(重量比),且收到基低位发热量不低于 5 020 kJ(1 200 kcal)/kg,应根据煤矸石资源量合理配备循环流化床锅炉及发电机组,并在煤矸石的使用环节配备准确可靠的计量器具。鼓励能量梯级利用,满足周边用户热(冷)负荷需要。对申报资源综合利用认定的发电项目(机组),其入炉混合燃料收到基低位发热量不应高于 12 550 kJ(3 000 kcal)/kg。

煤矸石综合利用要坚持"因地制宜,积极利用"的指导思想,实行"谁排放、谁治理"的原则,做到减少排放和扩大利用相结合,实现经济效益与社会效益、环境效益、安全生产相统一。提高煤矸石利用量和利用率。

综合利用煤矸石是最积极的防灾措施。煤矿企业应该从科学发展观的高度,化害为利,变废为宝,加大对煤矸石综合利用工作的力度,逐步减少矸石山存量,减少环境污染,最终消除矸石山。

煤矿企业要加强煤矸石综合利用技术的开发和推广应用,国家鼓励煤矸石大宗利用和高附加值利用,具体包括煤矸石井下充填;煤矸石循环流化床发电和热电联产;煤矸石生产建筑材料;从煤矸石中回收矿产品;煤矸石土地复垦及矸石山生态环境恢复;其他大宗、高附加值利用方式。

专家解读 煤矸石综合利用要符合国家环境保护相关规定,达标排放。煤矸石发电企业应严格执行《火电厂大气污染物排放标准》(GB 13223—2011)等相关标准规定的限值要求和总量控制要求,应建立环保设施管理制度,并实行专人负责;发电机组烟气系统必须安装烟气自动在线监控装置,并符合《固定污染源烟气(SO_2、NO_x、颗粒物)排放连续监测技术规范》(HJ 75—2017)要求,同时保留好完整的脱硫脱硝除尘系统数据,且保存一年以上;煤矸石发电产生的粉煤灰、脱硫石膏、废烟气脱硝催化剂等固体废弃物应按照有关规定进行综合利用和妥善处置。

煤矸石利用单位可按照《国家鼓励的资源综合利用认定管理办法》有关要求和程序申报资源综合利用认定。符合条件的,可根据国家有关规定申请享受并网运行、财税等资源综合利用鼓励扶持政策。对符合燃煤发电机组环保电价及环保设施运行管理的煤矸石综合利用发电(含热电联产)企业,可享受环保电价政策。

煤矸石综合利用方案中涉及煤矸石产生单位自行建设的工程,要与煤矿(选煤厂)工程同时设计、同时施工、同时投产使用;涉及为其他单位提供煤矸石的工程,煤矸石利用单位应当具备符合国家产业政策和环境保护要求的生产与处置能力。新建(改扩建)煤矿及选煤厂应节约土地、防止环境污染,禁止建设永久性煤矸石堆放场(库)。确需建设临时性堆放场(库)的,其占地规模应当与煤炭生产和洗选加工能力相匹配,原则上占地规模按不超过 3 年储量设计,且必须有后续综合利用方案。煤矸石临时性堆放场(库)选址、设计、建设及运行管理应当符合《一般工业固体废物贮存、处置场污染控制标准》(GB 18599—2001)、《煤炭工程项目建设用地指标——露天矿、露天矿区辅助设施部分》(建标 145—2011)等相关要求。

2.煤矸石的综合利用途径

对煤矸石的综合利用途径,可根据煤矸石矿物特性和理化性质按下列要求确定:

(1)按煤矸石岩石特征分类的主要利用途径可按表 10-5 确定。

（2）按煤矸石碳含量分类的主要利用途径可按表 10-6 确定。

（3）对热值较低、拟作为建材原料的煤矸石可按表 10-7 选择利用方向。

表 10-5　煤矸石用途分类（1）

岩石特性	主要利用途径
高岭石泥岩（高岭石含量 >60%）、伊利石泥岩（伊利石含量 >50%）	生产多孔烧结料、煤矸石砖、建筑陶瓷、含铝精矿、硅铝合金、道路建筑材料
砂质泥岩、砂岩	生产建筑工程用的碎石、混凝土密实骨料
石灰岩	生产胶凝材料、建筑工程用的碎石、改良土壤用的石灰

表 10-6　煤矸石用途分类（2）

煤矸石分类	一类	二类	三类	四类
含碳量/%	<4	4~6	6~20	>20
发热量/（kJ/kg）	<2 090		2 090~6 270	6 270~12 550
利用方向	用作水泥的混合材料、混凝土骨料和其他建材制品的原料，或用于复垦沉陷区、回填采空区		用作生产水泥、砖等建材制品	宜用作燃料

表 10-7　煤矸石用途分类（3）

成分/% \ 用途	SiO_2	Al_2O_3	FeO	CaO	MgO	SO_2	P_2O_5	其他条件
砖瓦类	50~70	10~30	2~8	<2	<3	<1	—	
水泥类	55~65	20~25	3~6	—	0.5~2	—	—	以泥岩为主，软化系数大于 0.85
加气混凝土类	60~65	20~25	4~6	—	—	—	—	
铸石类	45~55	20~30	9~14	2~4	2~3	<1	<1	
矿棉类	45~50	14~18	<10	—	—	<1	<1	

（七）防范治理与综合管理

科研院校、企业应积极开展煤矿矸石山灾害防范、治理与综合利用的技术研究与开发。通过国家科技计划（基金、专项）等对煤矸石高附加值利用关键共性技术的自主创新研究和产业化推广给予一定支持。

煤矿企业应保障矸石山灾害防范治理费用的投入，其费用列入煤炭生产安全费用。

煤矿生产经营单位主要负责人是矸石山灾害防范和治理工作第一责任人。存在矸石山的煤矿要将矸石山管理与治理纳入煤矿安全生产制度和环境保护法律制度的范畴，制定矸石山隐患排查制度、矸石山灾害事故报告制度、取矸作业灾害防范操作规程、矸石山灾害治理与综合利用档案制度等。明确责任领导、责任单位、责任人员，严格按制度进行管理和灾害防范工作。

（八）监管监察制度

任何单位和个人在煤矸石堆场取矸时，要明确安全责任主体，制定安全技术措施，不得影响煤矿生产安全，造成财产损失或引发生产安全事故的，安全监管等部门要依法追究相关单位和人员责任。

煤矿安全监管部门、监察机构应加强对煤矿矸石山的监管监察，将煤矿矸石山灾害防范与治理列入监管、监察的执法内容。针对本地区煤矿矸石山的实际情况，制定监管、监察工作计划，开展对煤矿矸石山灾害防范与治理工作的专项监察，促进煤矿企业加强矸石山灾害防范与治理工作。凡是矸石山达不到安全条件的，要责令煤矿企业按要求进行整改；煤矿企业如不按要求进行整改，造成人员伤亡事故的，对相关责任人将依照有关规定给予处分；构成犯罪的，依照刑法有关规定追究刑事责任。

第二节　排土场及矸石山危险有害因素辨识

一、滑坡或崩塌

（一）排土场滑坡

在排土场方面，导致排土场滑坡的主要危险因素大致有以下5种：

（1）建设初期排土场勘察设计、建设不符合要求。在矿山基建初期，由于缺乏经验，排土场建设质量一开始就未能引起足够重视，加之对矿山建设进度的过分关注，排土场在投用前对其底部的软弱层不清理或清理不彻底，这就给排土场滑坡埋下了隐患。

（2）生产中排土不科学，没有严格按照设计要求进行排土作业。初期排土场底部排弃的疏水性块石厚度不够，或在生产的某一时期，进行岩土混排，从而人为地在排土场内部形成了软弱面。

（3）排水设施不健全。由于大气降雨和地表水对排土场的浸润作用，排土场初始稳定状态发生改变，稳定性条件迅速恶化。如果在暴雨时，排土场排水不及时，大量的地表水便汇入排土场。雨水渗入内部后，排土场原来的平衡状态便会发生变化，排土场充水饱和，一方面增加了排土场重量，同时又降低了排土场内部潜在滑动面的摩擦力，从而形成排土场滑坡。滑动面的确定对于后期的边坡稳定性分析及破坏机理研究至关重要，地表 GPS 监测、地质勘探及地下位移监测相结合是确定蠕滑边坡滑动面的有效手段。

（4）人为因素。在靠近排土场的坡底和两侧进行采石、取土活动，滥采滥挖，削弱了排土场的底部抗剪力和两侧的阻挡力；此外临近排土场的爆破振动效应对排土场稳定性的影响也是不容忽视的。

（5）其他人力不可抗拒因素。排土场滑坡除了设计、施工和生产管理方面的原因外，还会有地震、大暴雨等人力不可抗拒因素造成的排土场滑坡。

（二）矸石山崩塌和滑坡

矸石以泥质岩和碳质沙岩为主，含有大量的二氧化硅、三氧化二铝、全氧化铁、氧化钙和煤屑等可燃物，经过长期存放和自然风化，煤矸石山发生自燃，使矸石山内部体积瞬时膨胀引起爆炸、崩塌。

由于矸石山堆积坡度不规范，加上不合理采用矸石造成陡崖峭壁，山体在放炮震动、机械挖掘或雨水侵蚀等外力影响下，易产生裂缝松动，引起塌方、垮塌和滑坡。

二、泥石流

泥石流总产生在沟谷中或地上的一种饱含大量泥砂,石块和巨砾的固液两相流体,它是各种自然应力和人为因素综合作用的结果。它给自然环境和人们生产活动带来巨大的破坏和灾害。

泥石流产生的危险因素主要包括以下 3 部分:

(1)泥石流区内含有丰富的松散岩土(矿区堆积大量煤矸石,是矿区泥石流物源的主要组成部分)。

(2)山坡地形陡峻,具有较大的沟床纵坡。

(3)泥石流区的上中游有较大的汇水面积和充足的水源。一旦发生泥石流将对下游环境造成严重危害后果。

三、固体废弃物

排土场及矸石山经过长年累月的堆放,最终成为占地巨大,甚至占地规模达到方圆数公里的固体废弃物堆积场,给安全环保造成了巨大的压力。

根据国家规定,煤矸石产生单位应对既有的煤矸石堆场(库)的安全和环保负责,应制定治理方案,明确整改期限,采取有效综合利用措施消纳煤矸石、消除矸石山;对确难以综合利用的,须采取安全环保措施,并进行无害化处置,按照矿山生态环境保护与恢复治理技术规范等要求进行煤矸石堆场的生态保护与修复,防治煤矸石自燃对大气及周边环境的污染,鼓励对煤矸石山进行植被绿化。

四、水污染

煤矸石经雨水淋溶进入水域或渗入土壤,会影响水体和土壤,进而影响农作物的生长,造成农业减产,还会通过食物链进入人体,危及人体健康,针对矸石山或排土场是否采取防止污染水体的措施,应根据矸石淋溶试验结果确定。

在矿区污、废水处理方面应注意以下几点:

(1)污、废水处理工艺应选取高效、无毒、低毒的水处理药剂。

(2)经常受有害物质污染的装置、作业场所的墙壁和地面的冲洗水以及受污染的雨水,应排入相应的废水管网,并应经处理达标后再外排。

(3)输送有毒、有害或含有腐蚀性物质的废水的沟渠、地下管线检查井等,必须采取防渗漏和防腐蚀的措施。

(4)有毒、有害废水严禁采用渗井、渗坑、废矿井或用净水稀释等方式排放。

五、粉尘或扬尘

矿山排土场在卸土和转排时存在大量的固体小颗粒,产生大量的灰尘,随风四处飞扬,不仅影响着排土作业人员的身体健康,而且对排土场周围造成危害,污染空气,附近农田里积上一层灰(粉尘),影响了庄稼的质量和收成,且排土场的位置一般都处在较高的位置,在风力的作用下,污染范围较大。

汽车运输过程产生的扬尘和堆场扬尘是主要扬尘来源。其中运输扬尘是比较显著的,主要是路面存积的尘土被汽车吹起和被高速旋转的车轮扬起所致。因此为减少运输扬尘,一定要对汽车运输排矸道路进行硬化,并且定时洒水,具体洒水频次和洒水量视天气情况确定;对于堆放过程产生的扬尘,要求煤矸石分层堆置,推土机推平压实,做好煤矸石堆放场覆土和周围绿化工作,加强堆场管理,即可减轻煤矸石场扬尘对大气的污染。

煤矸石风化后扬尘也严重影响周边环境。

六、噪声及振动

通风机、空气压缩机、鼓风机、引风机、破碎机、振动筛、泵类、过滤机、压滤机、运输机及落差较大的溜槽等煤矿以及选煤厂的高噪声设备,应采取消声、隔振、隔声、阻尼等综合降噪措施。

噪声控制,并应符合现行国家标准《工业企业噪声控制设计规范》(GB/T 50087—2013)的有关规定。厂界噪声限值应符合现行国家标准《工业企业厂界环境噪声排放标准》(GB 12348)的有关规定,厂界外区域的环境噪声应符合现行国家标准《声环境质量标准》(GB 3096)的有关规定。

对影响露天矿采掘场周围工业和民用建筑物安全的生产爆破,应根据爆破作业环境和保护对象的类别,采取控制一次起爆药量等减振爆破措施。需要控制一次起爆炸药量部位的爆破,应提出采取减振措施的爆破设计。爆破振动安全允许距离计算及爆破设计,应符合现行国家标准《爆破安全规程》(GB 6722—2014)的有关规定。

七、有害气体

煤矸石是采煤和洗煤过程中的排弃物,通常占采煤量的15%~20%。自燃时释放出大量二氧化硫、一氧化碳、硫化氢等有害气体,严重污染周围大气环境,危害人们身体健康。

关于煤矸石自燃的原因,主要有硫铁矿氧化学说和煤氧复合自燃学说。煤矸石中的硫铁矿在低温下发生氧化,产生热量并不断聚积,使煤矸石内温度聚集,引起煤矸石中的煤和可燃有机物燃烧起来,从而导致煤矸石自燃。

煤矸石山发生自燃须具备煤矸石具有自燃倾向性、有连续的氧气供给和有热量积聚的环境,以上条件应维持足够时间已达到自燃点。煤矸石中的可燃物主要是黄铁矿和煤,而氧气及热量积聚的环境,与其堆积结构有关。矸石山在自然堆放(平地或顺坡堆放)过程中,均会发生粒度偏析,在矸石山内产生"烟囱效应"。氧化产生的热量,一部分由"烟囱效应"随空气带出,另一部分则积聚在矸石山中。当某一局部温度达到自燃点时便引起自燃,且逐步向四周蔓延。

八、大气污染

露天矿采场应对作业区爆破、采装、运输等过程采取相应的大气污染防治措施,并应符合下列规定;

(1)产生烟尘、粉尘和有害气体的设备应采取除尘净化措施。

(2)爆破作业应采用无毒或少毒、少烟的炸药,并应采取向岩体注水、爆破区洒水、钻机采用湿式除尘或干湿结合除尘等综合防尘措施。

(3)采用汽车运输的露天矿,应配置洒水车或其他洒水设备。采剥、排土作业区内道路应定时洒水抑尘,必要时可添加抑尘剂。

(4)采场排放的污染物浓度控制应符合现行国家标准《煤炭工业污染物排放标准》(GB 20426)的有关规定。

九、其他危害

(一)触电

排土场照明、报警等低压电力设施,存在触电伤害因素,主要原因有:

（1）人身触及已经破皮漏电的导线或由于漏电而带电的设备金属外壳,造成触电伤亡。

（2）工作面移动照明电路,可能造成触电事故。

（3）电气设备触电保护装置不符合要求,可能造成触电事故。

（4）误送电造成触电伤亡。

（二）放射性污染

排土场中堆放的矸石及废渣往往含有天然放射性元素,当放射性大于 1×10^{-7} Ci/kg 时,应按放射性废物处理,并应符合现行国家标准《电离辐射防护与辐射源安全基本标准》（GB 18871）的有关规定。

此外,还存在着诸如物体打击、机械伤害、车辆伤害、高处坠落、影响等其他危害。

第三节　预防排土场及矸石山事故的安全技术措施

一、排土场安全技术措施

排土场的安全防护对策措施应根据排土场的灾害特征采取主动防护、预先处理、工艺调整、安全预警与设定防护距离等多项措施。

其中主动防护包括设置拦挡堆石坝、初始护堤、防排洪设施等;预先处理一般针对软弱地基土地区采取,一般采用清除软弱地基土、设施渗透层、清除表面植被等方法;工艺调整一般是按照堆排物料特征、地基土特征及降雨特征等按照不同条件下的排土场稳定性状况来调整排土场的堆排高度、排土工艺;安全预警主要是建立排土场安全监测网,采取定期观测与实时监测相结合的方式,对可能产生大的滑动破坏排土场进行安全预警,防止大的灾害发生。设定安全距离主要是根据下游设施的类型和排土场堆积高度来划定排土场前缘与下游设施的安全距离。目前较为统一的说法是排土场终了堆积状态时坡脚与下游设施（村庄等有人居住设施）的距离大于排土场堆积高度的 2 倍。其他措施还包括软弱围岩分排、削坡降段、排土场坡面复垦等。

（一）堆石坝防护

堆石坝防护主要针对沟谷型排土场,一般在设计排土场的下游沟谷处设置堆石坝,坝高一般 10 ~ 20 m,在清基的条件下,采用堆石直接堆筑形成。堆石坝起到初期防止小规模泥石流和堆排后保护排土场在沟谷方向上的坡脚的作用。堆石坝设计一般包括坝体材料、清基要求、分层碾压、干砌石护坡等内容。

（二）防排洪措施

一般情况下,排土场的防排洪主要针对沟谷型土场,主要预防排土场上部汇水对排土场造成的威胁。一般包括截洪沟和排洪硐等。按照排土场的设计条件可采用分期修建和一次性修建的方式,主要目的是减少排土场的汇水,提高排土场的稳定性。

（三）泥石流灾害防治

通常条件下,排土场场址的选择尽可能避开可能产生泥石流的原始沟谷,如果通过比较难以规避,则需要在排土场堆积前完成原始沟谷的泥石流灾害防治,具体措施包括,疏排上游汇水、清除软弱土层、设置分级拦挡石坝。主要适用于排土场区原始条件下的泥石流灾害防治和排土场堆积后或生产过程中的泥石流灾害防治。

排土场生产过程中应采取下列措施进行泥石流灾害防治:

（1）进行原始沟谷的泥石流灾害评价与综合治理。

（2）进行排土产生产过程的泥石流灾害评价与治理对策。本过程主要是根据排土场的排岩计划,考虑不同年份排土场堆积状态条件下泥石流产生的可能性与对策措施,可采取工艺调整、控制对策、防治对策、预警机制等措施。

排土场堆积完毕后的泥石流灾害防治:主要采取综合防治措施来提高排土场稳定性和预防泥石流灾害。

（四）工艺调整

排土场的安全稳定性除与排土场区的水文地质、工程地质条件相关外,最重要的是与排土场的堆积工艺相关,即排土场的形式、排土场高度、排土场物料特征、排土过程等。因此按照排土场区水文地质、工程地质条件提出的排土场堆排工艺、高度、过程成为保证排土场安全稳定的关键。因此排土场排土工艺应首先服从排土场的安全稳定性,其次是满足矿山生产的要求。

（五）安全距离

参考《钢铁企业总图运输设计规范》（GB 50603—2010）对排土场的安全距离相关规定。不具有形成矿山泥石流条件,排水及整体稳定性、工程地质及水文地质条件良好的排土场的设计坡底线与其他设施、场地和居住区等的安全距离为:当设置防护工程措施时,应根据所采取工程措施的要求确定,当不设防护工程措施时,应按表 10-8 的规定确定,并符合下列规定。

表 10-8 排土场的设计最终坡底线与其他设施、场地和居住区等的安全防护距离

序号	名称	安全防护距离
1	国家铁路和公路干线、航道、高压输电线铁塔等重要设施	$1 \sim 1.5\,H$
2	矿山铁路和道路干线（不包括露天采场内部生产道路）	不宜小于 $0.75\,H$
3	露天采矿场开采最终境界线	根据边坡稳定状况及坡底线外地面坡度确定,但应大于 30 m
4	矿山居住区、村镇、工业场地等	$\geqslant 2.0\,H$

注:1. 对于序号 1 的取值范围,当排土场坡底线外地面坡度不大于1:5时取下值,等于1:2.5 时取上值。
2. 表中 H 为排土场设计最终堆置高度。

（1）安全防护距离的计算,航道应由设计水位的水位线算起;建筑物、构筑物应由最近边缘算起;铁路、道路应由最外侧工程设施算起;工业场地应由厂（场）区边缘或围墙中心线算起。

（2）对于规模较大（0.10 万人以上）的矿山居住区、村镇及工业场地,安全防护距离应在上表序号 4 规定的基础上适当加大。对于零星建筑物、构筑物及分散的个别农舍,安全防护距离可取上表序号 4 规定的75%。

（3）当排土场采取分层堆置,且各层间留有宽20～30 m 的安全平台时,上表中序号1,2 规定的安全防护距离可减少25%。

（4）当排土场坡底线外地面坡度大于1:2.5 时,排土场设计最终坡底线与国家铁路和公路干线、航道、高压输电线铁塔等重要设施间应根据需要设置防滚石危害措施。

二、矸石山主要事故的防范措施

（一）矸石山爆炸、崩塌的防范措施

自燃是矸石山爆炸、崩塌的主要原因,因此预防此类事故的根本措施要从根本上避免

矸石山自燃。具体有以下几点：

（1）尽量减少可燃物上山，严禁向矸石山倾倒温度超标（指大于 70 ℃）的物料和易燃物如坑木、锯末、生活垃圾等。

（2）采用分层压实的方法减弱矸石山内部氧气的流通。

（3）在局部自燃地段采用泥浆灌浆等方法进行防治。

(二)矸石山滑坡的防范措施

矸石山滑坡的防范措施包括以下几点：

（1）尽可能减小矸石山堆积斜面的坡度。

（2）防止雨水浸泡，下雨前用塑料薄膜覆盖。

（3）用草毡子将坡度大的地段进行加固。

（4）严禁私挖乱挖现象，破坏堆积坡度。

（5）设立隔离带及隔离沟，防止滑坡时扩大事故范围。

(三)矸石山环境污染的防范措施

（1）减弱扬尘。因矸石山易风化为细粒，可在矸石山上直接进行绿化工作，既能减弱扬尘又能取得经济效益。

（2）避免自燃，如前面所述。

此外针对矸石山各类事故还要注意以下几个方面：

（1）对于作业人员应搞好作业人员培训，加强安全宣传，使矸石山作业范围内的每名职工掌握矸石山爆炸、一氧中毒、火灾、滑坡等灾害预防的常识和应急处理、灾害自救等知识。作业时，必须佩带合格自救器，并且不得单人独岗作业，不得在山体通风不畅地点长时间逗留，防止一氧化碳中毒。

（2）运输队每天要派专人检查矸石山自燃发火隐患，每天至少检查 3 次翻矸架上及周边山体状态，当发现冒烟、着火等现象时，做到第一时间及时灭火。当架头下沉时，要及时抬道头，防止损坏翻矸架。

（3）一旦发生自燃，灭火前要进行调研，选择技术成熟、先进的灭火技术，制定灭火技术方案。严禁水直接灭火。不宜采用大规模开挖方式灭火，如决定采用该方式灭火，要采取措施释放积存在矸石山内部的可燃气体，防止阻燃区暴露后转成明火，点燃积存内部的可燃气团。对参与灭火人员进行专业技术培训和安全培训，并配备防护用品，防止人员中毒。火势较大要通知矿调度，由事故处理总指挥安排救护队专业队伍处理。

（4）灭火工作应遵循尽早进行的原则。矸石山灭火工作宜采取先易后难、先下后上、由外向里的灭火策略，防止灭火过程中发生灾害性事故。雨天严禁灭火作业。完成灭火后的矸石山必须组织进行验收，并对灭火后的矸石山采取安全措施和生态恢复措施，防止自燃再次发生。运输队定期对防火设施进行检查维护，保证处于完好状态。

（5）矿救护队坚持每天检查矸石山一氧化碳情况，并定期测温，当发现异常情况时，立即通知作业人员撤离，向矿调度室汇报，由事故处理指挥部采取相应措施处理。

（5）加强绞车及附属设施的检查，安全保护装置、联接装置定期检查和试验，防止跑车事故。

（6）加强矸石山周边检查和人员清理，保证矸石山警示牌区域无闲杂人员，对坏损的警示牌要及时通知有关单位更换，并在矸石山发生爆炸、滑坡等事故时，按指挥部安排在矸石山事故波及区外围设置警戒。

（7）当矸石山发生滑坡，爆炸事故，现场负责人应立即组织人员撤离危险地区，并向矿调度汇报，由事故处理指挥部以便采取措施进一步处理事故。

第十一章　煤矿边坡灾害防治技术

第一节　煤矿边坡技术管理

一、煤矿边坡

煤矿边坡是由人工采矿工程活动形成的特殊结构物,也是矿山作业工作的主要对象,与常见的天然边坡、道路路堑边坡、水库边坡等在性质方面有所差异。

受煤矿开采作业的特有性质影响,煤矿边坡的主要特点有:露天矿的边坡高、走向一般均较长,地形地质条件复杂,在实际建设中难以规避;煤矿边坡岩体开挖后较破碎,易受风化作用的影响,且破坏形式以滑坡为主;边坡受爆破作业的动荷载、大型机械设备荷载等复杂荷载的作用;煤矿边坡的不同工作区域的稳定性要求也不同,若边坡上部存在重要建筑物、要求变形较小时,需确保较高的稳定性。

二、边坡变形的种类

边坡变形的种类包括:剥离(振动、风化);崩落(指陡立柱状岩体突然倒塌滚动);滑动(指沿一定的面或带缓慢移动)、滑坡或流动(指饱和水的松软岩体沿 4°~6°甚至更缓的斜面流动);沉陷变形、垂直下沉。

三、煤矿边坡稳定性的影响因素分析

(一)内因和外因分析

1. 内因

内因主要包括边坡岩体地层的地质构造、岩石的矿物组成、地应力等。例如,层状边坡的稳定性主要受层面的性质影响,相比之下,各岩层之间的软弱层较自身的物理性质影响不大,如果边坡岩体比较破碎、完整性差,在构造盈利的作用下,则可能沿着原有的不利软弱面进行滑动。

2. 外因

外因主要包括边坡中水的分布、采矿作业、爆破荷载等。大量的工程实践表明,边坡失稳多发生在雨后、冻融时期,或由排水措施不当导致,水能导致岩石软化强度降低,边坡岩土体受静水压力与动水压力作用。若软弱夹层为膨胀性粘性土岩,遇水后膨胀崩解,对边坡稳定性会造成严重的隐患。

(二)工程地质因素分析

1. 岩石的物理力学性质

岩石的物理力学性质包括岩石硬度、凝聚力和内摩擦角等。

2. 地质构造

地质构造包括破碎带、断层、节理裂隙和层理面构成的弱面,不稳定的软岩夹层,以及遇水膨胀的软岩等。岩石的孔隙度影响岩石的吸水性。随着孔隙度增大,岩石的强度降低、弹性模量减小,从而影响岩体的抗压、抗剪、抗弯和抗拉强度。结构面直接影响着边坡

岩体变形、破坏的发生和发展过程。岩体的结构面都是弱面,较破碎,易风化,结构面中有裂缝,抗剪强度较低;孔隙、裂隙、节理为地表水的渗入及活动提供了良好的通道,使岩石抗剪强度进一步降低;结构面影响滑体的滑动面及边缘轮廓,甚至决定了边坡破坏的类型。

3. 水文地质条件

水文地质条件包括:地下水的静压力和动压力;地下水活动对岩层稳定性的影响。水能改变矿岩物理力学性质,在页岩、凝灰岩等岩石中可作为润滑剂,并在岩体的裂隙中产生静水压力与浮力作用。同时,岩体中的动水压力使岩体下滑力增加24%。一般地下水压可以降低边坡稳定性20%~30%,在保持安全系数不变的情况下,降低岩石裂隙水压可增加边坡5°~7°。

4. 强烈地震区地震的影响

5. 开采技术条件和边坡存在的时间、空间

地应力的存在会增加边坡岩体向自由面变形,使原有裂隙进一步扩大或造成新的卸荷裂隙,从而降低岩石强度,增高坡底的应力,减小边坡的稳定性。随着开采深度的增加,地应力也随着增加。

四、煤矿边坡管理一般要求

露天煤矿应当进行专门的边坡工程、地质勘探工程和稳定性分析评价。应当定期巡视采场及排土场边坡,发现有滑坡征兆时,必须设明显标志牌。对设有运输道路、采运机械和重要设施的边坡,必须及时采取安全措施。发生滑坡后,应当立即对滑坡区采取安全措施,并进行专门的勘查、评价与治理工程设计。

临近最终边坡或到界台阶的最后一个采幅的穿孔、爆破和采掘工作,应做出单项设计或技术措施,各矿都要研究适合本矿条件的爆破参数,推广倾斜孔、小孔径预裂爆破技术或其他减震措施。爆破作业是大多数露天矿重要的生产环节,并有作业频繁、周而复始等特点。与其他边坡工程相比较,爆破作业对边坡岩体裂缝有扩展作用,并容易产生新的裂缝。露天矿边坡应进行相应的边坡监测。靠帮边坡爆破时,应采用控制爆破方法。

非工作帮边坡形成一定范围的到界台阶后,应当定期进行边坡稳定性分析和评价,对影响生产安全的不稳定边坡必须采取安全措施。

工作帮边坡在临近最终设计的边坡之前,必须对其进行稳定性分析和评价。当原设计的最终边坡达不到稳定性要求的安全系数时,应当修改设计或者采取治理措施。

露天煤矿的长远和年度采矿工程设计,必须进行边坡稳定性验算。达不到边坡稳定性要求时,应当修改采矿设计或者制定安全措施。

露天煤矿边坡角的大小是受露天开采的安全生产和经济效益的制约,一个大型露天煤矿总体边坡角每加陡1°,可减少剥离费用几千万元乃至上亿元,但边坡角过陡也会造成边坡滑坡灾害。

排土场边坡管理必须遵守下列规定:

(1)定期对排土场边坡进行稳定性分析,必要时采取防治措施。

(2)内排土场建设前,查明基底形态、岩层的赋存状态及岩石的物理力学性质,测定排弃物料的力学参数,进行排土场设计和边坡稳定性计算,清除基底上不利于边坡稳定性的松软土岩。

(3)内排土场最下部台阶的坡底与采掘台阶坡底之间必须留有足够的安全距离。

(4)排土场必须采取有效的防排水措施,防止或者减少水流入排土场。

地表及边坡上的防排水设施应当避开有滑坡危险的地段。排水沟应当经常检查、清淤,不应渗漏、倒灌或者漫流。当采场内有滑坡区时,应当在滑坡区周围采取截水措施;当水沟经过有变形、裂缝的边坡地段时,应当采取防渗措施。

受地下水影响较大和已进行疏干排水工程的边坡,应当进行地下水位、水压及涌水量的观测,分析地下水对边坡稳定的影响程度及疏干的效果,并制定地下水治理措施。因地下水水位升高,可能造成排土场或者采场滑坡时,必须进行地下水疏干。

五、边坡岩土工程勘察与设计

煤矿边坡岩土工程勘察是边坡稳定性评价的重要基础工作。煤矿采掘场最终边坡角(指边坡坡面与水平面的夹角)的大小和稳定程度对露天煤矿的剥离量、生产和安全影响极大,是影响露天开采的经济效益的重要因素之一。而可靠的工程地质参数是确定经济合理的边坡角的基础。

煤矿边坡工程勘察场地复杂程度可分为以下4种类型:

(1)简单型。岩土类型比较单一,岩性变化不大,岩层产状稳定,接触面比较规则,褶皱、断裂不发育,地质结构简单,水文地质条件单一。

(2)中等复杂型。岩石类型较多,岩性变化较大,岩层或结构面不够稳定,褶皱、断裂较发育,有顺坡向软弱结构面,地质结构和水文地质条件较复杂。

(3)复杂型。岩石类型多,岩性变化大,岩层产状多变,褶皱、断裂发育,软弱结构面发育,地质结构和水文地质条件复杂。

(4)很复杂型。岩石类型很多,岩性多变,岩体破碎现象十分显著,次一级褶皱和断裂发育,软弱结构面十分发育,地质结构和水文地质条件很复杂且对边坡稳定影响强烈。地质条件的复杂程度直接影响到勘察工作量的布置。

边坡工程设计受安全性及经济效益的影响,边坡角度设计过陡,边坡易出现滑坡事故,边坡角度设计过缓,剥离费用增大,效益降低。边坡设计就是要在保证安全的基础上给出最优的边坡角度。

煤矿边坡按构成边坡岩层的岩性、物理力学性质和结构面的发育程度,可按下列规定分类:

(1)第一类松散岩石类,可按下列分型。岩性比较单一,不含水或者虽含水但易于疏干,为一型;岩性组合比较复杂,各岩层的渗透性能差别较大,含水层不易疏干,泥岩遇水极易软化变形,为二型。

(2)第二类半坚硬岩石类,可按下列分型。岩性比较单一,构造简单,岩层不含水,或者含水但易于疏干,软弱夹层不甚发育,为一型;岩性组合比较复杂,含多个软弱夹层,各类结构面发育,岩层含水,水压较高,为二型。

(3)第三类坚硬岩石类,可按下列分型。岩层倾角平缓,各类结构面不发育,地下水位深,含水不丰富,软弱夹层(面)较少,为一型;岩层倾角较陡,各类结构面发育,含水层含水丰富,水压高,软弱夹层(面)发育,为二型。

煤矿边坡的勘察工程布置应根据边坡的不同类型确定,并应符合下列规定:

(1)第一类松散岩石类及第二类半坚硬岩石类边坡地区,可垂直非工作帮走向布置勘察剖面,其中一型地区可布置1~2条剖面,二型地区可布置2~3条剖面,每条剖面上可布置2~3个钻孔;垂直于端帮可布置1~2条剖面,每条剖面上可布置2~3个钻孔。边坡勘察钻孔深度,应超过最下一个可采煤层底板或潜在滑动面以下50 m,并应有适量钻孔布置在地表边坡线以外。

(2)第三类坚硬岩石类边坡地区,非工作帮可布置1条勘察剖面,或沿非工作帮布置3个钻孔,端帮应布置2~3个钻孔。

六、煤矿边坡稳定性监测

露天煤矿边坡稳定是露天煤矿安全生产的重要条件之一,一旦发生滑坡将给生产带来很大影响,甚至造成设备损坏和人员伤亡。由于引起滑坡的因素很多,人工方法很难掌握边坡变化的情况,根据国内生产设计经验,采用建立边坡监测网,利用仪器对边坡进行监测是动态监测边坡的有效措施,为此,规定应建立采掘场和排土场边坡监测网。

(一)边坡巡视监测

在露天煤矿边坡工程监测中,采用仪器设备进行精准监测是边坡工程监测不可缺少的重要手段,但由于仪器监测往往会受到某些因素的影响,可能会难以覆盖整个需要监测的边(滑)坡面,因此,作为边坡监测工作的重要补充,采用地表人工边坡巡视监测是非常必要的。边坡巡视监测,主要是巡视人员采用简易的工具对边(滑)坡进行人工巡视检查,其主要方法是人工目视观察为主,简易工具测试为辅。因此,巡视人员具备良好的业务水平与丰富的现场经验是至关重要的。为此,有关规定特别对巡视人员的专业要求与业务素质以及人员组成等提出了具体规定。

边坡巡视监测包括日常巡视、年度巡视与特殊巡视。日常巡视:在建设与开采施工期,对由人工剥离、采掘形成的露天煤矿采场边坡和排弃物料堆积形成的排土场边坡进行定期的经常性巡视,巡视频率正常情况下可每月1~2次。年度巡视:由于水对露天煤矿边坡的影响非常大,因此,建议边坡年度巡视重点应安排在每年汛期的中后期,每年可安排2~3次。特殊巡视:发生在特殊情况下的边坡巡视监测,如出现可能会发生边坡失稳、滑坡、崩塌、泥石流的征兆以及遇到地震、洪水等突发性事件时,对边坡进行的边坡巡视,巡视频率应根据边坡失稳的发展速度、失稳规模以及危害程度等确定,但每天不得少于1次。

每次边坡巡视监测的成果应形成记录,并将原始记录保存归档。有关规定对边坡巡视记录的内容要求等做出了规定。是否形成边坡巡视监测报告可根据实际情况确定,一般情况下,日常巡视可不形成报告,年度巡视与特殊巡视宜形成报告。

(二)排土场边坡工程监测

对监测网、监测线、监测点的设置做出具体规定,与现行国家标准《露天煤矿岩土工程勘察规范》(GB 50778—2012)协调一致。

边坡工程应力监测项目的选择,对于露天煤矿排土场边坡工程来说,应该主要考虑堆积排弃物土压力与排土场基底应力的监测。

对露天煤矿排土场边坡工程地下水监测做出具体规定。特别强调地下水监测应分阶段进行不同的工作。

距离排土场边坡较近的重要建(构)筑物,一般是界定在距离排土场边坡坡脚1.0~2.0倍排土场边坡高度,且不小于200 m范围之内的建(构)筑物,建(构)筑物的重要程度应参照国家现行标准《建筑地基基础设计规范》(GB 50007—2011)和《建筑变形测量规范》(JGJ 8—2016)确定。由于建筑物变形观测与露天煤矿边坡工程监测存在差异,因此,具体要求应按现行行业标准《建筑变形测量规范》(JGJ 8—2016)执行。

七、煤矿边坡稳定性评价

(一)一般规定

采掘场边坡稳定性评价,应根据不同勘察阶段提出的勘察成果进行,其评价精度应与勘察阶段相适应,在充分利用勘察成果的基础上提出相应的评价结论和防治措施建议。

采掘场边坡稳定性评价应按工程地质分区分别进行,对所划分的各边帮分段作出整体稳定性评价和局部稳定性评价,并应对各段边坡坡率、各级坡高及减载平台宽度等提出建议参考值。边坡稳定性评价,应对已存在的不良地质作用的现状稳定性和对采场边坡稳定性的影响作出评价。在采场边坡体内或坡底以下存在采空区时,应对采空区对边坡稳定性的影响进行专门研究。在进行采掘场边坡稳定性评价时,应分别对覆盖土体和岩体边坡的稳定性作出评价。

(二)边坡稳定性分析

在进行土体和岩体边坡稳定性分析时,应根据所判定的破坏类型和破坏模式进行分析计算。边坡稳定性分析的计算方法与计算公式应符合相关规定。

边坡稳定性的计算方法,可按下列规定确定:

(1)均质土体或较大规模碎裂结构岩体边坡可采用圆弧滑动法计算;但当土体或岩体中存在对边坡稳定性不利的软弱结构面时,宜采用以软弱结构面为滑动面进行计算。

(2)对较厚的层状土体边坡,宜对含水量较大的软弱层面或土岩结合面采用平面滑动或折线滑动法进行计算。

(3)对可能产生平面滑动的岩(土)体边坡,宜采用平面滑动法进行计算。

(4)对可能产生折线滑动面的岩(土)体边坡,宜采用折线滑动法进行计算。

(5)对结构复杂的岩体边坡,可采用赤平投影对优势结构面进行分析计算,也可采用实体比例投影法进行计算。

(6)对可能产生倾倒的岩体,宜进行倾倒稳定性分析。

(7)对边坡破坏机制复杂的岩体边坡,宜结合数值分析法进行分析。

(三)边坡稳定性评价

边坡稳定系数,可按表11-1采用。

表 11-1 边坡稳定系数

边坡类型	服务年限/年	稳定系数
边坡上部有特别重要的建筑物或边坡滑落会造成生命财产重大损失的	>20	>1.50
采掘场最终边坡	>20	1.30~1.50
非工作帮边坡	<10	1.10~1.20
	10~20	1.20~1.30
	>20	1.30~1.50
工作帮边坡	临时	1.05~1.20
外排土场边坡	>20	1.20~1.50
内排土场边坡	<10	1.20
	≥10	1.30

对地震基本烈度大于或等于7度的矿区进行边坡稳定性分析时,应评价地震力对边坡稳定的影响。滑体承受的地震力 F 应按下式计算:

$$F = mk$$

式中：m——滑体的质量（kg）。

   k——地震系数，$k = a/g$。

   a——地震加速度（m/s^2）。

   g——重力加速度（m/s^2）。

当边坡坡面有动水流存在时，应评价其对边坡稳定性的影响，并提出相应的处理措施。当采取地下水控制措施后，在边坡体内仍有残余水存在时，应分析评价静水压力对边坡稳定的影响，对其影响程度不能进行定量分析时可作敏感性分析。

在边坡体内或边坡的下部有采空区分布时，则应注意研究和估计对边坡变形和稳定性的影响，并提出处理建议。

（四）排土场边坡稳定性评价

排土场的边坡稳定，除排土场本身的稳定性之外，尚应对排土场基底的极限承载能力、基底变形范围、最大排弃高度进行评价，并提出保持边坡稳定性的安全措施。

评价排土场边坡稳定性时，应根据不同排弃物料组成和基底的岩土性质选择合理的计算参数。

评价排土场边坡稳定性时，应按排弃物料及基底的岩土性质，确定适宜的边坡破坏模式。

排土场的边坡稳定性分析，应以极限平衡法为主，并应以稳定系数表示其稳定程度。

当有地表水、地下水、地震、爆破等外在因素影响排土场边坡时，应评价其对边坡稳定性的影响。

第二节　露天煤矿采剥（台阶、穿孔、爆破、采装）作业安全技术

采剥作业的工作内容包括：掘沟位置选择，机械型号数量，平盘划分，台阶宽度、高度确定，边坡管理，工程数量控制等（土石方数量界定），石方爆破（穿孔、炸药运输、炸药现场临时保管、装药、起爆、炸药退库等）。采剥作业的主要生产工艺程序：台阶、穿孔、爆破、矿（岩）的铲装、矿岩的运输及岩石的排卸。

一、台阶

挖掘机采装的台阶高度应符合下列规定：不需爆破的土岩台阶高度不得大于挖掘机的最大挖掘高度；爆破后的爆堆高度不得大于挖掘机的最大挖掘高度的 1.1 ~ 1.2 倍，台阶顶部不得有悬浮的大块；上装车台阶高度不得大于挖掘机最大卸载高度与运输容器高度及卸载安全高度之和的差。

采场最终边坡的台阶坡面角和边坡角，必须符合最终边坡设计要求。

最小工作平盘宽度，必须保证采掘、运输设备的安全运行和供电线路、排水沟等正常布置。

二、穿孔

穿孔作业是露天矿开采的首道工序，其目的是为爆破工作提供装放炸药的孔穴，穿孔质量的好坏，直接关系到其后的爆破、采装、破碎等作业的效率。

穿孔作业必须按设计的穿孔参数要求进行,误差必须保证在允许范围之内。

干式穿孔机必须有良好的除尘设施,否则严禁作业。

穿孔机在采空区、自然发火区等危险地段作业时,必须制定专项安全措施。

穿孔机在有装药的炮孔和瞎炮孔边补孔时,新钻孔与原装药孔的距离不得小于 10 倍的炮孔直径,并保证两孔平行;严禁在不明真相的旧孔上穿孔。

穿孔机在台阶边缘进行穿孔作业和行走之前,应查明台阶边缘的伞檐情况,作业和行走时,履带边缘与坡顶线的距离如表 11-2 所示。

表 11-2 穿孔机作业和行走安全距离 （单位:m）

台阶高度	<4	4~10	>10
安全距离	1~2	2~2.5	2.5~3.5

穿边行孔时,穿孔机应垂直于台阶坡顶线(最小夹角不小于 45°);在有顺层滑落的危险区,必须压碴穿孔。

穿孔机在高压线下作业、通过时,应依据高压线的电压等级、空气湿度、风力等情况,确定并保证安全距离,穿孔机在坡道或长距离行走(超过 300 m)时,必须先落好钻架。

三、爆破

爆破作业是露天煤矿开采的重要工序,为随后的采装、运输、破碎提供适宜的矿岩物,所以,爆破工艺的好坏,对后续作业有着很大的影响。

检查工程施工前进行的爆破工程设计实施方案,应包括下列内容:布孔方式和布孔参数;药包直径和装药结构;炸药品种和相应的单位炸药消耗量;起爆方法、起爆顺序与延期时间;非正规台阶的爆破方法和爆破参数;允许最大单段起爆药量;起爆网络连接方式。

爆炸材料的购买、运输、储存、使用和销毁,爆炸材料库建筑结构及各种防护设施和安全保卫措施,库区的内外部安全距离等,必须符合国家有关法规和标准的规定。

爆破作业使用的器材必须符合国家或行业标准,并遵守《爆破安全规程》(GB 6722—2014)的规定。

运输爆炸材料必须使用专用车辆,专用车辆必须经有关部门审批,并保持完好状态,同时设专职司机和押运员。

在运输爆炸材料过程中,严禁中途停车,如果遇特殊情况必须停车时,必须采取保护措施;装运量不得超过汽车额定载重量的 80%,并用帆布盖好、绑牢;严禁炸药和雷管同车装运。

从事装卸、运输爆炸材料人员严禁携带火柴、打火机等燃火物品,其着装应符合安全要求。采用铵油炸药混装车和乳化炸药车时,必须对装料、混药、装车运输和装药作业制定安全措施。

爆炸材料的领取、运输和使用必须严格执行帐、卡、物一致的管理制度,爆破负责人对爆炸材料验收后方可与押运人员双方签字认可。

爆破后剩余的爆炸材料,必须立即退回爆炸材料库,严禁销毁和存放,并严格履行退库手续。

在爆破区域内放置和使用爆炸材料的过程中,20 m 以内严禁烟火,10 m 以内严禁非爆破工作人员进入。任何机动设备不得进入已装过炸药的爆破区域,遇特殊情况,必须由爆破人员指挥,在确保安全的条件下,方可进入。

装药时,每个炮孔同时操作的人员不应超过 3 人,应清除炮孔边缘的石块等杂物;严禁向炮孔内投掷起爆具和受冲击易爆的炸药;严禁使用塑料、金属或带金属包头的炮杆。

炮孔充填时,不得使用块状岩土。如果充填物发生堵塞时,要进行处理,否则不得联网起爆。

爆破安全警戒必须遵守下列规定:爆破负责人确定警戒范围,并向爆破影响范围边缘的所有通道派出警戒人员;凡在爆破影响范围内的人员、设备必须按爆破负责人的指令,在规定的时间内撤离到安全地区,并由爆破负责人确认;警戒人员、爆破工(起爆人员)、调度室必须与爆破负责人保证信息畅通;在爆破负责人确认可以起爆时,先通告调度室,由调度室向矿区有关单位或部门发出爆破警告,并确认可以爆破的条件下,由调度室再通告爆破负责人可以爆破,爆破负责人方可下达起爆令;爆破警戒的解除令由爆破负责人下达,并同时通告调度室。

爆破安全警戒距离必须符合下列要求:

(1)深孔松动爆破(孔深大于 5 m)距爆破区边缘:软岩不得小于 100 m;硬岩不得小于 200 m。

(2)浅孔爆破(孔深小于 5 m),无充填预裂爆破,不得小于 300 m。

(3)二次爆破,炮眼法不得小于 200 m;裸露爆破药量不超过 20 kg 时,不得小于 200 m;药量超过 20 kg 时,不得小于 400 m。

(4)扩孔爆破,不得小于 100 m。

(5)轰水,不得小于 50 m。

各种机电设备距爆区边缘的安全距离:深孔爆破不得小于 40 m;浅孔或二次爆破不得小于 50 m。机动设备应撤到警戒范围之外,因故不能撤离时,必须采取安全措施。爆区边缘与电杆距离不得小于 5 m,在 5~10 m 时应停电,并采取减震措施。

爆破地震安全距离应符合下列要求:

(1)各类建(构)筑物地面质点的安全震动速度不应超过下列数值。重要工业厂房,4 mm/s;土窑洞、土坯房、毛石房,10 mm/s;一般砖房、非抗震的大型砌块建筑物,20~30 mm/s;钢筋混凝土框架房屋,50 mm/s;水工隧道,100 mm/s;交通涵洞,150 mm/s;矿山巷道,100~200 mm/s。

(2)爆破地震安全距离应按下式计算:

$$R = (k/v)^{1/a} \cdot Q^m$$

式中:R——爆破地震安全距离(m)。

Q——药量(齐发爆破取总量,延期爆破取最大一段药量)(kg)。

v——安全质点振动速度(cm/s)。

m——药量指数,取 $m = 1/3$。

k, a——与爆破地点地形、地质条件有关的系数和衰减指数。

遇有特殊情况时,必须进行爆破地震效应的监测和试验,以确定被保护物的安全性。

一般不得使用裸露爆破,特殊情况下,必须裸露爆破时,应按下式确定安全装药量:

$$Q = (R_k/25)^3$$

式中:Q——安全装药量(延期爆破时,Q 为一次起爆的药量)(kg)。

R_k——被保护建筑物、设备距爆破地点的距离(m)。

实施硐室爆破、抛掷大爆破、老空区爆破等特殊爆破时,必须编制设计,制定安全措施。

在自燃发火区进行爆破作业时,装药前必须测试孔内温度,孔内有明火或温度在80 ℃以上时,必须采取灭火和降温措施。

高温孔处理合格后,应迅速装药起爆。高温孔应采用热感度低的炸药或将炸药、雷管做隔热包装。

爆破时应使用电雷管起爆,当使用火雷管起爆时,必须采取安全措施,保证起爆人员的安全。

应根据爆破所采用的炸药、起爆方式等,制定处理发生拒爆和熄爆的安全措施。

爆破作用破坏边坡岩体完整性。爆破后形成的边坡岩体破坏严重、表层岩石破碎,易剥落崩塌,易受风化、水渗流等的影响,从而降低边坡的稳定性和安全系数。露天矿台阶上机车、汽车的运输和挖掘机作业等设备的震动力对露天矿整体边坡的稳定性也有影响,有时会触发局部台阶的滑动。

爆破振动是影响露天矿边坡稳定的主要因素之一。由于爆破作业是露天矿山经常进行的,当爆破地震波通过岩体时,给岩体的潜在破坏面以附加的动力,可使岩体的原有结构面规模扩大,条件恶化,并可产生次生结构面(爆破裂隙),从而促使边坡破坏。也就是说,露天边坡在爆破的反复振动作用下,其稳定性会受到影响,直至遭受破坏而发生滑坡事故。

四、采装

采装是指把土岩自整体中(软土岩)或把爆破成碎块的岩石装载于运输工具或直接排卸到排土场的工作。

采装作业是使用装载机械将矿岩直接从地下或爆堆中挖掘出来,并装入运输机械的车厢内或直接卸到指定的地点,是露天煤矿开采过程的中心环节,其他工序如穿孔、爆破、运输等都是为采装服务的。

露天采场最终边坡的台阶坡面角和边坡角,必须符合最终边坡设计要求。最小工作平盘宽度,必须保证采掘、运输设备的安全运行和供电通信线路、排水系统、安全挡墙等的正常布置。

采场最终边坡管理应当遵守下列规定:

(1)采掘作业必须按设计进行,坡底线严禁超挖。

(2)临近到界台阶时,应当采用控制爆破。

(3)最终煤台阶必须采取防止煤风化、自然发火及沿煤层底板滑坡的措施。

在矿山开采中,开采时间与矿区气候因素是不可忽略的重要因素。大风天气比较多,以及降雨量的增加,这些因素都不能忽略掉。

由于开采方式与方法不当,造成边坡过高、过陡,危石、浮石没有及时清除而导致岩面上存在险石、危石和浮石。露天开采方式和方法不当,作业场所内存在"伞檐、老鹰嘴"等现象。

由于矿石稳固性差或地质结构变化,在凿岩、破波震动、雨水冲刷、强劲风流等外力作用下,引起边坡垮塌、滑坡等危及工作人员生命和设备财产安全的危险因素。

露天矿边坡的滚石、塌方、滑坡等事故对矿山生产及机械设备、人身安全危害极大,凹陷露天矿由于暴雨等灾害性气候可引起采场淹没。

在边坡上进行工业活动,将固体废弃物堆放在坡顶,可能导致下滑力增加,当下滑力大于坡体的抗滑力时,会引起边坡失稳。

单斗挖掘机向汽车装载时,必须遵守下列规定:

(1)勺斗容积和物料块度应与汽车载重相适应,严禁装载大于勺斗容积的物料。

(2)单面装车时,必须由挖掘机司机发出进车信号,汽车开到装车位置,发出装车信号后,方可装车;双面装车作业时,正面装车汽车可提前进入装车位置;反面装车应由勺斗引导汽车进入装车位置。

(3)挖掘机勺斗不得跨越电缆装车,严禁勺斗从汽车驾驶室上方越过。

(4)挖掘提升后,如勺斗边缘有悬浮的大块时,严禁回转装车,应放下大块,重新挖掘。

(5)装第一勺时,不得装较大的物料;卸料时应尽量放低勺斗,勺斗底部距车厢地板不得超过 0.5 m。

(6)严禁装偏车和超载装车,车厢顶部不得装大块物料。

单斗挖掘机在作业过程中遇下列情况时,必须停止作业,退到安全地点,报告有关部门检查处理:

(1)发现台阶崩落或有滑动迹象。

(2)工作面有伞檐或大块物料。

(3)暴露出未爆炸的炸药、导爆材料。

(4)遇有冒落危险的老空区或火区。

(5)遇有松软岩、土层或涌水。

(6)发现不明地下埋藏物。

单斗挖掘机的操作必须遵守下列规定:

(1)运转中严禁维护和注油,不得有人员停留在操作室之外;无关人员不得进入作业半径内。

(2)回转时,勺斗必须离开工作面;严禁跨越任何设备、设施;严禁勺斗突然改变方向。

(3)调整挖掘机位置时,扭转角度应在 15°～20°的增量进行,严禁倒退时扭转。

(4)遇坚硬岩体时,严禁强行挖掘;严禁在地表不平的地方和不符合机器性能的纵横坡面上作业。

(5)挖掘机作业时,必须对工作面进行全面检查,严禁将金属物等和拒爆的爆炸材料装入车内。

(6)正常作业时,天轮距高压线应依据不同的电压等级,保持足够的安全距离,遇雨雪天气时,严禁在高压线下方作业。

(7)当室外气温超过挖掘机允许作业值时,应停止作业。

2 台以上挖掘机在同一台阶或相邻上下台阶作业时,必须遵守下列规定:

(1)汽车运输时,2 台挖掘机的间距不得小于最大挖掘半径的 2.5 倍,并制定安全措施。

(2)2 台挖掘机在相邻的上下台阶作业时,两者的相对位置影响上下台阶的设备、设施安全时,必须制定安全措施。

依据台阶高度和运输设备型号,必须制定台阶坡面、运输设备与挖掘机尾部之间的最小安全距离。

挖掘机行走和升降段应遵守下列规定:

(1)严禁碾压任何电缆,包括已覆土掩埋的电缆。

(2)行走前应检查行走机构及制动系统。

(3)应依据台阶高度、坡面角及土岩的稳定性等因素,使挖掘机的行走路线与坡顶线和坡底线保持一定的安全距离。当道路松软、含水或通过老窑区有沉陷危险时,必须采取安全措施。

（4）挖掘机行走超过 300 m 时必须设专人指挥,行走时主动轴应在后面,并与行走线路两侧的设施保持安全距离。

（5）上下坡时,应预先采取移动式的防滑措施,坡道的坡度不得超过挖掘机规定的最大允许值;如果因故障停在坡道上时,必须立即采取固定式的防滑措施。

雨天作业时,应注意水淹和片帮,并确保供电线路不被水淹,如遇停电,必须由供电人员处理,严禁未查明原因就送电。

轮斗挖掘机作业和行走的线路必须坚实稳固平整。在有老窑区地段作业和行走之前要进行处理,否则不得进入。

轮斗挖掘机作业时必须遵守下列规定:

（1）开机作业前必须对安全装置进行检查。

（2）启动或行走前,必须按规定发出音响信号。

（3）严禁斗轮工作装置带负荷启动。

（4）应根据工作面物料的变化和采掘工艺要求及时调整切削厚度和回转速度,遇有硬岩夹层时应另行处理,严禁超负荷作业。

（5）轮斗臂下方严禁人员通过或停留,卸料臂、转载机下方严禁人员和设备停留。

采用轮斗挖掘机——带式输送机——排土机连续开采工艺系统时,应遵守下列规定:

（1）各单机人员接班后,经检查可以开机时,应立即向集中控制室发出可以开机信号;如有异常现象,应向集中控制室报告,待故障解除后,再向集中控制室发出可以开机信号。

（2）连续工作的电机,不应频繁启动,紧急停机开关必须在会发生重大设备事故或危及人身安全时才能使用。

（3）各单机间应实行安全闭锁控制,单机发生故障时,必须立即停车,同时向集中控制室汇报,严禁擅自处理故障。

2 台以上转载机与轮斗挖掘机联合作业时,必须制定安全措施。

五、采剥作业主要危害

（一）噪声危害

露天煤矿运营期间噪声主要来自穿孔、爆破、采掘、剥离、装卸、运输作业噪声以及工业场地设备噪声。

减轻噪声危害的主要措施如下:

（1）在经济可行的基础上,下一步在选择设备时考虑噪声污染小、先进的生产工艺,机械、设备选型时应该严格按照国家相应标准要求选用具有良好声学特征的产品,从根本上减轻噪声污染的强度。

（2）地面场地内部布置时,按照功能要求分区布置,利用不敏感区将高噪声区与敏感区分开,高噪声设备集中布置。

（3）利用绿化带的噪声、吸声等多种环境功能,下一步工程运行时应合理设置隔离绿化带,增加绿化面积,加强绿化带的维护,通过绿化带对噪声的阻挡、吸收,缩短噪声传播距离,减小噪声影响范围。

（4）尽量利用围护结构隔声;对水泵噪声,采用室内布置,水泵与进出口管道间安装软橡胶接头,泵体基础设橡胶垫或弹簧减震器。

（5）对场外运输噪声,要制定有关规章制度,运输车辆经过人口居住地时,应自觉减速限制鸣笛,降低噪声影响。

（6）针对采掘场爆破产生的短促的振动噪声，要确保采掘场周围振动安全防护距离内没有居民存在，减小爆破噪声对周围环境的影响。

（二）振动危害

振动危害是指在露天煤矿开采过程中以及爆破震动造成的地质灾害，引起滑坡、边坡岩体滑移和崩落等造成一定的事故风险，威胁人身安全的风险。

振动危害发生的主要环节如下：

（1）露天煤矿边坡一般比较高、走向长，因而边坡揭露的岩层多；未经处理的围岩，其边坡大，多为陡坡，甚至与地面几乎垂直或呈鹰嘴状，各部分地质条件一般差异大，变化复杂。

（2）未停采的围岩，由于矿场频繁挖掘和车辆运行，使边坡岩体常受到振动影响。

（3）由于采矿本身是一种对原岩的破坏，采剥作业打破了边坡岩体内的原始应力的平衡状态，出现了次生应力场，在次生应力场和其他因素的影响下，常使边坡发生变形破坏，使岩体失稳，导致崩落、散落、坍塌和滑动等。

（4）爆破飞石会使影响范围内的人、建筑物、动植物等受到伤害。

（三）固体废弃物

1.固体废弃物分类

（1）生活垃圾。生活垃圾分为有机垃圾和无机垃圾两种。有机垃圾主要是纸张、塑料、厨余垃圾等。无机垃圾主要是金属、剥离、沙土等。

（2）剥离物。剥离物是生产中排放的固体废弃物，主要包括土、岩石、煤矸石等。其中，煤矸石除了含有大量的碳、硅、铝、铁、钙等因素外，还含有多种重金属元素，经过长期风化淋溶，有的可能转移到水系污染水体，有的可能随自然挥发污染大气。

2.固体废弃物环境影响分析

工程排放的固体废弃物对环境的影响主要是对景观、大气、水体和土壤等环境要素的影响，其影响程度的大小主要取决于剥离物的理化性质、处理措施及排土场的场地选择。

（1）剥离物扬尘对环境空气的影响。剥离物扬尘对环境空气的影响主要表现在两个方面：剥离物道路运输扬尘和堆放扬尘。针对剥离物道路运输扬尘，可对道路洒水降尘；针对堆放扬尘，当剥离物运至排土场后，及时用推土机推平压实，并配专门洒水车进行洒水降尘，随后在平台上适当进行植被恢复。

（2）剥离物淋溶对水环境的影响。煤矸石中的有害元素，经雨水淋溶后，元素的可溶解部分随雨水进入土壤，对土壤、植被、水体将产生影响。

第三节　边坡灾害事故预防安全技术措施

露天矿边坡是露天矿最主要的结构要素，随着矿山的开挖及开采活动贯穿于矿山服务的始终，必须加强边坡安全管理，预防边坡事故的发生。

一、边坡安全管理制度

露天矿边坡的稳定性是关系到露天矿安全与生产极其重要的因素。如果边坡发生破坏，会影响露天矿的生产而造成经济损失，甚至可能造成设备和人员的伤亡。因此加强边坡管理和检查是露天矿设计、开采和生产管理的重要内容。

二、边坡爆破作业中的安全措施

爆破地震有害效应的大小与一次爆破的装药量和爆破形式有关。一般来说,硐室爆破和常规深孔爆破,因其一次爆破装药量较大,而且集中,爆破地震有害效应也较大,可能破坏最终边坡的稳定。因此,邻近最终边坡,禁止采用硐室爆破和常规深孔爆破,而应采用控制爆破地震的减震爆破。

控制爆破地震的爆破方式有:预裂爆破、光面爆破、缓冲爆破和减震爆破。

预裂爆破的实质是沿设计边坡境界开挖面,钻凿一排间距较小的密集炮孔,每孔装入少量炸药,在开挖区主炮孔爆破之前先起爆,从而在岩体中沿预裂孔联线形成有一定宽度的裂隙(或预裂带),以此来隔离或降低主炮孔爆破产生的应力波和地震波对边坡的作用。同时,由于预裂孔孔径较小,不耦合装药,采用低猛度炸药爆破,因而预裂孔爆破对边坡的影响程度和范围大大减小,并且可以形成一个较为光滑的预裂面。

光面爆破是沿设计开挖线钻凿一排间距较小的炮孔,孔内适当少装药,在主爆孔爆破后再起爆,以得到一个光滑平整的开挖边界面,提高边坡的稳定性。

缓冲爆破是沿设计的轮廓面上钻凿一排加密的炮孔,即减小抵抗线、孔距和装药量,以限制爆破的后冲,减少顶部龟裂和降低地震效应,使爆破后沿缓冲孔联线破裂成平整光面的一种控制爆破方法。

减震爆破是指邻近边坡的生产爆破采用延时(微差)爆破,减少炮孔超深,减少装药量,限制最大段药量和总药量等综合措施,达到减震的目的。

根据生产和维护的需要,露天矿的最终边坡要设置安全平台、运输平台和清扫平台。

安全平台用于缓冲和阻截滑落的岩石,同时还可用于减缓最终帮坡角,以保证最终边坡的稳定性和下部水平的作业安全。安全平台的宽度一般约为台阶高度的1/3。

运输平台是作为工作台阶与出入沟之间的运输联系通路的。运输平台一般设在与出入沟同侧的非工作帮和端帮上,其宽度依所采用的运输方式和线路数目确定。

清扫平台用于阻截和清理滑落的岩石,同时又起着安全平台的作用。一般在最终边坡上每隔2~3个台阶要设1个清扫平台,其宽度要满足所用清扫设备的要求。如果清扫平台上设有排水沟,其宽度应考虑排水沟的技术要求。

台阶的安全坡面角是综合考虑岩石的性质、岩层倾角和倾向、节理、层理和断层、台阶高度以及穿爆方法等因素,由设计确定的。坡面角过大会影响最终边坡的稳定性,严重时会导致边坡失稳。而超挖坡底,会造成坡面角变大,是绝对不允许的。

发现局部边坡发生坍塌,要及时报告该矿有关主管部门,由主管部门组织有关专业人员详细调查引起坍塌的原因,并采取有效的措施及时处理,以免引发更大范围的滑坡。

每个台阶采掘结束以后,除了要检查平台和坡面的清理情况外,还应检查平台宽度、坡面角等是否符合设计要求,坡底是否超挖,以及整个边坡的稳定情况,并做好记录,对不符合设计要求的,要报告主管部门,采取一定的补救措施。

三、边坡事故安全管理措施

边坡事故安全管理措施如下:

(1)健全完善边坡管理制度,落实安全责任制。

(2)加强安全教育,规范员工的行为。要结合矿山的实际情况,强化作业人员的安全教育,规范员工的作业行为,坚持班前安全会制度,严禁任何人员在边帮底部休息及停留,以防止边帮的突然下滑而导致的人员伤亡事故。

（3）加强边坡的全面检查。经常对采场进行全面检查，加强边坡的管理工作，当发现台阶坡面有裂隙，可能发生坍塌或大块浮石和松石时，必须立即撤出相关人员和设备，组织有经验的人员进行处理。处理时要制定可靠的安全措施。

（4）加强雨季边帮、采场的安全工作。每逢刮风下雨必须立即停止作业；下大雨或大爆破后会对边坡的稳定造成严重的危害。

（5）加强地质调查。矿区地质调查是露天矿边坡稳定性分析的基础，包括矿区岩石类型、岩体结构面、水文地质调查、边坡滑落情况、自然边坡。

（6）加强对边坡的状态调查与监测，建立有效的边坡状态监测系统和边坡状态参数数据库，监测方法参考现场安全标准化管理手册。

（7）设置警示标志，防止人员误入。

四、边坡事故安全技术措施

边坡事故安全的技术措施如下：

（1）认真贯彻"采剥并举，剥离先行"的方针。坚持从上到下逐层开采的原则。按要求设置台阶高度和台阶坡面角，选择合理的边坡形式、开采顺序和推进方向，严禁"掏采"作业行为，严格禁止一面坡的开采方式。

（2）采用削坡减压和减重压脚等边坡减重措施，抑制滑坡体的进一步发生和发展。边坡坡体减重是控制边坡失稳活动的有效措施。

（3）在边坡下部坡脚采用抗滑桩、锚杆（索）、挡墙及注浆等加固支挡工程。

（4）松动爆破破坏滑面，使附近岩体的内摩擦角增大，采用切断弱面回填法，增强岩体的整体性；同时使地下水通过松动岩体，降低地下水位。

（5）控制爆破。在露天开采过程中，采用边坡控制爆破技术，以减少爆破震动影响。常用的有预裂爆破、光面爆破。

（6）做好疏干排水工作，提高边坡的稳定性。排除边坡范围内积水和地下水，其方法一般是用排水沟截排地表水或用钻孔疏干降低边坡中地下水的水位等。

（7）在开采中合理选择爆破方法，在施工和运输过程中采用减、防震措施，减少震动对边坡的影响。

（8）经常对边坡进行清理和修整。清理边坡上的堆积物，修整已经崩塌的边坡，避免崩塌或凹石的边坡中的积水危害，减小滑坡体上的荷载。生产过程中要根据不同的情况，及时对边坡进行平整和刷帮，改变边坡的轮廓及形状，从而达到稳定边坡的效果。

五、边坡安全监测措施

边坡的稳定与否是露天煤矿能否正常施工的主要安全问题之一，而对边坡度的监测数据分析结果，能起到预警、及时调整等作用，因此规定露天煤矿要有边坡监测系统。

边坡监测系统设计，应根据最终边坡的稳定类型、分区特点确定各区监测级别。对边坡应进行定点定期观测，包括坡体表面和内部位移观测、地下水位动态观测、爆破震动观测等。技术管理部门应及时整理边坡观测资料，据以指导采场安全生产。对存在不稳定因素的最终边坡应长期监测，发现问题及时处理。

为了确保边坡的安全，应进行安全监测。监测的部位包括开挖结构面和开口线上部岩体，通过人工巡视检查和对观测数据进行整理、分析，掌握边坡岩体内部作用力和外部变形情况，评估和判断边坡的稳定状况。

（一）巡视检查

定期进行边坡的巡视检查工作,检查内容包括边坡是否出现裂缝,以及裂缝的变化情况(裂缝的深度及宽度)、是否出现掉渣或掉块现象,坡表有无隆起或下陷,排、截水沟是否通畅,渗水量及水质是否正常等,并做好巡视记录。

（二）边坡外部变形监测

在边坡重点部位,布置变形观测墩,变形观测应结合永久观测进行。通过大地测量法监测边坡变形情况,包括平面变形测量和高程变形测量。有条件的宜采用较为先进的全球定位(GPS)变形测量系统。

（三）深层变形监测

通过在边坡内部深层安装埋设监测仪器,来反映边坡内部变形情况。主要采用测斜仪、多点位移计、滑动测微计等。

（四）支护效应监测

主要是对锚杆、锚索应力监测,通过在典型部位的锚杆、锚索上安装监测仪器,对锚杆、锚索的应力进行监测,反映锚杆及锚索的支护情况及支护效果。主要采用锚杆应力计及锚索测力计进行监测。

（五）爆破振动及声波测试

在边坡开挖过程中,由于爆破震动影响,有可能造成边坡失稳,通过爆破振动监测及声波测试以控制爆破规模。采用设备宜为:爆破振动测试记录仪、声波仪等。

（六）边坡渗流监测

通过对地下水位和渗流量的变化情况来判断边坡的稳定状态。采用的设备为渗压计及测压管等。

应做好边坡施工安全监测成果的整理、反馈工作,以指导施工。边坡的变形数据的处理分析,是边坡监测数据管理系统中一个重要内容,用于对边坡未来的状况进行预报、预警,并对边坡的稳定现状进行科学的评价,预测可能出现的边坡破坏,应做好边坡施工安全监测成果的整理、反馈工作,以指导施工。

第四节　煤矿采动边坡整治

采动边坡是受采空区采动、变形影响控制的边坡。其主要破坏形式为采动滑坡和采动坡体崩塌。

一、一般规定

采动边坡防治对象应为对建(构)筑物造成安全危害或存在安全隐患的采空区采动边坡。

煤矿工程建设宜避开规模大、地质和环境条件复杂、稳定性差、破坏后果严重的采动边坡影响地段。当难以避开或采动边坡变形破坏可能威胁到邻近建(构)筑物的安全使用时,应开展采动边坡工程专项勘察及设计。

采动边坡的破坏形式可分为滑坡和崩塌。滑坡按滑动面形状可分为圆弧形、平面形、折线形,崩塌可分为滑移式、倾倒式、坠落式。

采动边坡工程安全等级应根据其损坏后可能造成的破坏后果、边坡类型、坡高、采空

区地表移动变形对边坡稳定性的影响程度等因素,按下列规定划分为两个安全等级:

(1)符合下列条件之一者,采动边坡工程安全等级为一级。采动边坡塌滑区内或影响区内有重要建(构)筑物,破坏后果很严重;直接经济损失大于1 000万元或威胁人数大于100人的滑坡;滑体体积大于10万 m^3;危岩体积大于500 m^3。

(2)其他采动边坡工程安全等级可定为二级。

采用极限平衡法评价采动边坡稳定性、计算推力时,要根据边坡类型和可能的破坏形式,来选择计算方法。

采动边坡防治宜先对下伏采空区进行超前处理,再进行边坡治理。

二、设计

采动边坡工程设计时应取得下列资料:相邻建(构)筑总平面布置图,建筑物的基础、结构等资料;采动边坡工程专项勘察内容应包括场地范围内的工程地质及水文地质条件、采空区分布规律、地面塌陷类型、地表移动盆地的形态及地表移动时间等;采动边坡环境资料;施工条件、技术、类似工程防治设计及工程经验。

永久采动边坡的设计使用年限不应低于受其影响的相邻建(筑)物的使用年限。

采动边坡工程设计应分析评价使用年限内采空区残余变形对支护结构的影响。

采动边坡变形控制应根据周边环境、对变形的适应能力和岩土性状等因素,按当地经验确定支护结构的变形允许值,并应符合下列规定:采空区残余变形及工程行为引发的采动边坡变形不应造成坡顶和邻近的建筑物开裂,基础沉降差不得超过建筑变形允许值;采空区残余变形产生的附加应力不得危及支护结构正常使用。

一级采动边坡工程设计参数应根据现场实测、室内试验结果、现场原位试验等确定,二级采动边坡工程设计参数可按地区经验和反演分析等方法确定;并应根据采空区移动变形对边坡形态、岩土体结构面产状、强度、水文地质条件、应力分布特征的影响等综合给出。

计算的边坡稳定性系数小于稳定安全系数时,应进行采动边坡专项防治处理设计。采动边坡工程稳定安全系数应按表11-3的规定确定。

表11-3　采动边坡工程稳定安全系数

稳定安全系数 / 分析方法	边坡工程安全等级 一级	二级
平面滑动法	1.35(1.20)	1.30(1.15)
折线滑动法	1.35(1.20)	1.30(1.15)
圆弧滑动法	1.30(1.15)	1.25(1.10)
倾倒式危岩	1.50(1.20)	1.40(1.15)

注:括号内数据为地震工况下的稳定安全系数,仅适用塌滑区内无重要建构筑物的边坡;对于存在多个或多级滑动面的采动边坡,应分别对各种可能的滑动组合进行计算。

一级采动边坡工程应采用动态设计法,二级采动边坡工程宜采用动态设计。

抗震设防区采动边坡工程设计应符合下列规定:支护结构或构件承载能力应采用地震作用效应和荷载效应基本组合进行验算,荷载分项系数取值应符合现行国家标准《建筑结构荷载规范》（GB 50009—2012）的相关规定；抗震设防烈度可采用地震基本烈度，且不应低于边坡破坏影响区内建（构）筑物的设防烈度。

采动边坡工程防治措施应根据其工程地质、水文地质条件，采动边坡变形特征，施工情况综合确定，可采取以下防治措施：可选用重力式挡墙、桩板式挡墙、锚杆挡墙、格构锚支挡；在主滑段清方减载，在阻滑段反压填土；危岩支撑、清除、拦石墙、拦石网；排（截）水可分为地面排（截）水及地下排水；采用充填开采、部分开采、限厚开采、协调开采、留设保护煤柱等井下保护性开采；采用边坡灌注加固、采空区处理、坡面植被防护等其他防治措施。

三、施工

施工方案的编制应根据坡体安全等级、边坡环境、工程地质、水文地质、采空区场地的稳定性等条件确定，并应采取可行、有效的安全保护措施。

对土石方开挖后不稳定或欠稳定的边坡，应根据坡体地质特征和可能发生的破坏等，采取自上而下、分段跳槽、及时支护的逆作法或部分逆作法施工。严禁无序大开挖、大爆破作业。

采动边坡潜在塌滑区禁止超量堆载。

边坡工程的临时性排水措施应满足地下水、暴雨和施工用水等的排放要求，并宜结合边坡工程的永久性排水设计进行。

边坡工程开挖后应及时按设计要求实施支护结构或采取封闭措施，避免长期裸露。

一级边坡工程施工应采用信息法施工，并应符合下列规定：应按设计要求实施监测，掌握边坡工程监测情况；应编录施工现场揭示的地质现状与原地质资料对比变化图，为施工勘察提供资料；根据施工方案，对可能出现的开挖不利工况应进行边坡及支护结构强度、变形和稳定验算；建立信息反馈制度，当监测值达到预警值时，应即时向设计、监理、业主通报，并应根据设计处理措施调整施工方案；施工中出现险情时应按施工险情应急处理要求进行处理。

爆破施工应符合下列规定：当地质条件复杂、边坡稳定性差、爆破对坡顶建（构）筑物震害较严重时，不应采用爆破开挖方案；边坡开挖采用爆破施工时，应采取安全保护措施；爆破前，应对爆破影响区建（构）筑物做好监测点及原有裂缝查勘记录；当边坡开挖采用逆作法时，爆破应配合刷坡施工；支护结构坡面爆破宜采用光面爆破法，爆破坡面宜预留部分岩层，并宜采用人工挖掘修整；爆破影响区有建（构）筑物时，爆破产生的地面质点震动速度应满足震动安全允许标准的要求，安全允许震动速度的取值可按表 11-4 的规定确定。

表 11-4　安全允许震动速度　　　　　　　　（单位：m/s）

保护对象类别	安全允许震动速度		
	< 10 Hz	10 ~ 50 Hz	50 ~ 100 Hz
土坯房、毛石房屋	0.5 ~ 1.0	0.7 ~ 1.2	1.1 ~ 1.5
一般砖房、非抗震的大型砌块建筑	2.0 ~ 2.5	2.3 ~ 2.8	2.7 ~ 3.0
混凝土结构房屋	3.0 ~ 4.0	3.5 ~ 4.5	4.2 ~ 5.0

对施工险情的应急处理应符合下列规定：

（1）当边坡变形过大，变形速率过快，周边环境出现沉降开裂等险情时，应暂停施工，并应根据险情状况采用下列应急处理措施。坡底被动区临时压重；坡顶主动区卸土减载，并应严格控制卸载程序;做好临时排水、险区封闭处理;对支护结构临时加固;对险情段加强监测;立即向勘察、设计等单位反馈信息,及时按施工现状开展勘察及设计资料复审工作。

(2)边坡施工出现险情时,施工单位应做好边坡支护结构及环境异常情况收集、整理、汇编等工作。

(3)会同相关单位查清险情原因后,应按边坡支护设计加固方案的原则制定施工抢险方案。

(4)施工单位应根据抢险方案及时开展边坡工程抢险工作。

四、质量检验

采动边坡防治工程应编制专门的监测方案,可分为施工安全监测、防治工程效果和长期监测;监测工作应符合现行国家标准《建筑边坡工程技术规范》(GB 50330—2013)的有关规定,并应符合下列规定:

(1)监测项目应根据边坡类型、安全等级、地质环境、支护结构类型和变形控制要求选择,宜包括地面变形监测、地表裂缝监测、深部位移监测、地下水监测、建(构)筑物变形监测、支护结构变形及应力监测等。

(2)监测点应布置在稳定性差或工程扰动大的部位,监测点的埋设、测量精度等应符合现行国家标准《工程测量规范》(GB 50026)的有关规定。

(3)防治效果监测应结合施工安全和长期监测进行,监测时间不应小于2个水文年。

采动边坡防治工程施工质量检验可分为排水工程、支挡结构及加固工程质量检验,应符合现行国家标准《建筑边坡工程技术规范》(GB 50330—2013)的有关规定。

施工质量检测报告应包括下列内容:检测主要依据;检测方法与仪器设备型号;检测点分布图;检测数据分析;检测结论。

鉴定方案应根据鉴定对象的特点和初步调查的结果,鉴定的目的、范围、内容和要求制定。鉴定方案宜包括下列内容:工程概况,主要包括边坡工程类型、边坡总高度、周边环境,边坡设计、施工及监理单位,建造年代等;鉴定的目的、范围、内容和要求;鉴定依据,主要包括检测、鉴定所依据的标准及有关的技术资料等;检测项目和选用的检测方法以及抽样检测的数量;检测鉴定人员和仪器设备情况;鉴定工作进度计划;所需要的配合工作;检测中的安全措施;检测中的环保措施。

第五节 煤矿边坡防治措施

一、煤矿边坡治理措施

煤矿边坡治理可分为两类:预防性的,适合于先天不稳定的天然斜坡、切方边坡及山坡填土;对于现已不稳定即正在运动的斜坡,或是已完全破坏的斜坡进行治理。

煤矿边坡的治理措施如下:

(1)针对规模大、难以整治的滑坡,采用绕避躲开的措施。

(2)对于前缘失稳的牵引式滑坡,整治的工程措施是在滑坡前缘修建石垛加载反压,增加抗滑部分的土重,使滑坡得到新的稳定平衡。

(3)整治推移式滑坡,应在滑坡体上部(下滑区)减重,以减少下滑力,达到稳定滑坡作用。

(4)滑坡一般发生在雨季,主要是雨水可以湿化坡体,降低土体强度,润化滑面,促使和加剧滑体滑动,因此设立水沟对滑坡体的排水工程非常重要。

(5)对一些中、深层滑坡,在利用抗滑挡墙措施难以整治的情况下,可以用抗滑桩,这是整治滑坡比较有效的措施。

（6）对浅层滑坡可采用重力式抗滑挡墙整治，为增加墙身抗剪力，可将基地做成倒坡。

（7）利用锚杆（索）加固防滑措施，即在滑坡体上设置若干排锚（杆）索，锚固于滑动面以下的稳定地层中，地面用梁或墩作反力装置给滑体施加一预应力来稳定滑坡。

（8）综合治理的措施，往往是将以上措施结合应用，具有显著功效作用。

二、边坡处理措施的选择

边坡处理主要有如下措施可供选择：

（1）采取相应加固方法消除或减小灾害。在露天边坡破坏基本上可预防，或破坏正在（或已经）发生并可处理的场合下，采用加固手段消除或减小灾害的发生。对低、中等风险情况，既可采取消除灾害的加固方法，也可采取减小灾害的方法，取决于经济比较；对高风险情况，应消除灾害的发生。

（2）避免高风险的灾害。在破坏基本上不能预测预防，破坏可能具有灾难后果以及危害性特别高的场合下，要保证避免沿斜坡或在坡底附近建设，建筑设施、铁路和公路线等应选在较稳定的低危害区域。

（3）接受破坏灾害。在灾害程度低至中等的场合，或破坏虽可预测但考虑预防是不经济的露采边坡破坏，属于可接受破坏。

三、煤矿边坡防治的具体措施

（一）边坡防治的技术措施

1. 控制合理的边坡角

控制合理的边坡角就是根据岩性、构造、岩石力学强度参数等确定合理稳定的工作帮坡角和最终帮坡角。

2. 优化内排时机

优化内排时机就是科学及时的实施内排是保证边坡稳定的重要手段，内排跟进后可以对端帮坡角实现压脚。

3. 留置安全煤壁

留置安全煤壁就是在回采过程中，留置一定厚度的安全煤壁。为减少煤炭损失，煤壁可在最后回采。

4. 统筹安排采区

统筹安排采区就是在稳定状况较差的区段，采取控制开采强度的办法，使岩体回弹变形缓慢释放。

5. 降低动载荷

研究表明，物体动载荷是静载荷的 $9 \sim 11$ 倍，所以对稳定性较差的局部地段，采用限速等办法，来减少工程设备对边坡产生的动载荷。

（二）边坡防治的工程措施

水的综合治理有拦截地表水，覆盖防渗，疏排、截堵地下水等方式。

坡面防护一般有喷砂浆和喷混凝土、勾缝和灌浆、护面墙、干砌片石、浆砌片石等；坡面防护必须建在符合稳定边坡要求的地段。一般在出入沟，车辆密度大的永久性边坡上设置，其主要作用是防止坡面被水流破坏，防止岩石进一步风化，增加边坡的稳定性和保护边坡不发生落石崩坍。

对于支挡和减重压脚工程的边坡防治,可以采用下列工程措施:

(1)对于滑坡规模较小,有滑坡征兆的地段,在下部修筑刚性抗滑挡墙,对滑体进行支挡加固。

(2)对于规模较大的滑坡和变形体,在滑移段实施钢轨抗滑桩或工字钢混凝土抗滑桩,增加滑移段的抗滑移变形能力。

(3)对岩性软硬相间、岩层陡倾倒转而产生倾倒滑移的区段,采用锚杆加固,增加岩层迭层总厚度,从而达到增加复合抗弯刚度能力,减少倾倒滑移变形。

(4)通过在上部减重,改变滑体外形,减少下滑体,使滑体重心向下部转移来改善边坡稳定状况。

(5)在上部减重的基础上再在下部压脚,增加抗滑效果。

(三)露天矿边坡防治的植物防护措施

在露天矿建设开发过程中,露天开采、清除植被、新建人工生产设施、剥离物和废弃物的堆置、修筑公路等占用大量土地,形成大量土地的裸露外坡、外排土场、废弃场地等一些劣质景观。在适当水土条件下,植物防护措施可以有效改善原有劣质景观。

露天矿边坡防治的植物必须建在符合边坡稳定的要求的地段,一般设置在永久性边坡或长期边坡上,其主要作用是防止水土流失,增加边坡的稳定性,保护环境。

(四)露天矿边坡防治的监测预警措施

基于露天矿边坡的特点,为掌握滑坡的活动规律,保障施工安全或检验工程防治效果,露天矿边坡在勘测、设计和施工过程中,建立露天矿边坡预警系统、监测网络(包括地表位移监测网、长期水文观测网、工程地质钻孔深部位移监测网等),进行动态监测,起到边坡预防及预警目的。

第十二章 矿山救护与应急管理

第一节 矿山救护一般要求

一、矿山应急救护一般规定

煤矿企业应当落实应急管理主体责任,建立健全事故预警、应急值守、信息报告、现场处置、应急投入、救护装备和物资储备、安全避险设施管理和使用等规章制度,主要负责人是应急管理和事故救护工作的第一责任人。

矿井必须根据险情或者事故情况下矿工避险的实际需要,建立井下紧急撤离和避险设施,并与监测监控、人员位置监测、通信联络等系统结合,构成井下安全避险系统。安全避险系统应当随采掘工作面的变化及时调整和完善,每年由矿总工程师组织开展有效性评估。

煤矿企业必须编制应急救护预案并组织评审,由本单位主要负责人批准后实施;应急救护预案应当与所在地县级以上人民政府组织制定的生产安全事故应急救护预案相衔接。应急救护预案的主要内容发生变化,或者在事故处置和应急演练中发现存在重大问题时,及时修订完善。

煤矿企业必须建立应急演练制度。应急演练计划、方案、记录和总结评估报告等资料保存期限不少于 2 年。

所有煤矿必须有矿山救护队为其服务。井工煤矿企业应当设立矿山救护队,不具备设立矿山救护队条件的煤矿企业,所属煤矿应当设立兼职救护队,并与就近的救护队签订救护协议。否则,不得生产。救护队的驻地至服务矿山的最远距离,在路况正常、无极端天气、车辆正常行驶等情况下,以行车时间不超过 30 min 为限。没有建立救护队的企业,所属各矿还应当设立兼职救护队。签订救护协议的救护队与服务矿山的最远距离不得超过 100 km。

任何人不得调动矿山救护队、救护装备和救护车辆从事与应急救护无关的工作,不得挪用紧急避险设施内的设备和物品。

井工煤矿应当向矿山救护队提供采掘工程平面图、矿井通风系统图、井上下对照图、井下避灾路线图、灾害预防和处理计划,以及应急救护预案;露天煤矿应当向矿山救护队提供采剥、排土工程平面图和运输系统图、防排水系统图及排水设备布置图、井工老空区与露天矿平面对照图,以及应急救护预案。提供的上述图纸和资料应当真实、准确,且至少每季度为救护队更新一次。

煤矿作业人员必须熟悉应急救护预案和避灾路线,具有自救互救和安全避险知识。井下作业人员必须熟练掌握自救器和紧急避险设施的使用方法。班组长应当具备兼职救护队员的知识和能力,能够在发生险情后第一时间组织作业人员自救互救和安全避险。外来人员必须经过安全和应急基本知识培训,掌握自救器使用方法,并签字确认后方可入井。

煤矿发生险情或者事故后,现场人员应当进行自救、互救,并报矿调度室;煤矿应当立即按照应急救护预案启动应急响应,组织涉险人员撤离险区,通知应急指挥人员、矿山救护队和医疗救护人员等到现场救护,并上报事故信息。

矿山救护队在接到事故报告电话、值班人员发出警报后,必须在 1 min 内出动救护。不需要乘车出动的,不得超过 2 min。

接到矿井火灾、瓦斯或者矿尘爆炸、煤与瓦斯突出等事故通知,应当至少派 2 个救护小队同时赶赴事故地点。

发生事故的煤矿必须全力做好事故应急救护及相关工作,并报请当地政府和主管部门在通信、交通运输、医疗、电力、现场秩序维护等方面提供保障。

二、安全避险相关规定

煤矿发生险情或者事故时,井下人员应当按应急救护预案和应急指令撤离险区,在撤离受阻的情况下紧急避险待救。

井下所有工作地点必须设置灾害事故避灾路线。避灾路线指示应当设置在不易受到碰撞的显著位置,在矿灯照明下清晰可见,并标注所在位置。巷道交叉口必须设置避灾路线标识。巷道内设置标识的间隔距离:采区巷道不大于 200 m,矿井主要巷道不大于 300 m。

矿井应当设置井下应急广播系统,保证井下人员能够清晰听见应急指令。

入井人员必须随身携带额定防护时间不低于 30 min 的隔绝式自救器。矿井应当根据需要在避灾路线上设置自救器补给站。补给站应当有清晰、醒目的标识。

采区避灾路线上应当设置压风管路,主管路直径不小于 100 mm,采掘工作面管路直径不小于 50 mm,压风管路上设置的供气阀门间隔不大于 200 m。水文地质条件复杂和极复杂的矿井,应当在各水平、采区和上山巷道最高处敷设压风管路,并设置供气阀门。采区避灾路线上应当敷设供水管路,在供气阀门附近安装供水阀门。

突出矿井,以及发生险情或者事故时井下人员依靠自救器或者 1 次自救器接力不能安全撤至地面的矿井,应当建设井下紧急避险设施。紧急避险设施的布局、类型、技术性能等具体设计,应当经矿总工程师审批。紧急避险设施应当设置在避灾路线上,并有醒目标识。矿井避灾路线图中应当明确标注紧急避险设施的位置、规格和种类,井巷中应当有紧急避险设施方位指示。

突出矿井必须建设采区避难硐室,采区避难硐室必须接入矿井压风管路和供水管路,满足避险人员的避险需要,额定防护时间不低于 96 h。突出煤层的掘进巷道长度及采煤工作面推进长度超过 500 m 时,应当在距离工作面 500 m 范围内建设临时避难硐室或者其他临时避险设施。临时避难硐室必须设置向外开启的密闭门,接入矿井压风管路,设置与矿调度室直通的电话,配备足量的饮用水及自救器。

其他矿井应当建设采区避难硐室,或者在距离采掘工作面 1 000 m 范围内建设临时避难硐室或者其他临时避险设施。

突出与冲击地压煤层,应当在距采掘工作面 25～40 m 的巷道内、爆破地点、撤离人员与警戒人员所在位置、回风巷有人作业处等地点,至少设置 1 组压风自救装置;在长距离的掘进巷道中,应当根据实际情况增加压风自救装置的设置组数。每组压风自救装置应当可供 5～8 人使用,平均每人空气供给量不得少于 0.1 m^3/min。其他矿井掘进工作面应当敷设压风管路,并设置供气阀门。

煤矿必须对紧急避险设施进行维护和管理,每天巡检 1 次;建立技术档案及使用维护记录。

三、救护相关规定

(一)救护队伍

矿山救护队是处理矿山灾害事故的专业应急救护队伍,救护队指战员是矿山井下一线特种作业人员。矿山救护队必须实行标准化、军事化管理和24 h值班。

专家解读 矿山救护队值班员必须24 h值班,值班员接听事故电话时,应在问清和记录事故地点、时间、类别、遇险遇难人员数量、通知人姓名及单位后,立即发出警报,并向指挥员报告。

矿山救护大队应当由不少于2个中队组成,矿山救护中队应当由不少于3个救护小队组成,每个救护小队应当由不少于9人组成。

矿山救护队大、中队指挥员应当由熟悉矿山救护业务,具有相应煤矿专业知识,从事煤矿生产、安全、技术管理工作5年以上和矿山救护工作3年以上,并经过培训合格的人员担任。

矿山救护大队指挥员年龄不应超过55岁,救护中队指挥员不应超过50岁,救护队员不应超过45岁,其中40岁以下队员应当保持在2/3以上。指战员每年应当进行1次身体检查,对身体检查不合格或者超龄人员应当及时进行调整。

新招收的矿山救护队员,应当具有高中及以上文化程度,年龄在30周岁以下,从事井下工作1年以上。新招收的矿山救护队员必须通过3个月的基础培训和3个月的编队实习,并经综合考评合格后,才能成为正式队员。

矿山救护队出动执行救护任务时,必须穿戴矿山救护防护服装,佩戴并按规定使用氧气呼吸器,携带相关装备、仪器和用品。

专家解读 氧气呼吸器是一种带压缩氧气储备的隔绝再生式闭路循环呼吸保护装备(主要供矿山救护队指战员在窒息性或有毒气体环境中进行矿山救护工作时使用)。救护队员佩戴的是工作型4 h呼吸器,有时救护队员又把它叫作"机器"。氧气呼吸器被救护指战员形象地称为救命器和救护指战员的第二生命。进入灾区前对氧气呼吸器的检查,也称为"氧气呼吸器的战前检查"。正因为氧气呼吸器对于救灾工作的重要性,所以说它的完好是进入灾区指战员的生命的保证。因此各项技术指标必须合格。氧气压力是保证氧气呼吸器使用时间的一项主要指标,为了完成抢险救灾任务,氧气呼吸器的压力不得低于18 MPa,同时,要求使用过程中氧气呼吸器的压力不得低于5 MPa。

矿山救护队的资质根据其具备矿山应急救护活动的综合能力,包括队伍编制、人员构成与素质、技术装备、技术水平、管理水平、救护能力、标准化等要素分为1~5个级别:

(1)一级矿山救护队应具有独立承担矿山特大以上事故的抢救与处置的能力。可以在全国范围内从事矿山及相关行业生产安全事故的应急救护工作。

(2)二级矿山救护队应具有独立承担矿山特大事故的抢救与处置的能力。可以在本省区从事矿山及相关行业生产安全事故的应急救护工作。

(3)三级矿山救护队应具有独立承担矿山重大事故和联合处理矿山特大事故抢救与处理的能力。可以在本地区从事矿山及相关行业生产安全事故的应急救护工作。

(4)四级矿山救护队应具有独立承担矿山重大事故和联合处理矿山特大事故抢救与处理的能力。可以在本县(矿区)从事矿山及相关行业生产安全事故的应急救护工作。

(5)五级矿山救护队应具有独立承担矿山一般事故和联合处理矿山重大事故抢救与处理的能力。可以在本企业从事矿山救护工作。

(二)救护装备与设施

矿山救护队必须配备救护车辆及通信、灭火、侦察、气体分析、个体防护等救护装备,建有演习训练等设施。

矿山救护队技术装备、救护车辆和设施必须由专人管理,定期检查、维护和保养,保持战备和完好状态。技术装备不得露天存放,救护车辆必须专车专用。

煤矿企业应当根据矿井灾害特点,结合所在区域实际情况,储备必要的应急救护装备及物资,由主要负责人审批。重点加强潜水电泵及配套管线、救护钻机及其配套设备、快速掘进与支护设备、应急通信装备等的储备。煤矿企业应当建立应急救护装备和物资台账,健全其储存、维护保养和应急调用等管理制度。

救护装备、器材、物资、防护用品(主要是个体防护用品,如矿灯、4 h 氧气呼吸器、2 h 氧气呼吸器、自动苏生器等)和安全检测仪器、仪表,必须符合国家标准或者行业标准,满足应急救护工作的特殊需要。自动苏生器如图 12-1 所示。

图 12-1　自动苏生器

以救护大队(独立中队)为例,其基本装备配备如表 12-1 所示。

表 12-1　矿山救护大队(独立中队)基本装备配备标准

类别	装备名称	要求及说明	单位	数量	
				大队	独立中队
车辆	指挥车	附有应急警报装置	辆	2	1
	气体化验车	安装气体分析仪器,配有打印机和电源	辆	1	1
	装备车	4~5 t 卡车	辆	2	1
通信器材	移动电话	指挥员 1 部/人	部	—	—
	视频指挥系统	双向可视、可通话	套	1	—
	录音电话	值班室配备	部	2	1
	对讲机	便携式	部	6	4
灭火装备	高倍数泡沫灭火机	400 型	套	1	—
	惰气(惰泡)灭火装置	或二氧化碳发生器(1 000 m^3/h)	套	1	—
	快速密闭	喷涂、充气、轻型组合均可	套	4	2
	高扬程水泵	—	台	2	1
	高压脉冲灭火装备	12 L 储水瓶 2 支;35 L 储水瓶 1 支	套	1	1

（续表）

类别	装备名称	要求及说明	单位	数量	
				大队	独立中队
检测仪器	气体分析化验设备	—	套	1	1
	便携式爆炸三角形测定仪	—	台	1	1
	热成像仪	矿用本质安全或防爆型	台	1	1
	破拆工具	—	套	1	1
	演习巷道设施与系统	具备灾区环境与条件	套	1	1
	多功能体育训练器械	含跑步机、臂力器、综合训练器等	套	1	—
	多媒体电教设备	—	套	1	1
信息处理设备	传真机	—	台	1	1
	复印机	—	台	1	1
	台式计算机	指挥员1台/人	台	—	—
	笔记本电脑	配无线网卡	台	2	1
	数码摄像机	防爆	台	1	1
	数码照相机	防爆	台	1	1
	防爆射灯	防爆	台	2	1
材料	煤油	已配备惰性气体灭火装置的	t	1	—
	氢氧化钙		t	0.5	
	泡沫药剂		t	0.5	

以救护中队为例,其基本装备配备如表12-2所示。

表 12-2　矿山救护中队基本装备配备标准

类别	装备名称	要求及说明	单位	数量
运输通信	矿山救护车	每小队1辆	辆	—
	移动电话	指挥员1部/人	部	—
	灾区电话	—	套	2
	程控电话	—	部	1
	引路线		m	1 000

（续表）

类别	装备名称	要求及说明	单位	数量
个体防护	4 h 氧气呼吸器	—	台	6
	2 h 氧气呼吸器	—	台	6
	便携式自动苏生器	—	台	2
	自救器	压缩氧	台	30
	隔热服	—	套	12
灭火装备	高倍数泡沫灭火机	—	套	1
	干粉灭火器	8 kg	个	20
	风障	≥4 m×4 m	块	2
	水枪	开花、直流各2个	支	4
	水龙带	直径63.5 mm 或50.8 mm	m	400
	高压脉冲灭火装备	12 L储水瓶2支;35 L储水瓶1支	套	1
检测仪器	呼吸器校验仪	—	台	2
	氧气便携仪	数字显示,带报警功能	台	2
	红外线测温仪	—	台	2
	红外线测距仪	—	台	1
	多种气体检测仪	CH_4、CO、O_2 等三种以上气体	台	1
	瓦斯检定器	10%、100%各2台	台	4
	一氧化碳检定器	—	台	2
	风表	机械中、低速各1台;电子2台	台	4
	秒表	—	块	4
	干湿温度计	—	支	2
	温度计	0 ℃~100 ℃	支	10

类别	装备名称	要求及说明	单位	数量
装备工具	液压起重器	或起重气垫	套	1
	防爆工具	锤、斧、镐、锹、钎、起钉器等	套	2
	液压剪	—	把	1
	氧气充填泵	—	台	2
	氧气瓶	40 L	个	8
		4 h 呼吸器备用 1 个/台	个	—
		2 h 呼吸器,备用	个	10
	救生索	长 30 m,抗拉强度 3 000 kg	条	1
	担架	含 2 副负压多功能担架	副	4
	保温毯	棉织	条	3
	快速接管工具	—	套	2
	手表	副小队长以上指挥员 1 块/人	块	—
	绝缘手套		副	3
	电工工具	—	套	1
	绘图工具	—	套	1
	工业冰箱		台	1
	瓦工工具		套	1
	灾区指路器	或者冷光管	支	10
设施	演习巷道	—	套	1
	体能综合训练器械		套	1
药剂	泡沫药剂	—	t	1
	氢氧化钙	—	t	0.5

以救护小队为例,其基本装备配备如表 12-3 所示。

表 12-3　救护小队基本装备

类别	装备名称	要求及说明	单位	数量
通信器材	灾区电话	—	套	1
	引路线	使用无线灾区电话的配备	m	1 000

（续表）

类别	装备名称	要求及说明	单位	数量
个体防护	矿灯	备用	盏	2
	4 h氧气呼吸器	正压，备用，统一型号	台	1
	2 h氧气呼吸器	橡胶面具，统一型号	台	1
	自动苏生器	—	台	1
灭火器材	灭火器	干粉8 kg	台	2
	风障	≥4 m×4 m，棉质	块	1
	帆布水桶	棉质	个	2
检测仪器	氧气呼吸器校验仪	—	台	2
	瓦斯检定器	10%、100%各一台	台	2
	多种气体检定器	筒式（CO、O_2、H_2S、H_2 检定管各30支）	台	1
	氧气检定器	便携式数字显示，带报警功能	台	1
	多参数气体检测仪	检测CH_4、CO、O_2 等	台	1
	风表	满足中、低速风速测量	套	1
	红外线测温仪	—	支	1
	温度计	0 ℃ ~100 ℃	支	2
工具备品	氧气瓶	2 h、4 h氧气呼吸器备用	个	4
	灾区指路器	冷光管或者灾区强光灯	个	10
	担架	铝合金管、棉质	副	1
	采气样工具	包括球胆4个	套	2
	保温毯	棉质	条	1
	液压起重器	或者起重气垫	套	1
	防爆工具	锯、锤、斧、镐、锹、钎、起钉器等	套	1
	电工工具	—	套	1

类别	装备名称	要求及说明	单位	数量
工具 备品	瓦工工具	—	套	1
	皮尺	10 m	个	1
	卷尺	2 m	个	1
	钉子包	内装常用钉子各 1 kg	个	2
	信号喇叭	一套至少 2 个	套	1
	绝缘手套	—	副	2
	救生索	长 30 m,抗拉强度 3 000 kg	条	1
	探险杖	—	个	1
	负压夹板	或者充气夹板	副	1
	急救箱	—	个	1
	记录本	—	本	2
	记录笔	—	支	2
	备件袋	内装防雾液、各种易损易坏件等	个	1

注:急救箱内装止血带、夹板、绷带、胶布、药棉、镊子、剪刀、酒精、碘伏、消炎药等。

以兼职救护队为例,其基本装备配备如表 12-4 所示。

表 12-4　兼职救护队基本装备

类别	装备名称	要求及说明	单位	数量
通信 器材	灾区电话	—	套	1
	引路线	使用无线灾区电话的配备	m	1 000
个体 防护	氧气呼吸器	4 h、正压、备用,统一型号	台	1
		2 h、橡胶面具,统一型号	台	1
	自救器	—	台	20
	自动苏生器	—	台	2
灭火 器材	干粉灭火器	—	只	20
	风障	≥4 m×4 m,棉质	块	2

（续表）

类别	装备名称	要求及说明	单位	数量
检测仪器	氧气呼吸器校验仪	—	台	2
	多种气体检定器	CO、CO_2、O_2、H_2S、NO_2、SO_2、NH_3、H_2 检定管各 30 支	台	2
	瓦斯检定器	10%、100% 各 1 台（金属非金属矿山救护队可以不配备）	台	2
	氧气检定器	—	台	1
	温度计	0 ℃ ~ 100 ℃	支	2
工具备品	采气样工具	包括球胆 4 个	套	1
	氧气充填泵	氧气充填室配备	台	1
	氧气瓶	40 L	个	5
		4 h 氧气呼吸器备用	个	20
		2 h 氧气呼吸器备用	个	5
	救生索	长 30 m，抗拉强度 3 000 kg	条	1
	担架	含 1 副负压担架，铝合金管、棉质	副	2
	保温毯	棉质	条	2
	绝缘手套	—	双	1
	防爆工具	锯、锤、斧、镐、锹、钎、起钉器等	套	1
	电工工具	—	套	1
药剂	氢氧化钙	—	t	0.5

以专、兼职救护队指战员个人为例，其基本装备配备如表 12-5 所示。

表 12-5　专、兼职救护队指战员个人基本装备

类别	装备名称	要求及说明	单位	数量
个体防护	氧气呼吸器	4 h、正压	台	1
	自救器	—	台	1
	救护防护服	带反光标志，防静电	套	1
	胶靴	防砸、防扎	双	1
	毛巾	棉质	条	1
	安全帽	—	顶	1
	矿灯	本质安全型	盏	1

（续表）

类别	装备名称	要求及说明	单位	数量
装备 工具	手表	副小队长以上指挥员配备,机械表	块	1
	移动电话	副小队长以上指挥员配备	部	1
	手套	布手套、线手套、防割刺手套各1副	副	2
	灯带	—	条	2
	背包	装救护防护服,棉质或 者其他防静电布料	个	1
	联络绳	长2 m	根	1
	粉笔	—	支	2

值班矿山救护车应当装有救护小队和指战员个人的基本装备。救护队进入灾区侦察和救护所携带的装备,由带队指挥员根据事故类别和灾区情况确定。

救护装备、器材、防护用品和检测仪器应当符合国家标准或者行业标准,满足矿山救护工作的特殊需要。各种仪器仪表应当按照国家标准要求定期检验和校正。

救护队应当定期检查在用和库存救护装备的状况和数量,做到账、物、卡"三相符",并及时进行报废、更新和备品备件补充。

救护队应当具有下列设施:接警值班室、值班休息室、办公室、会议室、学习室,装备室、修理室、氧气充填室、气体分析化验室、装备器材库、车库、演习训练场所及设施、体能训练场所及设施、宿舍、浴室、食堂和仓库等。

兼职救护队应当具有下列设施:接警值班室、值班休息室、办公室、学习室、装备室、修理室、装备器材库、氧气充填室和训练设施等。

氧气充填室及室内物品和相关操作应当符合下列要求:

(1)氧气充填泵应当由充填工按照操作过程进行操作。

(2)氧气充填泵在20 MPa压力时,不漏油、不漏气、不漏水和无杂音。

(3)容积为40 L的氧气瓶不得少于8个,其压力应当在10 MPa以上。空瓶和实瓶分别存放,并标明充填日期,挂牌管理。

(4)定期检查氧气瓶,存放氧气瓶时轻拿轻放,距暖气片或者高温点的距离在2 m以上。

(5)新购进或者经水压试验后的氧气瓶,充填前应当进行2次充、放氧气后,方可使用。

(6)室内应当使用防爆设施,保持通风良好,严禁烟火,禁止存放易燃易爆物品。

使用氧气瓶、氧气和氢氧化钙的质量要求如下:

(1)氧气符合医用标准。

(2)氢氧化钙每季度化验一次,并且达到吸收率不低于30%,水分在16%～20%之间,粉尘率不大于3%,二氧化碳含量不大于4%。

(3)使用过的氢氧化钙,无论时间长短,禁止重复使用。

(4)氧气呼吸器和压缩氧自救器内的氢氧化钙超过3个月时必须更换,否则,禁止使用。

(5)使用的氧气瓶应当符合国家规定标准,每3年进行除锈(垢)清洗和水压试验,达不到标准的禁止使用。

气体分析化验室应当能够分析化验氧气、二氧化碳、甲烷、一氧化碳、二氧化硫、硫化氢、乙烯、乙炔、氢气、氮气和氮氧化物等气体。

化验员应当按照规定对送检气样分析化验,填写化验单并签字,经技术负责人审核后提交送样单位。化验单存根应当保存2年以上。

化验室应当保持清洁,温度在15 ℃～23 ℃之间,禁止使用明火。

应当保持化验设备完好和整洁,备品数量充足,禁止阳光曝晒。

救护队技术装备、救护车辆和设施必须由专人管理,定期检查、维护和保养,保持战备和完好状态。技术装备不得露天存放,救护车辆属于特种车辆,必须专车专用。

(三)救护指挥

煤矿发生灾害事故后,必须立即成立救护指挥部,矿长任总指挥。矿山救护队指挥员必须作为救护指挥部成员,参与制定救护方案等重大决策,具体负责指挥矿山救护队实施救护工作。

多支矿山救护队联合参加救护时,应当由服务于发生事故煤矿的矿山救护队指挥员负责协调、指挥各矿山救护队实施救护,必要时也可以由救护指挥部另行指定。

矿井发生灾害事故后,必须首先组织矿山救护队进行灾区侦察,探明灾区情况。救护指挥部应当根据灾害性质,事故发生地点、波及范围,灾区人员分布、可能存在的危险因素,以及救护的人力和物力,制定抢救方案和安全保障措施。矿山救护队执行灾区侦察任务和实施救护时,必须至少有1名中队或者中队以上指挥员带队。

在重特大事故或者复杂事故救护现场,应当设立地面基地和井下基地,安排矿山救护队指挥员、待机小队和急救员值班,设置通往救护指挥部和灾区的电话,配备必要的救护装备和器材。地面基地应当设置在靠近井口的安全地点,配备气体分析化验设备等相关装备。井下基地应当设置在靠近灾区的安全地点,设专人看守电话并做好记录,保持与救护指挥部、灾区工作救护小队的联络。指派专人检测风流、有害气体浓度及巷道支护等情况。

矿山救护队在救护过程中遇到突发情况、危及救护人员生命安全时,带队指挥员有权作出撤出危险区域的决定,并及时报告井下基地及救护指挥部。

带队指挥员应当明确工作任务,向执行任务的救护小队讲明事故情况、侦察和救护重点、行动计划、行动路线、安全措施和注意事项,组织战前检查,带领小队完成工作任务。执行任务时禁止使用混编小队。

第二节　矿井灾害救护应急管理

应根据《安全生产法》《煤炭法》《矿山安全法》《突发事件应对法》和《生产安全事故应急条例》开展矿井灾害救护应急管理工作。

煤矿矿井灾害救护应急管理(含应急预案编制)一般应包括以下部分:矿山救护队的组织与职责分工;矿山救护队的管理;救护装备与设施;救护培训与训练;矿山事故救护先期处理;救护队出动、到达现场和返回驻地;救护指挥;救护技术保障;灾区行动基本要求;灾区侦察;预防性安全检查和安全技术工作;矿山事故救护方法和行动原则;现场医疗急救;经费和劳动保障;奖惩措施等。

煤矿安全从业人员应掌握以下矿井灾害救护应急管理(含应急预案编制)的主要部分。

一、通信与监控安全技术工作准备

煤矿的各种电气设备、电力和通信系统的设计、安装、验收、运行、检修、试验等工作,必须符合国家有关规定。必须配置能够覆盖整个开采范围的无线对讲系统,有基站的必须配备不间断电源,同时配置其他的有线或者无线应急通信系统;调度室与附近急救中心、消防机构、上级生产指挥中心的通信联系必须装设有线电话。

（一）监控与通信一般规定

所有矿井必须装备安全监控系统、人员位置监测系统、有线调度通信系统。

编制采区设计、采掘作业规程时,必须对安全监控、人员位置监测、有线调度通信设备的种类、数量和位置,信号、通信、电源线缆的敷设,安全监控系统的断电区域等做出明确规定,绘制安全监控布置图和断电控制图、人员位置监测系统图、井下通信系统图,并及时更新。每3个月对安全监控、人员位置监测等数据进行备份,备份的数据介质保存时间应当不少于2年。图纸、技术资料的保存时间应当不少于2年。录音应当保存3个月以上。

矿用有线调度通信电缆必须专用。严禁安全监控系统与图像监视系统共用同一芯光纤。矿井安全监控系统主干线缆应当分设两条,从不同的井筒或者一个井筒保持一定间距的不同位置进入井下。设备应当满足电磁兼容要求。系统必须具有防雷电保护,入井线缆的入井口处必须具有防雷措施。系统必须连续运行。电网停电后,备用电源应当能保持系统连续工作时间不小于2 h。监控网络应当通过网络安全设备与其他网络互通互联。安全监控和人员位置监测系统主机及联网主机应当双机热备份,连续运行。当工作主机发生故障时,备份主机应当在5 min内自动投入工作。当系统显示井下某一区域瓦斯超限并有可能波及其他区域时,矿井有关人员应当按瓦斯事故应急救护预案切断瓦斯可能波及区域的电源。安全监控和人员位置监测系统显示和控制终端、有线调度通信系统调度台必须设置在矿调度室,全面反映监控信息。矿调度室必须24 h有监控人员值班。

（二）安全监控

安全监控设备必须具有故障闭锁功能。当与闭锁控制有关的设备未投入正常运行或者故障时,必须切断该监控设备所监控区域的全部非本质安全型电气设备的电源并闭锁;当与闭锁控制有关的设备工作正常并稳定运行后,自动解锁。安全监控系统必须具备甲烷电闭锁和风电闭锁功能。当主机或者系统线缆发生故障时,必须保证实现甲烷电闭锁和风电闭锁的全部功能。系统必须具有断电、馈电状态监测和报警功能。

安全监控设备的供电电源必须取自被控开关的电源侧或者专用电源,严禁接在被控开关的负荷侧。安装断电控制系统时,必须根据断电范围提供断电条件,并接通井下电源及控制线。改接或者拆除与安全监控设备关联的电气设备、电源线和控制线时,必须与安全监控管理部门共同处理。检修与安全监控设备关联的电气设备,需要监控设备停止运行时,必须制定安全措施,并报矿总工程师审批。

安全监控设备必须定期调校、测试,每月至少1次。采用载体催化元件的甲烷传感器必须使用校准气样和空气气样在设备设置地点调校,便携式甲烷检测报警仪在仪器维修室调校,每15天至少1次。甲烷电闭锁和风电闭锁功能每15天至少测试1次。可能造成局部通风机停电的,每半年测试1次。安全监控设备发生故障时,必须及时处理,在故障处理期间必须采用人工监测等安全措施,并填写故障记录。

必须每天检查安全监控设备及线缆是否正常,使用便携式光学甲烷检测仪或者便携式甲烷检测报警仪与甲烷传感器进行对照,并将记录和检查结果报矿值班员;当两者读数差大于允许误差时,应当以读数较大者为依据,采取安全措施并在8 h内对2种设备调校完毕。

矿调度室值班人员应当监视监控信息,填写运行日志,打印安全监控日报表,并报矿总工程师和矿长审阅。系统发出报警、断电、馈电异常等信息时,应当采取措施,及时处理,并立即向值班矿领导汇报;处理过程和结果应当记录备案。

安全监控系统必须具备实时上传监控数据的功能。

便携式甲烷检测仪的调校、维护及收发必须由专职人员负责,不符合要求的严禁发放使用。

配制甲烷校准气样的装备和方法必须符合国家有关标准,选用纯度不低于99.9%的甲烷标准气体作原料气。配制好的甲烷校准气体不确定度应当小于5%。

甲烷传感器(便携仪)的设置地点,报警、断电、复电浓度和断电范围必须符合表12-6的要求。

表12-6　甲烷传感器(便携仪)的设置地点,报警、断电、复电浓度和断电范围

设置地点	报警浓度/%	断电浓度/%	复电浓度/%	断电范围
采煤工作面回风隅角	≥1.0	≥1.5	<1.0	工作面及其回风巷内全部非本质安全型电气设备
低瓦斯和高瓦斯矿井的采煤工作面	≥1.0	≥1.5	<1.0	工作面及其回风巷内全部非本质安全型电气设备
突出矿井的采煤工作面	≥1.0	≥1.5	<1.0	工作面及其进、回风巷内全部非本质安全型电气设备
采煤工作面回风巷	≥1.0	≥1.0	<1.0	工作面及其回风巷内全部非本质安全型电气设备
突出矿井采煤工作面进风巷	≥0.5	≥0.5	<0.5	工作面及其进、回风巷内全部非本质安全型电气设备
采用串联通风的被串采煤工作面进风巷	≥0.5	≥0.5	<0.5	被串采煤工作面及其进、回风巷内全部非本质安全型电气设备
高瓦斯、突出矿井采煤工作面回风巷中部	≥1.0	≥1.0	<1.0	工作面及其回风巷内全部非本质安全型电气设备
采煤机	≥1.0	≥1.5	<1.0	采煤机电源
煤巷、半煤岩巷和有瓦斯涌出岩巷的掘进工作面	≥1.0	≥1.5	<1.0	掘进巷道内全部非本质安全型电气设备
煤巷、半煤岩巷和有瓦斯涌出岩巷的掘进工作面回风流中	≥1.0	≥1.0	<1.0	掘进巷道内全部非本质安全型电气设备
突出矿井的煤巷、半煤岩巷和有瓦斯涌出岩巷的掘进工作面的进风分风口处	≥0.5	≥0.5	<0.5	掘进巷道内全部非本质安全型电气设备

(续表)

设置地点	报警浓度/%	断电浓度/%	复电浓度/%	断电范围
采用串联通风的被串掘进工作面局部通风机前	≥0.5	≥0.5	<0.5	被串掘进巷道内全部非本质安全型电气设备
	≥0.5	≥1.5	<0.5	被串掘进工作面局部通风机
高瓦斯矿井双巷掘进工作面混合回风流处	≥1.0	≥1.0	<1.0	除全风压供风的进风巷外,双掘进巷道内全部非本质安全型电气设备
高瓦斯和突出矿井掘进巷道中部	≥1.0	≥1.0	<1.0	掘进巷道内全部非本质安全型电气设备
掘进机、连续采煤机、锚杆钻车、梭车	≥1.0	≥1.5	<1.0	掘进机、连续采煤机、锚杆钻车、梭车电源
采区回风巷	≥1.0	≥1.0	<1.0	采区回风巷内全部非本质安全型电气设备
一翼回风巷及总回风巷	≥0.75	—	—	—
使用架线电机车的主要运输巷道内装煤点处	≥0.5	≥0.5	<0.5	装煤点处上风流 100 m 内及其下风流的架空电源和全部非本质安全型电气设备
矿用防爆型蓄电池电机车	≥0.5	≥0.5	<0.5	机车电源
矿用防爆型柴油机车、无轨胶轮车	≥0.5	≥0.5	<0.5	车辆动力
井下煤仓	≥1.5	≥1.5	<1.5	煤仓附近的各类运输设备及其他非本质安全型电气设备
封闭的带式输送机地面走廊内,带式输送机滚筒上方	≥1.5	≥1.5	<1.5	带式输送机地面走廊内全部非本质安全型电气设备
地面瓦斯抽采泵房内	≥0.5	—	—	—
井下临时瓦斯抽采泵站下风侧栅栏外	≥1.0	≥1.0	<1.0	瓦斯抽采泵站电源

井下下列地点必须设置甲烷传感器:

(1)采煤工作面及其回风巷和回风隅角,高瓦斯和突出矿井采煤工作面回风巷长度大于 1 000 m 时回风巷中部。

(2)煤巷、半煤岩巷和有瓦斯涌出的岩巷掘进工作面及其回风流中,高瓦斯和突出矿井的掘进巷道长度大于 1 000 m 时掘进巷道中部。

(3)突出矿井采煤工作面进风巷。

(4)采用串联通风时,被串采煤工作面的进风巷;被串掘进工作面的局部通风机前。

（5）采区回风巷、一翼回风巷、总回风巷。

（6）使用架线电机车的主要运输巷道内装煤点处。

（7）煤仓上方、封闭的带式输送机地面走廊。

（8）地面瓦斯抽采泵房内。

（9）井下临时瓦斯抽采泵站下风侧栅栏外。

（10）瓦斯抽采泵输入、输出管路中。

突出矿井在下列地点设置的传感器必须是全量程或者高低浓度甲烷传感器：

（1）采煤工作面进、回风巷。

（2）煤巷、半煤岩巷和有瓦斯涌出的岩巷掘进工作面回风流中。

（3）采区回风巷。

（4）总回风巷。

井下下列设备必须设置甲烷断电仪或者便携式甲烷检测报警仪：

（1）采煤机、掘进机、掘锚一体机、连续采煤机。

（2）梭车、锚杆钻车。

（3）采用防爆蓄电池或者防爆柴油机为动力装置的运输设备。

（4）其他需要安装的移动设备。

突出煤层采煤工作面进风巷、掘进工作面进风的分风口必须设置风向传感器。当发生风流逆转时，发出声光报警信号。突出煤层采煤工作面回风巷和掘进巷道回风流中必须设置风速传感器。当风速低于或者超过规定值时，应当发出声光报警信号。

每一个采区、一翼回风巷及总回风巷的测风站应当设置风速传感器，主要通风机的风硐应当设置压力传感器；瓦斯抽采泵站的抽采泵吸入管路中应当设置流量传感器、温度传感器和压力传感器，利用瓦斯时，还应当在输出管路中设置流量传感器、温度传感器和压力传感器。使用防爆柴油动力装置的矿井及开采容易自燃、自燃煤层的矿井，应当设置一氧化碳传感器和温度传感器。主要通风机、局部通风机应当设置设备开停传感器。主要风门应当设置风门开关传感器，当两道风门同时打开时，发出声光报警信号。甲烷电闭锁和风电闭锁的被控开关的负荷侧必须设置馈电状态传感器。

（三）人员位置监测

下井人员必须携带标识卡。各个人员出入井口、重点区域出入口、限制区域等地点应当设置读卡分站。

人员位置监测系统应当具备检测标识卡是否正常和唯一性的功能。

矿井寻人仪微型发射器应安装在矿工配带的矿灯内，矿灯充电后即可发出呼救信号，结合测向机可测定遇险遇难人员的方位和距离。

矿调度室值班员应当监视人员位置等信息，填写运行日志。

（四）通信与图像监视

必须设有直通矿调度室的有线调度电话的地点有：矿井地面变电所、地面主要通风机房、主副井提升机房、压风机房、井下主要水泵房、井下中央变电所、井底车场、运输调度室、采区变电所、上下山绞车房、水泵房、带式输送机集中控制硐室等主要机电设备硐室、采煤工作面、掘进工作面、突出煤层采掘工作面附近、爆破时撤离人员集中地点、突出矿井井下爆破起爆点、采区和水平最高点、避难硐室、瓦斯抽采泵房、爆炸物品库等。有线调度通信系统应当具有选呼、急呼、全呼、强插、强拆、监听、录音等功能。有线调度通信系统的调度电话至调度交换机（含安全栅）必须采用矿用通信电缆直接连接，严禁利用大地作回路。严禁调度电话由井下就地供电,或者经有源中继器接调度交换机。调度电话至调度交换机的无中继器通信距离应当不小于 10 km。

矿井移动通信系统应当具有下列功能:

(1)选呼、组呼、全呼等。

(2)移动台与移动台、移动台与固定电话之间互联互通。

(3)短信收发。

(4)通信记录存储和查询。

(5)录音和查询。

安装图像监视系统的矿井,应当在矿调度室设置集中显示装置,并具有存储和查询功能。

二、救护队任务

(一)救护队的任务

(1)抢救矿山事故遇险遇难人员。

(2)处理火、瓦斯、煤尘、水、顶板等矿山事故。

(3)参加排放瓦斯、震动性爆破、启封火区、反风演习等需要佩用氧气呼吸器作业的安全技术工作。

(4)参加审查矿山事故应急救护预案或灾害预防处理计划,做好矿山安全生产预防性检查,参与矿山安全检查和消除事故隐患工作。

(5)负责兼职矿山救护队的培训和业务指导工作。

(6)协助矿山企业搞好职工自救、互救和现场急救知识的普及教育。

(二)兼职救护队的任务

(1)控制和处理矿山初期事故,救助遇险人员。

(2)协助救护队开展事故救护工作。

(3)参与矿山预防性安全检查。参加需要佩用呼吸器作业的安全技术工作。

(4)做好矿山职工自救互救知识的宣传教育工作。

(三)救护队指战员基本职责

(1)热爱矿山救护工作,全心全意为矿山安全生产服务。

(2)自觉遵守和执行有关安全生产的法律、法规、规章、规程、标准和规定。

(3)加强业务技术学习和体能训练,适应矿山救护工作需要。

(4)爱护救护装备仪器,做好装备仪器的维修保养,保持装备完好。

(5)按照规定参加战备值班或者待机工作,坚守岗位,随时做好出动准备。

(6)服从命令,听从指挥,积极主动地完成各项工作任务。

(四)大队长职责

(1)全面负责救护准备与行动、技术培训与训练、队伍建设和日常管理等工作。

(2)组织制订长远规划,年度、季度和月计划,并组织实施,定期进行检查、总结和评比等。

(3)组织矿山救护业务活动。

(4)提高队伍战斗力,提升救护装备水平。

(5)处理事故职责:接到救护命令后,立即带队赶赴事故地点;当事故情况复杂或者联合作战时,根据救护指挥部(简称指挥部)的安排,统一组织和指挥救护队开展事故救护工作;参加指挥部事故处理方案的制定和调整;组织制定救护队的现场处置方案和安全技术措施,并根据事故处理方案的调整及时作出变更;掌握救护工作进度,合理组织和调动战斗力量,保证救护任务的完成;必要时,带队进入灾区组织实施救护工作。

（五）副大队长职责

（1）协助大队长工作,主管救护准备及行动、技术训练、装备维护保养和后勤工作。

（2）按照业务分工,抓好队伍管理和救护过程中的安全工作。

（3）处理事故职责:根据需要带领救护队进入灾区执行救护任务,确定和设立救护基地,准备救护器材,建立通信联系;掌握救护工作进度,协助大队长组织和调动战斗力量;根据授权,履行大队长职责。

（六）总工程师职责

（1）在大队长领导下,全面负责技术工作。

（2）组织编制训练计划和行动方案,落实指战员的技术教育。

（3）参与审查服务矿山企业的事故应急救护预案。

（4）组织科学研究、技术革新和技术咨询,以及新技术和新装备的推广应用。

（5）总结事故救护和其他技术工作。

（6）处理事故职责:参与指挥部事故处理方案的制订和调整;制订救护队的现场处置方案和安全技术措施,协助大队长指挥矿山救护工作;根据需要带领救护队进入灾区,执行救护任务。

（七）副总工程师职责

（1）在总工程师领导下,协助做好技术管理工作。

（2）参与编制训练计划和指战员的培训教育计划,并组织考核。

（3）参与编制救护行动方案、审查服务矿山的事故应急救护预案。

（4）参与科学研究、技术革新和技术咨询,以及新技术和新装备的推广应用。

（5）参与总结事故救护和其他技术工作。

（6）处理事故职责:参与制定救护队的现场处置方案和安全技术措施,协助总工程师指挥矿山救护工作;根据需要带领救护队伍进入灾区执行救护任务。

（八）中队长职责

（1）全面领导中队工作,管理队伍,安全处理事故。

（2）根据上级要求制定和实施中队工作计划,负责总结评比。

（3）处理事故职责:接到救护命令后,立即带队赶赴事故地点;根据矿山事故应急救护预案,结合事故企业具体情况,立即开展救护工作;组织小队做好救护准备,了解事故情况,领取救护任务;向小队下达救护任务,讲明完成任务的方法、时间和携带的装备工具,以及救护安全措施;带领救护队执行救护任务,合理使用现场救护力量及装备物资。

（九）副中队长职责

（1）协助中队长工作,主管救护准备、技术训练、装备维护保养和后勤管理。根据授权,履行中队长职责。

（2）带队实施事故救护工作。

（十）中队技术员职责

（1）在中队长领导下,全面负责中队的技术工作。

（2）处理事故职责:协助中队长实施事故救护的技术工作,实施现场处置方案和安全技术措施;记录事故救护中的技术措施;根据事故企业情况对现场处置方案和安全技术措施提出修改补充建议。

（十一）小队长职责

（1）全面负责小队工作，带领小队完成上级交给的任务。

（2）组织学习和训练，承担日常管理和应急值守工作。

（3）处理事故职责：负责小队的救护行动，带队完成救护任务；了解事故类别、事故企业概况、事故经过、人员分布和已采取的救护措施；向队员说明灾情类型、任务要点、行动路线、联系方式、安全措施、注意事项和小队间的分工；保持与上级指挥员的联系；做好战前检查和进入灾区准备工作；观察灾区环境安全状况和队员的身体状态，检查队员的氧气呼吸器使用情况；发现灾区环境不安全、队员身体异常或者氧气呼吸器故障，应当立即带领小队撤出灾区；撤出灾区后，确定摘掉氧气呼吸器面罩的地点；报告灾区状况和任务完成情况。

副小队长协助小队长工作，根据授权，履行小队长职责并指定临时副小队长。

（十二）队员职责

（1）遵守纪律、听从指挥，积极主动地完成领导分配的各项任务。

（2）保养技术装备，使之达到战斗准备标准要求。

（3）参加岗位培训、业务训练和体能锻炼，提高思想、业务和身体素质。

（4）处理事故职责：了解救护任务，做好救护准备；执行指挥员的命令，完成救护任务；在行进或作业时，注意周围的情况和仪器的使用情况，发现异常立即报告；工作中互相帮助，禁止单独离开小队；及时整理呼吸器及个人分管的装备，使之保持战备状态。

三、救护队管理

救护队标准化管理包括组织机构及人员、装备与设施、培训与训练、救护准备、业务工作、技术操作、医疗急救、综合体质、队容风纪、综合管理等内容。救护队应当定期组织开展标准化达标检查。救护中队每季度组织一次达标自检，救护大队每半年组织一次达标检查。省级矿山救护管理机构应当每年组织一次考核，国家矿山救护管理机构适时组织检查。经考核不达标的救护队，不得从事矿山事故救护工作。

救护队应当建立值班、会议、内务管理、训练与培训、装备管理、事故救护总结讲评、档案管理、财务管理和评比检查等工作制度。

救护队应当设置组织机构牌板、救护队伍部署图、服务区域矿山分布图、值班日程表、接警记录牌板和评比检查牌板。

救护队应当建立工作日志和交接班、装备维护保养、学习与训练、预防检查、事故接警、事故救护及安全技术工作等记录。

救护队以小队为单位执行 24 h 值班，并设立待机小队。值班和待机小队的救护装备应当放置在矿山救护车上，保持战斗准备状态。

值班室应当配置录音电话机、报警装置、计时钟、接警记录簿、交接班记录簿、救护队伍部署图、服务区域矿山分布图、作息时间表和工作日程图表。

救护队应当制定年度、季度和月度工作计划以及学习日程表，内容包括队伍建设、教育与训练、技术装备管理、预防检查、内务管理、战备管理、劳务工资及财务，设备维修等。

救护队应当根据服务矿山灾害类型和特点，进行风险辨识和评估，制定相应的救护行动预案。救护队制定的救护行动预案应当与服务矿山和所在地县级以上地方人民政府及其有关部门制定的应急救护预案相衔接。

救护队应当保存人员信息、装备与设施、培训与训练、事故救护和工作文件等档案资料。

事故救护结束后,救护队应当对救护工作进行全面总结,编写救护报告,填写《救护登记卡》,并于 15 日内上报省级矿山救护管理机构。救护队在抢险救灾中发生伤亡的,应当于 2 h 内上报省级矿山救护管理机构;省级矿山救护管理机构接到报告后,应当在 3 h 内报国家矿山救护管理机构。

救护队出动执行救护任务、开展预防性安全检查和进行安全技术工作时,必须穿戴矿山救护防护服装,佩带并按规定使用氧气呼吸器,携带相关装备、仪器和用品。

任何人不得调动救护队、救护装备和救护车辆从事与应急救护无关的工作。

救护队指战员应当严格遵守纪律,举止行为端正,统一、规范着装,佩戴矿山救护标识。

救护队应当做好内务管理。驻地环境应当保持舒适、整洁和畅通;队员宿舍布置简洁,墙壁物体悬挂和床上卧具叠放整齐,保持窗明壁净;救护指战员应当讲究个人卫生,患病应当早报告、早治疗。

救护队的队旗、队徽和队歌应当按照有关规定制作、管理和使用。

四、救护技术保障

救护队应当收集事故矿山的相关技术资料和图纸,做好以下记录:

(1)灾区发生事故的前后情况。

(2)事故救护方案和安全技术措施。

(3)救护队出动人数、到达时间以及领取任务情况。

(4)救护队进出灾区时间和执行任务情况。

(5)救护工作进度、参战队次、设备材料消耗和气体分析与检测结果。

(6)救护队指挥员交接班情况。

地面基地应当设置在靠近井口的安全地点,并且根据事故类别和参战救护队数量配备:

(1)所需的救护装备、器材、通信设备和材料。

(2)气体化验员、医护人员、通信员、仪器修理员和汽车司机等。

(3)后勤保障、临时工作和休息场所。

井下基地应当设置在靠近灾区的安全地点,并且配备:

(1)直通救护指挥部和灾区的通信设备。

(2)必要的救护装备和器材。

(3)医生以及急救医疗药品和器材。

(4)有毒有害气体检测仪器。

(5)食物、饮料等其他后勤保障物资。

井下基地应当设专人值守电话和记录,保持与指挥部、灾区救护小队和地面基地的联络。设专人检测有毒有害气浓度、观测风流方向和风量、检查巷道支护等情况。情况异常的,井下基地指挥负责人应当立即采取应对措施,通知灾区救护小队,并报告救护指挥部。若改变井下基地位置,应当取得指挥部同意,并且通知灾区救护小队。

救护过程中必须保证如下通信联络:

(1)救护指挥部与地面基地、井下基地。

(2)井下基地与灾区救护小队。

(3)救护指战员之间。

通信联络方式包括:派遣通信员、显示讯号、音响信号、程控电话、灾区电话、移动手机和对讲机等。

使用的音响信号和手势规定如下:

(1)在灾区内使用的音响信号:一声短音表示停止工作或停止前进;二声短音表示离开危险区;三声短音表示前进或工作;四声短音表示返回;连续不断的长音表示请求护助或集合。

(2)在竖井和倾斜巷道使用绞车上下时使用的信号:一声短音表示停止;二声短音表示上升;三声短音表示下降;四声短音表示慢上;五声短音表示慢下。

(3)灾区中报告氧气压力的手势:伸出拳头表示 10 MPa;伸出五指表示 5 MPa;伸出一指表示 1 MPa。报告时手势要放在灯头前表示。

救护过程中,救护队应当根据需要定时、定点取样分析化验灾区气体,化验结果作为救护指挥部决策的依据。

事故现场应当建立医疗站,其主要任务是:

(1)向井下基地派遣值班医生。

(2)对撤出灾区的遇险人员进行急救。

(3)检查和治疗救护人员伤病。

(4)实施卫生防疫工作。

(5)向指挥部汇报伤员救助情况。

五、救护培训与训练

国家矿山救护管理机构组织制定救护培训大纲和考核标准,组织编写培训教材。各级培训机构应当按照培训大纲和考核标准要求组织培训及考核。

矿山企业有关负责人和救护管理人员应当接受应急救护知识培训。救护队及兼职救护队指战员,应当接受救护理论、技术和技能培训,并经考核取得合格证后,才能从事矿山救护工作。矿山企业应当加强对从业人员的事故应急和自救互救知识培训。

救护队指战员和矿山企业救护管理人员应当按照以下规定实行分级培训:

(1)国家级矿山救护培训机构,承担救护大队指挥员及业务科室管理人员、中队长、中队技术员和矿山企业救护管理人员的培训和复训工作。

(2)省级矿山救护培训机构,承担所辖区域内副中队长和正副小队长的培训和复训工作。

(3)救护大队训练机构,承担本区域内救护队员和兼职救护队指战员的培训和复训工作。

矿山企业应当至少每半年组织一次生产安全事故应急救护预案演练。演练的计划、方案、记录和总结评估报告等资料保存期限不少于 2 年。

救护队应当参加服务矿山企业组织的生产安全事故应急救护预案演练,结合实际情况开展救护行动预案演练。

救护队日常训练应当包括救护技术操作、救护装备和仪器操作、体能和高温浓烟环境适应性、救灾模拟演习、医疗急救、军事化队列等内容。

救灾模拟演习训练以救护小队为单位,每月开展 1 次。演习训练应当结合实战,每次训练指战员佩用氧气呼吸器时间不少于 3 h。救护中队每季度组织 1 次高温浓烟训练,时间不少于 3 h。救护大队每年组织 1 次综合性演习训练,内容包括应急响应、应急指挥、灾区侦察、方案制定、救护实施、协同联动和突发情况应对等。兼职救护队每季度至少进行 1 次佩用氧气呼吸器的训练,时间不少于 3 h。

国家和省级矿山救护管理机构应当定期组织救护技术竞赛,组织参加国内和国际矿山救护技术交流活动。

救护队指战员培训应当包括以下主要内容:矿山救护相关的法律、法规、规章、规程和技术标准,矿山通风与安全技术,矿山灾害事故预防与处理,矿山事故应急救护技战术,矿山救护装备、仪器的使用与管理,矿山事故自救互救及现场医疗急救技术,矿山救护队的管理,典型矿山事故应急救护案例分析等。

六、预防性安全检查和安全技术工作

救护队应当按照主动预防的原则,有计划地到服务矿山进行预防性安全检查,熟悉矿井巷道等情况。矿山企业应当接受并配合救护队开展预防性安全检查工作,提供检查需要的相关技术资料和图纸。

救护队进行预防性安全检查工作中,发现危及人身安全的紧急情况,有权立即责令停止作业,撤出现场人员。检查后应当向矿山企业反馈检查情况和发现的安全隐患,并向有关主管部门汇报。

矿山企业组织救护队参加排放瓦斯、启封火区、反风演习等安全技术工作,应当设立现场指挥机构,统一指挥实施。救护队应当与矿山企业有关部门共同研究制定行动方案和安全技术措施,保障施工作业安全。

煤矿排放瓦斯时应当遵守以下规定:

(1)向参与排放人员讲明排放方案和安全技术措施。

(2)逐项检查排放措施,符合规定后进行排放。

(3)排放前,撤出排放回风侧巷道人员,切断排放回风侧巷道中一切电源,并派专人看守;排放回风侧区域如果存在火区,应当认真检查并严密封闭。

(4)进入排放巷道的人员应当佩用氧气呼吸器。排放过程中,应当派专人检查瓦斯浓度。通过控风和逐段排放,使排出的瓦斯与全风压风流混合处的瓦斯浓度不得超过1.5%。禁止"一风吹"式排放瓦斯。

(5)排放结束后,救护队应当与企业通风、安监部门一起进行现场检查。待通风正常后,方可撤出工作地点。

启封火区必须具备以下条件:

(1)火区内的空气温度下降到30℃以下,或者与火灾发生前该区的日常空气温度相同。

(2)火区内空气中的氧气浓度降到5.0%以下。

(3)火区内空气中不含有乙烯和乙炔,一氧化碳浓度在封闭期间内逐渐下降,并稳定在0.001%以下。

(4)火区流出的水温度低于25℃,或者与火灾发生前该区的日常出水温度相同。

(5)上述4项指标持续稳定30天以上。

启封火区应当遵守以下规定:

(1)贯彻落实火区启封方案和安全措施,制定救护队行动方案。

(2)启封前,检查火区的温度、各种气体浓度和密闭外侧巷道支护等情况;切断回风流电源,撤出回风侧人员;在通往回风道交叉口处设栅栏和警示标志;做好重新封闭的准备工作。

(3)锁风启封的,逐段检查各种气体浓度和温度,逐段恢复通风;测定火区回风侧一氧化碳与瓦斯浓度以及风流温度。发现复燃征兆,应当立即重新封闭火区。

(4)启封后3天内,每班应当由救护队检查通风状况,测定水温、空气温度和空气成分,并取气样进行分析,确认火区完全熄灭后,才能结束启封工作。

反风演习应当遵守以下规定:

(1)按照反风演习计划,逐项检查准备工作落实情况。

（2）贯彻反风方案,制定行动计划和安全措施。

（3）反风前,救护队员应当佩带氧气呼吸器、携带必要的技术装备在井下指定地点值班。测定反风前后矿井风量和有毒有害气体浓度。

（4）恢复通风后,将测定的风量和有毒有害气体浓度报告指挥部,待通风正常后才能离开工作地点。

七、灾区行动

救护小队应当携带 1 台全面罩正压氧气呼吸器、2 个不低于 18 MPa 的备用氧气瓶,以及氧气呼吸器工具和装有配件的备件袋等。

救护小队需要在井下待机或者休息时,应当选择在井下基地或者具有新鲜风流的地点。队员只有在经过现场带队指挥员同意后才能脱下氧气呼吸器,并将脱下的氧气呼吸器放置在附近安全地点,距本人待机或休息地点不应当超过 5 m,确保有突发情况时能够及时佩用。

救护指战员在侦察和救护过程中,最多只允许消耗 13 MPa 的氧气,在返回到井下基地时必须至少保留 5 MPa 的氧气余量。在倾角小于 15°的巷道行进,应当将 1/2 允许消耗的氧气量用于前进途中,1/2 用于返回途中;在倾角大于或者等于 15°的巷道中行进,应当将 2/3 允许消耗的氧气量用于上行途中,1/3 用于下行途中。

救护队在窒息或者有毒有害气体积存的灾区侦察和作业时,应当做到:

（1）随时检测有毒有害气体和氧气含量,观测风向、风量和其他变化。

（2）小队长每 20 min 检查 1 次队员的氧气瓶压力和身体状况,并根据最低的氧气瓶压力确定返回时间。

（3）队员应当保持彼此可见或者可听信号的范围内。如果窒息区地点距离新鲜风流处较近,并且在该地点整个小队无法同时开展救护,小队长可以派遣不少于 2 名队员进入窒息区作业,并保持联系。

在窒息或者有毒有害气体积存的灾区抢救遇险人员时,应当做到:

（1）引导或者运送遇险人员时,为遇险人员佩用全面罩氧气呼吸器或者自救器。

（2）对受伤、窒息或者中毒人员进行简单急救处理,并送至安全地点。

（3）搬运伤员时,防止伤员拉扯氧气呼吸器软管或者面罩。

（4）抢救长时间被困遇险人员时,应当有医生配合。避免灯光直射遇险人员眼睛。搬运出井口时,用毛巾遮盖其眼睛。

（5）有多名遇险人员待救的,按照"先重后轻、先易后难"的顺序抢救。无法一次全部救出的,应当为等待救出者佩用全面罩氧气呼吸器或者自救器。

在高温、塌冒、爆炸和水淹等灾区,无需救人的,救护队不得进入。因抢救人员或者探明灾情需要进入时,应当采取保障安全的技术措施。

确认灾区人员已经遇难,在无火源情况下,应当先通风后搜救。

救护指战员在灾区工作 1 个氧气呼吸器班后,应当至少休息 8 h;只有在后续救护队未到达且急需抢救人员时,才可以根据体质情况,在补充氧气、更换药品和降温器并校验合格后重新投入工作。

八、灾区侦查

救护队在侦察时,应当探明事故类别、范围和遇险遇难人员数量与位置,以及通风、有毒有害气体、矿尘、温度和巷道支护情况。

指战员出现身体不适或者氧气呼吸器发生故障时,应当采取措施,全队立即撤到安全地点,并报告救护指挥部。

灾区侦察应当遵守下列规定:

(1)把侦察小队派往遇险人员最多的地点。

(2)井下设立待机小队,并与侦察小队保持联系。需要抢救人员的,可以不设待机小队。

(3)侦察小队进入灾区前,应当考虑退路被堵后采取的措施,规定返回的时间,并用灾区电话与井下基地保持联络。小队应当按规定时间原路返回,如果不能按原路返回,应当经布置侦察任务的指挥员同意。

(4)进入灾区时,小队长在队列之前,副小队长在队列之后,返回时则反之。行进中注意暗井、溜煤眼、淤泥和巷道支护等情况,行进中经过巷道交叉口时应当设置明显的路标,视线不清或者水深时使用探险杖探查前进,队员之间用联络绳联结。在搜索遇险遇难人员时,小队队形应当与巷道中线斜交前进。

(5)指定人员分别检查通风、气体浓度、温度、顶板等情况,做好记录,并标记在图纸上。

(6)按指挥部制定的侦察内容认真落实,侦察过的巷道要签字留名做好标记,并绘制侦察路线示意图。

(7)坚持有巷必察。远距离和复杂巷道,可组织几个小队分区段进行侦察。在所到巷道标注留名,并绘出侦察线路示意图。

(8)侦察过程中发现遇险人员应当立即救助,将其护送到新鲜风流巷道或者井下基地后继续侦察。发现遇险遇难人员应当分别逐一编号,并在发现遇险遇难人员的地点做出标记,在侦察路线示意图上标明位置,记录遇险遇难人员特征。

(9)进入因爆炸或者突出事故停风的区域侦察时,不得动作过大或者奔跑。

(10)当侦察小队失去联系或者没按约定时间返回时,待机小队必须立即进入救护,并报告救护指挥部。

(11)侦察结束后,带队指挥员必须立即向布置侦察任务的指挥员汇报侦察结果。

九、矿山事故应急救护

(一)处理灾变事故的基本要求

处理灾变事故时,应当撤出灾区所有人员,准确统计井下人数,严格控制入井人数;提供救护需要的图纸和技术资料;组织人力、调配装备和物资参加抢险救护,做好后勤保障工作。

进入灾区的救护小队,指战员不得少于6人,必须保持在彼此能看到或者听到信号的范围内行动,任何情况下严禁任何指战员单独行动。所有指战员进入前必须检查氧气呼吸器,氧气压力不得低于18 MPa;使用过程中氧气呼吸器的压力不得低于5 MPa。发现有指战员身体不适或者氧气呼吸器发生故障难以排除时,全小队必须立即撤出。指战员在灾区工作1个呼吸器班后,应当至少休息8 h。

矿山救护队在高温区进行救护工作时,救护指战员进入高温区的最长时间不得超过表12-7的规定。

表 12-7 救护指战员进入高温区的最长时间

温度/℃	40	45	50	55	60
进入时间/min	25	20	15	10	5

（二）矿井火灾事故救护

处理矿井火灾应当了解以下情况：

（1）火灾类型、发火时间、火源位置、火势及烟雾大小、波及范围、遇险人员分布和紧急避险系统位置。

（2）灾区有毒有害气体、温度、顶板情况、通风系统状态、风流方向、风量大小和矿尘爆炸性。

（3）巷道围岩和支护状况。

（4）灾区供电状况。

（5）灾区供水管路和消防器材供应的实际状况和数量。

（6）矿井火灾应急救护专项预案和现场处置方案及其实施状况。

处理矿井火灾事故，应当遵守下列规定：

（1）控制火势和烟雾蔓延，防止火灾扩大。

（2）处理火灾事故过程中，应当保持通风系统稳定，指定专人检测瓦斯等易燃易爆气体和矿尘，观测灾区气体和风流变化。当瓦斯浓度超过2%，并继续上升时，立即将全体人员撤到安全地点，采取措施排除爆炸危险。

（3）处理上、下山火灾时，必须采取措施，防止因火风压造成风流逆转和巷道垮塌造成风流受阻。

（4）处理进风井井口、井筒、井底车场、主要进风巷和硐室火灾时，应当进行全矿井反风。反风前，必须将火源进风侧的人员撤出，并采取阻止火灾蔓延的措施。多台主要通风机联合通风的矿井反风时，要保证非事故区域的主要通风机先反风，事故区域的主要通风机后反风。采取风流短路措施时，必须将受影响区域内的人员全部撤出。

（5）处理掘进工作面火灾时，应当保持原有的通风状态，进行侦察后再采取措施。

（6）处理爆炸物品库火灾时，应当首先将雷管运出，然后将其他爆炸物品运出；因高温或者爆炸危险不能运出时，应当关闭防火门，退至安全地点。

（7）处理绞车房火灾时，应当将火源下方的矿车固定，防止烧断钢丝绳造成跑车伤人。

（8）处理蓄电池电机车库火灾时，应当切断电源，采取措施，防止氢气爆炸。

（9）灭火工作必须从火源进风侧进行。用水灭火时，水流应从火源外围喷射，逐步逼向火源的中心；必须有充足的风量和畅通的回风巷，防止水煤气爆炸。

（10）水源或者灭火材料供应中断时，救护人员应当立即撤出。

（11）当巷道能见度小于1 m时，严禁救护队进入。

（12）扑灭电气火灾，应当首先切断电源。无法切断的，不得直接灭火。

（13）扑灭瓦斯燃烧引起的火灾的，不得随意改变风量，禁止使用震动性的灭火手段，防止事故扩大。

检测灾区气体时，应当全断面检测易燃易爆气体浓度，排除氧气浓度低等因素导致检测结果出现误差，并采集灾区气样，及时化验分析。

根据灾情可以采取局部反风、全矿井反风或风流短路措施。反风前，应当将原进风侧的人员撤出，并注意易燃易爆气体浓度变化；采取风流短路措施的，应当将受影响区域内的人员全部撤离。

救护队在灭火过程中，采用停止通风或减少风量的方法的，应当防止易燃易爆气体积聚到爆炸浓度和风流紊乱，保证人员安全救灾和撤出危险区。

采用直接灭火方法的，应当设专人观测进风侧风向、风量和气体浓度的变化，分析风流紊乱的可能性及撤退通道的安全性，必要时采取控风措施；应当监测回风侧瓦斯和一氧化碳等气体浓度的变化,分析灭火效果和爆炸危险性,发现危险迹象及时撤退。

用水灭火应当具备以下条件:

(1)火源明确。

(2)水源、人力和物力充足。

(3)回风道畅通。

(4)瓦斯浓度不超过2%。

用水灭火应当从进风侧进行。水流不得对准火焰中心,应当从外围逐步向火源中心灭火。灭火过程中应当有足够的风量,并且回风道畅通,使水蒸气直接排入回风道。为控制火势可以采取设置水幕、清除可燃物或者拆掉一定区段巷道中的木背板等措施。

用注水或者注浆方法灭火的,应当将回风侧人员撤出,在进风侧采取防止溃水措施。不得靠近火源地点作业。用水淹没火区的,火区密闭附近及其下方区域不得有人。

采用隔绝方法或者综合方法灭火的条件:

(1)缺乏灭火器材。

(2)火源点不明确、火区范围大、难以接近火源。

(3)用直接灭火方法无效或者直接灭火法对人员有危险。

采用隔绝法灭火应当遵守以下规定:

(1)合理确定封闭范围。

(2)封闭火区时,首先建造临时密闭。经观测风向、风量、烟雾和气体分析,表明无爆炸危险的,才能建造永久密闭或者防爆密闭(最小厚度如表12-8所示)。

(3)设专人检测风流和气体变化。发现易燃易爆气体浓度迅速增加时,救护人员立即撤到安全地点,并向指挥部报告。

表 12-8　防爆密闭墙的最小厚度

井巷断面/m²	水砂充填厚度/m	石膏墙		砂袋墙	
		厚度/m	石膏粉/t	厚度/m	砂袋数量/袋
5	≤5	2.2	11	5	1 500
7.5	5~8	2.5	19	6	2 600
10.5	8~10	3	30	7	4 200
14	10~15	3.5 以上	42	8	6 400

封闭具有爆炸危险的火区时,应当遵守下列规定:

(1)先采取注入惰性气体等抑爆措施,然后在安全位置构筑进、回风密闭。

(2)多条巷道需要封闭的,先封闭支巷,后封闭主巷。封闭具有多条进、回风通道的火区,应当同时封闭各条通道;不能实现同时封闭的,应当先封闭次要进回风通道,后封闭主要进回风通道。

(3)加强火区封闭的施工组织管理。封闭过程中,密闭墙预留通风孔,实施统一指挥,密切配合,以最短时间同时封堵,封孔时进、回风巷同时封闭;封闭完成后,所有人员必须立即撤出。

(4)检查或者加固密闭墙等工作,应当在火区封闭完成24 h后实施。发现已封闭火区发生爆炸造成密闭墙破坏时,严禁调派救护队侦察或者恢复密闭墙;应当采取安全措施,实施远距离封闭。

建造火区密闭应当做到:

(1)密闭墙的位置选择在围岩稳定、无破碎带、无裂隙和巷道断面小的地点,距巷道交叉口不小于 10 m。

(2)拆除或者断开管路、电缆和轨道等金属导体。

(3)密闭墙留设观测孔、措施孔和放水孔。

火区封闭后应当遵守以下规定:

(1)救护人员立即撤出危险区。进入检查或者加固密闭墙,应当在 24 h 后进行。火区条件复杂的,酌情延长时间。

(2)火区密闭被爆炸破坏的,严禁派救护队侦察或者恢复密闭。只有在采取惰化火区措施,经检测无爆炸危险后,才能作业。否则,在距火区较远的安全地点建造密闭。

(3)条件允许的,可以采取均压通风措施。

(4)定期测定和分析密闭内的气体成分与浓度、温度、内外空气压差和密闭漏风情况。发现火区有异常变化的,采取措施及时处理。

高温下开展救护工作应当遵守以下规定:

(1)井下巷道内温度超过 30 ℃的,限制佩用氧气呼吸器的连续作业时间;温度超过40 ℃的,禁止佩用氧气呼吸器工作,但在抢救遇险人员或作业地点靠近新鲜风流时例外;否则,必须采取降温措施。

(2)采取降温措施,改善工作环境。

(3)在高温巷道内空气升温梯度达到 $0.5\sim1$ ℃/min 时,小队应返回基地,并及时报告井下基地指挥员。

(4)发现指战员身体有异常现象的,小队返回基地,并通知待机小队。

(5)井下基地配备含 0.75% 食盐的温开水。

进风井口建筑物发生火灾,应当立即反风或者关闭井口防火门;不能反风的,根据矿井实际情况决定是否停止主要通风机,防止火灾烟雾和火焰侵入井下。同时,采取措施进行灭火。

开凿井筒的井口建筑物发生火灾,且通往遇险人员的通道被火切断的,可以利用原有的铁风筒和各类适合供风的管路设施向遇险人员送风。同时,采取措施进行灭火。扑灭井口建筑物火灾,可以召请消防队参加。

回风井筒或者井底发生火灾,应当保持原有风流方向,并且根据矿井瓦斯等有毒有害气体涌出情况适当减少风量。

竖井井筒发生火灾,应当自上而下喷水灭火。在保障安全的前提下,可以派遣救护队进入井筒,由上往下进行灭火。

井底车场发生火灾,救护应当遵守以下规定:

(1)当进风井井底车场和毗连硐室发生火灾的,进行反风。反风前,撤离进风侧人员,停止主要通风机运转或者风流短路,防止火灾气体侵入工作区。

(2)采取直接灭火措施,阻止火灾蔓延。

(3)为防止混凝土支架和砌碹巷道上面木垛燃烧,可在碹上打眼或破碹,安设水幕或灌注防灭火材料。

(4)投入主要的人力和物力,防止火灾危及井筒、火药库、变电所和水泵房等关键部位和设施。

井下硐室发生火灾,救护应当遵守以下规定:

(1)着火硐室位于矿井总进风道的,采取反风或者风流短路措施。

(2)着火硐室位于矿井一翼或者采区总进风流所经两巷道连接处的,在安全的前提下,采取短路通风,条件具备的,也可以采用区域反风。

(3)井下爆炸物品库着火的,在安全的前提下先将雷管和导爆索运出,后将其他爆炸材料运出;否则,关闭防火门,撤往安全地点。

(4)斜井绞车房着火的,将相连的矿车固定,防止烧断钢丝绳。

(5)蓄电池机车充电硐室着火的,应切断电源,停止充电,加强通风并及时运出蓄电池。

(6)硐室发生火灾,且硐室无防火门的,采取挂风障控制入风,积极灭火。

井下巷道发生火灾,救护应当遵守以下规定:

(1)火灾发生在倾斜下行风流巷道,且存在风流逆转危险的,禁止从着火巷道由上向下接近火源灭火。利用平行下山或者联络巷接近火源灭火。改变通风系统和通风方式应当有利于控制火风压。

(2)火灾发生在倾斜上行风流巷道的,保持正常风流方向,可以适当减少风量。防止与着火巷道并联的巷道发生风流逆转。从下向上灭火的,防止落石和燃烧物掉落伤人。

(3)矿井或者一翼总进风道中的平巷、石门或者其他水平巷道发生火灾的,采取有效措施控风;采取短路通风措施的,防止风流紊乱。

(4)架线式电机车巷道发生火灾的,应先切断电源,并将线路接地。接地点在可见范围内。

(5)带式输送机运输巷道发生火灾的,应先停止输送机,关闭电源,后进行灭火。

回采工作面发生火灾,救护应当遵守以下规定:

(1)进风巷着火的,利用一切手段进行灭火。为抢救人员,有条件的可以进行局部反风。采取反风措施的,从原回风侧灭火,在原进风侧设置水幕,并将人员撤出。在控制火势减少风量时,防止灾区缺氧和瓦斯等有毒有害气体积聚。

(2)回风巷着火的,防止采空区瓦斯涌出和积聚造成瓦斯爆炸。

(3)急倾斜工作面着火的,禁止在火源上方或者火源下方灭火。有条件的可以从侧面利用保护台板或者保护盖接近火源灭火。

(4)工作面有爆炸危险的,立即将人员撤到安全地点,禁止直接灭火。

(5)直接灭火无效的,采取隔绝方法灭火。

采空区或者巷道冒落带发生火灾,应当保持通风系统稳定,检查与火区相连的通道,防止瓦斯涌入火区。

独头巷道发生火灾,救护应当遵守以下规定:

(1)独头巷道发生火灾,且可以维持局部通风机正常通风的,采取积极灭火。保持独头巷道的通风现状,即停止运转的不要开启,开启的风机不要停止,进行侦察后再采取措施。

(2)平巷独头巷道掘进头发生火灾,且瓦斯浓度不超过2%的,应当在通风的前提下采用直接灭火。灭火后,应当清查和处理阴燃火点。

(3)平巷独头巷道中段发生火灾的,注意火源以里的瓦斯情况,设专人随时检测,防止积聚的瓦斯经过火点。情况不清的,在安全地点进行封闭。

(4)倾斜独头巷道掘进头发生火灾,且瓦斯浓度不超过2%的,有条件的采取直接灭火,并加强通风。瓦斯浓度超过2%的,人员立即撤到安全地点,并在安全地点进行封闭。火灾发生在倾斜独头巷道中段的,禁止直接灭火,在安全地点进行封闭。

(5)局部通风机已经停止运转,且无需救人的,无论火源位于何处,均应当在安全地点进行封闭,禁止进入灭火。

处理不同地点火灾时,救护小队的分派原则:

(1)进风井井口建筑物发生火灾,应当派一个小队处理火灾,另一个小队到井下救人以及扑灭井底车场可能发生的火灾。

(2)井筒或者井底车场发生火灾,应当派一个小队灭火,另一个小队到受火灾威胁区域救人。

(3)矿井进风侧的硐室、石门、平巷、下山或者上山发生火灾,火、烟可能威胁到其他地点时,应当派一个小队灭火,另一个小队进入灾区救人。

(4)采区巷道、硐室或者工作面发生火灾,应当派一个小队从最短的路线进入回风侧救人,另一个小队从进风侧救人以及灭火。

(5)回风井井口建筑物、回风井筒或者回风井底车场及其毗连的巷道发生火灾,应当派一个小队灭火,另一个小队救人。

(三)瓦斯、煤尘爆炸事故救护

处理瓦斯、煤尘爆炸事故时,应当遵守以下规定:

(1)立即切断灾区电源。

(2)爆炸产生火灾时,灭火和救人同时进行,并采取措施防止再次发生爆炸。

(3)检查灾区内有害气体的浓度、温度及通风设施破坏情况,发现有再次爆炸危险时,必须立即撤离至安全地点。

(4)进入灾区行动要谨慎,防止碰撞产生火花,引起爆炸。

(5)经侦察确认或者分析认定人员已经遇难,并且没有火源时,必须先恢复灾区通风,再进行处理。

(6)灾区发生连续爆炸,经分析判断遇险人员无生还希望的,禁止派救护人员进入灾区。

(四)煤(岩)与瓦斯突出事故救护

发生煤(岩)与瓦斯突出事故时,不得停风和反风,防止风流紊乱扩大灾情。通风系统及设施被破坏时,应当设置风障、临时风门及安装局部通风机恢复通风。恢复突出区通风时,应当以最短的路线将瓦斯引入回风巷。排风井口50 m范围内不得有火源,并设专人监视。

是否停电应当根据井下实际情况决定。逐级排出瓦斯后,方可恢复送电。

处理煤(岩)与二氧化碳突出事故时,还必须加大灾区风量,迅速抢救遇险人员。矿山救护队进入灾区时要戴好防护眼镜。

专家解读 根据二氧化碳不燃烧、不爆炸和有毒的特点,矿山救护队进入灾区时,要戴好防护眼镜。

采掘工作面发生突出事故的,派2个小队分别从回风侧和进风侧进入事故地点救人。

(五)矿井水灾事故救护

处理水灾事故时,应当遵守以下规定:

(1)处理矿井水灾事故,应当了解灾区情况、水源、突水点、事故前人员分布、矿井有生存条件的地点和进入该地点的通道等,分析计算被困人员所在空间体积以及氧气、二氧化碳、甲烷、硫化氢和二氧化硫浓度,估算被困人员最短生存时间并制定相应救灾方案。

(2)尽快恢复灾区通风,加强灾区气体检测,防止发生瓦斯爆炸和有害气体中毒、窒息事故。

（3）采掘工作面发生水灾时，先进入下部水平救人，后进入上部水平救人。矿山地表发生水灾，应当分析地表水系与矿区的关系，采取疏干或者截流的办法，处理具有潜在威胁的地表水系，防止流入矿山。

（4）根据情况综合采取排水、堵水和向井下人员被困位置打钻等措施。被困人员所在地点低于透水后水位的，禁止打钻，防止泄压扩大灾情。

（5）排水后进行侦察抢险时，注意防止冒顶和二次突水事故的发生。

矿井涌水量超过排水能力，全矿或者水平有被淹危险的，在下部水平人员救出后，可以向下部水平或采空区放水；下部水平人员尚未撤出，主要排水设备受到被淹威胁的，可以用装有黏土或者砂子的麻袋构筑临时防水墙，堵住泵房口和通往下部水平的巷道。

处理水淹事故应当采取以下措施：

（1）水灾威胁水泵安全时，人员撤往安全地点后，应采取措施保护泵房安全。

（2）救护队侦察和搜救遇险人员时，应与基地保持联系。巷道有被淹危险的，立即返回基地。

（3）排水过程中保持通风，检测有毒有害气体。

（4）排水后进行侦察或者抢救人员时，注意观察巷道情况，防止冒顶和底板塌陷。

（5）救护队员通过局部积水巷道时，采用探险杖探测前进。水深过膝，无需救人的，救护队员不得进入灾区。

处理上山巷道水灾应当采取以下措施：

（1）检查并加固巷道支护，防止二次透水、积水和淤泥冲击。

（2）透水点下方不具备存储水和沉积物有效空间的，人员撤至安全地点。

（3）保证人员通信和退路的安全畅通。

（4）指定专人检测甲烷、二氧化碳、硫化氢等有毒有害气体浓度。

（六）顶板冒落事故救护

处理顶板冒落事故时，应当遵守以下规定：

（1）处理顶板冒落事故前，应当了解事故发生原因、顶板特性、地压特征、事故前人员分布位置和压风管路设置，检查氧气和瓦斯等浓度，查看周围支护和顶板情况。

（2）迅速恢复冒顶区的通风。如不能恢复，应当利用压风管、水管或者打钻向被困人员供给新鲜空气、饮料和食物。

（3）清理大块矸石压人时，使用工具要避免伤害被困人员。

（4）应当指定专人检查瓦斯等有毒有害气体浓度、观察顶板和周围支护情况，发现异常，立即撤出人员。

（5）加强巷道支护，防止发生二次冒顶、片帮，保证退路安全畅通。

（七）冲击地压（岩爆）事故救护

处理冲击地压事故时，应当遵守以下规定：

（1）分析再次发生冲击地压灾害的可能性，确定合理的救护方案和路线。

（2）迅速恢复灾区的通风。恢复独头巷道通风时，应当按照排放瓦斯的要求进行。

（3）加强巷道支护，保证安全作业空间。巷道破坏严重、有冒顶危险时，必须采取防止二次冒顶的措施。

（4）设专人观察顶板及周围支护情况，检查通风、瓦斯、煤尘，防止发生次生事故。

（八）淤泥、黏土、流砂溃决事故救护

溃出淤泥、黏土或者流砂造成人员被困时，应当采用呼喊和敲击等方法进行联系，采

取措施输送空气、饮料和食物。在进行清除工作的同时,采用打钻和掘小巷等方法接近被困人员。

当泥砂等有流入下部水平危险时,应当将下部水平人员撤到安全地点。

开采急倾斜煤层,黏土、淤泥或者流砂流入下部水平巷道时,救护工作只能从上部水平巷道进行,严禁从下部接近充满泥沙的巷道。

救护队在没有通往上部水平安全出口的巷道中逆泥浆流动方向行进时,基地应设待机小队,并与进入小队保持不断联系。

因受条件限制,需从斜巷下部清理淤泥、黏土、流砂、煤渣或者碎石,应当制定专门措施,设置牢固的阻挡设施和躲避硐室,并设专人观察。出现险情时,人员立即撤离或者进入避险硐室。淤泥下方没有安全阻挡设施的,禁止进行清理工作。

（九）炮烟中毒、炸药爆炸和矸石山事故救护

处理炮烟中毒事故时,应当遵守以下规定:

(1)加强通风,监测有毒有害气体。

(2)独头巷道、独头采区或者采空区发生炮烟中毒事故,在没有爆炸危险的情况下,采用局部通风的方式,稀释炮烟浓度。

(3)救护小队进入炮烟事故区,应当与井下基地保持通信联系。队员身体出现反常或者氧气呼吸器故障的,全小队立即撤出灾区。

处理炸药爆炸事故时,应当遵守以下规定:

(1)侦察现场有毒有害气体、巷道与硐室坍塌和人员伤亡等情况。

(2)经指挥部同意,恢复矿井通风系统,排除烟雾。

(3)抢救遇险人员,运出爆破器材,控制并扑灭火源。

(4)发现危及救护人员安全时立即撤离。

矸石山发生自燃或者爆炸事故,救护应当遵守以下规定:

(1)查明自燃的范围、温度和气体成分。

(2)可采用注入黄泥浆、飞灰、石灰水、凝胶和泡沫等灭火措施。

(3)直接灭火时,防止水煤气爆炸,并避开矸石山垮塌面和开挖暴露面。

(4)清理爆炸产生的高温抛落物的,佩戴手套、防护面罩或者眼镜,穿隔热服,使用工具清除,设专人观测矸石山变化情况。

（十）露天矿边坡坍塌和排土场滑坡事故救护

处理露天矿边坡坍塌和排土场滑坡事故时,应当遵守以下规定:

(1)在事故现场设置警戒区域和警示牌,禁止无关人员和车辆通过或者进入警戒区域。

(2)救护人员和抢险设备必须从滑体两侧安全区域实施救护。采用呼喊和敲击等方法与被困人员进行联络,确定其位置。挖掘搜救被困人员过程中避免二次伤害被困人员。

(3)应当分析事故影响范围,并对滑体和坍塌区域进行观测,发现有威胁人员安全的情况时应立即撤离。

（十一）尾矿库坍塌、溃坝事故救护

处理尾矿库坍塌、溃坝事故时,应当了解以下情况:

(1)事故前的实际坝高、库容、尾矿物质、坝体结构和坝外坡坡比。

（2）事故发生时间、规模和破坏特征。

（3）事故发生后库内水位和坝坡的稳定性。

（4）遇险人员数量以及可能的被困位置。

（5）库区下游人员分布现状、村庄、重要设施和交通干线情况。

处理尾矿库坍塌、溃坝事故时，应当采取以下措施：

（1）疏散周边可能受到威胁的人员，设置警戒区域。

（2）用抛填块石、砂袋和打木桩等方法堵塞决堤口，加固尾矿库堤坝，进行水砂分流，实时监测坝体，保障救护人员安全。

（3）挖掘搜救被困人员过程中避免二次伤害被困人员。

（4）尾矿泥沙仍处于流动状态，对下游村庄、企业、交通干线形成威胁时，应当采取拦截、疏导等办法，避免扩大事故损失。

十、现场医疗急救（技术）

救护队指战员应当掌握人工呼吸、心肺复苏、止血、包扎、骨折固定和伤员搬运等现场医疗急救技能。

救护队现场医疗急救的原则是使用徒手和无创技术，简单迅速地抢救伤员，并以最快捷的方式将伤员移交给专业医护人员。

救护队应当配备必要的医疗急救器材和训练器材。救护中队急救器材基本配备有：模拟人、背夹板、负压夹板、颈托、聚酯夹板、止血带、三角巾、绷带、剪子、镊子、口式呼吸面罩、医用手套、开口器、夹舌器、伤病卡、相关药剂、医疗急救箱、环甲膜穿刺针、防护眼镜、医用消毒大单等。救护小队急救器材基本配备有：颈托、聚酯夹板、三角巾、绷带、消炎消毒药水、药棉、剪子、衬垫、冷敷药品、口式呼吸面罩、医用手套、夹舌器、开口器、镊子、止血带、无菌敷料等。

救护队在事故现场抢救有毒有害气体中毒伤员时，应当采取以下措施：

（1）所有人员佩用防护装置，将中毒人员立即运送到通风良好的安全地点进行抢救。

（2）对中度、重度中毒的人员，采取吸氧和保暖措施。对严重窒息人员，在吸氧的同时进行人工呼吸。

（3）对因喉头水肿导致呼吸道阻塞而窒息人员，采取措施保持呼吸道畅通。

（4）中毒人员呼吸或者心跳停止的，立即进行人工呼吸和心肺复苏。人工呼吸过程中，应当使用口式呼吸面罩。

（5）对昏迷伤员可以采用刺、按人中等穴位，促其苏醒。

救护队在事故现场抢救溺水伤员时，应当采取以下措施：

（1）清除溺水伤员口鼻内异物，将伤员腹内积水排出，确保呼吸道通畅。

（2）抢救效果欠佳的，立即改为俯卧式或者口对口人工呼吸，人工呼吸应当持续20 min以上。

（3）心跳停止的，立即进行心肺复苏。

（4）伤员呼吸恢复后，可以在四肢进行向心按摩，神志清醒后，可以服用温开水。

救护队在事故现场抢救触电伤员时，应当采取以下措施：

（1）首先立即切断电源。

（2）使伤员迅速脱离电源，并将伤员运送至通风和安全的地点，解开衣扣和裤带，检查有无呼吸和心跳,呼吸或者心跳停止的,立即进行心肺复苏。

(3)根据伤情对伤员进行包扎、止血、固定和保温。

救护队在事故现场抢救烧伤伤员时,应当采取以下措施:

(1)立即用冷水反复冲洗伤面,条件具备的,用冷水浸泡 5~10 min。

(2)脱衣困难的,立即将衣领、袖口或者裤腿剪开,反复用冷水浇泼,冷却后再脱衣,用被单或者毯子包裹伤员全身,覆盖伤面。

救护队在事故现场抢救休克伤员时,应当采取以下措施:

(1)松解伤员衣服,使伤员平卧或者两头均抬高约 30°。

(2)清除伤员呼吸道内的异物,确保呼吸道畅通。

(3)迅速判断休克原因,采取相应措施。

(4)保持伤员体温,可以服用温开水。

(5)对休克不同的病理生理反应以及主要病症进行抢救。

(6)在伤员清醒、血压和脉律相对稳定后运送。

救护队在事故现场抢救爆震伤员时,应当采取以下措施:

(1)立即清除口腔和鼻腔内的异物,保持呼吸道通畅。

(2)因开放性损伤导致出血的,立即加压包扎或者压迫止血。处理烧伤创面时,禁止涂抹一切药物,使用无菌单(清洁被单)包裹,不弄破水泡,防止污染。

(3)对伤员骨折进行固定,防止伤情扩大。

救护队在事故现场抢救昏迷伤员时,应当采取以下措施:

(1)使伤员平卧或者两头均抬高约 30°。

(2)解松衣扣,清除呼吸道内的异物。

(3)可以采用刺、按人中等穴位,促其苏醒。

在对伤员采取必要的抢救措施后,应当尽快由专业医护人员将伤员转送至医院进行综合治疗。

十一、经费与奖惩

矿山企业救护队的建设及其运行维护费用应当由所在企业制定年度经费预算,可在安全生产费用等科目中列支。地方救护队的建设及其运行维护费用,应当列入同级地方财政预算并给予保障。

救护队所在单位和上级有关部门,应当对在矿山救护工作中做出突出贡献的集体和个人给予记功或者奖励。救护人员在矿山事故抢险救灾中牺牲的,应当按照国家有关规定申报烈士。发生事故的矿山企业领导及职工在事故救护中做出突出贡献的,可以作为事故责任追究中减轻处罚的情节。

后 记

本系列图书内容编写过程浩繁,涉及内容资源较为庞杂。且由于进度紧张,部分内容原作者联系方式不明,经多方努力后仍未能及时联系上作者本人,故还请尚未取得联系的原作者或版权方见书后及时致电4006597013转2与我们联络,届时请提供相关证明材料,我方核实后将依据相关著作权法予以支付相应稿酬。

编 者

2018 年 11 月